Alfonso Pappalardo Jr.

APLICAÇÕES PRÁTICAS E DESAFIOS ESTRUTURAIS COM MEF

Grafia atualizada conforme o Acordo Ortográfico da Língua Portuguesa de 1990,
em vigor no Brasil desde 2009.

Capa e Projeto Gráfico Malu Vallim
Foto capa Pablo Barros
Foto 4ª capa Imagem da estrutura de concreto do Museu do Amanhã - Empresa Projeto Alpha Engenharia de Estruturas
Preparação de figuras Victor Azevedo
Diagramação Luciana Di Iorio
Preparação de textos Hélio Hideki Iraha
Revisão de textos Anna Beatriz Fernandes
Impressão e acabamento Mundial gráfica

Dados Internacionais de Catalogação na Publicação (CIP)
(Câmara Brasileira do Livro, SP, Brasil)

Pappalardo Jr., Alfonso
Aplicações práticas e desafios estruturais com MEF / Alfonso Pappalardo Jr.. -- 1. ed. -- São Paulo : Oficina de Textos, 2023.

Bibliografia.
ISBN 978-65-86235-90-6

1. Engenharia civil 2. Estruturas - Análise (Engenharia) 3. Método dos Elementos Finitos (MEF) I. Título.

23-175423 CDD-624

Índices para catálogo sistemático:
1. Engenharia civil 624
Aline Graziele Benitez - Bibliotecária - CRB-1/3129

Rua Cubatão, 798
CEP 04013-003 São Paulo Brasil
tel. (11) 3085-7933
www.ofitexto.com.br e-mail: atendimento@ofitexto.com.br

"Parabenizo o professor Alfonso Pappalardo Jr. pela excelente obra acadêmica a respeito das aplicações do Método dos Elementos Finitos na Engenharia Civil, resultado de sua experiência profissional adquirida no decorrer de várias décadas. A Escola de Engenharia Mackenzie se orgulha de tê-lo como docente em disciplinas de fundamental importância na formação dos Engenheiros Civis mackenzistas!"

Prof. Dr. Marcos Massi
Diretor da Escola de Engenharia Mackenzie

"Este livro do Prof. Pappalardo torna a aplicação do Método dos Elementos Finitos acessível a todos os engenheiros e estudantes de Engenharia Civil, com conteúdo prático e enriquecedor a todos que necessitam realizar análises cada vez mais complexas e sofisticadas na Engenharia de Estruturas."

Prof. Dr. Harold Hirth
Diretor Técnico da Multiplus

AGRADECIMENTOS

O trabalho de um professor de universidade privada é fruto de um grande investimento institucional. Agradeço à Escola de Engenharia da Universidade Presbiteriana Mackenzie pela formação – desde a graduação em Engenharia Civil até a especialização *lato sensu* no campo da Engenharia Estrutural – e pelo apoio ao longo da minha carreira docente. O aperfeiçoamento técnico-científico conquistado, aliado ao desenvolvimento de práticas pedagógicas de ensino-aprendizagem, foi essencial para a elaboração desta obra.

Agradeço à Escola Politécnica da Universidade de São Paulo pela formação complementar junto aos programas de pós-graduação *stricto sensu* – mestrado e doutorado – nos quais iniciei meus estudos relacionados ao método dos elementos finitos, com grandes e memoráveis mestres que me prestaram todo o apoio e dedicação, e pela elevada qualidade do ensino oferecido. Ao Programa de Aperfeiçoamento de Ensino da Universidade de São Paulo, pela prática pedagógica adquirida. E ao Laboratório de Computação Científica Avançada do Centro de Computação Eletrônica da Universidade de São Paulo, por ter-me propiciado usufruir de seus recursos de supercomputação.

Dedico esta obra aos meus alunos – hoje profissionais de Engenharia ativos e qualificados –, que me motivaram na busca incessante pela atualização do conhecimento, diante das demandas de mercado, durante esta longa caminhada.

Créditos

O autor agradece aos professores pela inspiração e pelo incentivo que serviram de alicerce para o desenvolvimento dos tópicos teóricos e dos modelos estruturais apresentados neste livro: Alex Alves Bandeira, Ênio Canavello Barbosa, Giuseppe Mirlisenna, Januário Pellegrino Neto, João Alberto Vendramini, João Roberto Gallotti, João Virgílio Merighi, Marcos Monteiro, Nelson Covas, Nicolangelo Del Busso, Paulo de Mattos Pimenta, Rafael Timerman, Ruy Marcelo de Oliveira Pauletti, Waldecyr Pereira da Silva, Joseph Mias e Santiago Calatrava.

APRESENTAÇÃO

Eis aqui, caro leitor, uma obra muito esperada, resultado de décadas de dedicação do Prof. Alfonso Pappalardo Jr. ao ensino do método dos elementos finitos (MEF). Durante esse tempo, ele desenvolveu uma abordagem própria, apresentando o método por meio de problemas concisos, de complexidade incremental, primorosamente editados e aperfeiçoados na prática, formando várias gerações de engenheiros, especialmente junto à Universidade Presbiteriana Mackenzie.

Embora exista uma vasta literatura sobre o MEF, principalmente em inglês, e excelentes livros também em português, que aprofundam os fundamentos teóricos do método, o livro do Prof. Pappalardo é inovador ao expor as técnicas de modelagem em análise estrutural por meio de uma generosa profusão de exemplos, minuciosamente escolhidos para revelar as características essenciais dos problemas tratados, acrescentando pinceladas teóricas e boas doses de experiência prática a cada novo exemplo. Assim, o livro paulatinamente enriquece o cesto de ferramentas de modelagem do leitor praticante.

A obra pode ser empregada tanto como livro-texto para cursos introdutórios ao MEF quanto como material de estudo avançado. Ela conduz generosamente o leitor por uma miríade de detalhes técnicos envolvidos no método. Os primorosos gráficos, esquemas e tabelas desenvolvidos pelo autor tornam este livro uma obra sem paralelo em nosso contexto, igualmente benéfica para leitores iniciantes e especializados.

Eu tive o privilégio de ter sido colega do Prof. Pappalardo no Programa de Pós-Graduação em Engenharia Civil da Escola Politécnica da Universidade de São Paulo, no final da década de 1980. Pappalardo fez seu doutorado em Engenharia de Estruturas sob orientação de Paulo de Mattos Pimenta, que por sua vez desenvolveu seu doutorado em Stuttgart, orientado por John Argyris, um dos criadores do MEF. Bernhard Schrefler, que também trabalhou com Argyris e concluiu seu doutorado em Swansea sob a supervisão de Olgierd Zienkiewicz, foi meu orientador junto à Universidade de Pádua. E ambos, Pappalardo e eu, beneficiamo-nos da sabedoria de Victor M. de Souza Lima, pioneiro do MEF no Brasil, que foi meu orientador de doutorado junto à Escola Politécnica. Tivemos ambos a sorte de nos apoiarmos em ombros de gigantes!

A tese de doutorado de Pappalardo, versando sobre os efeitos da reação álcali-agregado em barragens de concreto armado, envolvia a modelagem de campos termo-fluido-mecânicos acoplados e o uso de métodos de otimização para calibrar os parâmetros dos modelos numéricos com os dados experimentais disponíveis. Tive a honra de coorientar sua pesquisa e de continuar colaborando com ele, ao longo dos anos, em muitos outros casos de modelagem computacional, envolvendo não linearidades geométricas e de material, aplicados à conformação de metais, contato com atrito, problemas térmicos, análises dinâmicas de impacto e de vibrações, tanto na escala de pequenos componentes elétricos como em grandes hidrogeradores, peças para a indústria automobilística, estruturas de estádios, coberturas de membrana e simulação da implosão controlada de edifícios.

Com efeito, modelos numéricos permeiam hoje nosso cotidiano, muitas vezes de forma não imediatamente perceptível. Desde o design e o dimensionamento de produtos até o controle de processos e cadeias produtivas, o emprego desses modelos tem propiciado enormes ganhos de produtividade, maior desempenho dos produtos e maior eficiência no emprego dos materiais. Com os recursos sempre crescentes de processamento, modelagem e otimização, projeto generativo e inteligência artificial, o engenheiro tem hoje à disposição ferramentas computacionais extremamente poderosas. Análises que nos pareciam fabulosas há poucos anos hoje são quase corriqueiras. Prestes a adentrarmos o segundo quarto do século XXI, certamente as novas gerações nos brindarão com novos grandes feitos de modelagem computacional. Porém, o emprego de ferramentas poderosas sem suficiente proficiência e noção das propriedades fundamentais do método pode levar a equívocos de sérias consequências.

A obra do Prof. Pappalardo contribui para um desenvolvimento incremental das técnicas de modelagem e para o entendimento de seus aspectos essenciais, permitindo ao leitor a aquisição de uma base sólida para o emprego proficiente dessas poderosas ferramentas!

São Paulo, março de 2023

Ruy Marcelo de Oliveira Pauletti
Professor Titular em Sistemas Estruturais
Departamento de Engenharia de Estruturas e Geotécnica
Escola Politécnica da Universidade de São Paulo

SOBRE O AUTOR

ALFONSO PAPPALARDO JR. tem pós-doutorado em Materiais e Tecnologias de Construção pela Universidade do Minho (2013), onde realizou uma pesquisa sobre o comportamento não linear de placas geopoliméricas estruturadas com fibra de carbono utilizando o programa ATENA 3D. Doutorado em Engenharia de Estruturas pela Escola Politécnica da Universidade de São Paulo (Epusp, 1999), onde apresentou uma metodologia para a modelagem matemática de barragens de concreto afetadas pela reação álcali-agregado fazendo uso do programa ANSYS Multiphysics. Mestrado em Engenharia de Estruturas pela Epusp (1992), onde desenvolveu um programa de elementos finitos específico para a avaliação dos efeitos de segunda ordem em placas delgadas. Graduação em Engenharia Civil pela Universidade Presbiteriana Mackenzie (1986), onde é professor da disciplina Método dos Elementos Finitos desde 2004 e pesquisador nas seguintes linhas de pesquisa: formulações e aplicações de compostos geopoliméricos, caracterização mecânica do bambu *in natura* e engenheirado visando o projeto de estruturas de bambu, aplicação de sistemas compósitos estruturados com fibra de carbono, metodologia de aprendizagem ativa baseada na fabricação digital de edifícios de concreto, e simulação computacional do colapso progressivo de estruturas de concreto em situação de incêndio ou implosão. Sua primeira experiência profissional deu-se durante o programa de estágio supervisionado na empresa Paulo Abib Engenharia (1984), onde utilizou o módulo de análise dinâmica do programa SAP80 para o dimensionamento de bases de equipamentos. Desde 2018 atua como membro da Comissão de Estudo de Estruturas de Bambu (CE-002:126.012) do Comitê Brasileiro de Construção Civil (ABNT/CB-002) para a elaboração da norma ABNT NBR 16828:2020 – Estruturas de bambu, assim como da Comissão de Estudo de Estruturas de Concreto (CE-002:124.015) para a revisão das normas ABNT NBR 6118:2014 – Projeto de estruturas de concreto e ABNT NBR 15200:2012 – Projeto de estruturas de concreto em situação de incêndio. Em 2023, recebeu o título de sócio honorário da Associação Brasileira de Engenharia e Consultoria Estrutural (ABECE) pelos serviços prestados à formação de profissionais da área de Engenharia Estrutural.

PREFÁCIO

O livro compreende a descrição teórica do método dos elementos finitos, incluindo sua utilização em problemas analíticos e em aplicações práticas com o uso do programa SAP2000, sendo que os tutoriais apresentados se baseiam em análises estruturais de acordo com as normas vigentes atualizadas. Esses problemas são abordados nos cursos de graduação e pós-graduação na subárea de Estruturas e servem como exemplos de aplicação para profissionais do mercado de projeto e consultoria em Engenharia Estrutural, envolvendo análises estáticas, análises dinâmicas modais e transientes e análise de estabilidade.

O Comitê Brasileiro da Construção Civil (ABNT/CB-02) está organizando comissões de estudo com o intuito de promover uma revisão significativa de diversas normas relacionadas ao setor. Algumas seções do livro buscam o esclarecimento de novos itens nas normas atualizadas que ainda não foram respaldados por publicações técnicas que os cubram, com exemplos de aplicação referentes a seus tópicos e englobados na área de conhecimento da Engenharia Civil – tais como o critério de resistência para o concreto no estado multiaxial de tensões, prescrito na NBR 6118 (ABNT, 2023a), e a estimativa de cargas a serem consideradas em projetos de helipontos para pouso de helicópteros nas situações normal e de emergência, dada pela NBR 6120 (ABNT, 2019) e pela Agência Nacional de Aviação Civil (Anac, 2018).

Os diferenciais da obra são sua extensa lista de problemas resolvidos e propostos, com modelos estruturais simples compostos de poucos elementos; abrangência de formulações desenvolvidas para os elementos finitos estruturais 1D (barras), 2D (laminares) e 3D (sólidos), as quais são retratadas nos problemas de aplicação e nas aplicações práticas; e apresentação e aplicação de critérios de resistência para materiais metálicos e granulares para a verificação da segurança estrutural.

O livro destina-se aos alunos dos cursos de graduação e pós-graduação em Engenharia Civil, buscando apoiar sua formação no ramo de Estruturas. São apresentados os desafios estruturais que um calculista de estruturas enfrenta no dia a dia, com o fornecimento de um roteiro de cálculo. Estes problemas não são explicitamente resolvidos para não se perder o caráter de desafio. Os tutoriais do SAP2000 são inéditos, fruto da experiência de 20 anos de atuação docente do autor no eixo de estruturas do curso de graduação em Engenharia Civil da EE UPM. O livro contempla problemas de aplicação prática, empregando em sua solução o mais conhecido programa de análise estrutural, o SAP2000. Esse programa foi concebido na Universidade da Califórnia em Berkeley (EUA) pelo professor Edward Wilson, orientado pelo professor emérito Ray Clough, que apresentou ao mundo científico o método dos elementos finitos e publicou o consagrado livro de dinâmica das estruturas. O SAP2000, de que o autor é usuário há mais de 20 anos, tem um extenso histórico de utilização em projetos desafiadores e complexos, tais como o edifício Burj Khalifa, em Dubai, desenvolvido pela empresa Skidmore, Owings and Merrill (SOM) e que atualmente ostenta o título de edifício mais alto do planeta.

SUMÁRIO

1 INTRODUÇÃO AO MÉTODO DOS ELEMENTOS FINITOS, 17

1.1 Breve histórico 18
1.2 Evolução dos sistemas computacionais 19
1.3 Tipos de elementos finitos 19
1.4 Nível de discretização 20
1.5 Tamanho dos elementos finitos 22
1.6 Modelos estruturais 22
1.7 Considerações finais 24

2 FORMULAÇÕES BÁSICAS DOS ELEMENTOS ESTRUTURAIS, 27

2.1 Formulação geral 27
2.2 Formulação do elemento mola 2D 31
2.3 Formulação do elemento treliça 2D 32
2.4 Formulação do elemento viga 2D 35
2.5 Formulação do elemento viga 2D rotulado-rígido 39
2.6 Formulação do elemento pórtico 2D 41
2.7 Formulação do elemento pórtico 2D rotulado-rígido 42
2.8 Formulação do elemento pórtico 2D semirrígido-rígido 43
2.9 Formulação do elemento grelha 49
2.10 Formulação do elemento treliça 3D 51
2.11 Formulação do elemento pórtico 3D 54
2.12 Formulação do elemento triangular sob estado plano de tensões (EPT) 57
2.13 Formulação do elemento triangular sob estado plano de deformações (EPD) 61
2.14 Formulação do elemento triangular sob estado axissimétrico de tensões (EAT) 62
2.15 Formulação do elemento placa 64
2.16 Formulação do elemento sólido 67

3 ANÁLISES ESTRUTURAIS, 71

3.1 Análise estática 71
3.2 Análise de estabilidade 72
3.3 Análise dinâmica modal 73
3.4 Análise dinâmica harmônica 75
3.5 Análise dinâmica transiente 75

4 PROBLEMAS DE APLICAÇÃO, 77

4.1 Elemento mola 2D 77
4.2 Elemento treliça 2D 80
4.3 Elemento viga 2D 86
4.4 Elemento viga 2D rotulado-rígido 88
4.5 Elemento pórtico 2D 90
4.6 Elemento pórtico 2D semirrígido-rígido 91
4.7 Elemento grelha 94
4.8 Elemento EPT 96
4.9 Elemento EPD 101
4.10 Elemento EAT 103
4.11 Elemento finito quadrangular de placa 107

5 APLICAÇÕES PRÁTICAS, 109

5.1 Treliça idealizada 109
5.2 Estrutura mista atirantada 113
5.3 Vibrações em arquibancadas 119
5.4 Estabilidade de treliças 124
5.5 Viga-parede em balanço com aberturas 130
5.6 Galeria de concreto 135
5.7 Estrutura de contraventamento 139
5.8 Flechas e vibrações de um pavimento 146
5.9 Helicóptero em situação de pouso normal 156

APÊNDICE – CRITÉRIOS DE RESISTÊNCIA, 167

A.1 Tensões principais 167
A.2 Critério de Von Mises 168
A.3 Critério de Tresca 170
A.4 Critério de Mohr-Coulomb 172
A.5 Critério da NBR 6118 174
A.6 Critério de Ottosen 175
A.7 Critério de Chen 176
A.8 Critério do CEB90 176
A.9 Critério de Willam-Warnke 176

ANEXOS, 181

REFERÊNCIAS BIBLIOGRÁFICAS, 191

SUMÁRIO E-BOOK

6 PROBLEMAS DE APLICAÇÃO AVANÇADOS

6.1 Elemento mola 2D
- 6.1.1 Problema Proposto 6.1
- 6.1.2 Problema Proposto 6.2
- 6.1.3 Problema Proposto 6.3

6.2 Elemento treliça 2D
- 6.2.1 Problema de Aplicação 6.1

6.3 Elemento viga 2D
- 6.3.1 Problema de Aplicação 6.2
- 6.3.2 Problema de Aplicação 6.3
- 6.3.3 Problema de Aplicação 6.4
- 6.3.4 Problema Proposto 6.4
- 6.3.5 Problema Proposto 6.5

6.4 Elemento pórtico 2D
- 6.4.1 Problema de Aplicação 6.5
- 6.4.2 Problema Proposto 6.6
- 6.4.3 Problema de Aplicação 6.6
- 6.4.5 Problema de Aplicação 6.7
- 6.4.6 Problema Proposto 6.7
- 6.4.7 Problema Proposto 6.8

6.5 Elemento pórtico 2D rotulado-rígido
- 6.5.1 Problema de Aplicação 6.8
- 6.5.2 Problema Proposto 6.9

6.6 Elementos pórtico 2D semirrígido-rígido
- 6.6.1 Problema Proposto 6.10

6.7 Elemento grelha
- 6.7.1 Problema de Aplicação 6.9
- 6.7.2 Problema Proposto 6.11

6.8 Elemento treliça 3D
- 6.8.1 Problema de Aplicação 6.10
- 6.8.2 Problema Proposto 6.12
- 6.8.3 Problema Proposto 6.13

6.9 Elemento pórtico 3D
- 6.9.1 Problema de Aplicação 6.11

6.10 Elemento EPT
- 6.10.1 Problema de Aplicação 6.12
- 6.10.2 Problema de Aplicação 6.13
- 6.10.3 Problema Proposto 6.14
- 6.10.4 Problema Proposto 6.15
- 6.10.5 Problema Proposto 6.16
- 6.10.6 Problema Proposto 6.17

6.11 Elemento EPD
- 6.11.1 Problema de Aplicação 6.14

7 APLICAÇÕES PRÁTICAS AVANÇADAS

7.1 Estrutura de suporte de silo
- 7.1.1 Aplicação Prática 7.1

7.2 Viga castelada de aço
- 7.2.1 Aplicação Prática 7.2

7.3 Pavimento flexível de concreto
- 7.3.1 Aplicação Prática 7.3

7.4 Simulação do vento em edifícios
- 7.4.1 Aplicação Prática 7.4

7.5 Caixa-d'água de concreto armado
- 7.5.1 Aplicação Prática 7.5

7.6 Viga reforçada com fibra de carbono
- 7.6.1 Aplicação Prática 7.6

7.7 Barragens em arco e de eixo reto
- 7.7.1 Aplicação Prática 7.7

7.8 Treliça idealizada
- 7.8.1 Desafio Estrutural 7.1

7.9 Estrutura mista atirantada
- 7.9.1 Desafio Estrutural 7.2

7.10 Vibrações em arquibancadas
- 7.10.1 Desafio Estrutural 7.3

7.11 Estabilidade de treliças
- 7.11.1 Desafio Estrutural 7.4

7.12 Estrutura de suporte para silo
- 7.12.1 Desafio Estrutural 7.5

7.13 Viga-parede em balanço com aberturas
- 7.13.1 Desafio Estrutural 7.6

7.14 Viga castelada de aço
- 7.14.1 Desafio Estrutural 7.7

7.15 Galeria de concreto
- 7.15.1 Desafio Estrutural 7.8

7.16 Pavimento flexível de concreto
- 7.16.1 Desafio Estrutural 7.9

7.17 Estrutura de contraventamento
- 7.17.1 Desafio Estrutural 7.10

7.18 Flechas e vibrações de um pavimento
- 7.18.1 Desafio Estrutural 7.11

7.19 Simulação do vento em edifícios
7.19.1 Desafio Estrutural 7.12
7.20 Caixa-d'água de concreto armado
7.20.1 Desafio Estrutural 7.13
7.21 Helicóptero em situação de pouso normal
7.21.1 Desafio Estrutural 7.14
7.22 Viga reforçada com fibra de carbono
7.22.1 Desafio Estrutural 7.15
7.23 Barragens em arco e de eixo reto
7.23.1 Desafio Estrutural 7.16

8 DESAFIOS ESTRUTURAIS
8.1 Treliça idealizada
8.8.1 Desafio Estrutural 8.1
8.2 Estrutura mista atirantada
8.2.1 Desafio Estrutural 8.2
8.3 Vibrações em arquibancadas
8.3.1 Desafio Estrutural 8.3
8.4 Estabilidade de treliças
8.4.1 Desafio Estrutural 8.4
8.5 Estrutura de suporte de silo
8.5.1 Desafio Estrutural 8.5
8.6 Viga-parede com abertura
8.6.1 Desafio Estrutural 8.6
8.7 Viga castelada de aço
8.7.1 Desafio Estrutural 8.7
8.8 Galeria de concreto
8.8.1 Desafio Estrutural 8.8
8.9 Pavimento flexível de concreto
8.9.1 Desafio Estrutural 8.9
8.10 Estrutura de contraventamento
8.10.1 Desafio Estrutural 8.10
8.11 Flechas em lajes protendidas
8.11.1 Desafio Estrutural 8.11
8.12 Laje lisa de concreto armado
8.12.1 Desafio Estrutural 8.12
8.13 Caixa-d'água de concreto armado
8.13.1 Desafio Estrutural 8.13
8.14 Edifício não convencional
8.14.1 Desafio Estrutural 8.14
8.15 Impacto pórtico APO
8.15.1 Desafio Estrutural 8.15
8.16 Barragem de gravidade
8.16.1 Desafio Estrutural 8.16

RESPOSTAS DOS PROBLEMAS PROPOSTOS

1 INTRODUÇÃO AO MÉTODO DOS ELEMENTOS FINITOS

Os engenheiros projetistas de estruturas civis vêm buscando – cada vez mais – soluções otimizadas com a finalidade de reduzir o consumo de materiais e os custos de manutenção e mão de obra. Facilitar a execução e atender os níveis de exigência mínimos no que tange a segurança, conforto e desempenho das edificações também são preocupações constantes nesse ofício. Entre as ferramentas disponíveis no mercado nesse âmbito, destacam-se os programas computacionais baseados no método dos elementos finitos (MEF) para a análise de problemas estruturais.

A alta competitividade entre as empresas de Arquitetura e Engenharia do mercado globalizado, especificamente no setor da Engenharia Estrutural, promove a adoção de ferramentas computacionais de última geração para aumento da produtividade e assimilação dos avanços tecnológicos e das novas metodologias de projeto no contexto internacional. Esse cenário conduz a projetos estruturais cada vez mais complexos e diferenciados, em constante evolução, sem comprometer a qualidade, os prazos de execução e a preocupação ambiental. O lema atual é: obter a solução factível e sustentável de um problema de engenharia no menor tempo possível, no limite do conhecimento, com uma boa dose de inovação e suficientemente exata para a tomada de decisão.

A metodologia adotada nesta obra é embasada, inicialmente, na apresentação das formulações teóricas dos principais elementos finitos estruturais e seus tipos de análise, por ordem hierárquica de complexidade. A par e passo, são apresentados problemas de aplicação para a fixação dos conceitos teóricos abordados. São exploradas as principais estratégias numéricas para a implementação de um código de elementos finitos visando a solução de problemas de equilíbrio e de autovalores. Em algumas deduções matemáticas, recorreu-se ao uso de recursos de computação simbólica e de matemática de alta precisão com o *software* MATLAB.

São aplicados os critérios de resistência para o estado multiaxial de tensões dos principais materiais estruturais para a verificação da segurança e da estabilidade, assim como os critérios de desempenho estrutural – flechas e vibrações excessivas – para a verificação de níveis de conforto e aceitabilidade humana, segundo normas nacionais e internacionais vigentes. Uma extensa lista de problemas propostos com resposta é fornecida a fim de avaliar o nível de retenção e o grau de autonomia do leitor.

Em seguida, são apresentadas as aplicações práticas com o uso do programa comercial SAP2000, onde são exploradas as principais técnicas de modelagem por elementos finitos. Nas aplicações práticas são desenvolvidos modelos de análise estrutural avançada com o objetivo de promover a capacidade de entendimento dos limites das teorias estruturais, dada a partir da comparação dos resultados analíticos de alguns problemas de aplicação. As aplicações práticas contemplam problemas de quatro campos da Engenharia Civil: Estruturas (vibração, estabilidade, impacto, reforço, recalque, vento), Geotécnica (fundações rasas, galerias), Infraestrutura de Transporte (pavimentos flexíveis e helideck) e Obras Hidráulicas (barragens).

Em todas as aplicações práticas são lançados desafios estruturais, com problemas recorrentes do mercado da Engenharia Estrutural, que permitem o aperfeiçoamento profissional dos usuários de programas de elementos finitos.

O uso de fórmulas analíticas da teoria das estruturas, coletadas da literatura técnica especializada, tem como objetivo avaliar o nível de aderência dos resultados numéricos – em confronto com os resultados teóricos – de modo a atestar a qualidade da resposta do modelo de elementos finitos e a escolha acertada da formulação adotada para validação e interpretação dos resultados.

Complementarmente, discutem-se o nível de discretização do modelo de elementos finitos, a adequada representação das condições de contorno e de carregamento e a obrigatoriedade do uso de unidades consistentes, que remete às fórmulas de conversão de unidades no Sistema Internacional (SI) e no sistema técnico de unidades.

A estrutura dos capítulos deste livro é fundamentalmente composta pelos conceitos teóricos e pelas aplicações práticas relacionados ao MEF. Neste Cap. 1 é abordado um breve histórico da evolução de tal método, desde o primeiro computador pessoal da IBM até a era dos sistemas de supercomputação paralela. São listados os principais tipos de elementos finitos estruturais e os limites da teoria. No Cap. 2 são apresentados os conceitos gerais sobre o MEF, as equações governantes para problemas estruturais e a dedução das matrizes de rigidez dos elementos estruturais por ordem de complexidade. São descritas as formulações dos elementos de mola translacional e rotacional, treliça plana e espacial com apoio rígido e elástico e recalque diferencial, pórtico plano e espacial com ligações rígidas e semirrígidas e grelha. Para os problemas da teoria da elasticidade plana e tridimensional, são tratados os elementos triangulares à luz das hipóteses simplificadoras para o estado plano de tensões, o estado plano de deformações e o estado axissimétrico de tensões, incluindo os elementos de placa quadrangulares e os elementos sólidos hexaédricos. No Cap. 3 são brevemente descritos os tipos de análise estrutural governados por equações de equilíbrio e de autovalores e autovetores, cobrindo desde análises estáticas e de estabilidade (flambagem) até análises dinâmicas (modal, harmônica e transiente). No Cap. 4 são apresentados os problemas de aplicação direcionados para os elementos formulados no Cap. 2 e para os tipos de análise estrutural abordados no Cap. 3. No Cap. 5 são mostradas as aplicações práticas e os desafios estruturais para as tipologias de elementos estruturais apresentadas no Cap. 2.

No Apêndice A são resumidamente abordados os principais critérios de resistência para o estado multiaxial de tensões para materiais metálicos (dúcteis) e granulares (frágeis). No Anexo A são fornecidas as propriedades geométricas das seções transversais e, no Anexo B, os deslocamentos e os esforços de vigas simples isostáticas e hiperestáticas. No Anexo C são listadas as expressões analíticas para frequências naturais e modos de vibração para vigas em balanço, biapoiadas e biengastadas com massa concentrada e distribuída. E, por fim, no Anexo D são enumeradas as expressões para cargas críticas de flambagem em colunas isoladas, quadros e pórticos com distintas condições de contorno e de carregamento.

1.1 Breve histórico

A história inicial do método dos elementos finitos (MEF) pode ser observada sob vários prismas e, certamente, não se consegue definir sob um ponto de vista único sua origem e cobrir todas as características de seu desenvolvimento (Clough, 1980). Pode-se dizer que a ideia mais remota do MEF partiu da mente brilhante do físico e matemático alemão Rudolf Friedrich Alfred Clebsch, que concebeu conceitualmente as bases do método dos deslocamentos (Clebsch, 1862 *apud* Kurrer, 2008). Nessa publicação de Clebsch foi apresentado um esquema para a obtenção dos deslocamentos de uma treliça plana. O desenvolvimento do método dos deslocamentos esbarrou na necessidade de resolução de um sistema de equações algébricas para o cálculo dos deslocamentos dos nós de uma treliça. Essa descoberta não despertou interesse da comunidade ante a grande eficiência dos métodos gráficos existentes na época.

Por volta de 1950, com o advento do computador – dando início à era digital –, foram dados os primeiros passos para a consolidação dos métodos numérico-computacionais aplicados na solução de problemas da teoria das estruturas, que se encontrava num estágio avançado de desenvolvimento, com inúmeras aplicações práticas de grande complexidade. A publicação de 1954 do engenheiro John Hadji Argyris, pioneiro no uso de sistemas computacionais para a solução de problemas de engenharia, é considerada o divisor de águas entre os métodos analíticos e matriciais. Nesse trabalho foi demonstrada a versatilidade do método da rigidez direta no formato matricial, cuja generalização permitiu que pudesse ser aplicado a qualquer tipo de elemento estrutural, não restrito apenas aos elementos de barra. O artigo publicado em 1956 por M. J. Turner, Ray Clough e outros engenheiros denotou a característica central do procedimento numérico emergente com base na avaliação da rigidez direta dos elementos estruturais, seguida da montagem da matriz de rigidez da estrutura e da análise pelo método dos deslocamentos. Essas circunstâncias levaram à base conceitual da formulação do MEF, cujos estudos foram iniciados em 1952. O MEF foi apresentado formalmente ao mundo científico pelo engenheiro civil e professor da Universidade da Califórnia em Berkeley (EUA) Ray Clough em 1960, na II Conferência em Computação Eletrônica da Sociedade Americana de Engenheiros Civis (Asce). Pelo fato de o método numérico-computacional exposto não estar alinhado com os temas principais abordados no evento, essa apresentação não surtiu um súbito reconhecimento do método pela comunidade científica (Clough, 1980).

A primeira aplicação prática do MEF na Engenharia Civil foi originada a partir de um estudo de 1962 realizado para o diagnóstico e a recuperação da barragem de gravidade de Norfork (Arkansas, EUA), que durante sua construção apresentou um quadro patológico preocupante causado por uma falha interna provocada pelo aumento da temperatura do concreto massa. O conselho consultivo da obra, presidido pelo Corpo de Engenheiros do Exército dos Estados Unidos (Usace), propôs o desenvolvimento de um programa de elementos finitos para a análise de tensões a fim de auxiliar na identificação da origem do comportamento anômalo observado. Em 1972, o engenheiro civil Edward L. Wilson desenvolveu a primeira versão do programa de elementos finitos SAPII, no âmbito de sua tese de doutoramento junto à Universidade da Califórnia em Berkeley, orientado pelo Prof. Ray Clough. Em 1975, o Prof. E. Wilson constituiu a empresa Computers and Structures Inc., para comercializar o programa SAPIV. Em 1982, foi lançado o programa SAP80, sendo considerado o primeiro código comercial de elementos finitos a operar na plataforma IBM-PC (lançada em 1981 pela IBM). No mesmo ano, a empresa americana AutoDesk distribuiu no mercado a primeira versão do programa AutoCAD-2D. Esses fatos levaram à popularização do MEF e da integração das ferramentas CAD-CAE para o desenvolvimento de projetos de engenharia estrutural.

Em pouco tempo, como uma reação em cadeia, o MEF foi adotado pela comunidade científica, que produziu importantes publicações nos temas mais variados relacionados aos problemas nos campos da Física e da Engenharia.

1.2 Evolução dos sistemas computacionais

Obviamente, a complexidade dos problemas resolvidos pelo MEF está diretamente relacionada à evolução da velocidade de processamento e ao aumento da capacidade de armazenamento dos sistemas computacionais. As Figs. 1.1 e 1.2 apresentam o progresso da velocidade de processamento, em número de operações em ponto flutuante por segundo (flops), de supercomputadores e computadores pessoais nas últimas décadas. Ressalta-se que esse avanço segue uma escala logarítmica. Diante da evolução observada na Fig. 1.1, destaca-se a ultravelocidade de processamento de cerca de 1 Eflops (1 quintilhão de operações aritméticas em ponto flutuante por segundo) superada em 2022. Confrontando-se as Figs. 1.1 e 1.2, nota-se que a velocidade de processamento de um supercomputador atingida em 1995, em torno de 1 Tflops, hoje pode ser equiparada à de um computador de uso doméstico – a um custo mil vezes menor que aquele praticado na época.

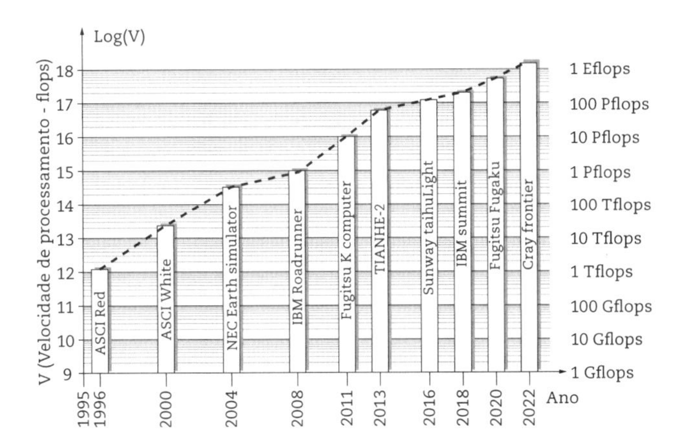

Fig. 1.1 *Evolução da velocidade de processamento de supercomputadores*
Fonte: adaptado de TOP500 (2022).

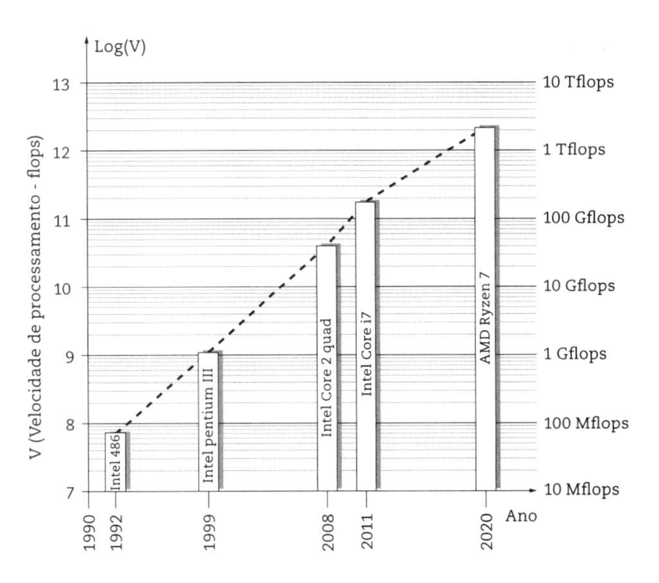

Fig. 1.2 *Evolução da velocidade de processamento de computadores pessoais*
Fonte: adaptado de Growth... (2013).

O supercomputador Pégaso (Petrobras) é atualmente o maior da América Latina, com capacidade de processamento da ordem de 60 Pflops, e é utilizado no processamento de imagens das áreas destinadas à exploração e à produção de petróleo e gás natural, visando reduzir incertezas e riscos de projeto e maximizar a eficiência dos projetos exploratórios da empresa.

O advento da tecnologia de armazenamento em nuvem de grandes massas de dados permite superar a limitação do tamanho do modelo condicionado ao espaço em disco rígido local disponível. Esse espaço ilimitado – necessário para o armazenamento do banco de dados do modelo, dos arquivos provisórios (gerados na fase de análise) e dos arquivos de resultados – oferece condições adequadas para a análise de problemas de grande porte e ultra complexos.

1.3 Tipos de elementos finitos

O Quadro 1.1 lista alguns tipos de formulação por elementos finitos e seus respectivos graus de liberdade (GL), que correspondem às incógnitas básicas do problema. A Fig. 1.3 apresenta os elementos planos utilizados em análises estrutural, térmica e fluídica. O elemento estru-

Quadro 1.1 Alguns tipos de análise por elementos finitos

Tipo de análise	Graus de liberdade
Estrutural	Deslocamento
Térmica	Temperatura
Fluídica	Pressão, velocidade e temperatura
Membranas pressurizadas	Deslocamento transversal
Percolação	Carga hidráulica
Acústica	Pressão sonora
Difusão	Concentração

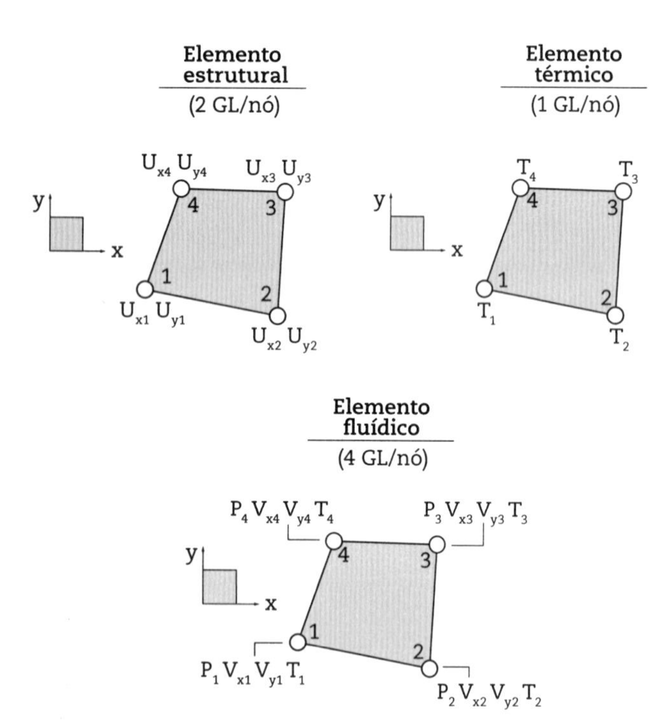

Fig. 1.3 *Tipos de elementos e graus de liberdade*

tural tem como incógnita básica o deslocamento nodal, representado pelas componentes translacionais horizontal e vertical (grandeza vetorial). O elemento térmico permite a representação do campo de temperaturas, obtido a partir das temperaturas nodais (grandeza escalar). No caso do elemento fluídico, este apresenta incógnitas básicas mistas – pressão, temperatura (ambas grandezas escalares) e velocidade do fluido, representado pelas componentes horizontal e vertical (grandeza vetorial).

A grande versatilidade do MEF, em relação aos outros métodos, é representada pela possibilidade de resolução simultânea de diversas equações diferenciais governantes de distintas disciplinas. O Quadro 1.2 exibe alguns tipos de problemas comumente utilizados em análises por elementos finitos em campos acoplados.

Quadro 1.2 Alguns tipos de análise de campos acoplados

Tipos de acoplamento	Graus de liberdade
Termoestrutural	Temperatura e deslocamento
Fluidoestrutural	Deslocamento, pressão e velocidade
Termoelétrico	Temperatura e potencial elétrico
Eletromagnético	Potencial elétrico e magnético

Direcionando-se esse estudo aos elementos finitos estruturais, as Figs. 1.4 e 1.5 apresentam as principais formulações empregadas para a resolução de problemas estruturais considerando-se os elementos finitos de barra, laminares e sólidos. No Cap. 2 são mostradas as deduções das matrizes de rigidez de alguns dos elementos ilustrados nessas figuras.

O vetor deslocamento no espaço é expresso por seis componentes – três translações e três rotações. As formulações relativas aos elementos apresentados nas Figs. 1.4 e 1.5 distinguem-se pelo número de graus de liberdade associados a cada uma delas. O número de graus de liberdade de um elemento está diretamente associado à dimensão de sua matriz de rigidez.

Pode-se associar o comportamento de dois tipos de elementos finitos, desde que seus graus de liberdade sejam compatíveis. Por exemplo, simula-se o comportamento estrutural de lajes nervuradas com o uso de elementos de placa, representando as lajes, e de grelha, representando as nervuras. Da mesma forma, é possível simular uma casca nervurada associando-se os elementos de casca e de pórtico 3D, pois apresentam os mesmos graus de liberdade nos nós (três translações e três rotações). Tais casos são esquematizados na Fig. 1.6. É viável também utilizar malhas mistas compostas por elementos de mesma dimensão, mas com formas distintas, como uma malha de elementos finitos 3D sólidos tetraédricos e hexaédricos ou uma malha de elementos finitos planos de placa triangulares e quadrangulares.

Outra maneira permitida é a associação parcial de graus de liberdade, a exemplo da ligação entre estruturas mistas formadas por pórticos e treliças planas ou espaciais, em que se pode apenas associar os graus de liberdade translacionais. Esses casos de acoplamento total ou parcial serão tratados no Cap. 5, relativo às aplicações práticas com o uso do programa SAP2000.

1.4 Nível de discretização

O nível de discretização ou refinamento da malha do modelo de elementos finitos está diretamente relacionado à qualidade dos resultados. Quanto maior for o nível de discretização, maior será a precisão da solução obtida e, consequentemente, o custo operacional-computacional.

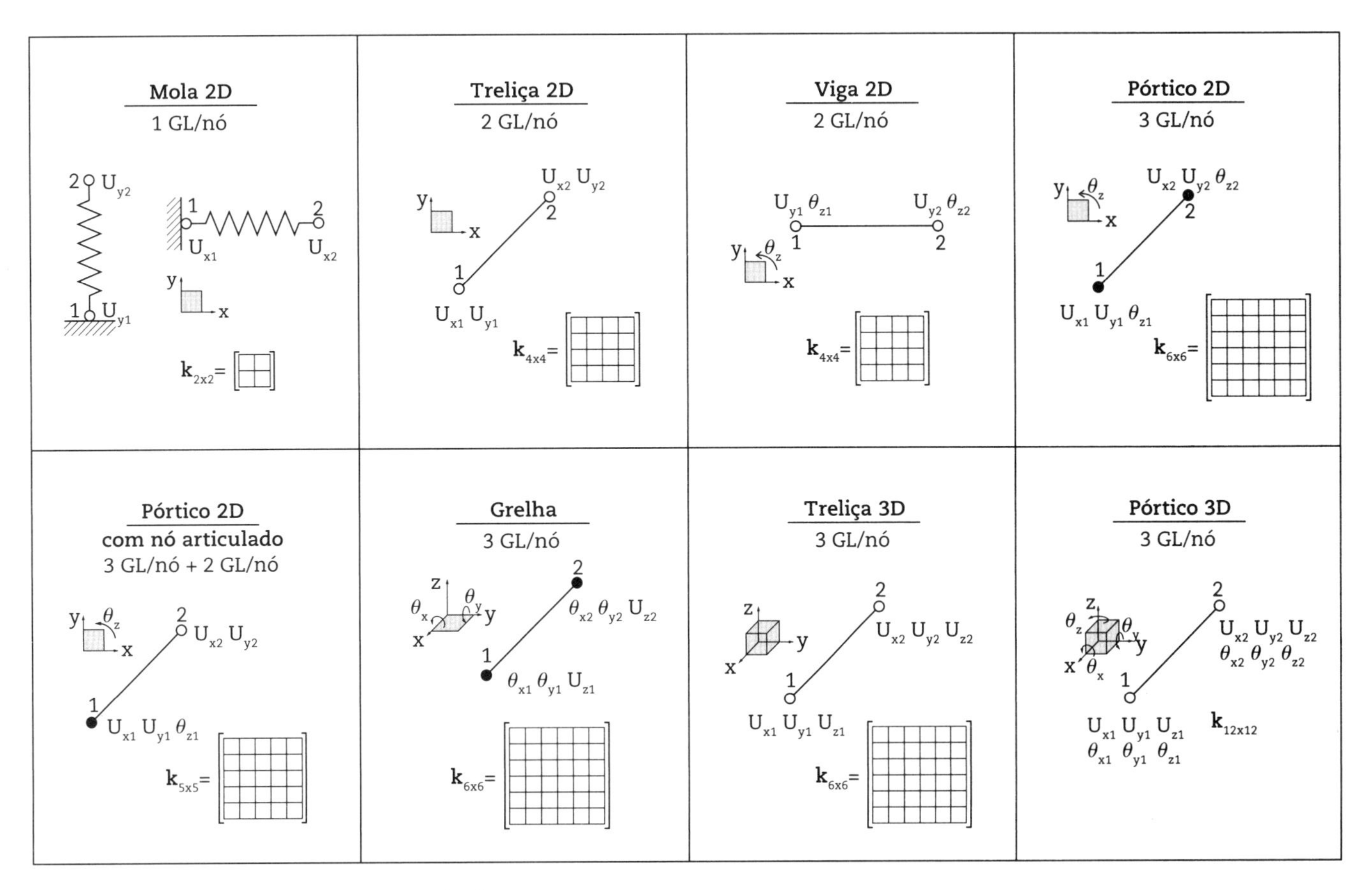

Fig. 1.4 *Tipos de elementos finitos estruturais 1D*

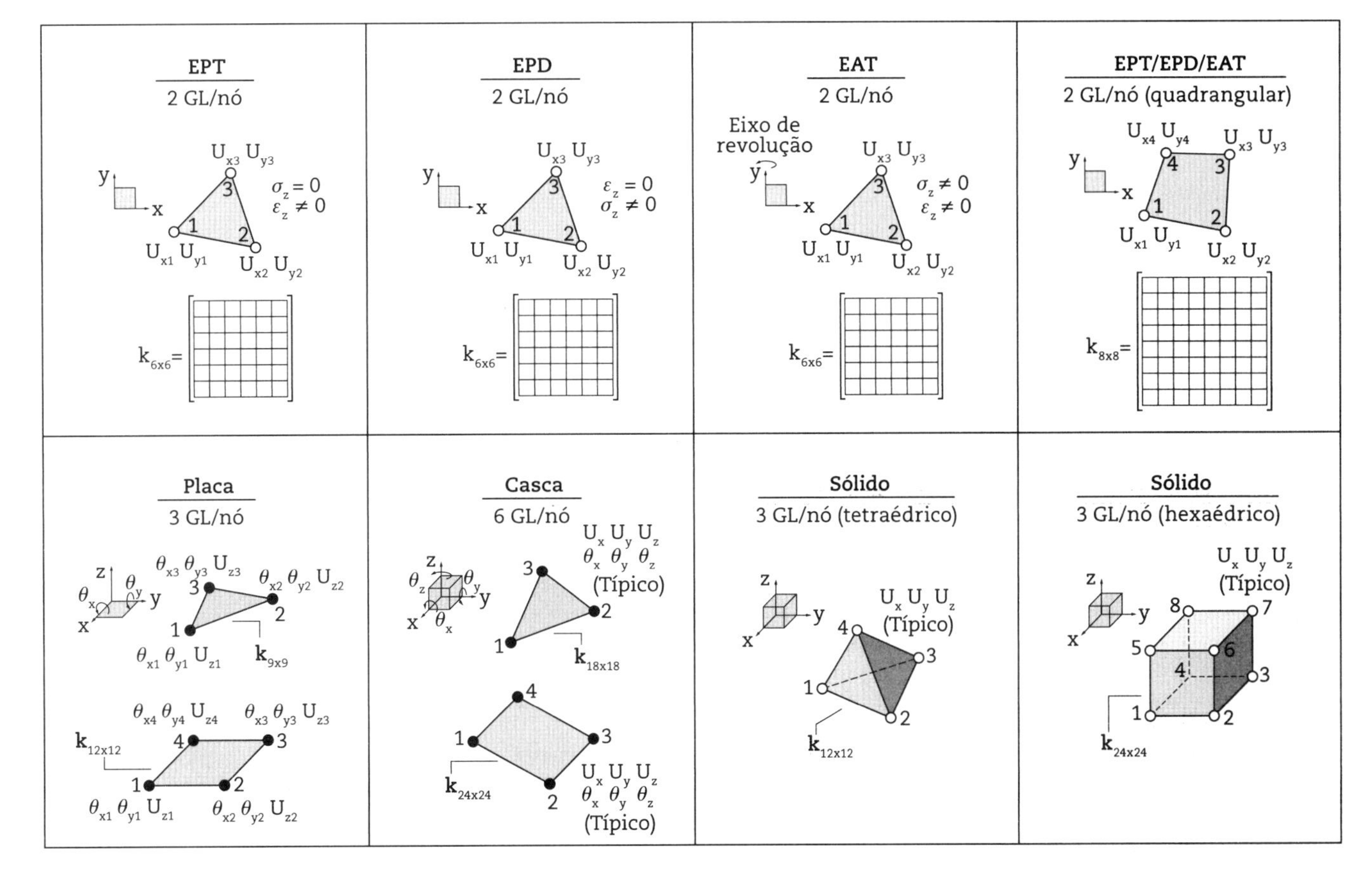

Fig. 1.5 *Tipos de elementos finitos estruturais 2D e 3D*

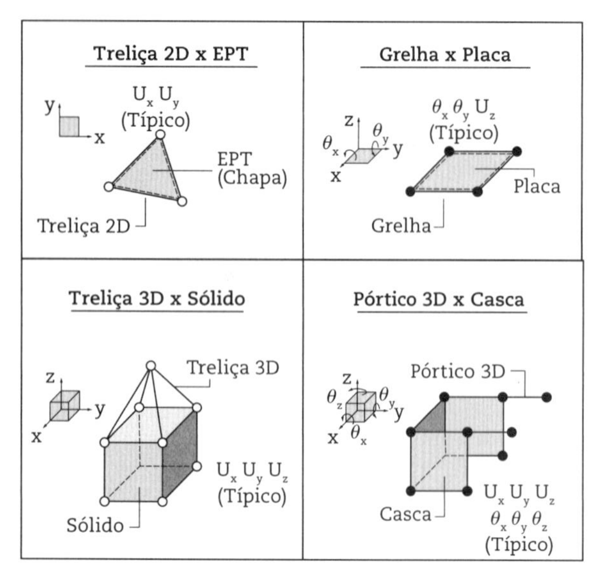

Fig. 1.6 *Associação de elementos finitos com graus de liberdade compatíveis*

Na Fig. 1.7 apresentam-se modelos estruturais de uma estação subterrânea de geração de energia elétrica para a análise de tensões no maciço rochoso decorrentes das escavações, que é um problema sem solução analítica. Para saber se a solução é adequada, suficientemente precisa para a tomada de decisões, são processados os modelos no estado plano de deformações com distintos níveis de discretização.

Com o aumento do grau de discretização, a solução do problema tende a convergir para valores assintóticos. É preciso observar qual tipo de critério de convergência deve ser adotado. O fato de o problema convergir para o campo dos deslocamentos não necessariamente implica que seja atingida uma resposta satisfatória em termos de tensões e deformações.

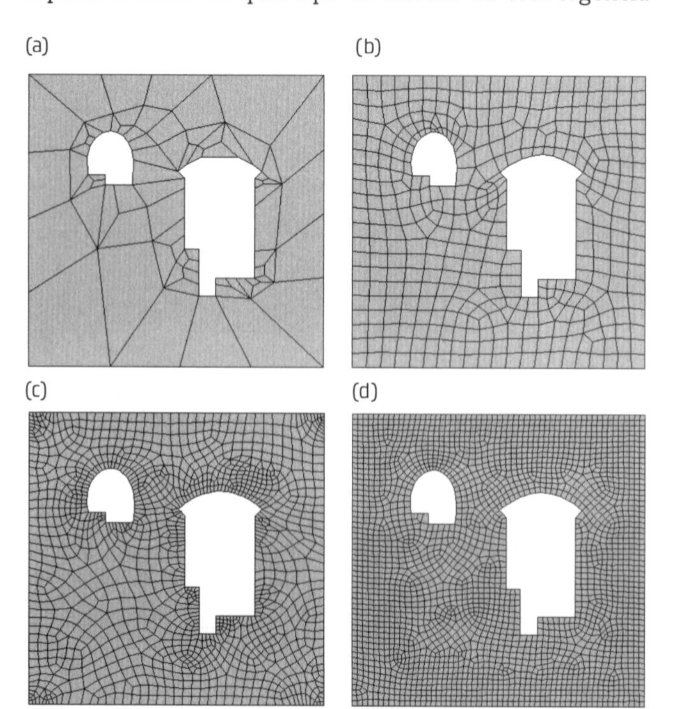

Fig. 1.7 *Modelos no estado plano de deformações: (a) 74 elementos, (b) 398 elementos, (c) 1.260 elementos e (d) 2.448 elementos*
Fonte: Zienkiewicz e Taylor (2000).

1.5 Tamanho dos elementos finitos

Na Fig. 1.8 ilustra-se o modelo de elementos finitos utilizado para a avaliação da estabilidade de um implante odontológico no osso mandibular com interação osso-dente. Na Fig. 1.9 mostra-se o modelo de elementos finitos para a avaliação da estabilidade de uma barragem de concreto sobre rocha estratificada com interação rocha-estrutura. Apesar de os problemas serem de comportamento análogo, os elementos finitos apresentam tamanhos de diferentes ordens de magnitude. No modelo biomecânico, o tamanho de um elemento finito na zona de concentração de tensões, próxima ao ponto de aplicação da força de oclusão, é em torno de 0,5 mm. No entanto, no modelo da barragem de concreto, o tamanho de um elemento finito situado nas camadas mais profundas da rocha tem por volta de 10 m de altura, pois não é uma região de interesse prático. O tamanho dos elementos finitos sólidos dos modelos apresentados difere em quatro ordens de magnitude, ou seja, um é o décimo do milésimo do outro. Portanto, o tamanho do elemento é subjetivo e depende do problema a ser analisado e da qualidade dos resultados pretendida.

1.6 Modelos estruturais

A simulação do comportamento mecânico de sólidos deformáveis pode ser idealizada por diversos tipos de formulação por elementos finitos. O comportamento estrutural de um sólido prismático em regime elástico linear sujeito a um carregamento estático e simétrico, em relação aos eixos principais de inércia da seção transversal, pode ser representado por (i) teoria das vigas, (ii) teoria das chapas, (iii) teoria das cascas e (iv) teoria dos sólidos deformáveis. Os elementos finitos que compõem os modelos exibidos na Fig. 1.10 são formulados a partir

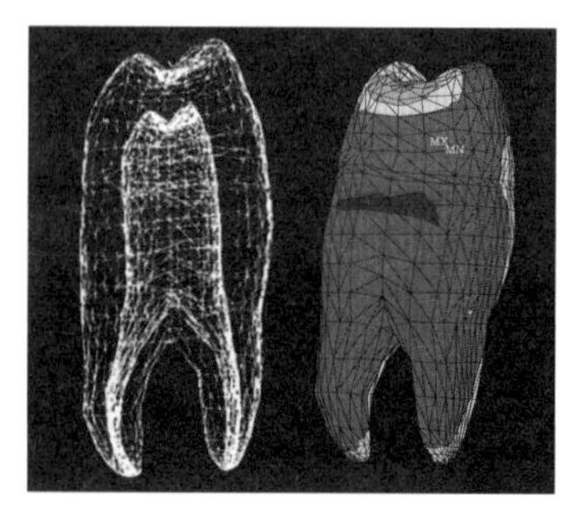

Fig. 1.8 *Modelo de elementos finitos de um implante odontológico no osso mandibular*

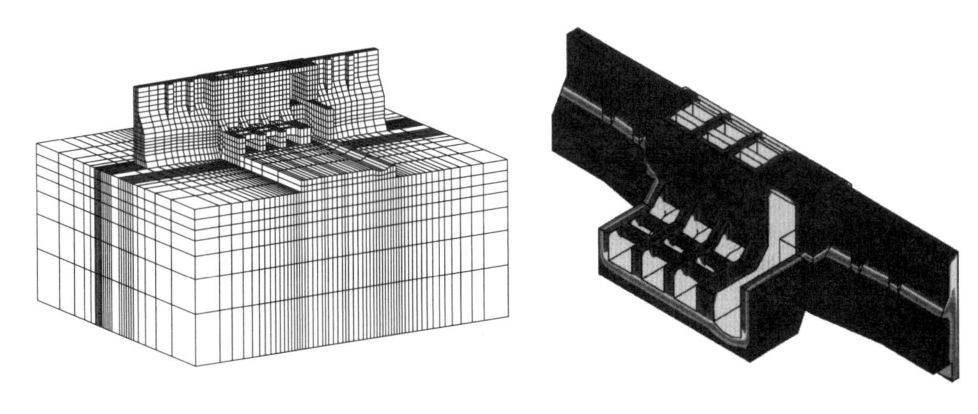

Fig. 1.9 *Modelo de elementos finitos de uma barragem de concreto assentada sobre rocha*

da utilização das teorias apontadas com níveis distintos de aproximação do tensor das tensões (e deformações).

Com base na aplicação da teoria das vigas, considera-se um modelo reticulado composto por elementos lineares passando pelo eixo do elemento estrutural, cujos resultados estão condicionados a essa geometria, e, portanto, são obtidas somente as tensões normais na direção do eixo X, conforme indicado na Fig. 1.10a.

Analisando-se pela teoria das chapas, considera-se um modelo bidimensional posicionado em um plano paralelo ao plano XY e passando pelo eixo de simetria da seção transversal (eixo principal de inércia). Nesse modelo são encontradas apenas as componentes do tensor das tensões contidas no plano XY, mostradas na Fig. 1.10b.

Para a representação do problema segundo a teoria das cascas, concebe-se um modelo formado por dois planos ortogonais, representados pelas superfícies médias da alma (paralela ao plano XY) e da mesa (paralela ao plano XZ). Nesse caso são obtidas as componentes do tensor das tensões associadas aos planos considerados, apontadas na Fig. 1.10c.

A teoria dos sólidos deformáveis, utilizada na formulação dos elementos que compõem o modelo sólido, dado na Fig. 1.10d, é a mais completa em termos de representação das componentes do tensor das tensões.

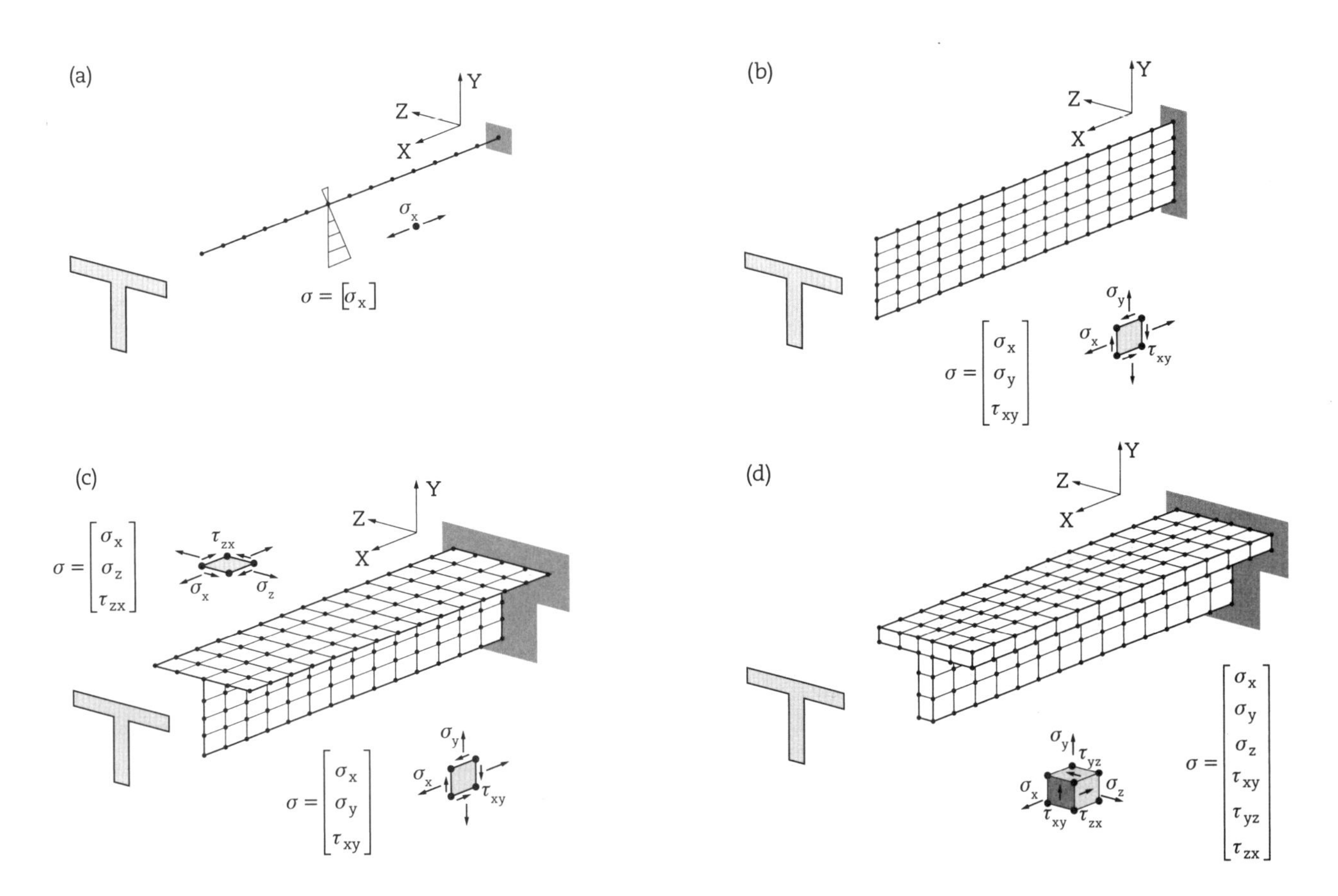

Fig. 1.10 *Modelos estruturais para obtenção das tensões devidas à flexão simétrica de vigas prismáticas: (a) modelo de viga, (b) modelo de chapa, (c) modelo de casca e (d) modelo sólido*

As características topológicas da estrutura e as condições de contorno e de carregamento relacionadas ao sólido analisado definem quais modelos podem ser utilizados para a representação apropriada do comportamento estrutural, dentro das hipóteses simplificadoras pertinentes a cada teoria. A escolha do elemento finito adequado também é pautada pela redução do tempo de processamento do modelo. O custo operacional-computacional é crescente de acordo com a ordem apresentada na Fig. 1.10.

Seja uma viga T de aço em balanço, formada por chapas soldadas, suportando uma carga concentrada P = 6,7 kN aplicada na extremidade livre. Obtenha as tensões na seção n-n, situada a 80 mm da extremidade engastada, indicada na Fig. 1.11. São dados os parâmetros elásticos do aço estrutural E = 210 GPa e $\nu = 0{,}3$.

A flecha e as tensões na seção n-n da viga, utilizando os modelos de elementos finitos de viga, chapa, casca e sólido, são indicadas nas Figs. 1.12 a 1.16.

Pode-se observar uma boa aderência dos resultados obtidos numericamente, listados na Tab. 1.1, com aqueles fornecidos pela teoria das vigas de Bernoulli, exceto para as tensões de cisalhamento τ_{zx}. A diferença observada, de cerca de 10%, corresponde à concentração de tensões na região do encontro da mesa com a alma da viga.

Os modelos de casca e sólido apresentam grande aderência de resultados e são os mais realistas. Em termos práticos, os resultados fornecidos pela teoria das vigas são satisfatórios nesse problema de flexão simples.

1.7 Considerações finais

O sucesso de uma análise de elementos finitos está diretamente relacionado à sensibilidade do engenheiro para a idealização adequada do problema e à sua habilidade de entendimento do problema real. As evidências experimentais devem ser incorporadas nos programas de simulação sempre que ultrapassarem as fronteiras da experiência e

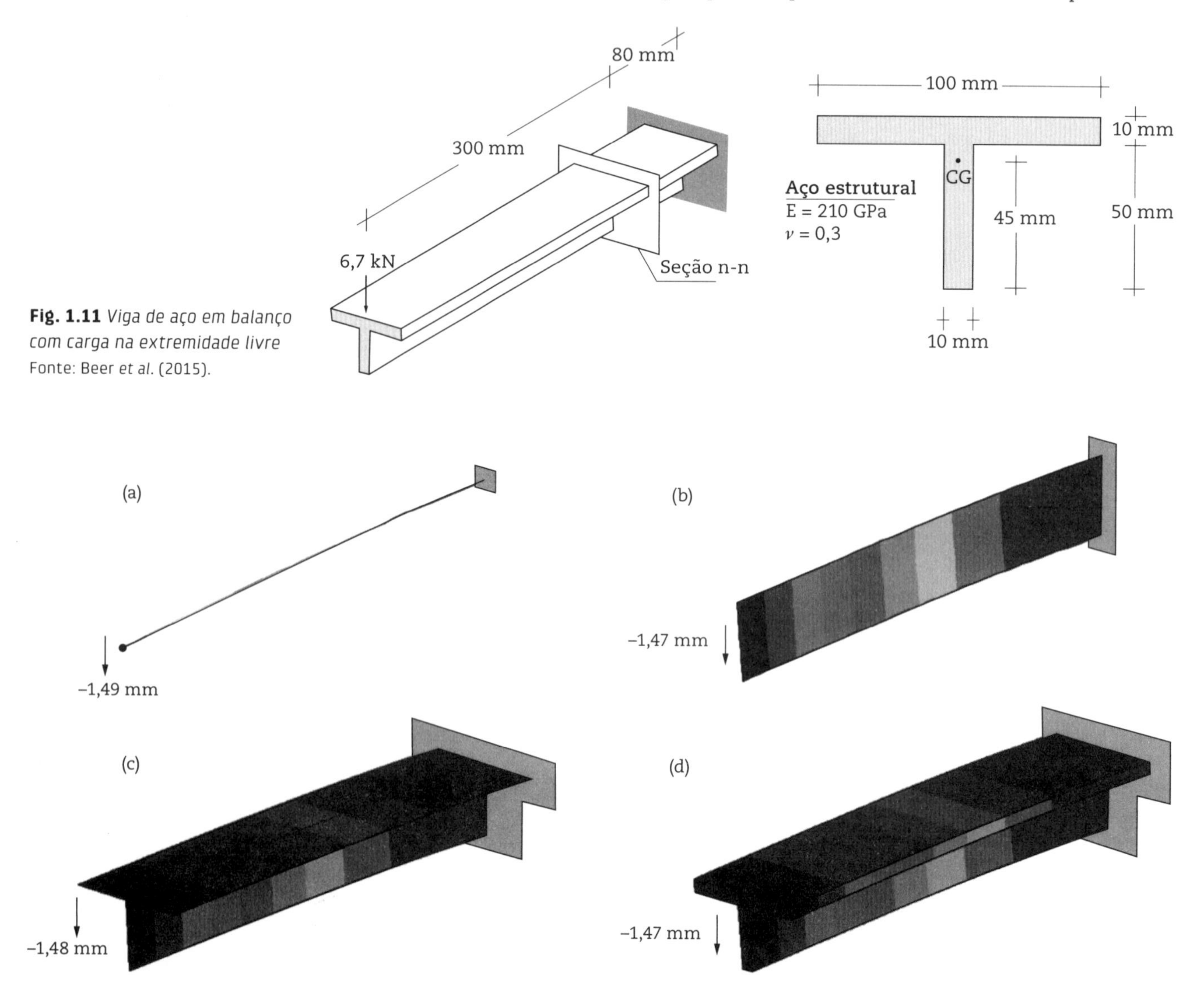

Fig. 1.11 *Viga de aço em balanço com carga na extremidade livre*
Fonte: Beer *et al.* (2015).

Fig. 1.12 *Deslocamento vertical no ponto de aplicação da força pontual: (a) modelo de viga, (b) modelo de chapa, (c) modelo de casca e (d) modelo sólido*

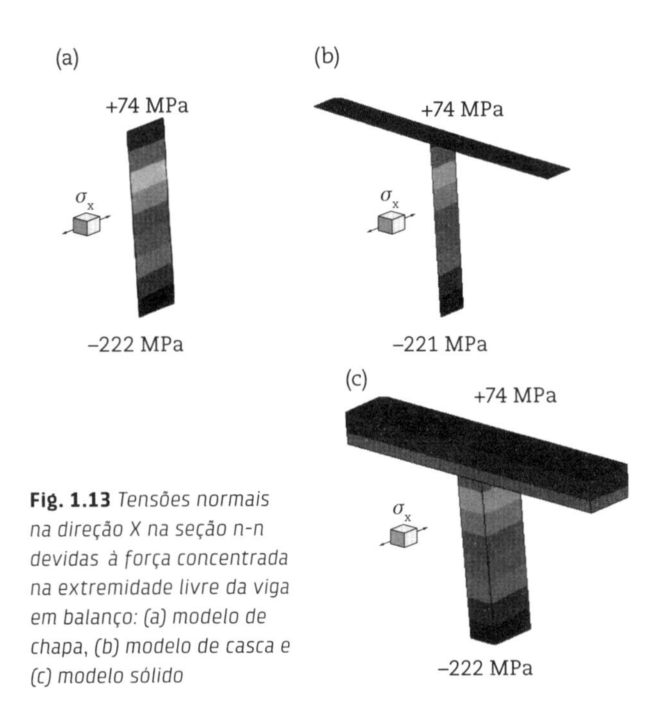

Fig. 1.13 *Tensões normais na direção X na seção n-n devidas à força concentrada na extremidade livre da viga em balanço: (a) modelo de chapa, (b) modelo de casca e (c) modelo sólido*

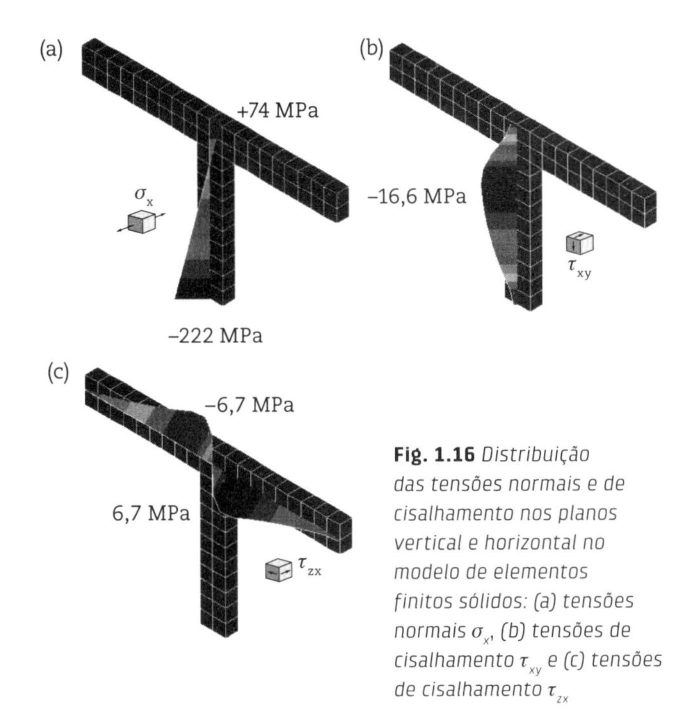

Fig. 1.16 *Distribuição das tensões normais e de cisalhamento nos planos vertical e horizontal no modelo de elementos finitos sólidos: (a) tensões normais σ_x, (b) tensões de cisalhamento τ_{xy} e (c) tensões de cisalhamento τ_{zx}*

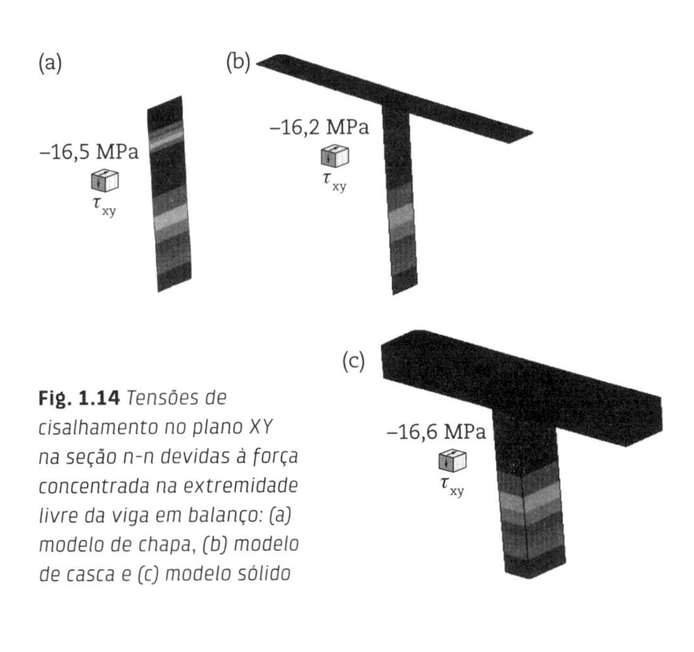

Fig. 1.14 *Tensões de cisalhamento no plano XY na seção n-n devidas à força concentrada na extremidade livre da viga em balanço: (a) modelo de chapa, (b) modelo de casca e (c) modelo sólido*

Tab. 1.1 Resumo dos resultados para os modelos estruturais

Parâmetro	**Modelo de viga**	**Modelo de chapa**	**Modelo de casca**	**Modelo sólido**
Deslocamento u_y	1,49 mm	1,47 mm	1,48 mm	1,47 mm
Tensão mínima de compressão σ_x	–219 MPa	–222 MPa	–221 MPa	–222 MPa
Tensão máxima de tração σ_x	+73 MPa	+74 MPa	+74 MPa	+74 MPa
Tensão de cisalhamento τ_{xy} (plano vertical)	–16,5 MPa	–16,5 MPa	–16,2 MPa	–16,6 MPa
Tensão de cisalhamento τ_{zx} (plano horizon-tal)	±7,31 MPa	Indisponível	±6,7 MPa	±6,7 MPa

(a) 6,7 MPa t_{zx} τ_{zx} –6,7 MPa

(b) 6,7 MPa τ_{zx} τ_{zx} –6,7 MPa

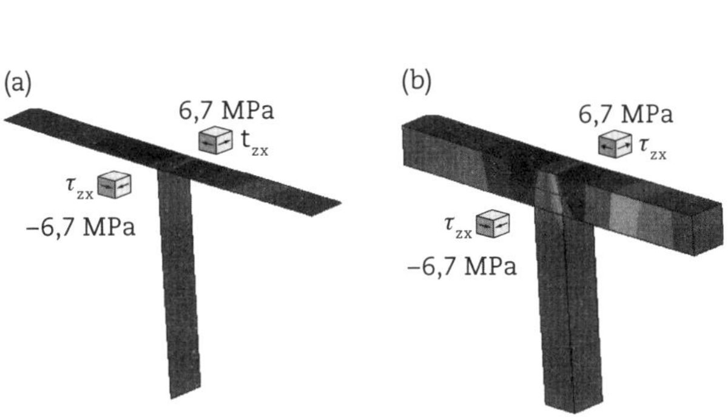

Fig. 1.15 *Tensões de cisalhamento no plano ZX na seção n-n devidas à força concentrada na extremidade livre da viga em balanço: (a) modelo de casca e (b) modelo sólido*

da prática recomendada, refletidas nos instrumentos normativos. Por essa razão, novos sistemas estruturais devem ser sempre analisados por uma abordagem analítico--experimental de modo a fornecer informações que permitam a calibração os modelos matemáticos desenvolvidos nos sistemas computacionais.

FORMULAÇÕES BÁSICAS DOS ELEMENTOS ESTRUTURAIS

2

2.1 Formulação geral

O entendimento da formulação geral do MEF permite o desenvolvimento de formulações específicas para os elementos estruturais, vistas detalhadamente neste capítulo. Em todas as formulações desenvolvidas são utilizadas funções polinomiais para a dedução da matriz de rigidez dos elementos.

2.1.1 Funções de interpolação

A continuidade do campo dos deslocamentos é resgatada pelas funções de interpolação. Dessa forma, uma vez conhecidos os deslocamentos nodais, pode-se estimar aproximadamente os deslocamentos em qualquer ponto no interior do elemento finito considerado, de acordo com a expressão:

$$u(x_P,y_P) \approx \tilde{u}(x_P,y_P) = \mathbf{N}^T \cdot \mathbf{u}$$

$$= \begin{bmatrix} N_1(x_P,y_P) & N_2(x_P,y_P) & N_3(x_P,y_P) & \cdots \end{bmatrix} \cdot \begin{bmatrix} u_1 \\ u_2 \\ u_3 \\ \vdots \end{bmatrix} \quad \textbf{(2.1)}$$

em que:

$u(x_P, y_P)$ é o valor analítico da função deslocamento horizontal no ponto P (Fig. 2.1), definida na sub-região analisada;

$\tilde{u}(x_P, y_P)$ é o valor aproximado da função deslocamento horizontal no ponto P, válida no domínio do elemento finito analisado;

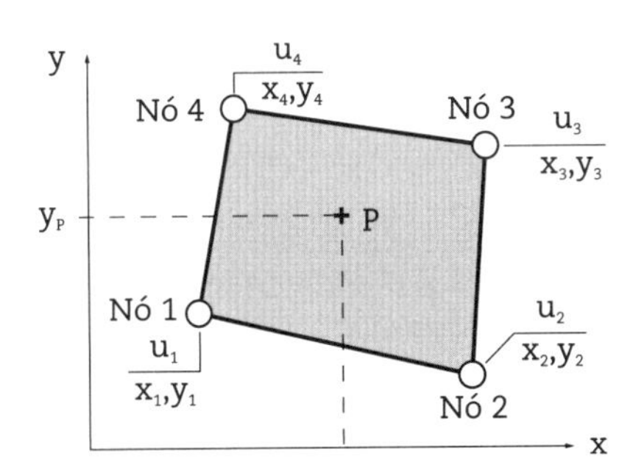

Fig. 2.1 *Elemento finito 2D com um grau de liberdade por nó*

$N_i(x_P, y_P)$ é o valor da função de interpolação N_i, associada ao deslocamento nodal i (grau de liberdade u_i), estimada no ponto P e definida no espaço $\Re1$, $\Re2$ ou $\Re3$ dependendo da formulação considerada;

u_1, u_2, ... são os deslocamentos horizontais conhecidos nos nós 1, 2, ...

Pode-se utilizar diversas famílias e técnicas para obter as funções de interpolação. Por facilidade, considera-se a família de funções polinomiais para representar as funções de interpolação $N_i(x, y)$. Seja um polinômio genérico, escrito sob a forma:

$$u_i(x_i, y_i) = g_i \cdot c = [1 \ x_i \ y_i \ \ldots] \cdot \begin{bmatrix} c_1 \\ c_2 \\ c_3 \\ \vdots \end{bmatrix} \quad \textbf{(2.2)}$$

em que:

g é a matriz que contém os termos do polinômio;

c é a matriz dos coeficientes de ajuste.

A partir das coordenadas nodais (x_i, y_i) é possível prescrever o valor do deslocamento horizontal u_i correspondente ao grau de liberdade associado ao nó i. Os coeficientes de ajuste da função polinomial **c** podem ser obtidos por meio da resolução de um sistema de equações lineares. Desse modo, define-se a matriz **h** como sendo:

$$\mathbf{u} = \begin{bmatrix} u_1 \\ u_2 \\ u_3 \\ \vdots \end{bmatrix} = \begin{bmatrix} 1 & x_1 & y_1 & \cdots \\ 1 & x_2 & y_2 & \cdots \\ 1 & x_3 & y_3 & \cdots \\ \vdots & \vdots & \vdots & \ddots \end{bmatrix} \cdot \begin{bmatrix} c_1 \\ c_2 \\ c_3 \\ \vdots \end{bmatrix} = \mathbf{h} \cdot \mathbf{c} \quad \textbf{(2.3)}$$

Igualando as Eqs. 2.1 e 2.2 e introduzindo a Eq. 2.3, chega-se a:

$$\mathbf{N}^T \cdot \mathbf{h} \cdot \mathbf{c} = \mathbf{g} \cdot \mathbf{c} \quad \textbf{(2.4)}$$

Com o cancelamento da matriz dos coeficientes **c** e passando-se a matriz **h** para o segundo membro, obtêm-se as *funções de interpolação*, dadas pela expressão:

$$\boxed{\mathbf{N}^T = \mathbf{g} \cdot \mathbf{h}^{-1}} \quad \textbf{(2.5)}$$

A condição necessária para que a matriz **h** seja inversível é ela ser quadrada, ou seja, o número de termos do polinômio interpolador deve ser compatível com o número de graus de liberdade inter-relacionados do elemento finito analisado, de acordo com a Fig. 2.2.

Número de termos do polinômio →

$$\mathbf{h} = \begin{bmatrix} 1 & x_1 & y_1 & \cdots \\ 1 & x_2 & y_2 & \cdots \\ 1 & x_3 & y_3 & \cdots \\ \vdots & \vdots & \vdots & \ddots \end{bmatrix}$$

↓ Número de deslocamentos nodais interpolados

Fig. 2.2 *Matriz definida pela imposição das coordenadas nodais nos termos do polinômio*

Genericamente, pode-se utilizar as mesmas funções de interpolação **N** para aproximar as demais componentes do vetor deslocamento, que são linearmente independentes, do elemento finito considerado. Na Eq. 2.6, complementada pela Fig. 2.3, u_1, u_4, u_7 e u_{10} representam as componentes do vetor deslocamento na direção x, e assim sucessivamente. Nessa dimensão, **u** é a matriz dos deslocamentos nodais do elemento tetraédrico, dado na Fig. 2.3.

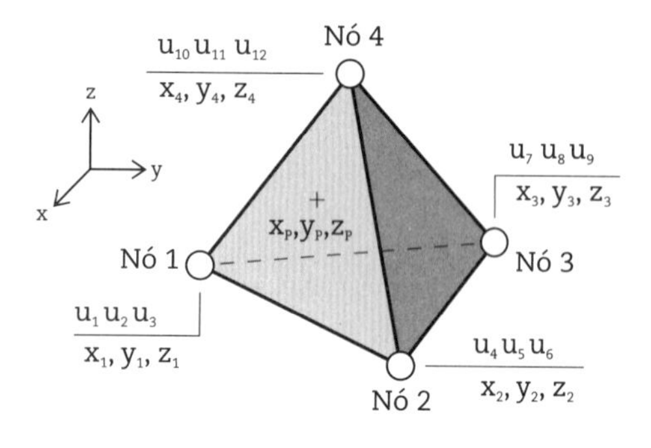

Fig. 2.3 *Elemento finito 3D com três graus de liberdade por nó*

$$\tilde{\mathbf{u}}(x,y,z) = \begin{bmatrix} \tilde{u}(x,y,z) \\ \tilde{v}(x,y,z) \\ \tilde{w}(x,y,z) \end{bmatrix} = \mathbf{N}^T \cdot \mathbf{u} =$$

$$\begin{bmatrix} N_1 & 0 & 0 & N_2 & 0 & 0 & N_3 & 0 & 0 & \\ 0 & N_1 & 0 & 0 & N_2 & 0 & 0 & N_3 & 0 & \cdots \\ 0 & 0 & N_1 & 0 & 0 & N_2 & 0 & 0 & N_3 & \end{bmatrix} \cdot \begin{bmatrix} u_1 \\ u_2 \\ u_3 \\ u_4 \\ u_5 \\ u_6 \\ \vdots \end{bmatrix} \quad \textbf{(2.6)}$$

2.1.2 Equações de compatibilidade

Na elasticidade linear, as deformações no elemento finito são definidas pelo gradiente dos deslocamentos. No caso da elasticidade tridimensional para materiais elásticos lineares com comportamento isotrópico, as equações de compatibilidade, que relacionam o campo dos deslocamentos com as deformações lineares e angulares, representadas na Fig. 2.4, são descritas pelas relações:

$$\varepsilon_x = \frac{\partial u}{\partial x} \qquad \varepsilon_y = \frac{\partial v}{\partial y} \qquad \varepsilon_z = \frac{\partial w}{\partial z}$$
$$\gamma_{xy} = \frac{\partial u}{\partial y} + \frac{\partial v}{\partial x} \quad \gamma_{yz} = \frac{\partial v}{\partial z} + \frac{\partial w}{\partial y} \quad \gamma_{zx} = \frac{\partial w}{\partial x} + \frac{\partial u}{\partial z} \quad \textbf{(2.7)}$$

que, na forma matricial, são escritas do seguinte modo:

$$\begin{bmatrix} \varepsilon_x \\ \varepsilon_y \\ \varepsilon_z \\ \gamma_{xy} \\ \gamma_{yz} \\ \gamma_{zx} \end{bmatrix} = \begin{bmatrix} \partial/\partial x & 0 & 0 \\ 0 & \partial/\partial y & 0 \\ 0 & 0 & \partial/\partial z \\ \partial/\partial y & \partial/\partial x & 0 \\ 0 & \partial/\partial z & \partial/\partial y \\ \partial/\partial z & 0 & \partial/\partial x \end{bmatrix} \cdot \begin{bmatrix} u(x,y,z) \\ v(x,y,z) \\ w(x,y,z) \end{bmatrix} \quad \textbf{(2.8)}$$

$$\varepsilon = \mathbf{L} \cdot \mathbf{u}(x,y,z) \quad \textbf{(2.9)}$$

em que:

ε é a deformação;

L é o operador diferencial de primeira ordem;

u(x, y, z) é o campo dos deslocamentos em meios contínuos.

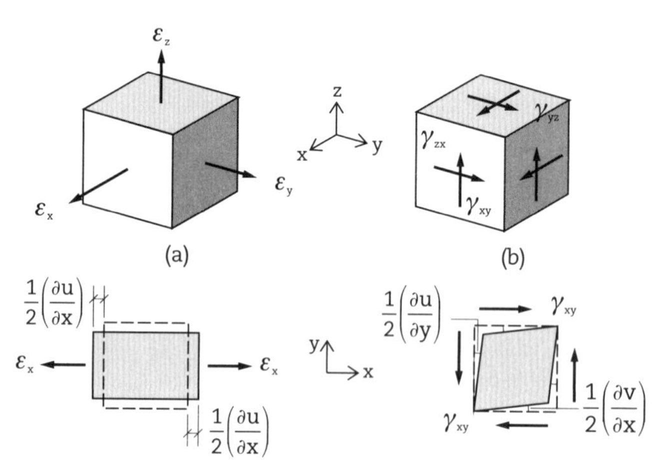

Fig. 2.4 *Relações de compatibilidade: (a) deformações lineares e (b) deformações angulares*

Introduzindo-se na Eq. 2.9 a aproximação do campo dos deslocamentos utilizada na formulação por elementos finitos, dada pela Eq. 2.1, tem-se o campo aproximado das deformações no domínio do elemento finito:

$$\varepsilon \approx \mathbf{L} \cdot \tilde{\mathbf{u}}(x,y,z) = \mathbf{L} \cdot \mathbf{N}^T \cdot \mathbf{u} \quad \textbf{(2.10)}$$

que decorre:

$$\varepsilon \approx \mathbf{B} \cdot \mathbf{u} \quad \textbf{(2.11)}$$

sendo **B** a matriz de compatibilidade, definida pelo gradiente das funções de interpolação do elemento finito considerado, dada por:

$$\mathbf{B} = \mathbf{L}\cdot\mathbf{N}^T = \begin{bmatrix} \frac{\partial N_1}{\partial x} & 0 & 0 & \frac{\partial N_2}{\partial x} & 0 & 0 & \frac{\partial N_3}{\partial x} & 0 & 0 \\ 0 & \frac{\partial N_1}{\partial y} & 0 & 0 & \frac{\partial N_2}{\partial y} & 0 & 0 & \frac{\partial N_3}{\partial y} & 0 \\ 0 & 0 & \frac{\partial N_1}{\partial z} & 0 & 0 & \frac{\partial N_2}{\partial z} & 0 & 0 & \frac{\partial N_3}{\partial z} \\ \frac{\partial N_1}{\partial y} & \frac{\partial N_1}{\partial x} & 0 & \frac{\partial N_2}{\partial y} & \frac{\partial N_2}{\partial x} & 0 & \frac{\partial N_3}{\partial y} & \frac{\partial N_3}{\partial x} & 0 \\ 0 & \frac{\partial N_1}{\partial z} & \frac{\partial N_1}{\partial y} & 0 & \frac{\partial N_2}{\partial z} & \frac{\partial N_2}{\partial y} & 0 & \frac{\partial N_3}{\partial z} & \frac{\partial N_3}{\partial y} \\ \frac{\partial N_1}{\partial z} & 0 & \frac{\partial N_1}{\partial x} & \frac{\partial N_2}{\partial z} & 0 & \frac{\partial N_2}{\partial x} & \frac{\partial N_3}{\partial z} & 0 & \frac{\partial N_3}{\partial x} \end{bmatrix} \cdots \quad \textbf{(2.12)}$$

2.1.3 Equações constitutivas

As equações constitutivas relacionam as componentes de tensão com as componentes de deformação. Desse modo, as tensões normais estão relacionadas com as deformações lineares e as tensões de cisalhamento estão associadas às deformações angulares (Fig. 2.5), de acordo com a lei de Hooke generalizada para o estado triplo de tensões, escrita a seguir.

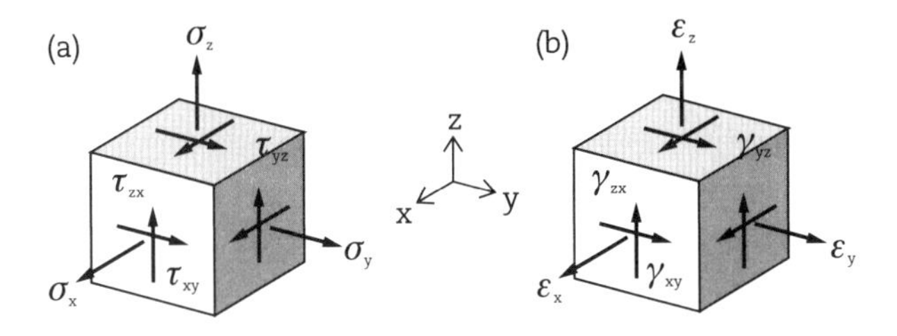

Fig. 2.5 *Relações constitutivas: (a) componentes de tensão e (b) componentes de deformação*

$$\varepsilon_x = +\frac{1}{E}\cdot\sigma_x - \frac{\nu}{E}\cdot\sigma_y - \frac{\nu}{E}\cdot\sigma_z \qquad \gamma_{xy} = \frac{1}{G}\cdot\tau_{xy} = \frac{2\cdot(1+\nu)}{E}\cdot\tau_{xy}$$

$$\varepsilon_y = -\frac{\nu}{E}\cdot\sigma_x + \frac{1}{E}\cdot\sigma_y - \frac{\nu}{E}\cdot\sigma_z \qquad \gamma_{yz} = \frac{1}{G}\cdot\tau_{yz} = \frac{2\cdot(1+\nu)}{E}\cdot\tau_{yz}$$

$$\varepsilon_z = -\frac{\nu}{E}\cdot\sigma_x - \frac{\nu}{E}\cdot\sigma_y + \frac{1}{E}\cdot\sigma_z \qquad \gamma_{zx} = \frac{1}{G}\cdot\tau_{zx} = \frac{2\cdot(1+\nu)}{E}\cdot\tau_{zx}$$

(2.13)

em que:
E é o módulo de elasticidade longitudinal (ou módulo de Young);
ν é o coeficiente de Poisson;
G é o módulo de elasticidade transversal.

Esses três parâmetros correspondem às propriedades mecânicas do material em regime elástico linear. As propriedades elásticas do material são encontradas, experimentalmente, a partir dos ensaios de tração axial ou compressão axial para a obtenção do E (Fig. 2.6a) e do ensaio de torção para a estimativa do G (Fig. 2.6b), ou a partir apenas do ensaio de tração axial ou compressão axial para a obtenção do E e do ν, mediante a instalação de extensômetros para a determinação do valor da variação do comprimento e da redução diametral.

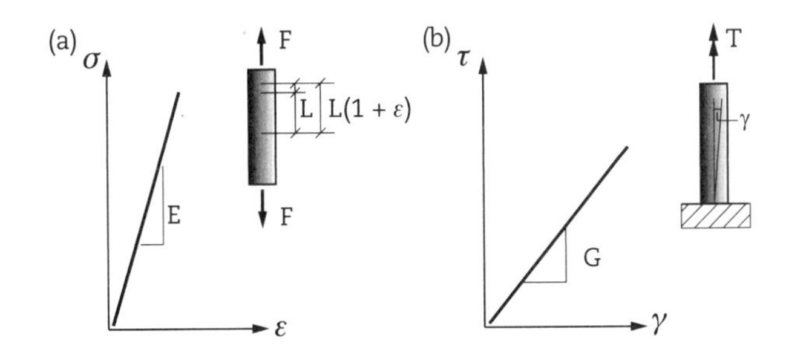

Fig. 2.6 *Ensaios mecânicos de (a) tração axial e (b) torção*

Escrevendo-se as relações constitutivas (Eq. 2.13) no formato matricial:

$$\varepsilon = \mathbf{C}\cdot\sigma \text{, onde:} \qquad \textbf{(2.14)}$$

$$\mathbf{C} = \begin{bmatrix} 1/E & -\nu/E & -\nu/E & 0 & 0 & 0 \\ -\nu/E & 1/E & -\nu/E & 0 & 0 & 0 \\ -\nu/E & -\nu/E & 1/E & 0 & 0 & 0 \\ 0 & 0 & 0 & 2\cdot(1+\nu)/E & 0 & 0 \\ 0 & 0 & 0 & 0 & 2\cdot(1+\nu)/E & 0 \\ 0 & 0 & 0 & 0 & 0 & 2\cdot(1+\nu)/E \end{bmatrix}$$

$$\varepsilon = \begin{bmatrix} \varepsilon_x \\ \varepsilon_y \\ \varepsilon_z \\ \gamma_{xy} \\ \gamma_{yz} \\ \gamma_{zx} \end{bmatrix} \quad \text{e} \quad \sigma = \begin{bmatrix} \sigma_x \\ \sigma_y \\ \sigma_z \\ \tau_{xy} \\ \tau_{yz} \\ \tau_{zx} \end{bmatrix}$$

(2.15)

Invertendo-se a Eq. 2.15, chega-se à equação constitutiva de materiais elásticos lineares de comportamento isotrópico:

$$\sigma = \mathbf{D}\cdot\varepsilon \qquad \textbf{(2.16)}$$

sendo **D** a matriz constitutiva, que na forma explícita é dada pela inversa da matriz C, dada na Eq. 2.15:

$$\mathbf{D} = \frac{E}{(1+\nu)\cdot(1-2\nu)}\cdot\begin{bmatrix} 1-\nu & \nu & \nu & 0 & 0 & 0 \\ \nu & 1-\nu & \nu & 0 & 0 & 0 \\ \nu & \nu & 1-\nu & 0 & 0 & 0 \\ 0 & 0 & 0 & (1-2\nu)/2 & 0 & 0 \\ 0 & 0 & 0 & 0 & (1-2\nu)/2 & 0 \\ 0 & 0 & 0 & 0 & 0 & (1-2\nu)/2 \end{bmatrix}$$

(2.17)

2.1.4 Equação de equilíbrio

A energia potencial total Π de um elemento estrutural em problemas conservativos é definida pelo funcional:

$$\Pi = U + U^e \qquad \textbf{(2.18)}$$

em que:
U é a energia de deformação (trabalho dos esforços internos), que para materiais elásticos lineares é função do estado de tensão do elemento estrutural;
U^e é o trabalho potencial das forças externas.

Supondo-se um corpo de prova cilíndrico sob estado de tensão axial uniforme sob regime elástico linear, a energia de deformação específica (J/m³) corresponde graficamente à área do diagrama tensão-deformação indicada na Fig. 2.7. Ao integrar essa energia para todos os pontos do volume do corpo de prova, chega-se a:

$$U = \frac{1}{2}\int_V \varepsilon^T \cdot \sigma \, dV \quad (2.19)$$

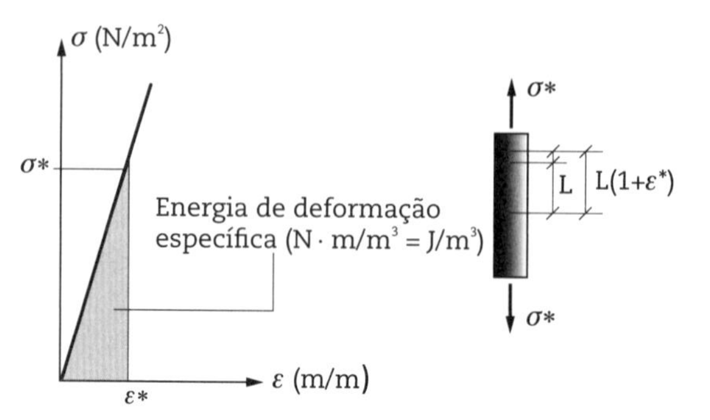

Fig. 2.7 *Energia de deformação para o ensaio de tração axial*

Por outro lado, o trabalho das forças externas é dado por:

$$U^e = -\mathbf{f}^T \cdot \mathbf{u} \quad (2.20)$$

em que:
f é a força exercida pelo equipamento de ensaios sobre o corpo de prova;
u é o aumento do comprimento do corpo de prova devido à carga axial aplicada.

Em problemas conservativos, o trabalho das forças externas é convertido integralmente em trabalho das forças internas, sem dissipação de energia. A partir da imposição do balanço energético, chega-se à energia potencial total do sistema conservativo, dada por:

$$\Pi = \frac{1}{2}\int_V \varepsilon^T \cdot \sigma \, dV - \mathbf{f}^T \cdot \mathbf{u} \quad (2.21)$$

sendo que a parcela de energia negativa corresponde à quantidade de energia transferida para o sistema estrutural (perda de energia) e a parcela de energia positiva equivale à quantidade de energia absorvida pelo sistema estrutural (ganho de energia).

Introduzindo-se a equação de compatibilidade (Eq. 2.11) e a equação constitutiva (Eq. 2.16) na equação da energia potencial total (Eq. 2.21) e após algumas manipulações algébricas matriciais, chega-se a:

$$\Pi \approx \frac{1}{2}\int_V (\mathbf{u}^T \cdot \mathbf{B}^T \cdot \mathbf{D} \cdot \mathbf{B} \cdot \mathbf{u}) dV - \mathbf{f}^T \cdot \mathbf{u} \quad (2.22)$$

Ao utilizar o princípio da minimização da energia em relação às incógnitas básicas do problema estrutural (deslocamentos), obtém-se a *equação de equilíbrio*, que é uma condição estacionária que garante o equilíbrio entre esforços internos e externos do elemento estrutural:

$$\boxed{\frac{\partial \Pi}{\partial \mathbf{u}} \approx \int_V (\mathbf{B}^T \cdot \mathbf{D} \cdot \mathbf{B}) \, dV \cdot \mathbf{u} - \mathbf{f} = 0} \quad (2.23)$$

2.1.5 Matriz de rigidez

De modo geral, a partir da equação de equilíbrio de um elemento finito:

$$\mathbf{f} = \int_V \mathbf{B}^T \cdot \mathbf{D} \cdot \mathbf{B} dV \cdot \mathbf{u} \quad (2.24)$$

pode-se estabelecer a analogia de mola aplicada a sistemas estruturais com múltiplos graus de liberdade, dada por:

$$\mathbf{f} = \mathbf{k} \cdot \mathbf{u} \quad (2.25)$$

identificando-se assim a *matriz de rigidez do elemento finito*:

$$\boxed{\mathbf{k} = \int_V \mathbf{B}^T \cdot \mathbf{D} \cdot \mathbf{B} dV} \quad (2.26)$$

Em síntese, a Fig. 2.8 apresenta o fluxograma operacional de uma análise por elementos finitos. Inicialmente, a partir das matrizes de rigidez dos elementos finitos, que compõem o modelo estrutural, chega-se à matriz de rigidez da estrutura **K**.

A estrutura estará sujeita à ação de um conjunto de carregamentos, que compõem a matriz dos esforços externos atuantes **F**, baseados em valores determinísticos e estatísticos prescritos por normas técnicas.

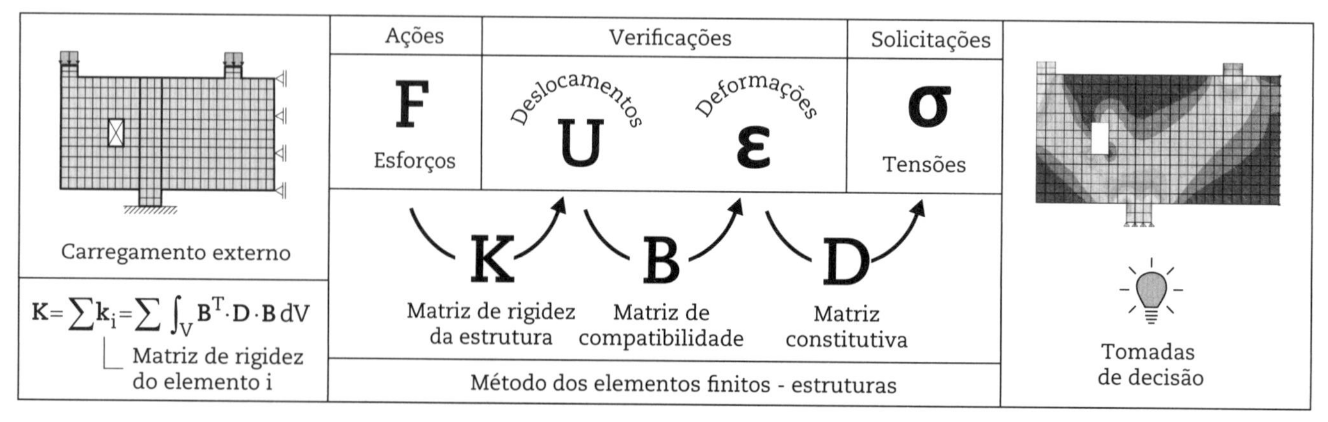

Fig. 2.8 *Fluxo de operações em uma análise estrutural pelo MEF*

A matriz dos esforços externos atuantes **F**, pré-multiplicada pela inversa da matriz de rigidez da estrutura $\mathbf{K}^{-1}$ (apenas de forma esquemática), leva à obtenção da matriz dos deslocamentos **U** em todos os nós da estrutura discretizada. A partir dos deslocamentos nodais de cada elemento finito, pré-multiplicados pela matriz de compatibilidade **B**, chega-se às deformações que, pré-multiplicadas pela matriz constitutiva **D**, levam à determinação das tensões nos elementos.

Com base na magnitude das tensões e nos critérios de resistência específicos para cada tipo de material, pode-se identificar o risco de falha ou o nível de segurança estrutural para os carregamentos aplicados na estrutura.

Os resultados da análise estrutural pelo MEF permitem as tomadas de decisão em projetos estruturais visando conforto, durabilidade e segurança.

2.2 Formulação do elemento mola 2D

O elemento finito mola 2D apresenta um grau de liberdade por nó, definido pelo deslocamento axial, no sistema local de coordenadas, de acordo com a Fig. 2.9.

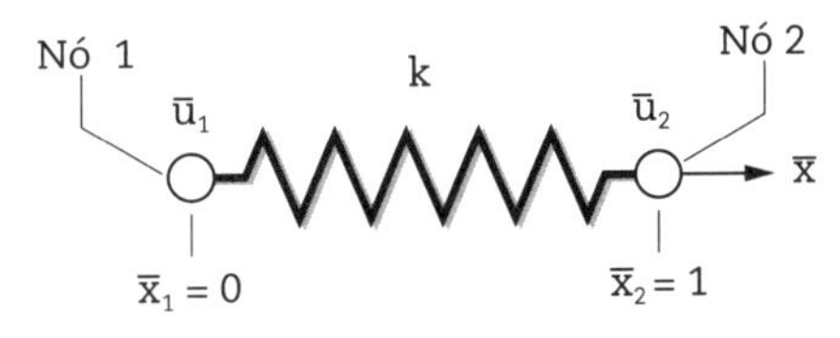

Fig. 2.9 *Elemento finito mola 2D com um grau de liberdade por nó*

2.2.1 Funções de interpolação

Os deslocamentos axiais são determinados em qualquer ponto do elemento mola 2D a partir dos deslocamentos nodais, conforme a expressão:

$$\bar{u}_P(\bar{x}_P) = \mathbf{N}^T \cdot \mathbf{u} = \begin{bmatrix} N_1(\bar{x}_P) & N_2(\bar{x}_P) \end{bmatrix} \cdot \begin{bmatrix} \bar{u}_1 \\ \bar{u}_2 \end{bmatrix} \quad \textbf{(2.27)}$$

cujas funções de interpolação são definidas por:

$$\mathbf{N}^T = \begin{bmatrix} N_1(\bar{x}) & N_2(\bar{x}) \end{bmatrix} = \mathbf{g} \cdot \mathbf{h}^{-1} \quad \textbf{(2.28)}$$

sendo a matriz **g** função do número de deslocamentos nodais, dada por:

$$\mathbf{g} = \begin{bmatrix} 1 & \bar{x} \end{bmatrix} \quad \textbf{(2.29)}$$

e com a matriz **h** expressa por:

$$\mathbf{h} = \begin{bmatrix} \mathbf{g}_1 \\ \mathbf{g}_2 \end{bmatrix} = \begin{bmatrix} 1 & \bar{x}_1 \\ 1 & \bar{x}_2 \end{bmatrix} = \begin{bmatrix} 1 & 0 \\ 1 & 1 \end{bmatrix} \quad \textbf{(2.30)}$$

e sua inversa:

$$\mathbf{h}^{-1} = \begin{bmatrix} 1 & 0 \\ -1 & 1 \end{bmatrix} \quad \textbf{(2.31)}$$

Desse modo, as funções de interpolação são denotadas por:

$$\mathbf{N}^T = \mathbf{g} \cdot \mathbf{h}^{-1} = \begin{bmatrix} N_1(\bar{x}) = 1 - \bar{x} & N_2(\bar{x}) = \bar{x} \end{bmatrix} \quad \textbf{(2.32)}$$

2.2.2 Matriz de rigidez

A matriz de compatibilidade para o elemento mola 2D, que deriva da matriz de compatibilidade genérica, dada na Eq. 2.12, é definida por:

$$\mathbf{B} = \mathbf{L} \cdot \mathbf{N}^T = \begin{bmatrix} \frac{dN_1}{d\bar{x}} & \frac{dN_2}{d\bar{x}} \end{bmatrix} \quad \textbf{(2.33)}$$

que é obtida a partir do gradiente das funções de interpolação, apresentadas na Eq. 2.32, e dada numericamente por:

$$\mathbf{B} = \begin{bmatrix} -1 & 1 \end{bmatrix} \quad \textbf{(2.34)}$$

A matriz constitutiva é determinada, simplesmente, pela constante de rigidez elástica k do elemento mola 2D, sendo representada por:

$$\mathbf{D} = \begin{bmatrix} k \end{bmatrix} \quad \textbf{(2.35)}$$

A matriz de rigidez do elemento mola 2D é obtida pela expressão:

$$\bar{\mathbf{k}} = \mathbf{B}^T \cdot \mathbf{D} \cdot \mathbf{B} \int_V dV = \mathbf{B}^T \cdot \mathbf{D} \cdot \mathbf{B} \quad \textbf{(2.36)}$$

e pelo fato de o elemento não ter dimensão, a integral de volume degenera-se para o valor unitário. Dessa forma, a *matriz de rigidez do elemento mola 2D translacional* no sistema local de coordenadas é igual a:

$$\boxed{\bar{\mathbf{k}}_{ij} = \begin{bmatrix} k & -k \\ -k & k \end{bmatrix}} \quad \textbf{(2.37a)}$$

sendo k a constante de mola (N/m).

As mesmas considerações são válidas para molas rotacionais. Assim, a *matriz de rigidez do elemento mola 2D rotacional* é:

$$\boxed{\bar{\mathbf{k}}_{ij} = \begin{bmatrix} k_\varphi & -k_\varphi \\ -k_\varphi & k_\varphi \end{bmatrix}} \quad \textbf{(2.37b)}$$

sendo $k\varphi$ a constante de mola rotacional (N · m/rad).

Observa-se na Fig. 2.10 que a tendência à rotação de uma sapata é superior à de um bloco sobre estacas.

Pelo fato de atuar individualmente em um único grau de liberdade, o elemento mola pode ser facilmente estendido para os graus de liberdade do espaço tridimensional. Desse modo, a *matriz de rigidez do elemento mola 3D translacional* ou *rotacional* assume a forma da Eq. 2.37a ou da Eq. 2.37b, respectivamente. Esse elemento genérico de mola 3D é esquematizado na Fig. 2.11.

No Cap. 4, o uso do elemento mola 2D translacional é mostrado nos Problemas de Aplicação 4.1 e 4.2, para análise estática, e no Problema de Aplicação 4.3, para análise modal.

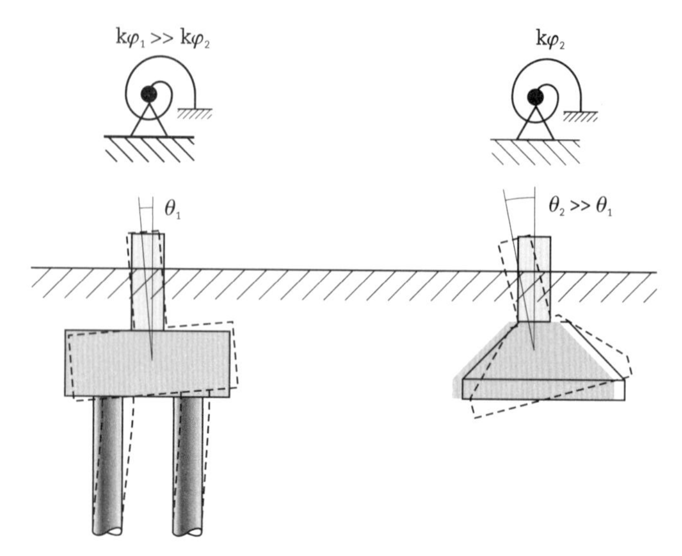

Fig. 2.10 *Apoios elásticos rotacionais para interação solo-estrutura*

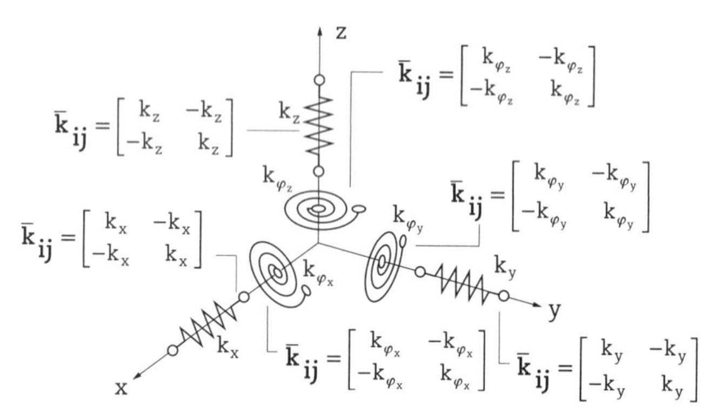

Fig. 2.11 *Apoios elásticos para os graus de liberdade no espaço 3D*

2.3 Formulação do elemento treliça 2D

O elemento finito treliça 2D apresenta dois graus de liberdade por nó, definidos pelos deslocamentos translacionais horizontal e vertical, no sistema local de coordenadas.

Inicialmente, são considerados apenas os graus de liberdade translacionais axiais para a determinação da matriz de rigidez do elemento treliça 2D no sistema local de coordenadas, e, posteriormente, é feita uma transformação de base para que esta seja referenciada no sistema global de coordenadas.

2.3.1 Funções de interpolação

Os deslocamentos axiais em qualquer ponto do domínio do elemento finito considerado são obtidos a partir dos deslocamentos nodais, de acordo com a expressão:

$$u_P(\bar{x}_P) \approx \mathbf{N}^T \cdot \mathbf{u} = \begin{bmatrix} N_1(\bar{x}_P) & N_2(\bar{x}_P) \end{bmatrix} \cdot \begin{bmatrix} \bar{u}_1 \\ \bar{u}_2 \end{bmatrix} \quad (2.38)$$

interpolados pelas funções:

$$\mathbf{N}^T = \begin{bmatrix} N_1(\bar{x}) & N_2(\bar{x}) \end{bmatrix} = \mathbf{g} \cdot \mathbf{h}^{-1} \quad (2.39)$$

avaliadas de acordo com o número de deslocamentos considerados fazendo uso da Eq. 2.5. No problema atual, têm-se dois deslocamentos nodais, $\bar{u}_1$ e $\bar{u}_2$, indicados na Fig. 2.12.

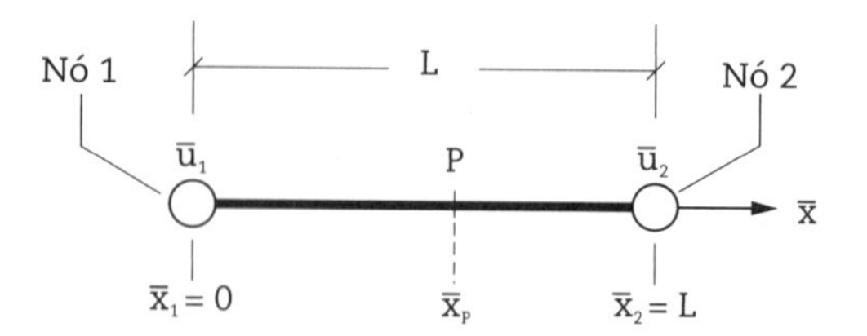

Fig. 2.12 *Elemento finito de barra com um grau de liberdade por nó*

A partir dessa constatação, para compor a matriz **g** são elencados os dois primeiros termos do polinômio genérico em função da variável x, apontados na Fig. 2.13. Desse modo, define-se:

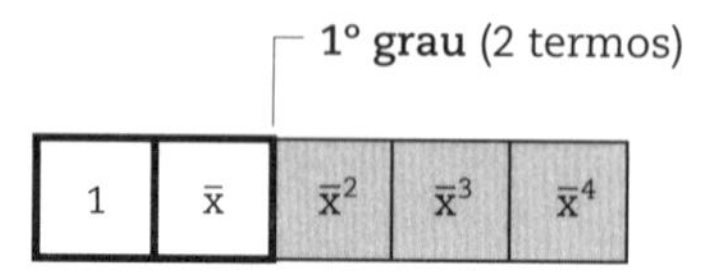

Fig. 2.13 *Expansão da função polinomial a uma variável*

$$\mathbf{g} = \begin{bmatrix} 1 & \bar{x} \end{bmatrix} \quad (2.40)$$

Nesse caso, a matriz **h** é dada por:

$$\mathbf{h} = \begin{bmatrix} \mathbf{g}_1 \\ \mathbf{g}_2 \end{bmatrix} = \begin{bmatrix} 1 & \bar{x}_1 \\ 1 & \bar{x}_2 \end{bmatrix} = \begin{bmatrix} 1 & 0 \\ 1 & L \end{bmatrix} \quad (2.41)$$

cuja inversa vale:

$$\mathbf{h}^{-1} = \begin{bmatrix} 1 & 0 \\ -1/L & +1/L \end{bmatrix} \quad (2.42)$$

sendo que as funções de interpolação são obtidas pelo produto das matrizes dadas nas Eqs. 2.40 e 2.42, que leva a:

$$\mathbf{N}^T = \mathbf{g} \cdot \mathbf{h}^{-1} = \begin{bmatrix} N_1(\bar{x}) = 1 - \frac{\bar{x}}{L} & N_2(\bar{x}) = \frac{\bar{x}}{L} \end{bmatrix} \quad (2.43)$$

O elemento finito treliça 2D apresenta dois graus de liberdade translacionais por nó (Fig. 2.14), sendo as componentes do deslocamento nodal ordenadas conforme o esquema indicado a seguir. São utilizadas as mesmas funções de interpolação N_1 e N_2 para interpolar os deslocamentos ortogonais ao eixo do elemento treliça 2D, linearmente independentes dos deslocamentos axiais. Assim:

$$\tilde{\mathbf{u}}\,(\bar{x},\bar{y}) = \mathbf{N}^T \cdot \bar{\mathbf{u}} = \begin{bmatrix} N_1 & 0 & N_2 & 0 \\ 0 & N_1 & 0 & N_2 \end{bmatrix} \cdot \begin{bmatrix} \bar{u}_1 \\ \bar{u}_2 \\ \bar{u}_3 \\ \bar{u}_4 \end{bmatrix} \quad (2.44)$$

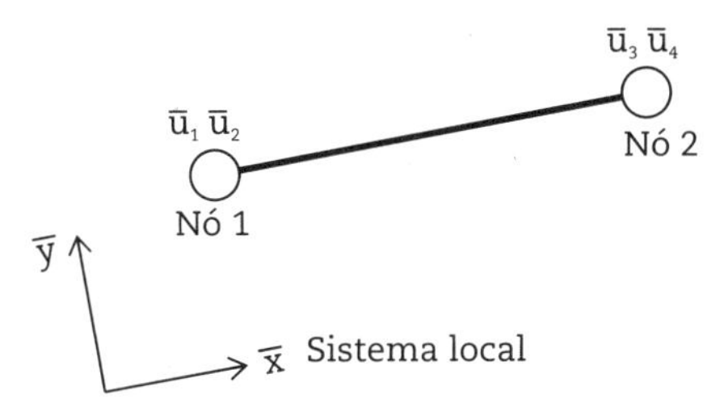

Fig. 2.14 *Elemento treliça 2D com dois graus de liberdade por nó referenciados no sistema local de coordenadas*

2.3.2 Matriz de rigidez

Define-se a matriz de compatibilidade do elemento treliça 2D a partir da redução da matriz de compatibilidade genérica, dada na Eq. 2.12, com base nos graus de liberdade do elemento treliça 2D. Dessa forma, a matriz de compatibilidade é dada por:

$$\mathbf{B} = \mathbf{L} \cdot \mathbf{N}^T = \begin{bmatrix} \frac{\partial N_1}{\partial \bar{x}} & 0 & \frac{\partial N_2}{\partial \bar{x}} & 0 \\ 0 & \frac{\partial N_1}{\partial \bar{y}} & 0 & \frac{\partial N_2}{\partial \bar{y}} \end{bmatrix} \quad \textbf{(2.45)}$$

que é obtida a partir da primeira derivada das funções de interpolação, dadas na Eq. 2.43, e escrita de forma explícita:

$$\mathbf{B} = \begin{bmatrix} -1/L & 0 & 1/L & 0 \\ 0 & 0 & 0 & 0 \end{bmatrix} \quad \textbf{(2.46)}$$

A fim de compatibilizar a dimensão da matriz constitutiva **D**, apresentada na Eq. 2.17, para dois graus de liberdade por nó e se considerando coeficiente de Poisson nulo para os elementos de barra, escreve-se:

$$\mathbf{D} = \begin{bmatrix} E & 0 \\ 0 & E \end{bmatrix} \quad \textbf{(2.47)}$$

A matriz de rigidez do elemento treliça 2D é deduzida a partir da Eq. 2.26, que envolve o produto triplo das matrizes dadas nas Eqs. 2.46 e 2.47. Dessa forma, chega-se a:

$$\mathbf{B}^T \cdot \mathbf{D} \cdot \mathbf{B} = \begin{bmatrix} E/L^2 & 0 & -E/L^2 & 0 \\ 0 & 0 & 0 & 0 \\ -E/L^2 & 0 & E/L^2 & 0 \\ 0 & 0 & 0 & 0 \end{bmatrix} \quad \textbf{(2.48)}$$

Pelo fato de a matriz resultante apresentar coeficientes constantes e se considerando os elementos estruturais prismáticos (eixo reto e seção transversal constante), pode-se escrever:

$$\bar{\mathbf{k}} = \mathbf{B}^T \cdot \mathbf{D} \cdot \mathbf{B} \int_V dV = \mathbf{B}^T \cdot \mathbf{D} \cdot \mathbf{B} \cdot (A \cdot L) \quad \textbf{(2.49)}$$

em que:
A é a área da seção transversal do elemento estrutural representado, conforme indicado na Fig. 2.15;
L é o comprimento desse mesmo elemento estrutural.

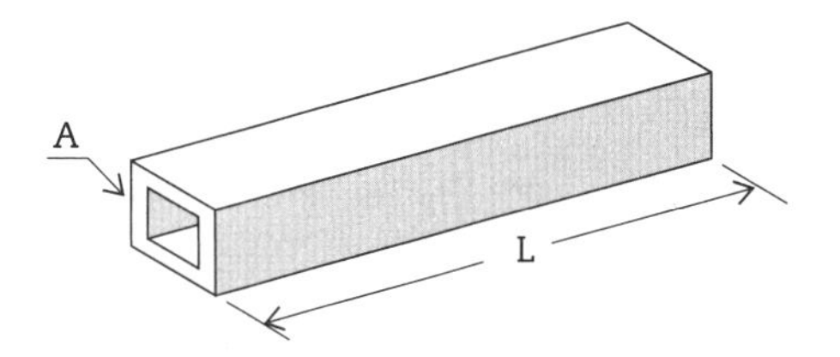

Fig. 2.15 *Elemento estrutural prismático*

A matriz de rigidez do elemento treliça 2D no sistema local de coordenadas é igual a:

$$\bar{\mathbf{k}}_{ij} = \begin{bmatrix} EA/L & 0 & -EA/L & 0 \\ 0 & 0 & 0 & 0 \\ -EA/L & 0 & EA/L & 0 \\ 0 & 0 & 0 & 0 \end{bmatrix} \quad \textbf{(2.50)}$$

Para a transformação das componentes do deslocamento nodal (*idem* para a força nodal) do sistema global de coordenadas para o sistema local de coordenadas (Fig. 2.16), utilizam-se as relações:

$$\begin{aligned} \bar{u}_1 &= +\cos\alpha \cdot u_1 + \text{sen}\alpha \cdot u_2 \\ \bar{u}_2 &= -\text{sen}\alpha \cdot u_1 + \cos\alpha \cdot u_2 \end{aligned} \quad \textbf{(2.51)}$$

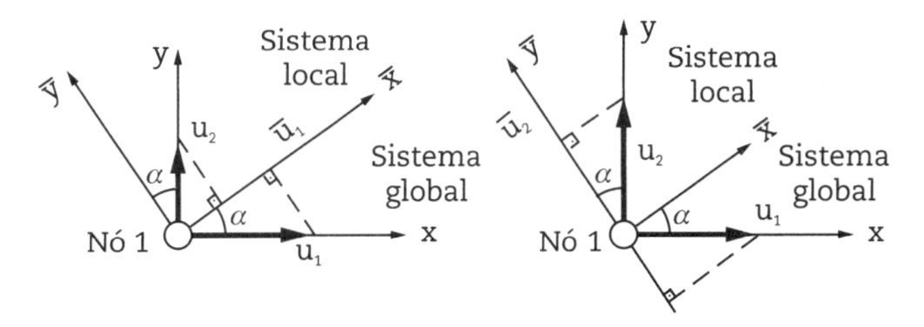

Fig. 2.16 *Transformação do sistema global para o sistema local*

Com essas relações no formato matricial e se incluindo, da mesma forma, a transformação de base para o nó 2, chega-se à matriz de transformação para o elemento finito treliça 2D, dada por:

$$\mathbf{T} = \begin{bmatrix} \cos\alpha & \text{sen}\alpha & 0 & 0 \\ -\text{sen}\alpha & \cos\alpha & 0 & 0 \\ 0 & 0 & \cos\alpha & \text{sen}\alpha \\ 0 & 0 & -\text{sen}\alpha & \cos\alpha \end{bmatrix} \quad \textbf{(2.52)}$$

Assim, a transformação dos deslocamentos nodais do sistema global de coordenadas para o sistema local de coordenadas, indicada na Fig. 2.17, é dada pela equação:

$$\begin{bmatrix} \bar{u}_1 \\ \bar{u}_2 \\ \bar{u}_3 \\ \bar{u}_4 \end{bmatrix} = \begin{bmatrix} \cos\alpha & \text{sen}\alpha & 0 & 0 \\ -\text{sen}\alpha & \cos\alpha & 0 & 0 \\ 0 & 0 & \cos\alpha & \text{sen}\alpha \\ 0 & 0 & -\text{sen}\alpha & \cos\alpha \end{bmatrix} \cdot \begin{bmatrix} u_1 \\ u_2 \\ u_3 \\ u_4 \end{bmatrix} \rightarrow \bar{\mathbf{u}} = \mathbf{T} \cdot \mathbf{u} \quad \textbf{(2.53)}$$

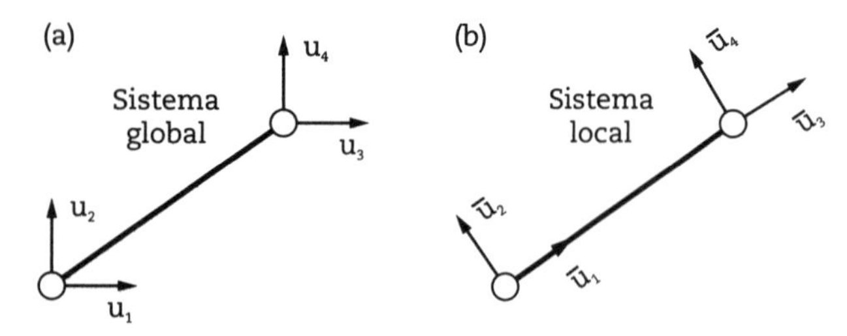

Fig. 2.17 *Deslocamentos nodais: (a) sistema global e (b) sistema local*

Analogamente, a transformação dos esforços nodais do sistema global de coordenadas para o sistema local de coordenadas, mostrada na Fig. 2.18, é dada pela equação matricial:

$$\begin{bmatrix} \bar{f}_1 \\ \bar{f}_2 \\ \bar{f}_3 \\ \bar{f}_4 \end{bmatrix} = \begin{bmatrix} \cos\alpha & \text{sen}\alpha & 0 & 0 \\ -\text{sen}\alpha & \cos\alpha & 0 & 0 \\ 0 & 0 & \cos\alpha & \text{sen}\alpha \\ 0 & 0 & -\text{sen}\alpha & \cos\alpha \end{bmatrix} \cdot \begin{bmatrix} f_1 \\ f_2 \\ f_3 \\ f_4 \end{bmatrix} \rightarrow \bar{\mathbf{f}} = \mathbf{T} \cdot \mathbf{f} \qquad \textbf{(2.54)}$$

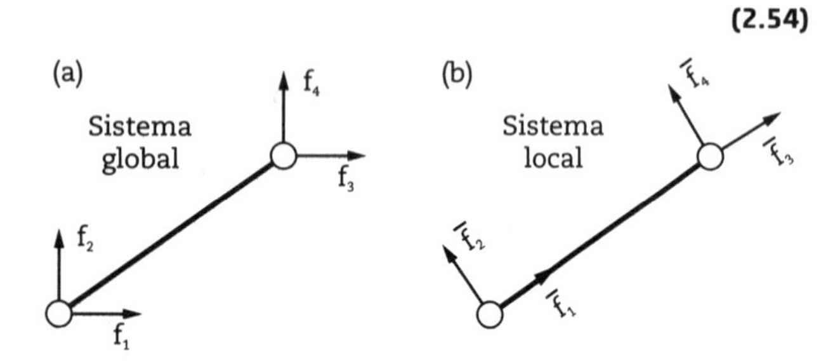

Fig. 2.18 *Esforços nodais: (a) sistema global e (b) sistema local*

A equação de equilíbrio no sistema local é dada por:

$$\bar{\mathbf{f}} = \bar{\mathbf{k}} \cdot \bar{\mathbf{u}} \qquad \textbf{(2.55)}$$

e se introduzindo as Eqs. 2.53 e 2.54 na Eq. 2.55, escreve-se:

$$\mathbf{T} \cdot \mathbf{f} = \bar{\mathbf{k}} \cdot \mathbf{T} \cdot \mathbf{u} \qquad \textbf{(2.56)}$$

Isolando-se a matriz dos esforços nodais **f** (sistema global) do primeiro membro e lembrando-se de que para matrizes ortogonais (determinante igual a 1) a forma inversa é igual à sua transposta, obtém-se a equação de equilíbrio no sistema global, dada por:

$$\mathbf{f} = \boxed{\mathbf{T}^T \cdot \bar{\mathbf{k}} \cdot \mathbf{T}} \cdot \mathbf{u} \rightarrow \mathbf{f} = \boxed{\mathbf{k}} \cdot \mathbf{u} \qquad \textbf{(2.57)}$$

com o que se pode concluir que a matriz de rigidez do elemento treliça 2D no sistema global é obtida pela expressão:

$$\mathbf{k} = \mathbf{T}^T \cdot \bar{\mathbf{k}} \cdot \mathbf{T} \qquad \textbf{(2.58)}$$

ou explicitamente:

$$\boxed{\mathbf{k}_{ij} = \frac{EA}{L} \cdot \begin{bmatrix} \cos^2\alpha & \cos\alpha \cdot \text{sen}\alpha & -\cos^2\alpha & -\cos\alpha \cdot \text{sen}\alpha \\ \cos\alpha \cdot \text{sen}\alpha & \text{sen}^2\alpha & -\cos\alpha \cdot \text{sen}\alpha & -\text{sen}^2\alpha \\ -\cos^2\alpha & -\cos\alpha \cdot \text{sen}\alpha & \cos^2\alpha & \cos\alpha \cdot \text{sen}\alpha \\ -\cos\alpha \cdot \text{sen}\alpha & -\text{sen}^2\alpha & \cos\alpha \cdot \text{sen}\alpha & \text{sen}^2\alpha \end{bmatrix}} \qquad \textbf{(2.59)}$$

Alguns casos particulares comuns, mostrados a seguir, permitem a análise de estruturas treliçadas complexas (Fig. 2.19) e merecem destaque.

$\alpha = 0°$ (i) — (j)

$$\mathbf{k}_{ij} = \frac{EA}{L} \cdot \begin{bmatrix} 1 & 0 & -1 & 0 \\ 0 & 0 & 0 & 0 \\ -1 & 0 & 1 & 0 \\ 0 & 0 & 0 & 0 \end{bmatrix} \qquad \textbf{(2.60)}$$

$\alpha = 90°$ (i) — (j)

$$\mathbf{k}_{ij} = \frac{EA}{L} \cdot \begin{bmatrix} 0 & 0 & 0 & 0 \\ 0 & 1 & 0 & -1 \\ 0 & 0 & 0 & 0 \\ 0 & -1 & 0 & 1 \end{bmatrix} \qquad \textbf{(2.61)}$$

$\alpha = 45°$ (i) — (j)

$$\mathbf{k}_{ij} = \frac{EA}{L} \cdot \begin{bmatrix} 0{,}5 & 0{,}5 & -0{,}5 & -0{,}5 \\ 0{,}5 & 0{,}5 & -0{,}5 & -0{,}5 \\ -0{,}5 & -0{,}5 & 0{,}5 & 0{,}5 \\ -0{,}5 & -0{,}5 & 0{,}5 & 0{,}5 \end{bmatrix} \qquad \textbf{(2.62)}$$

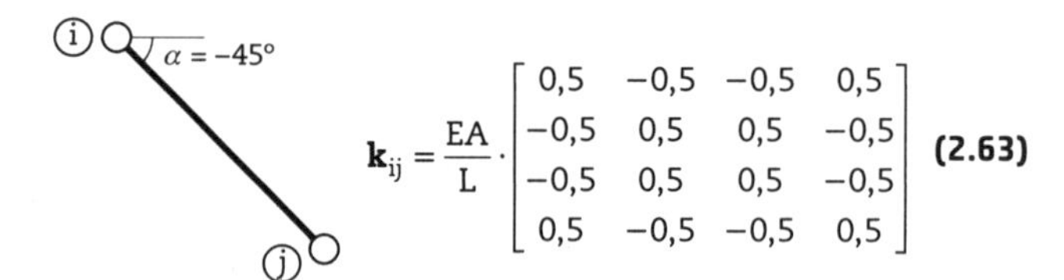

$$\mathbf{k}_{ij} = \frac{EA}{L} \cdot \begin{bmatrix} 0{,}5 & -0{,}5 & -0{,}5 & 0{,}5 \\ -0{,}5 & 0{,}5 & 0{,}5 & -0{,}5 \\ -0{,}5 & 0{,}5 & 0{,}5 & -0{,}5 \\ 0{,}5 & -0{,}5 & -0{,}5 & 0{,}5 \end{bmatrix} \qquad \textbf{(2.63)}$$

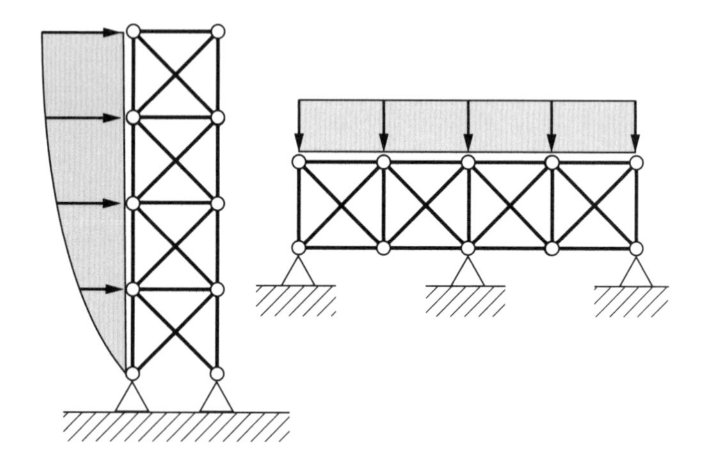

Fig. 2.19 *Estruturas treliçadas hiperestáticas*

Nos Caps. 4 e 6, são apresentados problemas com o elemento treliça 2D: (i) equilíbrio estático com verificações de segurança pelo critério das tensões admissíveis e pelo critério de estabilidade, (ii) treliça suspensa por cabo com retesamento (deslocamento prescrito) e (iii) modal para o cálculo das frequências naturais e dos modos de vibração com massa concentrada nas ligações das barras.

2.4 Formulação do elemento viga 2D

O elemento finito viga 2D apresenta dois graus de liberdade por nó, definidos por translação vertical e rotação (Fig. 2.20), no sistema global de coordenadas, que nesse caso coincide com o sistema local.

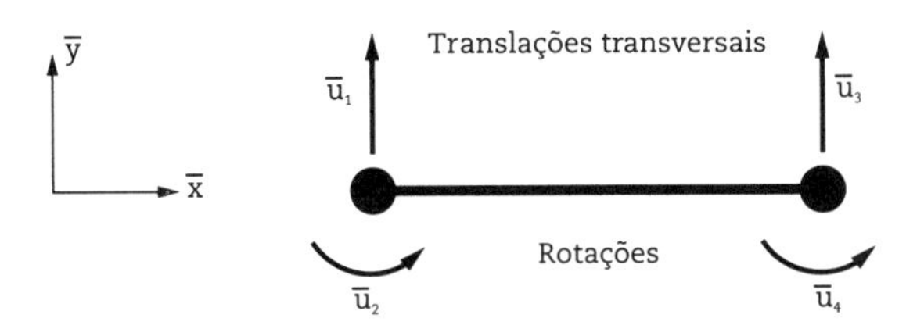

Fig. 2.20 *Elemento viga 2D com dois graus de liberdade por nó (sentidos positivos e ordenados)*

2.4.1 Funções de interpolação

Pela teoria de equação diferencial da linha elástica, sabe-se que os graus de liberdade de translação vertical e rotação não podem ser desacoplados, pois estão relacionados matematicamente pela equação diferencial:

$$\tilde{\theta}(\bar{x}) = \frac{d\,\tilde{v}(\bar{x})}{d\,\bar{x}} \qquad \textbf{(2.64)}$$

sendo a translação vertical dada pelas funções de interpolação:

$$\tilde{v}(\bar{x}) = N_1(\bar{x}) \cdot \bar{u}_1 + N_3(\bar{x}) \cdot \bar{u}_3 \qquad \textbf{(2.65)}$$

e a rotação, pelas funções:

$$\tilde{\theta}(\bar{x}) = N_2(\bar{x}) \cdot \bar{u}_2 + N_4(\bar{x}) \cdot \bar{u}_4 \qquad \textbf{(2.66)}$$

Os deslocamentos translacional e rotacional em qualquer ponto do domínio do elemento finito são obtidos a partir dos deslocamentos nodais, apontados na Fig. 2.21, pela expressão:

$$\tilde{u}_P(\bar{x}_P) = \mathbf{N}^T \cdot \bar{\mathbf{u}} = \begin{bmatrix} N_1(\bar{x}_P) & N_2(\bar{x}_P) & N_3(\bar{x}_P) & N_4(\bar{x}_P) \end{bmatrix} \cdot \begin{bmatrix} \bar{u}_1 \\ \bar{u}_2 \\ \bar{u}_3 \\ \bar{u}_4 \end{bmatrix} \qquad \textbf{(2.67)}$$

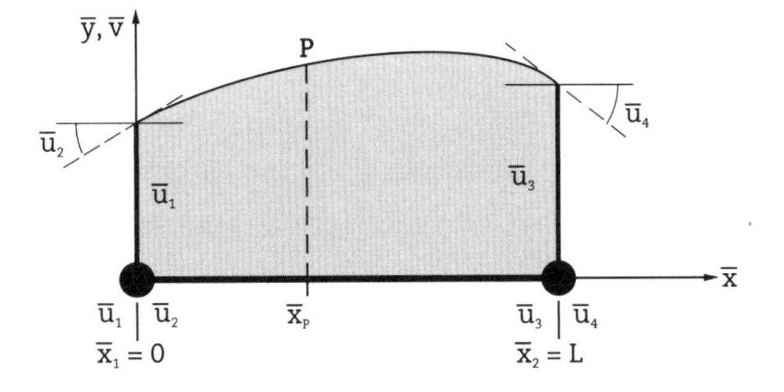

Fig. 2.21 *Elemento viga 2D com dois graus de liberdade acoplados definidos no sistema local de coordenadas*

As funções de interpolação, indicadas na Eq. 2.67, são obtidas de acordo com a Eq. 2.5. Particularmente nesse caso, devido à existência de quatro graus de liberdade, a matriz g é determinada por meio dos termos inter-relacionados de um polinômio cúbico, ordenados na Fig. 2.22:

$$\mathbf{g} = \begin{bmatrix} 1 & \bar{x} & \bar{x}^2 & \bar{x}^3 \end{bmatrix} \qquad \textbf{(2.68)}$$

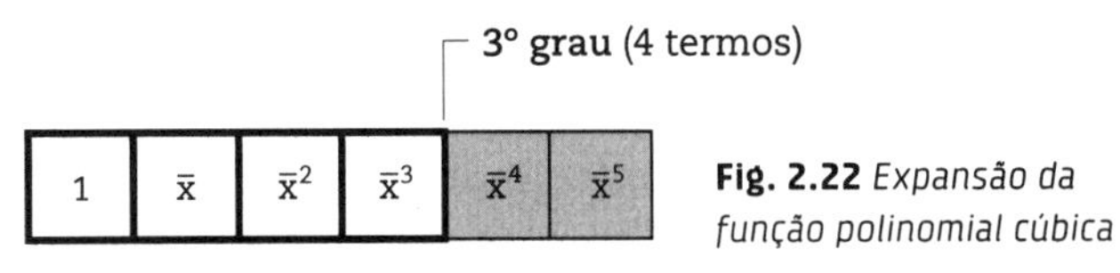

Fig. 2.22 *Expansão da função polinomial cúbica*

A partir da definição da matriz **h**, dada na Eq. 2.3, escreve-se:

$$\bar{u} = \begin{bmatrix} \bar{u}_1 \\ \bar{u}_2 \\ \bar{u}_3 \\ \bar{u}_4 \end{bmatrix} = \begin{bmatrix} \bar{u}_1 \\ \bar{u}_2 = d\bar{u}_1 / d\bar{x} \\ \bar{u}_3 \\ \bar{u}_4 = d\bar{u}_3 / d\bar{x} \end{bmatrix} = \begin{bmatrix} 1 & \bar{x}_1 & \bar{x}_1^2 & \bar{x}_1^3 \\ 0 & 1 & 2\bar{x}_1 & 3\bar{x}_1^2 \\ 1 & \bar{x}_2 & \bar{x}_2^2 & \bar{x}_2^3 \\ 0 & 1 & 2\bar{x}_2 & 3\bar{x}_2^2 \end{bmatrix} \cdot \begin{bmatrix} c_1 \\ c_2 \\ c_3 \\ c_4 \end{bmatrix} = \mathbf{h} \cdot \mathbf{c} \qquad \textbf{(2.69)}$$

e, com a substituição das coordenadas nodais $\bar{x}_1 = 0$ e $\bar{x}_2 = L$, apontadas na Fig. 2.21, tem-se:

$$\mathbf{h} = \begin{bmatrix} 1 & 0 & 0 & 0 \\ 0 & 1 & 0 & 0 \\ 1 & L & L^2 & L^3 \\ 0 & 1 & 2L & 3L^2 \end{bmatrix} \qquad \textbf{(2.70)}$$

que na forma inversa é dada por:

$$\mathbf{h}^{-1} = \frac{1}{L^3} \cdot \begin{bmatrix} L^3 & 0 & 0 & 0 \\ 0 & L^3 & 0 & 0 \\ -3L & -2L^2 & 3L & -L^2 \\ 2 & L & -2 & L \end{bmatrix} \qquad \textbf{(2.71)}$$

obtendo-se, dessa forma, as funções de interpolação:

$$\mathbf{N}^T = \mathbf{g} \cdot \mathbf{h}^{-1} = \begin{bmatrix} N_1(\bar{x}) & N_2(\bar{x}) & N_3(\bar{x}) & N_4(\bar{x}) \end{bmatrix} \qquad \textbf{(2.72)}$$

ou, explicitamente:

$$\mathbf{N} = \begin{bmatrix} N_1(\bar{x}) \\ N_2(\bar{x}) \\ N_3(\bar{x}) \\ N_4(\bar{x}) \end{bmatrix} = \begin{bmatrix} 1/L^3 \cdot (L^3 - 3L\bar{x}^2 + 2\bar{x}^3) \\ 1/L^3 \cdot (L^3\bar{x} - 2L^2\bar{x}^2 + L\bar{x}^3) \\ 1/L^3 \cdot (3L\bar{x}^2 - 2\bar{x}^3) \\ 1/L^3 \cdot (-L^2\bar{x}^2 + L\bar{x}^3) \end{bmatrix} \qquad \textbf{(2.73)}$$

A partir da interpretação gráfica das funções de interpolação, pode-se concluir que a função de interpolação $N_1(\bar{x})$ assume valor unitário na coordenada nodal $\bar{x}_1 = 0$ e valor nulo na coordenada nodal $\bar{x}_2 = L$ (Fig. 2.23a), assim como as declividades da função $N_1(\bar{x})$ nos pontos nodais são nulas. Para a função de interpolação $N_2(\bar{x})$, esta assume valor unitário para a declividade na coordenada nodal $\bar{x}_1 = 0$ e valor nulo para a declividade na coordenada nodal $\bar{x}_2 = L$, e, da mesma forma, os valores da função $N_2(\bar{x})$ nos pontos nodais são nulos (Fig. 2.23b).

Analogamente, as mesmas interpretações podem ser estendidas para $N_3(\bar{x})$ e $N_4(\bar{x})$.

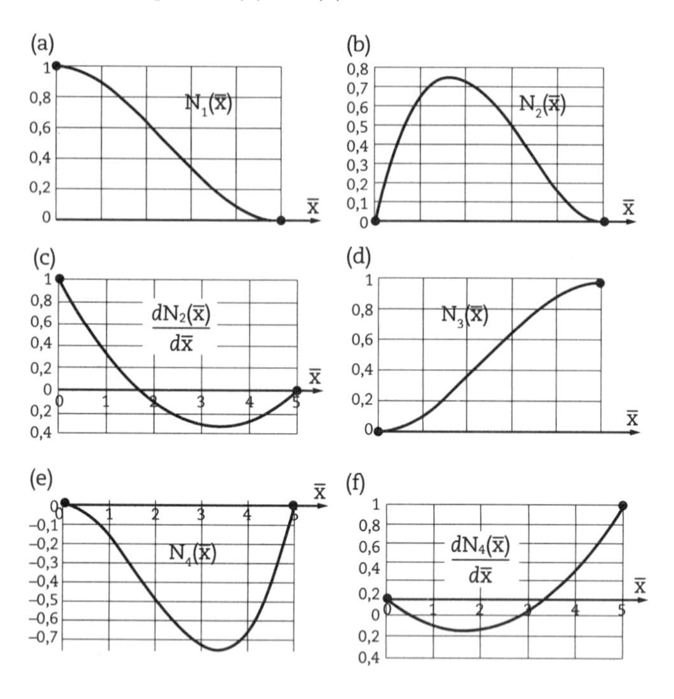

Fig. 2.23 *Funções de interpolação para o elemento viga 2D*

2.4.2 Matriz de rigidez

A hipótese simplificadora da teoria das vigas de Euler-Bernoulli, válida para o campo dos pequenos deslocamentos e desprezando-se a deformação por cisalhamento, define que *a seção transversal, inicialmente plana, permanece plana após a deformação.*

A partir dessa simplificação, mostrada na Fig. 2.24, permite-se descrever a relação entre deformação e deslocamentos, dada por:

$$u \approx -y\frac{dv}{dx} \quad \textbf{(2.74)}$$

que, substituída nas relações dadas na Eq. 2.7, vem:

$$\varepsilon_x = \frac{du}{dx} \approx -y\frac{d^2v}{dx^2} \quad \textbf{(2.75)}$$

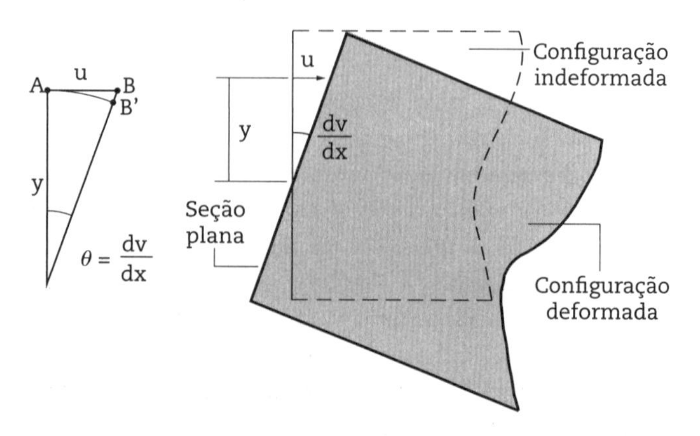

Fig. 2.24 *Hipótese cinemática dos pontos da seção transversal*

Com base na Eq. 2.10, pode-se escrever a matriz de compatibilidade do elemento viga 2D a partir da segunda derivada das funções de interpolação:

$$-y \cdot \mathbf{B} = -y \cdot \mathbf{L}\mathbf{N}^T = -y \cdot \left[\frac{d^2N_1}{d\bar{x}^2} \quad \frac{d^2N_2}{d\bar{x}^2} \quad \frac{d^2N_3}{d\bar{x}^2} \quad \frac{d^2N_4}{d\bar{x}^2}\right] \quad \textbf{(2.76)}$$

sendo:

$$\mathbf{B} = \frac{1}{L^3} \cdot \left[(12\bar{x} - 6L) \quad (6L\bar{x} - 4L^2) \quad (-12\bar{x} + 6L) \quad (6L\bar{x} - 2L^2)\right] \quad \textbf{(2.77)}$$

A matriz constitutiva para o caso do elemento viga 2D é dada simplesmente por:

$$\mathbf{D} = [E] \quad \textbf{(2.78)}$$

Desse modo, a partir das matrizes obtidas nas Eqs. 2.77 e 2.78, a matriz de rigidez do elemento viga 2D no sistema local é dada por:

$$\bar{\mathbf{k}} = \int_V \mathbf{B}^T \cdot \mathbf{D} \cdot \mathbf{B}\, dV = \int_0^L \mathbf{B}^T \cdot \mathbf{D} \cdot \mathbf{B}\, d\bar{x} \cdot \int_A y^2\, dA \quad \textbf{(2.79)}$$

sendo $I = \int_A y^2\, dA$ o momento de inércia em relação ao eixo horizontal z, perpendicular ao plano de flexão vertical xy (Fig. 2.25 e Anexo A).

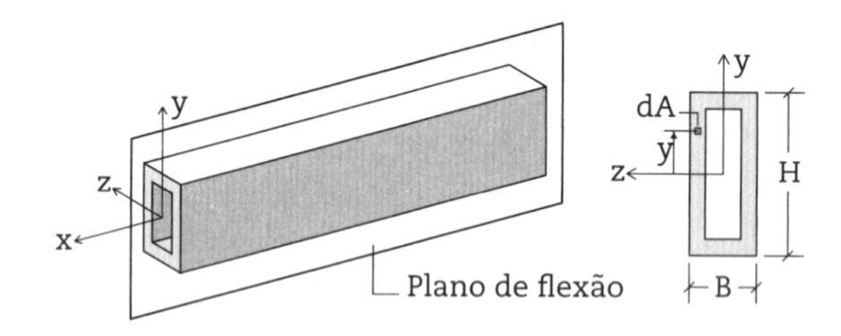

Fig. 2.25 *Momento de inércia da seção transversal em relação ao plano de flexão xy (vertical)*

Após algumas manipulações, chega-se à matriz de rigidez do elemento viga 2D no sistema local, que é coincidente com *a matriz de rigidez do elemento viga 2D no sistema global*, dada por:

$$\mathbf{k}_{ij} = \bar{\mathbf{k}}_{ij} = \begin{bmatrix} 12EI/L^3 & 6EI/L^2 & -12EI/L^3 & 6EI/L^2 \\ 6EI/L^2 & 4EI/L & -6EI/L^2 & 2EI/L \\ -12EI/L^3 & -6EI/L^2 & 12EI/L^3 & -6EI/L^2 \\ 6EI/L^2 & 2EI/L & -6EI/L^2 & 4EI/L \end{bmatrix} \quad \textbf{(2.80)}$$

A matriz de rigidez do elemento viga 2D é utilizada na modelagem e na simulação do comportamento elástico linear de vigas contínuas hiperestáticas com eixo reto e seção transversal constante para a obtenção dos deslocamentos, das reações de apoio e dos esforços internos solicitantes. Ocorrências comuns de vigas 2D são longarinas de pontes e passarelas, vigas contínuas de pavimentos de edifícios com trechos em balanço, vigas baldrame, dormentes ferroviários e muitas outras aplicações. Por meio de modelos mistos, combinando-se os elementos mola 2D e viga 2D, pode-se incluir apoios elásticos, que representam o efeito da interação solo-estrutura em vigas apoiadas sobre elementos de fundação rasa e profunda. A Fig. 2.26 ilustra, de maneira esquemática, vigas sobre apoios elásticos translacionais e rotacionais, analisados na seção 2.2.

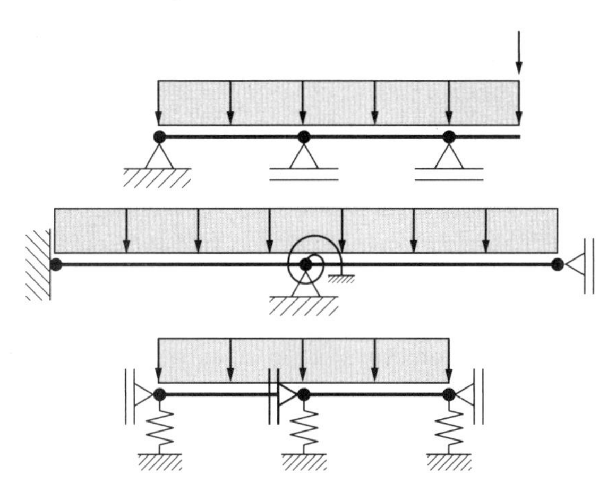

Fig. 2.26 *Vigas contínuas hiperestáticas e sobre apoios rígidos e elásticos (translacional e rotacional)*

A teoria das vigas de Timoshenko leva em conta a energia de deformação devida à força cortante. Observa-se, na Fig. 2.27, que a inclusão desse termo energético permite representar o empenamento da seção transversal com a presença da força cortante (Gross *et al.*, 2011).

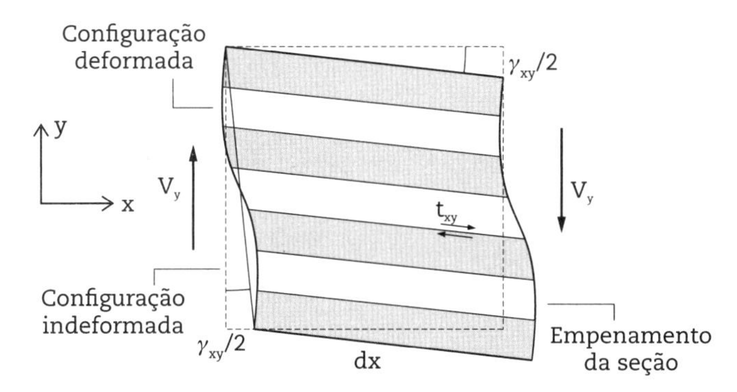

Fig. 2.27 *Hipótese cinemática dos pontos da seção transversal para o modelo de Timoshenko*

Com base nas componentes de tensão e de deformação, apresentadas nas Eqs. 2.14 e 2.15, e da energia de deformação, dada na Eq. 2.19, a energia de deformação devida ao cisalhamento considerando-se a força cortante vertical (direção y) e o eixo da viga na direção x é dada por:

$$U = \frac{1}{2}\int_V \tau_{xy}\gamma_{xy}\ dV \quad \textbf{(2.81)}$$

A partir da lei de Hooke generalizada, exibida na Eq. 2.13, escreve-se:

$$\gamma_{xy} = \frac{2\cdot(1+\nu)}{E}\cdot\tau_{xy} = \frac{\tau_{xy}}{G} \quad \textbf{(2.82)}$$

A tensão de cisalhamento está relacionada com a força cortante pela expressão (Gross *et al.*, 2011):

$$\tau_{xy} = \frac{V_y\cdot Q_z}{b\cdot I_z} \quad \textbf{(2.83)}$$

em que:

Q_z é o momento estático em relação ao eixo centroidal z;

b é a largura da seção em relação ao plano de corte horizontal situado a uma distância y do centro geométrico da seção;

I_z é o momento de inércia à flexão em relação ao eixo centroidal z.

Ao introduzir as Eqs. 2.82 e 2.83 na Eq. 2.81, chega-se a:

$$U = \frac{1}{2G}\int_V \tau_{xy}^2\ dV = \frac{1}{2G}\int_0^L V_y^2\,dx\cdot\iint_A\left(\frac{Q_z}{b\cdot I_z}\right)^2 dA \quad \textbf{(2.84)}$$

Para o caso específico da seção retangular com largura b e altura h, pode-se escrever, a partir das quantidades geométricas mostradas na Fig. 2.28:

$$U = \frac{1}{2G}\int_V \tau_{xy}^2\ dV = \int_0^L \frac{f\cdot V_y^2}{2GA}dx \quad \textbf{(2.85)}$$

sendo *f* o *fator de correção devido à cortante*, que é igual a:

$$f = \frac{9}{4h}\cdot\int_{-h/2}^{+h/2}\left[1-4\cdot\left(\frac{y}{h}\right)^2\right]^2 dy = \frac{9}{4h}\cdot\frac{8h}{15} = \frac{6}{5} \quad \textbf{(2.86)}$$

No Anexo A são apresentados os fatores de correção para algumas seções transversais usuais.

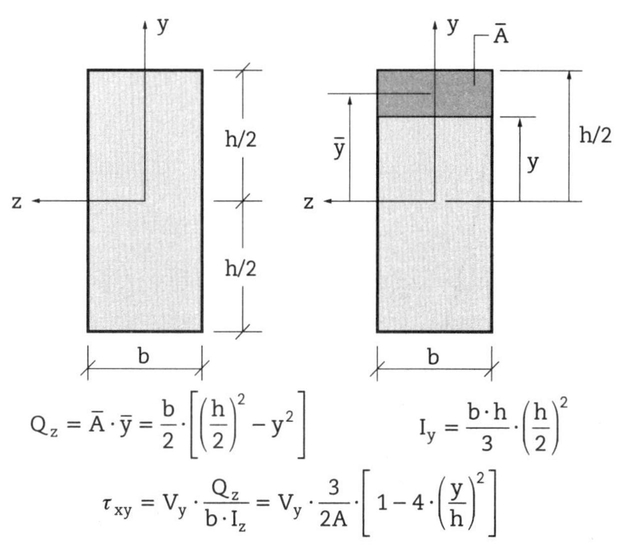

Fig. 2.28 *Quantidades geométricas da seção retangular para a relação entre tensão de cisalhamento e força cortante*

Dentro dessa abordagem, o fator de correção da deformação angular devido à força cortante *f*, apresentado no Anexo A para algumas seções transversais comuns, é definido comparando-se as energias de deformação das tensões de cisalhamento médias com as obtidas a partir do termo relacionado à energia de deformação devida à cortante. Esse fator é utilizado na determinação da rigidez ao cisalhamento de vigas com seções transversais arbitrárias. Dessa forma, estabelecendo o parâmetro:

$$g = \frac{6 \cdot f}{L^2} \cdot \frac{EI}{GA} \tag{2.87}$$

a matriz de rigidez do elemento viga 2D Timoshenko no sistema global (Gere; Weaver Jr., 1981) é:

$$\mathbf{k}_{ij} = \bar{\mathbf{k}}_{ij} = \frac{EI}{(1+2g)} \begin{bmatrix} \frac{12}{L^3} & \frac{6}{L^2} & -\frac{12}{L^3} & \frac{6}{L^2} \\ \frac{6}{L^2} & \frac{4}{L} \cdot \left(1 + \frac{g}{2}\right) & -\frac{6}{L^2} & \frac{2}{L} \cdot (1-g) \\ -\frac{12}{L^3} & -\frac{6}{L^2} & \frac{12}{L^3} & -\frac{6}{L^2} \\ \frac{6}{L^2} & \frac{2}{L} \cdot (1-g) & -\frac{6}{L^2} & \frac{4}{L} \cdot \left(1 + \frac{g}{2}\right) \end{bmatrix} \tag{2.88}$$

Confrontando-se os resultados obtidos a partir dos modelos de Bernoulli e Timoshenko para elementos estruturais convencionais, apresentam-se diferenças irrelevantes. A teoria das vigas de Timoshenko passa a produzir diferenças significativas em relação à teoria clássica de Bernoulli para elementos estruturais especiais, tais como vigas-parede, pilares-parede, consolos curtos, dentes Gerber, blocos rígidos sobre estacas e sapatas rígidas.

Quando *g* tender a zero (Fig. 2.29), significa que a influência do termo da energia de deformação por cortante é desprezível. Nesse caso, a matriz de rigidez do elemento viga 2D Timoshenko, apresentada na Eq. 2.88, aproxima-se da matriz de rigidez do elemento viga 2D da teoria clássica das vigas (Bernoulli-Euler), dada na Eq. 2.80. Segundo a NBR 6118 (ABNT, 2023a), deve-se levar em conta a energia de deformação por cisalhamento e um ajuste de sua rigidez à flexão para a relação entre vão e altura da viga, L/h, inferior a 2 em vigas biapoiadas, correspondentes aos elementos estruturais apresentados na Fig. 2.30b (consolos e vigas-parede). A Fig. 2.30 apresenta os termos relevantes da energia de deformação de acordo com a tipologia estrutural. Para as estruturas indicadas na Fig. 2.30a, a energia de deformação por flexão é preponderante. Assim como, nas estruturas mostradas nas Figs. 2.30b,c,d, os termos energéticos preponderantes são devidos à força cortante, à força normal e aos momentos fletor e torçor, respectivamente.

O programa SAP2000 considera a teoria das vigas de Timoshenko, que inclui a energia de deformação por cisalhamento, para os elementos de viga, pórtico e grelha.

Nos Caps. 4 e 6 são tratados os seguintes problemas utilizando o elemento viga 2D: (i) análise estática de uma viga contínua com fundação rasa sobre múltiplas

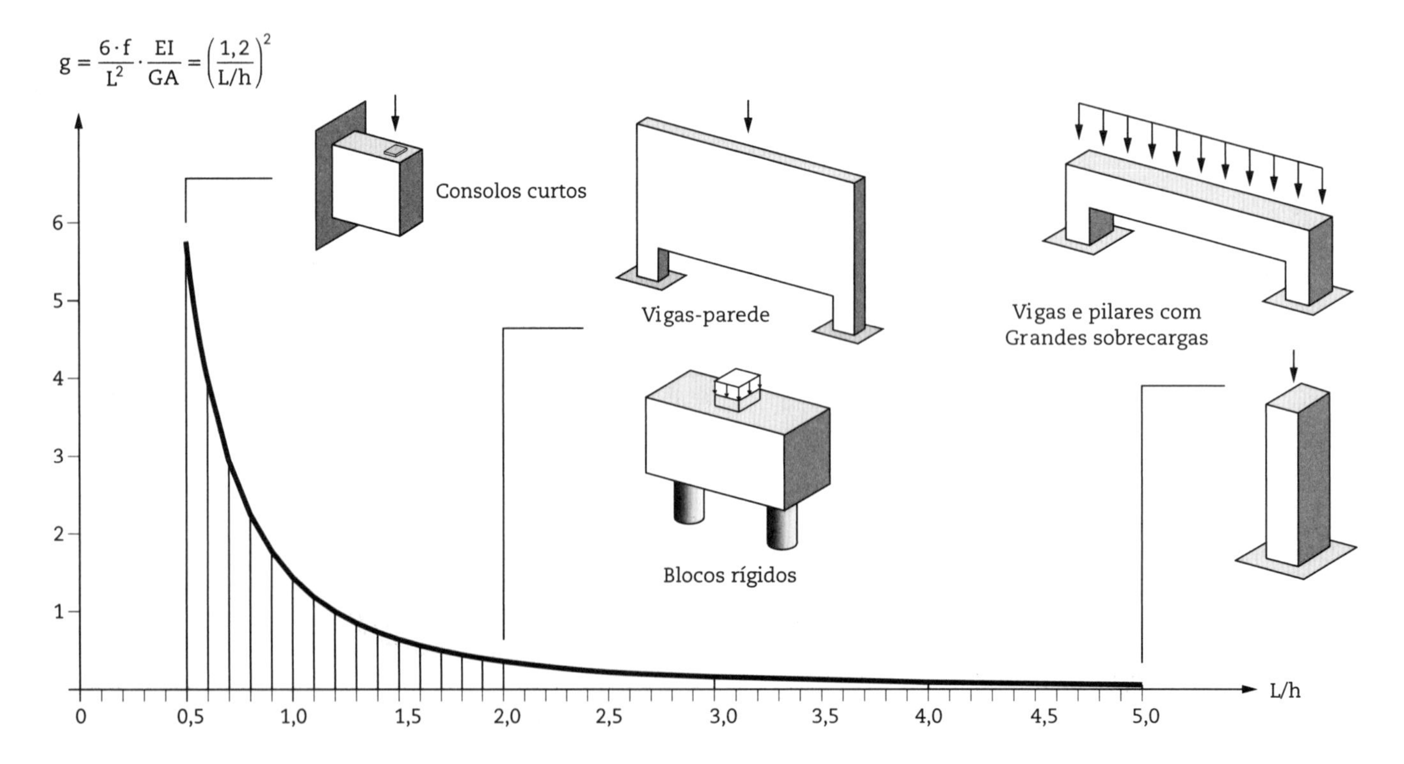

Fig. 2.29 *Influência da deformação por cisalhamento devida à cortante em função da relação L/h*

$$U = \int_0^L \frac{M^2}{2EI}dx + \int_0^L \frac{f \cdot V^2}{2GA}dx + \int_0^L \frac{N^2}{2EA}dx + \int_0^L \frac{T^2}{2GI_T}dx$$

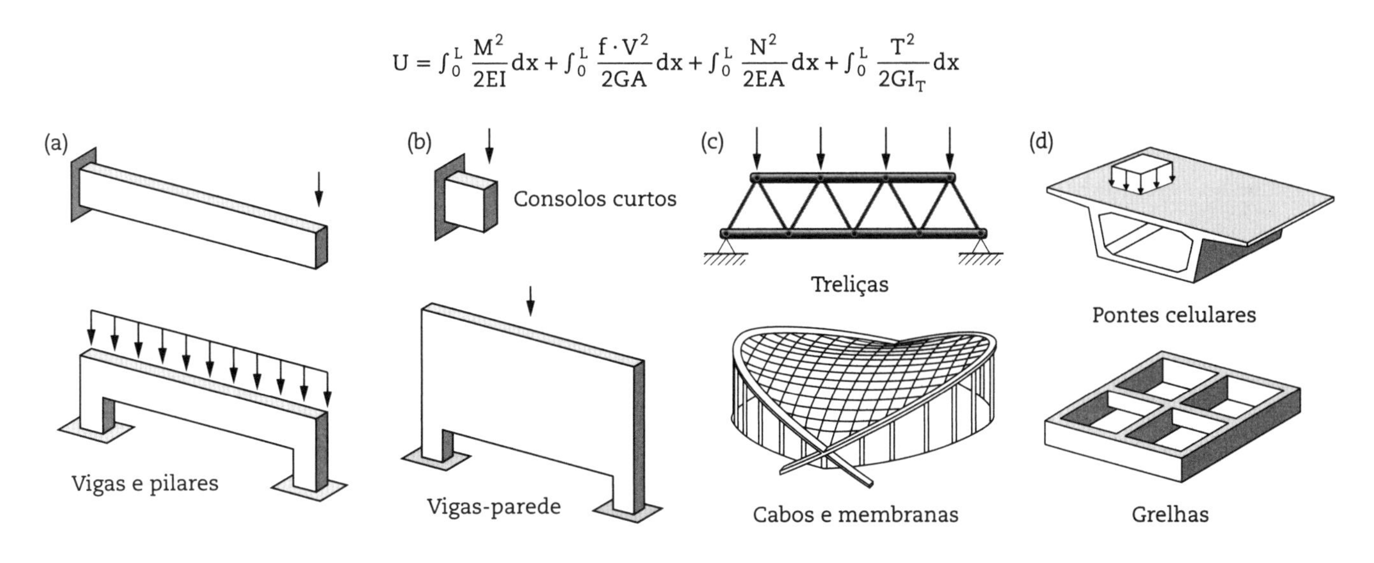

Fig. 2.30 *Energia de deformação devida a (a) flexão, (b) força cortante, (c) força normal e (d) momento torçor*

camadas de solo e (ii) análise modal para obtenção das frequências naturais de vibração de vigas com distintas condições de contorno e massas concentradas e distribuídas.

2.5 Formulação do elemento viga 2D rotulado-rígido

O elemento finito viga 2D rotulado-rígido apresenta dois graus de liberdade por nó, definidos por translação vertical e rotação, no sistema global de coordenadas. Particularmente, esse elemento não exibe rigidez à rotação (rótula) no nó inicial (Fig. 2.31).

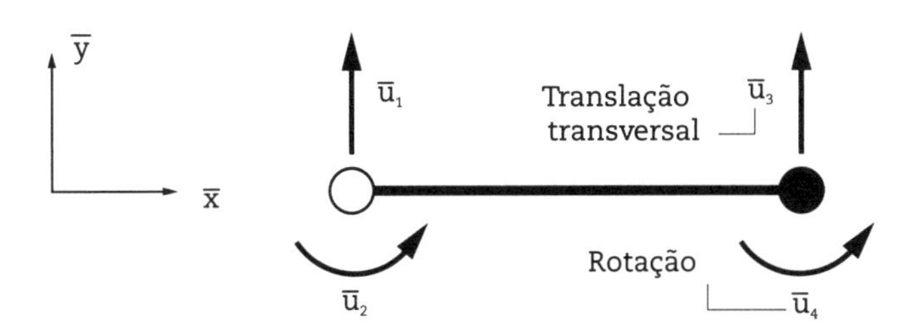

Fig. 2.31 *Elemento viga 2D rotulado-rígido com dois graus de liberdade por nó (sentidos positivos)*

2.5.1 Funções de interpolação

Alternativamente, a partir da definição de um polinômio genérico, dada na Eq. 2.2, e se impondo as condições de contorno decorrentes da aplicação da teoria de equação diferencial da linha elástica, apontadas na Fig. 2.32, pode-se escrever:

$$N_1(\bar{x}) = c_1 + c_2 \cdot \bar{x} + c_3 \cdot \bar{x}^2 + c_4 \cdot \bar{x}^3 \quad \textbf{(2.89)}$$

$$\begin{cases} N_1(\bar{x} = \bar{x}_1 = 0) = c_1 + c_2 \cdot 0 + c_3 \cdot 0 + c_4 \cdot 0 = 1 \\ \frac{d}{dx}N_1(\bar{x} = \bar{x}_1 = 0) = c_2 + 2 \cdot c_3 \cdot 0 + 3 \cdot c_4 \cdot 0^2 = -\frac{3}{2L} \\ N_1(\bar{x} = \bar{x}_2 = L) = c_1 + c_2 \cdot L + c_3 \cdot L^2 + c_4 \cdot L^3 = 0 \\ \frac{d}{dx}N_1(\bar{x} = \bar{x}_2 = L) = c_2 + 2 \cdot c_3 \cdot L + 3 \cdot c_4 \cdot L^2 = 0 \end{cases} \quad \textbf{(2.90)}$$

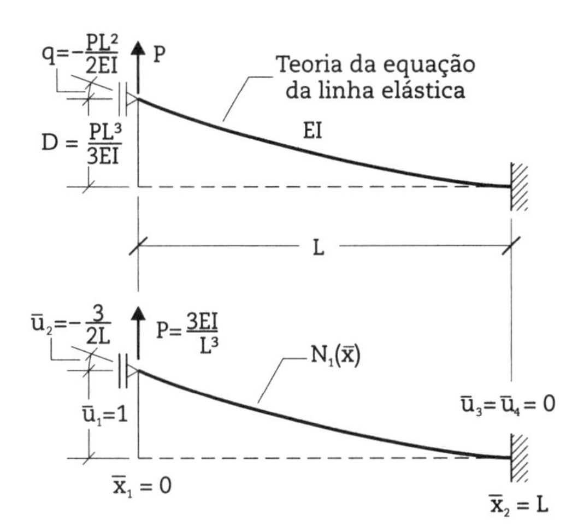

Fig. 2.32 *Função de interpolação $N_1(\bar{x})$*

A partir da resolução desse sistema de equações, obtêm-se as constantes:

$$c_1 = 1\,,\; c_2 = -\frac{3}{2L}\,,\; c_3 = 0 \text{ e } c_4 = \frac{1}{2L^3}$$

que, substituídas na Eq. 2.89, resultam em:

$$N_1(\bar{x}) = 1 - \frac{3}{2L} \cdot \bar{x} + \frac{1}{2L^3} \cdot \bar{x}^3 \quad \textbf{(2.91)}$$

O grau de liberdade de rotação do nó inicial $\bar{u}_2$ não tem efeito, logo:

$$N_2(\bar{x}) = 0 \quad \textbf{(2.92)}$$

Analogamente, de acordo com a Fig. 2.33, pode-se escrever:

$$N_3(\bar{x}) = c_1 + c_2 \cdot \bar{x} + c_3 \cdot \bar{x}^2 + c_4 \cdot \bar{x}^3 \quad \textbf{(2.93)}$$

$$\begin{cases} N_3(\bar{x} = \bar{x}_1 = 0) = c_1 + c_2 \cdot 0 + c_3 \cdot 0 + c_4 \cdot 0 = 0 \\ \dfrac{d}{dx} N_3(\bar{x} = \bar{x}_1 = 0) = c_2 + 2 \cdot c_3 \cdot 0 + 3 \cdot c_4 \cdot 0^2 = \dfrac{3}{2L} \\ N_3(\bar{x} = \bar{x}_2 = L) = c_1 + c_2 \cdot L + c_3 \cdot L^2 + c_4 \cdot L^3 = 1 \\ \dfrac{d}{dx} N_3(\bar{x} = \bar{x}_2 = L) = c_2 + 2 \cdot c_3 \cdot L + 3 \cdot c_4 \cdot L^2 = 0 \end{cases} \quad \textbf{(2.94)}$$

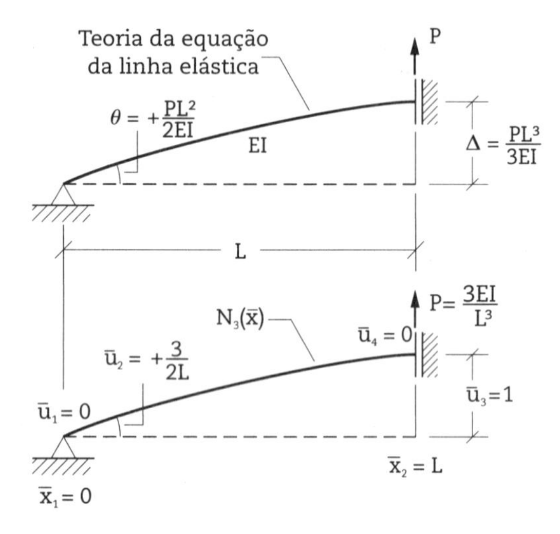

Fig. 2.33 *Função de interpolação* $N_3(\bar{x})$

A partir da resolução desse sistema de equações, obtêm-se as constantes:

$$c_1 = 0 \text{ , } c_2 = \frac{3}{2L} \text{ , } c_3 = 0 \text{ e } c_4 = -\frac{1}{2L^3}$$

que, substituídas na Eq. 2.93, levam a:

$$N_3(\bar{x}) = \frac{3}{2L} \cdot \bar{x} - \frac{1}{2L^3} \cdot \bar{x}^3 \quad \textbf{(2.95)}$$

Finalmente, de acordo com a Fig. 2.34, escreve-se:

$$N_4(\bar{x}) = c_1 + c_2 \cdot \bar{x} + c_3 \cdot \bar{x}^2 + c_4 \cdot \bar{x}^3 \quad \textbf{(2.96)}$$

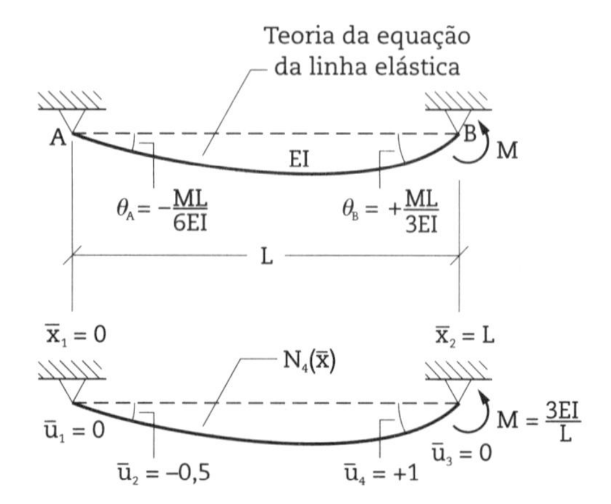

Fig. 2.34 *Função de interpolação* $N_4(\bar{x})$

$$\begin{cases} N_4(\bar{x} = \bar{x}_1 = 0) = c_1 + c_2 \cdot 0 + c_3 \cdot 0 + c_4 \cdot 0 = 0 \\ \dfrac{d}{dx} N_4(\bar{x} = \bar{x}_1 = 0) = c_2 + 2 \cdot c_3 \cdot 0 + 3 \cdot c_4 \cdot 0^2 = -\dfrac{1}{2} \\ N_4(\bar{x} = \bar{x}_2 = L) = c_1 + c_2 \cdot L + c_3 \cdot L^2 + c_4 \cdot L^3 = 0 \\ \dfrac{d}{dx} N_4(\bar{x} = \bar{x}_2 = L) = c_2 + 2 \cdot c_3 \cdot L + 3 \cdot c_4 \cdot L^2 = 1 \end{cases} \quad \textbf{(2.97)}$$

A resolução desse sistema de equações conduz aos valores:

$$c_1 = 0 \text{ , } c_2 = -\frac{1}{2} \text{ , } c_3 = 0 \text{ e } c_4 = \frac{1}{2L^2}$$

que, levados à Eq. 2.96, resultam em:

$$N_4(\bar{x}) = -\frac{1}{2} \cdot \bar{x} + \frac{1}{2L^2} \cdot \bar{x}^3 \quad \textbf{(2.98)}$$

Resumidamente, no formato matricial tem-se:

$$\mathbf{N} = \begin{bmatrix} N_1(\bar{x}) \\ N_2(\bar{x}) \\ N_3(\bar{x}) \\ N_4(\bar{x}) \end{bmatrix} = \begin{bmatrix} 1/2L^3 \cdot (2L^3 - 3L^2\bar{x} + \bar{x}^3) \\ 0 \\ 1/2L^3 \cdot (3L^2\bar{x} - \bar{x}^3) \\ 1/2L^3 \cdot (-L^3\bar{x} + L\bar{x}^3) \end{bmatrix} \quad \textbf{(2.99)}$$

2.5.2 Matriz de rigidez

Com base na Eq. 2.10, pode-se escrever a matriz de compatibilidade do elemento viga 2D rotulado-rígido a partir da segunda derivada das funções de interpolação, dadas na Eq. 2.99. Dessa forma, baseado na formulação do elemento viga 2D, tem-se:

$$\mathbf{B} = \frac{1}{L^3} \cdot \begin{bmatrix} 3\bar{x} & 0 & -3\bar{x} & 3L\bar{x} \end{bmatrix} \quad \textbf{(2.100)}$$

A matriz constitutiva é apresentada na Eq. 2.78. Assim, após algumas manipulações algébricas, como visto na Eq. 2.79, a *matriz de rigidez do elemento viga 2D rotulado-rígido no sistema global* é dada por:

$$\mathbf{k}_{ij} = \bar{\mathbf{k}}_{ij} = \begin{bmatrix} 3EI/L^3 & 0 & -3EI/L^3 & 3EI/L^2 \\ 0 & 0 & 0 & 0 \\ -3EI/L^3 & 0 & 3EI/L^3 & -3EI/L^2 \\ 3EI/L^2 & 0 & -3EI/L^2 & 3EI/L \end{bmatrix} \quad \textbf{(2.101)}$$

ⓘ ⓙ

Reformulando-se para o elemento *viga 2D rígido-rotulado*:

$$\mathbf{k}_{ij} = \bar{\mathbf{k}}_{ij} = \begin{bmatrix} 3EI/L^3 & 3EI/L^2 & 0 & -3EI/L^3 \\ 3EI/L^2 & 3EI/L & 0 & -3EI/L^2 \\ 0 & 0 & 0 & 0 \\ -3EI/L^3 & -3EI/L^2 & 0 & 3EI/L^3 \end{bmatrix} \quad \textbf{(2.102)}$$

ⓘ ⓙ

Dessa maneira, com esses dois tipos de elementos pode-se simular situações muito comuns em estruturas de pontes (Fig. 2.35), tais como dentes Gerber, juntas de dilatação no vão ou no apoio e vigas contínuas associadas.

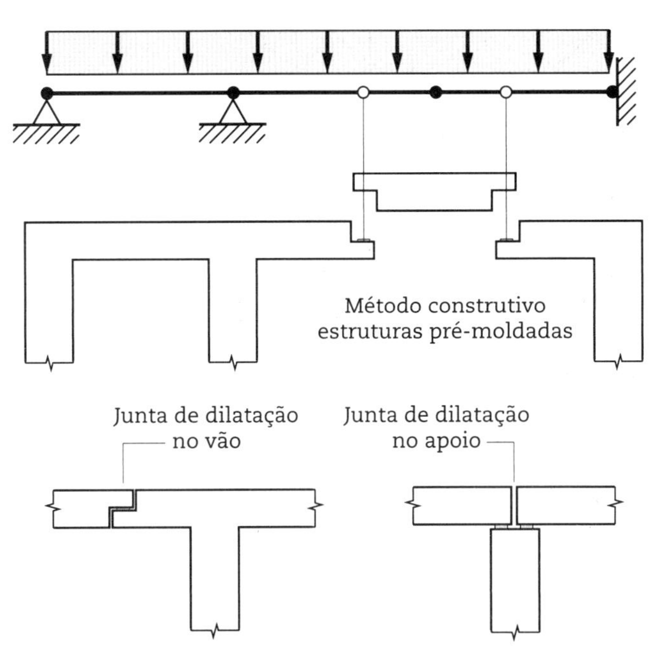

Fig. 2.35 *Aplicações práticas do elemento viga 2D rotulado-rígido*

No Cap. 4 é analisada uma viga sobre três apoios com descontinuidade no apoio interno fazendo uso do elemento viga 2D rotulado-rígido.

2.6 Formulação do elemento pórtico 2D

O elemento finito pórtico 2D apresenta três graus de liberdade por nó, definidos de forma ordenada por translação horizontal, translação vertical e rotação, no sistema global de coordenadas. A Fig. 2.36 ilustra, inicialmente, os graus de liberdade desse elemento no sistema local de coordenadas.

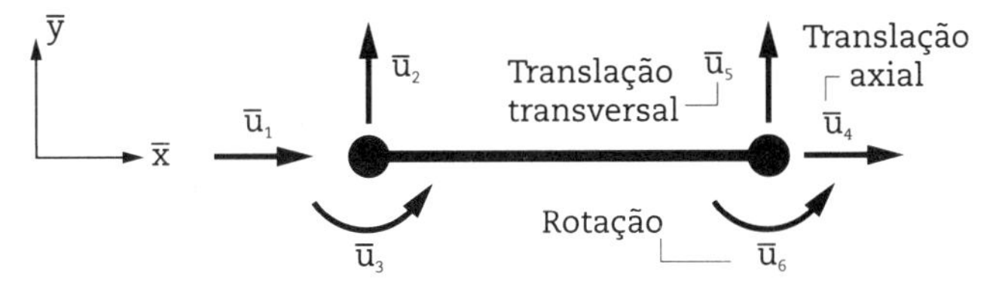

Fig. 2.36 *Elemento pórtico 2D com três graus de liberdade por nó (sentidos positivos)*

2.6.1 Matriz de rigidez

A matriz de rigidez do elemento pórtico 2D é obtida a partir da associação da matriz de rigidez do elemento treliça 2D, que leva em conta os graus de liberdade translacionais axiais, com a matriz de rigidez do elemento viga 2D, que considera os graus de liberdade translacionais verticais e rotacionais. Arranjando-se a dimensão da matriz de rigidez do elemento treliça 2D, apresentada na Eq. 2.50, para o elemento em análise:

$$(\bar{\mathbf{k}}_{ij})^{\text{TRELIÇA 2D}} = \begin{bmatrix} EA/L & 0 & 0 & -EA/L & 0 & 0 \\ 0 & 0 & 0 & 0 & 0 & 0 \\ 0 & 0 & 0 & 0 & 0 & 0 \\ -EA/L & 0 & 0 & EA/L & 0 & 0 \\ 0 & 0 & 0 & 0 & 0 & 0 \\ 0 & 0 & 0 & 0 & 0 & 0 \end{bmatrix} \tag{2.103}$$

e, da mesma forma, para a matriz de rigidez do elemento viga 2D, dada na Eq. 2.80:

$$(\bar{\mathbf{k}}_{ij})^{\text{VIGA 2D}} = \begin{bmatrix} 0 & 0 & 0 & 0 & 0 & 0 \\ 0 & 12EI/L^3 & 6EI/L^2 & 0 & -12EI/L^3 & 6EI/L^2 \\ 0 & 6EI/L^2 & 4EI/L & 0 & -6EI/L^2 & 2EI/L \\ 0 & 0 & 0 & 0 & 0 & 0 \\ 0 & -12EI/L^3 & -6EI/L^2 & 0 & 12EI/L^3 & -6EI/L^2 \\ 0 & 6EI/L^2 & 2EI/L & 0 & -6EI/L^2 & 4EI/L \end{bmatrix} \tag{2.104}$$

Superpondo-se os comportamentos axial e flexional, com a soma das matrizes das Eqs. 2.103 e 2.104, chega-se à *matriz de rigidez do elemento pórtico 2D orientado 0° em relação ao sistema global de coordenadas*, expressa por:

$$\mathbf{k}_{ij} = \bar{\mathbf{k}}_{ij} = \begin{bmatrix} EA/L & 0 & 0 & -EA/L & 0 & 0 \\ 0 & 12EI/L^3 & 6EI/L^2 & 0 & -12EI/L^3 & 6EI/L^2 \\ 0 & 6EI/L^2 & 4EI/L & 0 & -6EI/L^2 & 2EI/L \\ -EA/L & 0 & 0 & EA/L & 0 & 0 \\ 0 & -12EI/L^3 & -6EI/L^2 & 0 & 12EI/L^3 & -6EI/L^2 \\ 0 & 6EI/L^2 & 2EI/L & 0 & -6EI/L^2 & 4EI/L \end{bmatrix} \tag{2.105}$$

É preciso ainda redefinir a matriz de transformação do sistema global para o sistema local, dada na Eq. 2.52, pois nesse caso as rotações não são afetadas pela transformação de base. O princípio dos momentos, referenciado na literatura como teorema de Varignon, estabelece que o momento de uma força no sistema local em relação a um ponto é igual à soma dos momentos das componentes dessa força no sistema global em relação ao ponto. Esse princípio é muito conveniente para as transformações de base utilizadas nos problemas planos. Assim, escreve-se:

$$\mathbf{T} = \begin{bmatrix} \cos\alpha & \text{sen}\alpha & 0 & 0 & 0 & 0 \\ -\text{sen}\alpha & \cos\alpha & 0 & 0 & 0 & 0 \\ 0 & 0 & 1 & 0 & 0 & 0 \\ 0 & 0 & 0 & \cos\alpha & \text{sen}\alpha & 0 \\ 0 & 0 & 0 & -\text{sen}\alpha & \cos\alpha & 0 \\ 0 & 0 & 0 & 0 & 0 & 1 \end{bmatrix} \tag{2.106}$$

A matriz de rigidez do elemento pórtico 2D no sistema global é obtida pela Eq. 2.58. Dois casos particulares são assinalados: o primeiro, para um elemento disposto na horizontal, com incidência nodal da esquerda para a direita, dado na Eq. 2.98, e o segundo, relacionado ao elemento disposto na vertical *orientado 90° em relação ao sistema global de coordenadas*, com incidência nodal de baixo para cima, dado na Eq. 2.100.

$$\mathbf{k}_{ij} = \begin{bmatrix} 12EI/L^3 & 0 & -6EI/L^2 & -12EI/L^3 & 0 & -6EI/L^2 \\ 0 & EA/L & 0 & 0 & -EA/L & 0 \\ -6EI/L^2 & 0 & 4EI/L & 6EI/L^2 & 0 & 2EI/L \\ -12EI/L^3 & 0 & 6EI/L^2 & 12EI/L^3 & 0 & 6EI/L^2 \\ 0 & -EA/L & 0 & 0 & EA/L & 0 \\ -6EI/L^2 & 0 & 2EI/L & 6EI/L^2 & 0 & 4EI/L \end{bmatrix} \quad \textbf{(2.107)}$$

Genericamente, para qualquer que seja o valor de α tem-se:

$$\mathbf{k}_{ij} = \mathbf{T}^T \cdot \begin{bmatrix} EA/L & 0 & 0 & -EA/L & 0 & 0 \\ 0 & 12EI/L^3 & 6EI/L^2 & 0 & -12EI/L^3 & 6EI/L^2 \\ 0 & 6EI/L^2 & 4EI/L & 0 & -6EI/L^2 & 2EI/L \\ -EA/L & 0 & 0 & EA/L & 0 & 0 \\ 0 & -12EI/L^3 & -6EI/L^2 & 0 & 12EI/L^3 & -6EI/L^2 \\ 0 & 6EI/L^2 & 2EI/L & 0 & -6EI/L^2 & 4EI/L \end{bmatrix} \cdot \mathbf{T} \quad \textbf{(2.108)}$$

Uma vez conhecidos os deslocamentos nodais, pode-se aplicar a Eq. 2.55 para a obtenção dos esforços internos solicitantes, apresentados na Fig. 2.37.

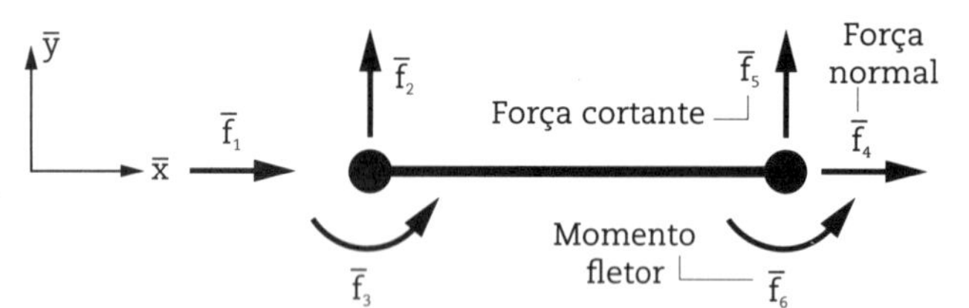

Fig. 2.37 *Esforços internos solicitantes do elemento pórtico 2D*

As matrizes de rigidez dadas nas Eqs. 2.105 e 2.107 permitem a modelagem de estruturas complexas formadas por pórticos de múltiplos andares (Fig. 2.38) e quadros hiperestáticos planos. De forma geral, combinando-se os elementos finitos treliça 2D e pórtico 2D, pode-se modelar estruturas mistas atirantadas, conforme o esquema mostrado na Fig. 2.39.

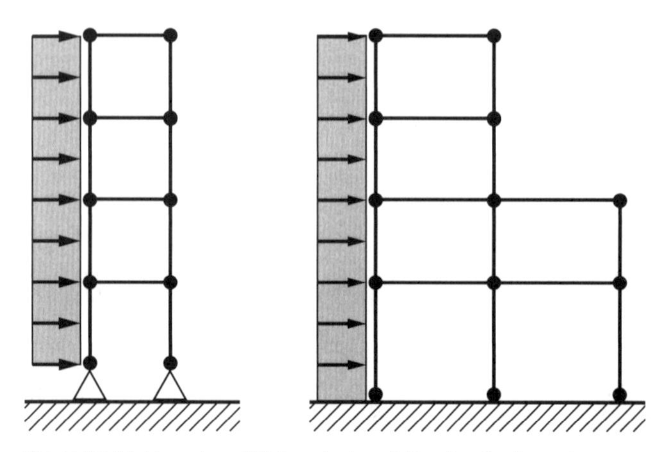

Fig. 2.38 *Pórticos de múltiplos níveis sujeitos à ação do vento*

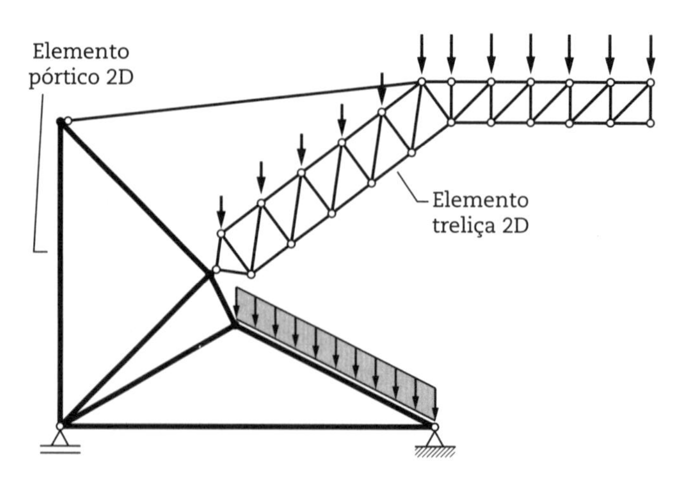

Fig. 2.39 *Estrutura mista de concreto com cobertura metálica atirantada*

Nos Caps. 4 e 6 são tratados os seguintes problemas utilizando o elemento pórtico 2D: (i) aplicação do método dos pórticos múltiplos para determinação indireta dos esforços em lajes lisas com vigas de borda, (ii) determinação da carga crítica de flambagem para colunas com distintas condições de contorno e (iii) definição da carga crítica de flambagem para quadro hiperestático simetricamente carregado.

2.7 Formulação do elemento pórtico 2D rotulado-rígido

O elemento finito pórtico 2D rotulado-rígido apresenta dois graus de liberdade no nó inicial, apenas translacionais, e três graus de liberdade no nó final, dois translacionais e um rotacional, no sistema global de coordenadas. A Fig. 2.40 ilustra seus graus de liberdade no sistema local de coordenadas. Esse elemento não possui rigidez à rotação no nó inicial (articulação).

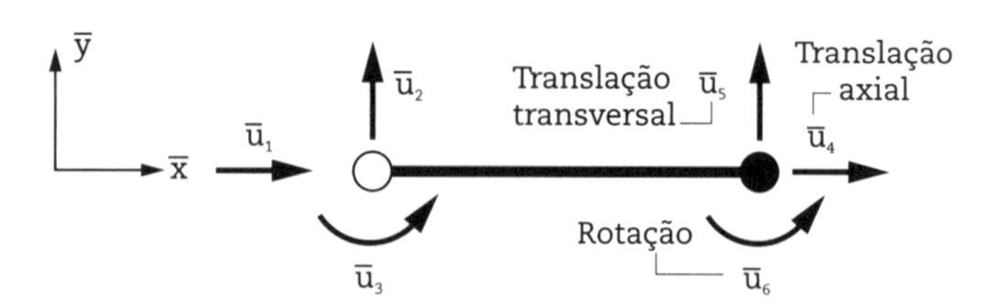

Fig. 2.40 *Elemento pórtico 2D rotulado-rígido com cinco graus de liberdade ativos (sentidos positivos)*

2.7.1 Matriz de rigidez

A matriz de rigidez do elemento pórtico 2D rotulado-rígido é obtida a partir da associação da matriz de rigidez do elemento treliça 2D, que leva em conta os graus de liberdade translacionais axiais, com a matriz de rigidez do elemento viga 2D rotulado-rígido, que considera os graus de liberdade translacionais verticais e rotacionais. Arranjando-se a dimensão da matriz de rigidez do elemento viga 2D rotulado-rígido, apresentada na Eq. 2.101, e somando-se a matriz dada na Eq. 2.103, chega-se à *matriz de rigidez do elemento pórtico 2D rotulado-rígido orientado 0° em relação ao sistema global de coordenadas*, expressa por:

$$\mathbf{k}_{ij} = \bar{\mathbf{k}}_{ij} = \begin{bmatrix} EA/L & 0 & 0 & -EA/L & 0 & 0 \\ 0 & 3EI/L^3 & 0 & 0 & -3EI/L^3 & 3EI/L^2 \\ 0 & 0 & 0 & 0 & 0 & 0 \\ -EA/L & 0 & 0 & EA/L & 0 & 0 \\ 0 & -3EI/L^3 & 0 & 0 & 3EI/L^3 & -3EI/L^2 \\ 0 & 3EI/L^2 & 0 & 0 & -3EI/L^2 & 3EI/L \end{bmatrix} \quad \textbf{(2.109)}$$

Genericamente, para qualquer que seja o valor de α tem-se:

$$\mathbf{k}_{ij} = \mathbf{T}^T \cdot \begin{bmatrix} EA/L & 0 & 0 & -EA/L & 0 & 0 \\ 0 & 3EI/L^3 & 0 & 0 & -3EI/L^3 & 3EI/L^2 \\ 0 & 0 & 0 & 0 & 0 & 0 \\ -EA/L & 0 & 0 & EA/L & 0 & 0 \\ 0 & -3EI/L^3 & 0 & 0 & 3EI/L^3 & -3EI/L^2 \\ 0 & 3EI/L^2 & 0 & 0 & -3EI/L^2 & 3EI/L \end{bmatrix} \cdot \mathbf{T} \quad \textbf{(2.110)}$$

Os elementos apresentados nas seções 2.6 e 2.7 permitem a modelagem de estruturas de pórticos e quadros hiperestáticos com rótulas que possam representar de forma mais realista o comportamento estrutural de acordo com a inclinação do terreno e o método construtivo adotado (Fig. 2.41).

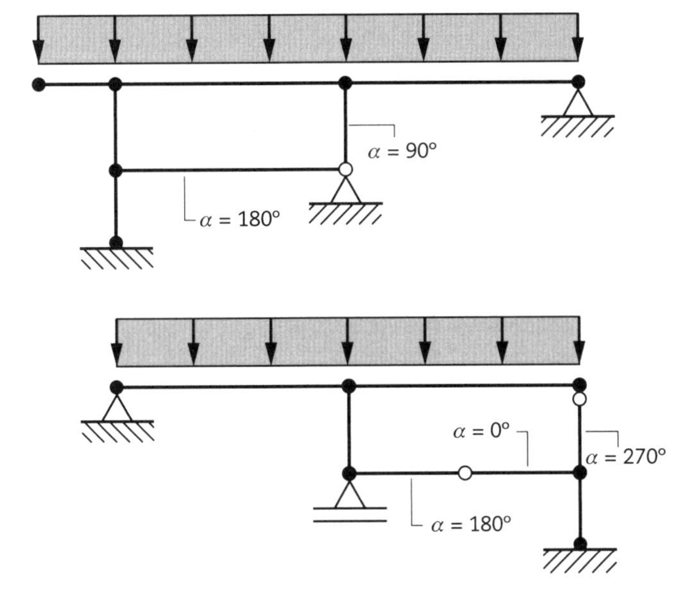

Fig. 2.41 *Estruturas de quadros com rótulas nas ligações e apoio*

2.8 Formulação do elemento pórtico 2D semirrígido-rígido

O elemento finito pórtico 2D semirrígido-rígido é intermediário entre o elemento pórtico 2D (nós rígidos) e o elemento pórtico 2D rotulado-rígido, vistos nas seções 2.6 e 2.7. Esse elemento apresenta em sua formulação a constante S, relacionada à rigidez à rotação da ligação elástica posicionada no nó inicial. O valor desse parâmetro pode variar no intervalo $0 \le k_0 \le \infty$, sendo que $k_0 = 0$ representa um nó rotulado e $k_0 = \infty$ representa um nó rígido. A Fig. 2.42 indica os graus de liberdade do elemento pórtico 2D semirrígido-rígido no sistema local de coordenadas.

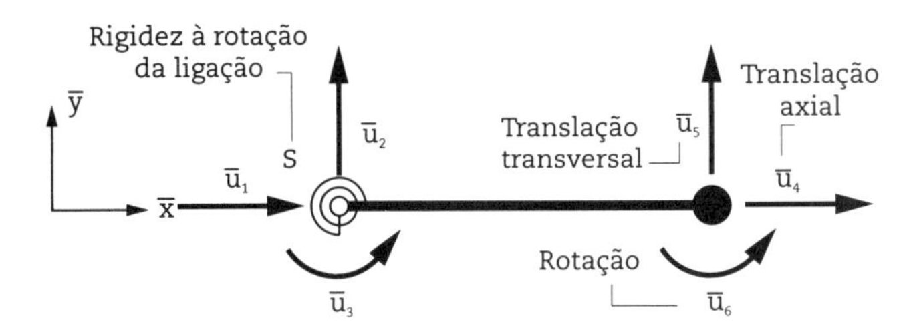

Fig. 2.42 *Elemento pórtico 2D semirrígido-rígido com seis graus de liberdade ativos (sentidos positivos)*

2.8.1 Funções da linha elástica

Os coeficientes da matriz de rigidez do elemento atual podem ser facilmente obtidos a partir da dupla integração da relação momento-curvatura, através da imposição das condições de contorno prescritas para a resolução do problema estaticamente indeterminado. Pelo método da rigidez direta, os esforços produzidos para garantir a configuração deformada, de modo a ativar apenas o grau de liberdade i e impedindo-se os demais, correspondem diretamente aos termos da matriz de rigidez da coluna i.

A partir das integrações sucessivas da relação momento-curvatura, chega-se à função da linha elástica $v_2(\bar{x})$:

$$EI \cdot d^2v_2(\bar{x})/d\bar{x}^2 = \bar{f}_{2,2} \cdot \bar{x} - \bar{f}_{3,2} \quad \textbf{(2.111)}$$

$$EI \cdot dv_2(\bar{x})/d\bar{x} = \bar{f}_{2,2} \cdot \bar{x}^2/2 - \bar{f}_{3,2} \cdot \bar{x} + C_1 \quad \textbf{(2.112)}$$

$$EI \cdot v_2(\bar{x}) = \bar{f}_{2,2} \cdot \bar{x}^3/6 - \bar{f}_{3,2} \cdot \bar{x}^2/2 + C_1 \cdot \bar{x} + C_2 \quad \textbf{(2.113)}$$

Da imposição das condições de contorno prescritas na Fig. 2.43:

- $\bar{x} = 0$:

$$dv_2(0)/d\bar{x} = -\theta \quad \textbf{(2.114)}$$

- $\bar{x} = L$:

$$dv_2(L)/d\bar{x} = 0 \quad \textbf{(2.115)}$$

- $\bar{x} = 0$:

$$v_2(0) = 1 \quad \textbf{(2.116)}$$

- $\bar{x} = L$:

$$v_2(L) = 0 \quad \textbf{(2.117)}$$

e da equação de equilíbrio da ligação elástica:

$$\theta = \bar{f}_{3,2} / S \quad \textbf{(2.118)}$$

pode-se obter os esforços requeridos para garantir a configuração deformada $v_2(\bar{x})$. Ao impor a Eq. 2.114 na Eq. 2.112, chega-se a:

$$C_1 = -EI \cdot \theta \quad \textbf{(2.119)}$$

e ao combinar as Eqs. 2.115, 2.118 e 2.119 na Eq. 2.112 e definir:

$$e = EI/(L \cdot S) \quad \textbf{(2.120)}$$

obtém-se:

$$\bar{f}_{2,2} = \frac{2\bar{f}_{3,2}}{L} \cdot (e+1) \quad \textbf{(2.121)}$$

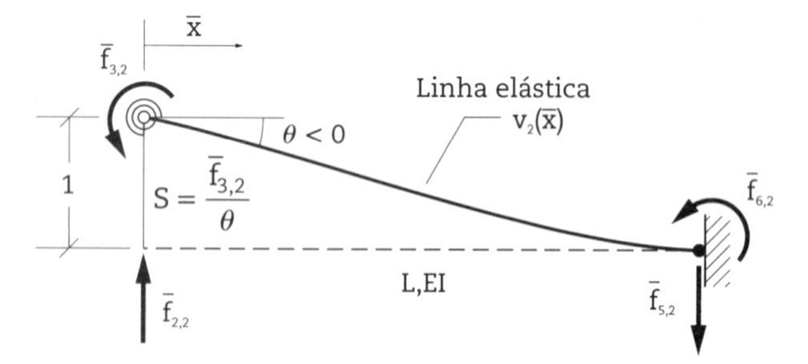

Fig. 2.43 *Condições de contorno para $v_2(\bar{x})$*

Da mesma maneira, ao introduzir a Eq. 2.116 na Eq. 2.113, tem-se:

$$C_2 = EI \quad \textbf{(2.122)}$$

e ao impor a condição de contorno da Eq. 2.117 na Eq. 2.113, lembrando-se da definição dada na Eq. 2.120 e das relações das Eqs. 2.118 e 2.121, chega-se a:

$$\bar{f}_{3,2} = \frac{6EI}{(4e+1) \cdot L^2} \quad \textbf{(2.123)}$$

que, introduzida na Eq. 2.121, resulta em:

$$\bar{f}_{2,2} = \frac{12\,EI \cdot (e+1)}{(4e+1) \cdot L^3} \quad \textbf{(2.124)}$$

A partir da utilização das equações de equilíbrio da estática, revelam-se os esforços necessários para produzir a configuração deformada imposta pelas condições de contorno das Eqs. 2.114 a 2.117, apresentados na Fig. 2.44. Por simplicidade de escrita, foram definidos os seguintes parâmetros:

$$\begin{aligned} e_1 &= e+1; \\ e_2 &= 2 \cdot e+1; \\ e_3 &= 3 \cdot e+1; \\ e_4 &= 4 \cdot e+1 \end{aligned} \quad \textbf{(2.125)}$$

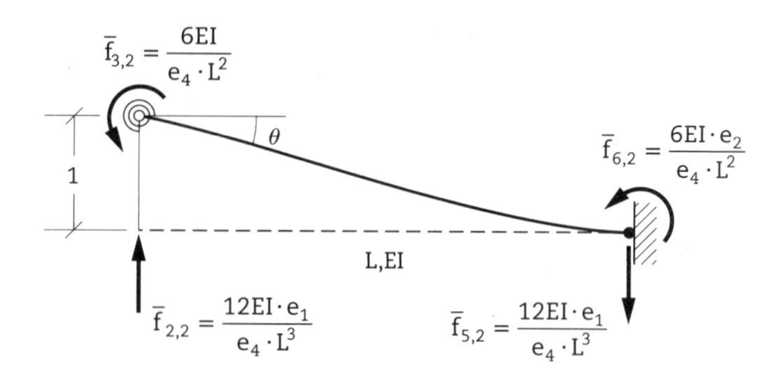

Fig. 2.44 *Esforços de extremidade para $v_2(\bar{x})$*

Para a obtenção da função da linha elástica $v_3(\bar{x})$, segue-se o mesmo procedimento descrito anteriormente, com a imposição das condições de contorno prescritas na Fig. 2.45:

- $\bar{x} = 0$:

$$dv_3(0)/d\bar{x} = 1-\theta \quad \textbf{(2.126)}$$

- $\bar{x} = L$:

$$dv_3(L)/d\bar{x} = 0 \quad \textbf{(2.127)}$$

- $\bar{x} = 0$:

$$v_3(0) = 0 \quad \textbf{(2.128)}$$

- $\bar{x} = L$:

$$v_3(L) = 0 \quad \textbf{(2.129)}$$

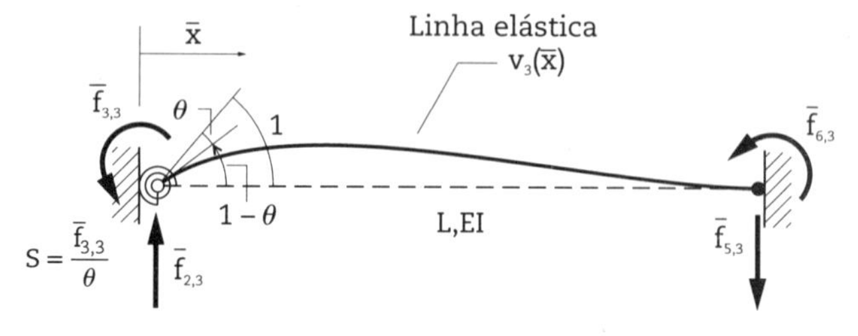

Fig. 2.45 *Condições de contorno para $v_3(\bar{x})$*

Após algumas manipulações algébricas, chega-se aos esforços apresentados na Fig. 2.46.

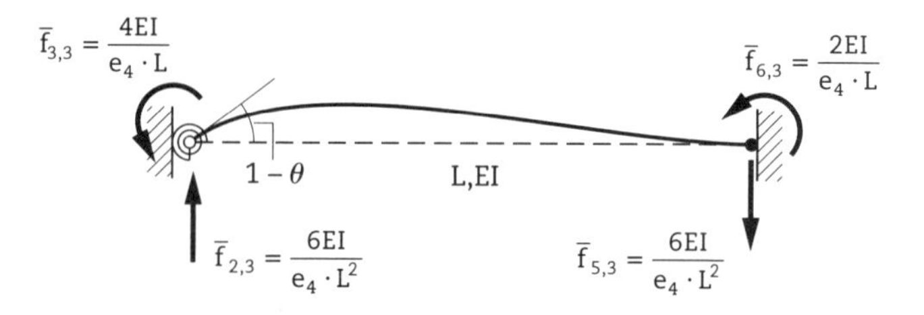

Fig. 2.46 *Esforços de extremidade para $v_3(\bar{x})$*

Seguindo-se o mesmo raciocínio, para a obtenção da função da linha elástica $v_5(\bar{x})$, prossegue-se com a imposição das condições de contorno prescritas na Fig. 2.47:

• $\bar{x} = 0$:

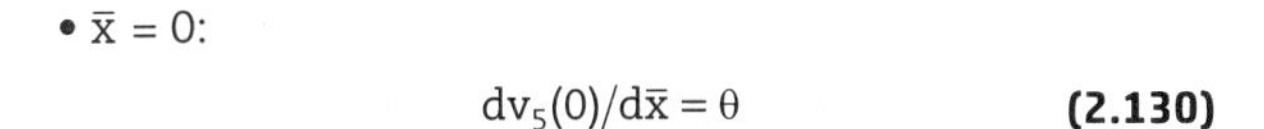

$$dv_5(0)/d\bar{x} = \theta \quad \textbf{(2.130)}$$

• $\bar{x} = L$:

$$dv_5(L)/d\bar{x} = 0 \quad \textbf{(2.131)}$$

• $\bar{x} = 0$:

$$v_5(0) = 0 \quad \textbf{(2.132)}$$

• $\bar{x} = L$:

$$v_5(L) = 1 \quad \textbf{(2.133)}$$

chegando-se aos esforços ilustrados na Fig. 2.48.

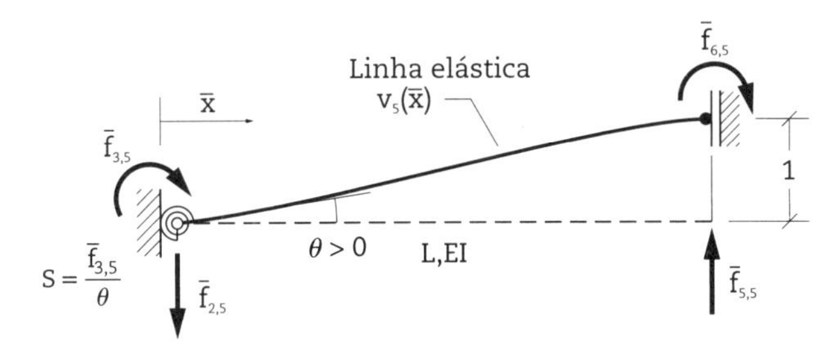

Fig. 2.47 *Condições de contorno para $v_5(\bar{x})$*

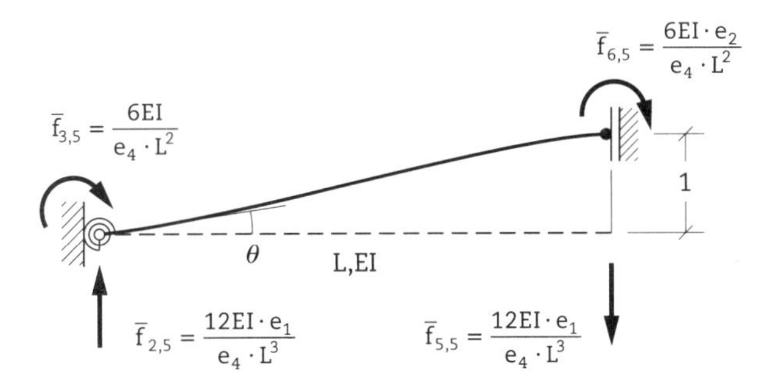

Fig. 2.48 *Esforços de extremidade para $v_5(\bar{x})$*

E, finalmente, para $v_6(\bar{x})$ prossegue-se com a imposição das condições de contorno prescritas na Fig. 2.49, para a obtenção dos esforços apresentados na Fig. 2.50.

• $\bar{x} = 0$:

$$dv_6(0)/d\bar{x} = -\theta \quad \textbf{(2.134)}$$

• $\bar{x} = L$:

$$dv_6(L)/d\bar{x} = 1 \quad \textbf{(2.135)}$$

• $\bar{x} = 0$:

$$v_6(0) = 0 \quad \textbf{(2.136)}$$

• $\bar{x} = L$:

$$v_6(L) = 0 \quad \textbf{(2.137)}$$

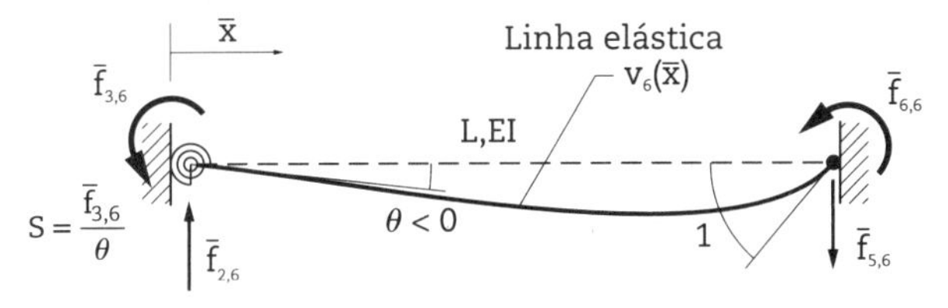

Fig. 2.49 *Condições de contorno para $v_6(\bar{x})$*

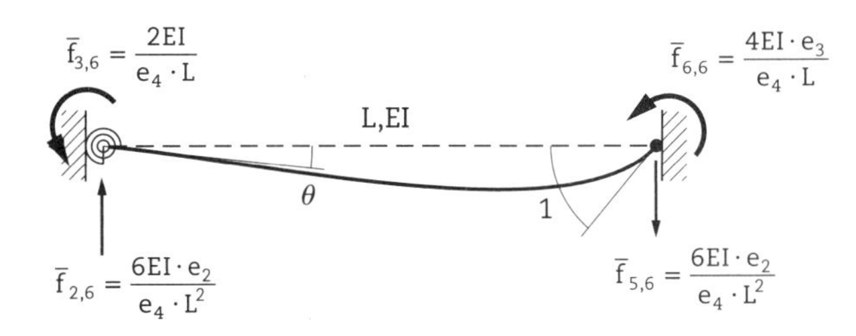

Fig. 2.50 *Esforços de extremidade para $v_6(\bar{x})$*

2.8.2 Matriz de rigidez

A matriz de rigidez do elemento pórtico 2D semirrígido-rígido é obtida a partir da matriz de rigidez do elemento treliça 2D, dada na Eq. 2.103, conforme exposto na seção 2.6.1, e incorporando-se os coeficientes de rigidez apresentados nas Figs. 2.44, 2.46, 2.48 e 2.50.

Dessa forma, chega-se à *matriz de rigidez do elemento pórtico 2D semirrígido-rígido orientado 0° em relação ao sistema global de coordenadas*, expressa por:

$$\mathbf{k}_{ij} = \bar{\mathbf{k}}_{ij} = \begin{bmatrix} \frac{EA}{L} & 0 & 0 & -\frac{EA}{L} & 0 & 0 \\ 0 & \frac{12EI \cdot e_1}{e_4 \cdot L^3} & \frac{6EI}{e_4 \cdot L^2} & 0 & -\frac{12EI \cdot e_1}{e_4 \cdot L^3} & \frac{6EI \cdot e_2}{e_4 \cdot L^2} \\ 0 & \frac{6EI}{e_4 \cdot L^2} & \frac{4EI}{e_4 \cdot L} & 0 & -\frac{6EI}{e_4 \cdot L^2} & \frac{2EI}{e_4 \cdot L} \\ -\frac{EA}{L} & 0 & 0 & \frac{EA}{L} & 0 & 0 \\ 0 & -\frac{12EI \cdot e_1}{e_4 \cdot L^3} & -\frac{6EI}{e_4 \cdot L^2} & 0 & \frac{12EI \cdot e_1}{e_4 \cdot L^3} & -\frac{6EI \cdot e_2}{e_4 \cdot L^2} \\ 0 & \frac{6EI \cdot e_2}{e_4 \cdot L^2} & \frac{2EI}{e_4 \cdot L} & 0 & -\frac{6EI \cdot e_2}{e_4 \cdot L^2} & \frac{4EI \cdot e_3}{e_4 \cdot L} \end{bmatrix} \quad \textbf{(2.138)}$$

S

em que:

$e = EI/(L \cdot S)$; $e_3 = 3e + 1$;
$e_1 = e + 1$; $e_4 = 4e + 1$.
$e_2 = 2e + 1$;

Genericamente, para qualquer que seja o valor de α tem-se:

$$\mathbf{k}_{ij} = \mathbf{T}^T \cdot \bar{\mathbf{k}}_{ij} \cdot \mathbf{T} \quad \textbf{(2.139)}$$

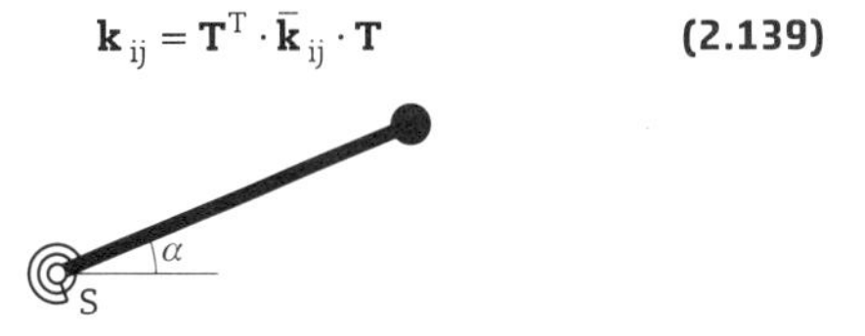

sendo a matriz **T** apresentada na Eq. 2.106 e $\bar{\mathbf{k}}_{ij}$, na Eq. 2.138.

2.8.3 Coeficiente de rigidez da ligação elástica

A rigidez de uma ligação elástica é a relação entre a capacidade de transmissão de momentos da ligação e a rotação dela. É função do tipo de ligação especificada no projeto de estruturas metálicas ou estruturas pré-moldadas de concreto. Para o caso de análises não lineares, levando-se em conta grandes rotações e escoamento dos materiais, a rigidez assumida nesta seção corresponde à rigidez tangente inicial. A Fig. 2.51 exibe dois esquemas: o primeiro, de uma viga biengastada, que possui rotação nula e capacidade máxima de absorver momentos nas extremidades, e o segundo, de uma viga biapoiada, com rotação livre e momentos nulos nas extremidades.

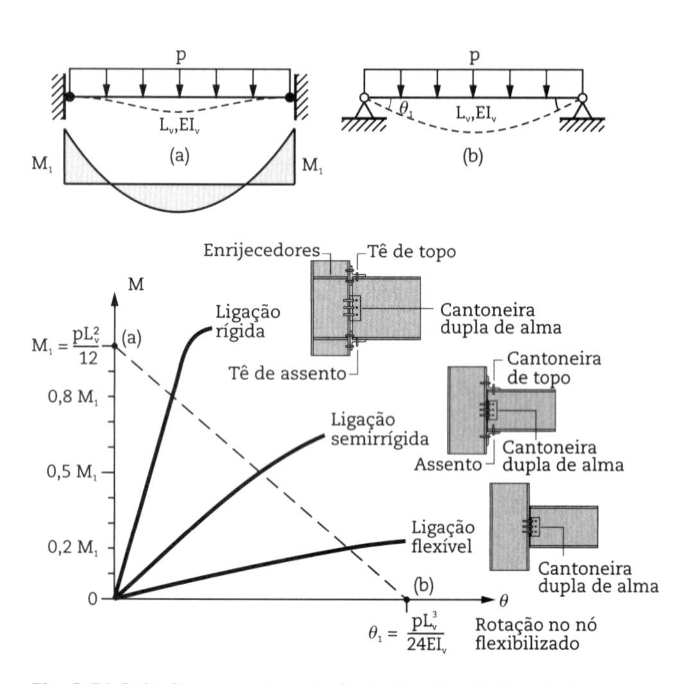

Fig. 2.51 *Relação momento-rotação da ligação elástica simétrica*

Essa figura ilustra também três tipos comuns de ligação de estruturas metálicas: rígida, semirrígida e flexível, com seus distintos valores típicos de rigidez. A seguir, são apresentados dois exemplos práticos dessas três situações específicas apontadas.

Seja um pórtico simétrico simples com uma viga de 6 m de comprimento apoiada sobre pilares infinitamente rígidos, suportando uma carga uniformemente distribuída de 12 kN/m. O esquema estático e o diagrama de momentos fletores são mostrados na Fig. 2.52.

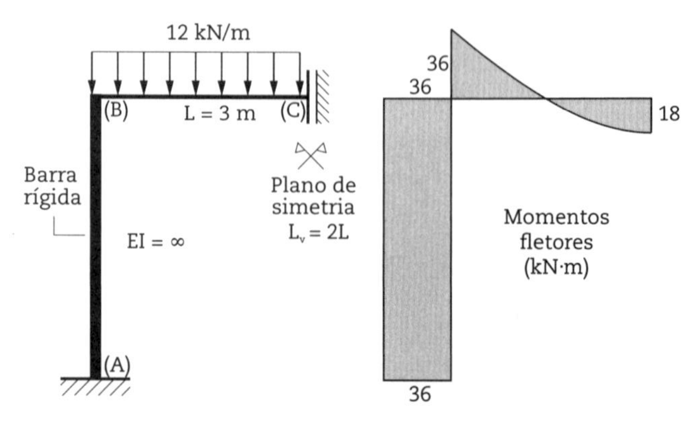

Fig. 2.52 *Pórtico simétrico simples com carregamento uniforme*

No primeiro caso, de ligação rígida, considera-se que o momento absorvido pela ligação equivale a 80% do momento de engastamento perfeito.

A rigidez da ligação elástica, que corresponde ao coeficiente angular do diagrama momento-rotação (Fig. 2.53), e o parâmetro da matriz de rigidez do elemento pórtico 2D semirrígido-rígido, apresentada na Eq. 2.138, valem:

$$S = \frac{0{,}8 \cdot M_1}{0{,}2 \cdot \theta_1} = \frac{0{,}8 \cdot \dfrac{pL_v^2}{12}}{0{,}2 \cdot \dfrac{pL_v^3}{24EI_v}} = \frac{8EI_v}{L_v} \quad \rightarrow \quad e = \frac{EI}{L \cdot S} = 0{,}25 \tag{2.140}$$

sendo L_v o comprimento da viga conectada à ligação.

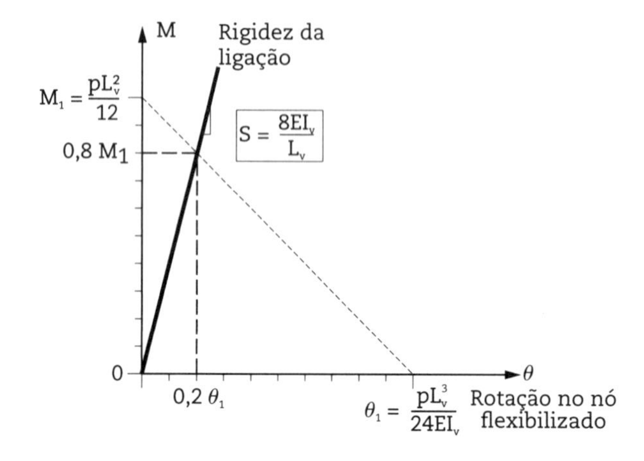

Fig. 2.53 *Rigidez da ligação elástica para 80% do momento máximo*

O diagrama final de momentos fletores para o pórtico com ligações flexibilizadas é dado na Fig. 2.54.

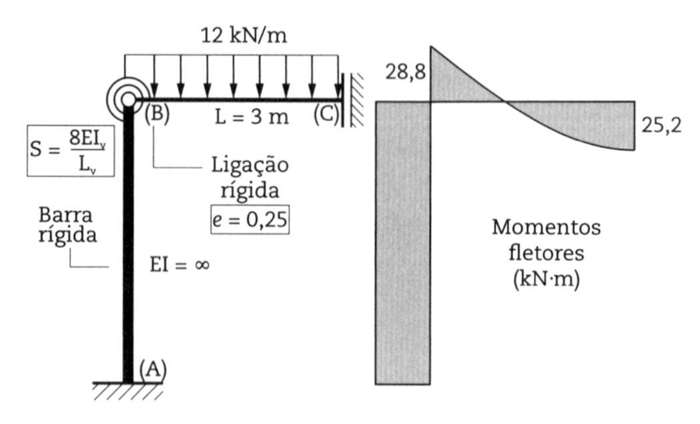

Fig. 2.54 *Diagrama final de momentos fletores com ligação elástica para 80% do momento máximo*

A partir da análise desse diagrama, observa-se que haverá um aumento do momento fletor positivo no meio do vão da viga, em virtude da redistribuição de momentos causada pela flexibilização da ligação pilar-viga. Ressalta-se que os momentos fletores transmitidos para as fundações, devidos ao carregamento uniformemente distribuído na viga, são menores.

O segundo caso, de ligação semirrígida, corresponde ao momento absorvido pela ligação igual a 50% do momento de engastamento perfeito.

A rigidez da ligação elástica, indicada na Fig. 2.55, e o parâmetro de modelagem matemática valem:

$$S = \frac{0{,}5 \cdot M}{0{,}5 \cdot \theta_1} = \frac{0{,}5 \cdot \dfrac{pL_v^2}{12}}{0{,}5 \cdot \dfrac{pL_v^3}{24EI_v}} = \frac{2EI_v}{L_v} \rightarrow \boxed{e = \frac{EI}{L \cdot S} = 1} \quad (2.141)$$

e o diagrama final de momentos fletores para o pórtico com ligações flexibilizadas é dado na Fig. 2.56. Observa-se que ocorre uma inversão de valores entre os momentos nos apoios e no meio do vão em relação à situação original, apresentada na Fig. 2.52. Tal fato demonstra a grande influência da rigidez da ligação elástica nos resultados no modelo de elementos finitos.

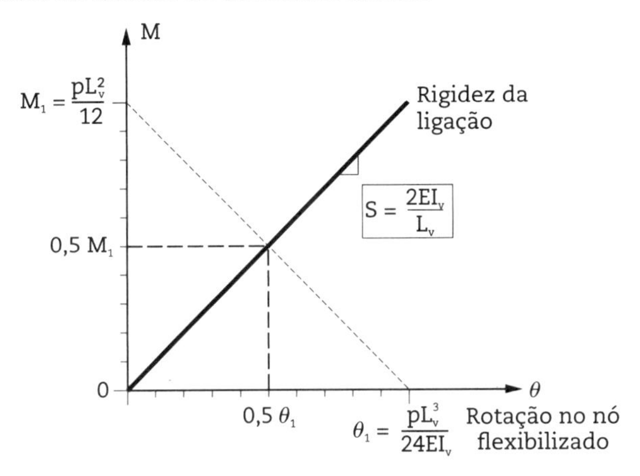

Fig. 2.55 *Rigidez da ligação elástica para 50% do momento máximo*

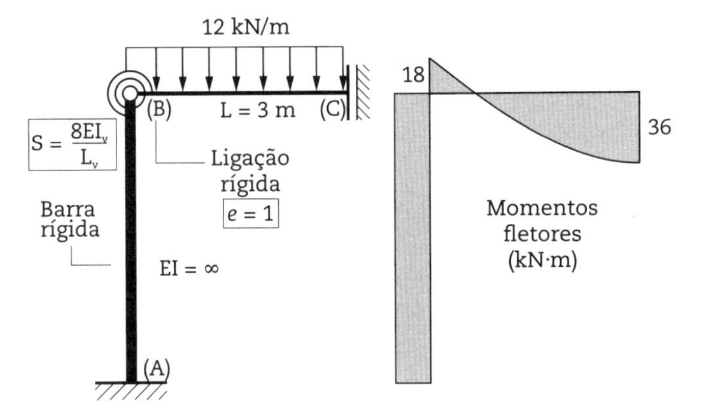

Fig. 2.56 *Diagrama final de momentos fletores com ligação elástica para 50% do momento máximo*

O último caso analisado, de ligação flexível, corresponde ao momento absorvido pela ligação igual a 20% do momento de engastamento perfeito, que é conferido a uma ligação flexível formada apenas por cantoneiras duplas de alma, conforme esquematizado na Fig. 2.51.

A rigidez da ligação elástica, indicada na Fig. 2.57, e o parâmetro de modelagem matemática valem:

$$S = \frac{0{,}2 \cdot M_1}{0{,}8 \cdot \theta_1} = \frac{0{,}2 \cdot \dfrac{pL_v^2}{12}}{0{,}8 \cdot \dfrac{pL_v^3}{24EI_v}} = \frac{0{,}5EI_v}{L_v} \rightarrow \boxed{e = \frac{EI}{L \cdot S} = 4} \quad (2.142)$$

o que conduz ao diagrama final de momentos fletores para o pórtico com ligações flexibilizadas apresentado na Fig. 2.58.

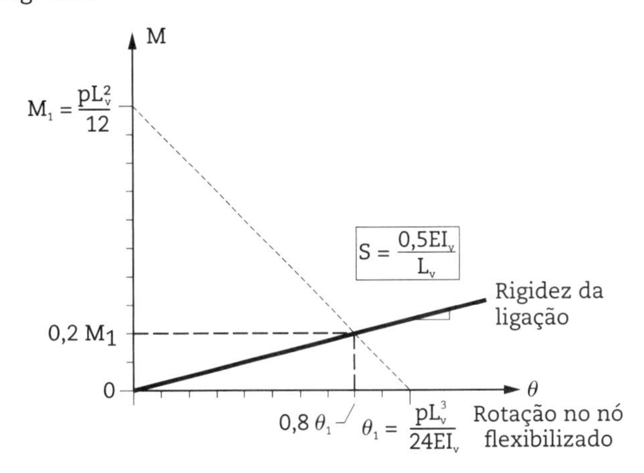

Fig. 2.57 *Rigidez da ligação elástica para 20% do momento máximo*

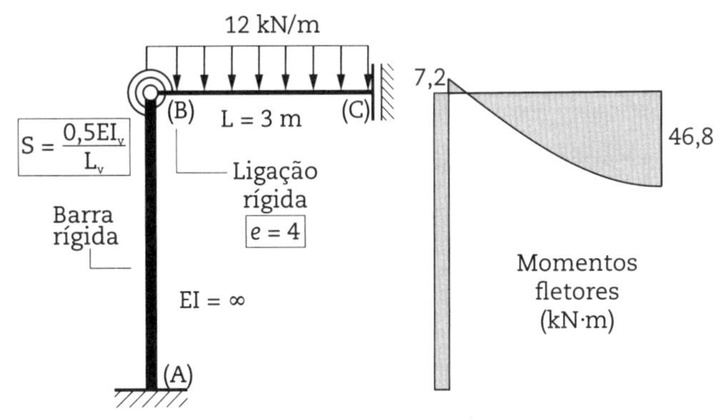

Fig. 2.58 *Diagrama final de momentos fletores com ligação elástica para 20% do momento máximo*

É importante destacar outra situação em que uma ligação é elástica e a outra, infinitamente rígida, que corresponde ao elemento formulado nesta seção atuando em todo o vão. Considere um pórtico simples com uma viga de 6 m de comprimento apoiada sobre pilares infinitamente rígidos, visto anteriormente e mostrado na Fig. 2.59, sendo que a extremidade (B) é semirrígida e a (C), rígida.

A Fig. 2.60 ilustra dois esquemas: o primeiro, de uma viga biengastada, que apresenta rotação nula nas extremidades e capacidade máxima de absorver momentos, e o segundo, de uma viga apoiada-engastada, com rotação livre e momento nulo na extremidade direita. Observa-se, nessa extremidade, que a rotação máxima equivale à metade da rotação prevista no caso da viga biapoiada, e, sendo assim, a rigidez da ligação elástica vale o dobro.

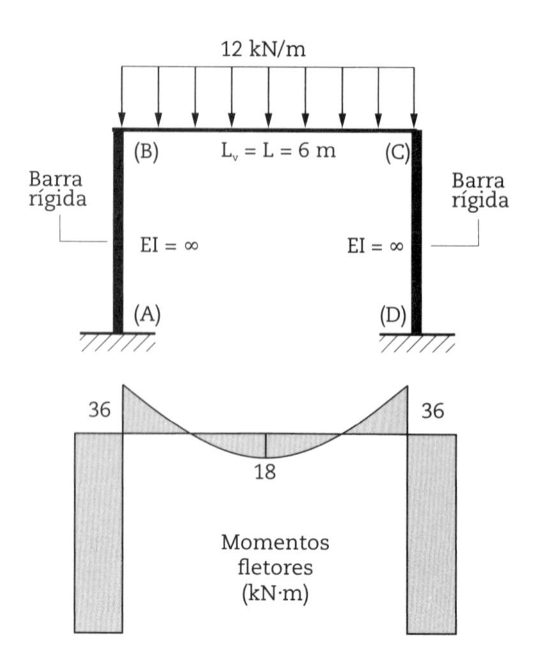

Fig. 2.59 *Pórtico simples com carregamento uniforme*

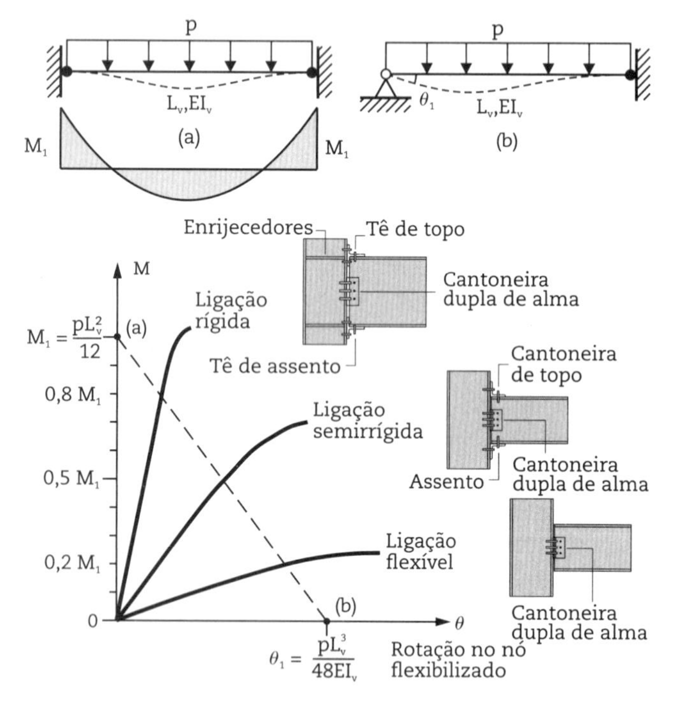

Fig. 2.60 *Relação momento-rotação da ligação elástica em uma das extremidades do elemento estrutural*

Nesse caso, a rigidez da ligação elástica para absorver 80% do momento de engastamento perfeito, ilustrada na Fig. 2.61, e o parâmetro da matriz de rigidez do elemento pórtico 2D semirrígido-rígido valem:

$$S = \frac{0{,}8 \cdot M_1}{0{,}2 \cdot \theta_1} = \frac{0{,}8 \cdot \frac{pL_v^2}{12}}{0{,}2 \cdot \frac{pL_v^3}{48EI_v}} = \frac{16EI_v}{L_v} \rightarrow e = \frac{EI}{L \cdot S} = 0{,}0625 \quad (2.143)$$

sendo L a distância entre as ligações pilar-viga.

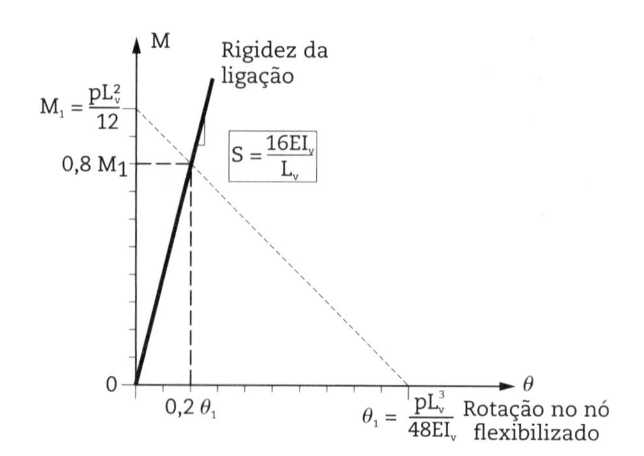

Fig. 2.61 *Rigidez da ligação elástica para 80% do momento máximo*

O diagrama final de momentos fletores para o pórtico com uma ligação flexibilizada é dado na Fig. 2.62.

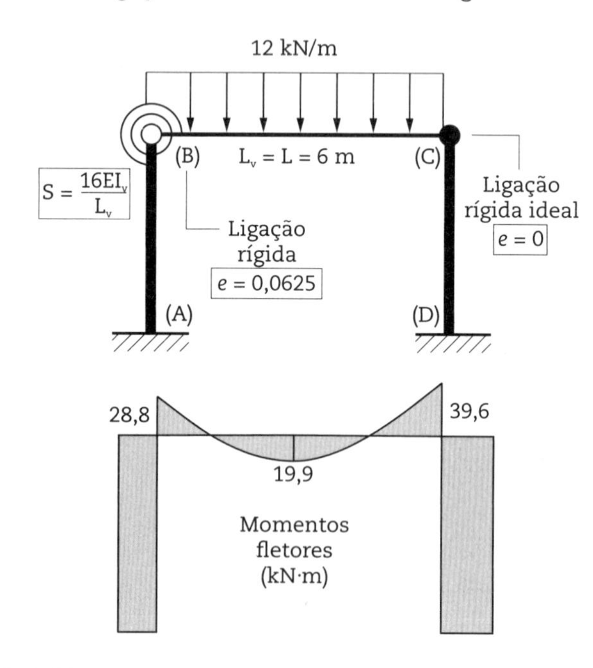

Fig. 2.62 *Diagrama final de momentos fletores com ligação elástica na extremidade direita para absorver 80% do momento máximo*

A rigidez da ligação elástica para absorver 50% do momento de engastamento perfeito (Fig. 2.63) e o parâmetro da matriz valem:

$$S = \frac{0{,}5 \cdot M_1}{0{,}5 \cdot \theta_1} = \frac{0{,}5 \cdot \frac{pL_v^2}{12}}{0{,}5 \cdot \frac{pL_v^3}{48EI_v}} = \frac{4EI_v}{L_v} \rightarrow e = \frac{EI}{L \cdot S} = 0{,}25 \quad (2.144)$$

O diagrama final de momentos fletores para o pórtico com uma ligação flexibilizada é apresentado na Fig. 2.64.

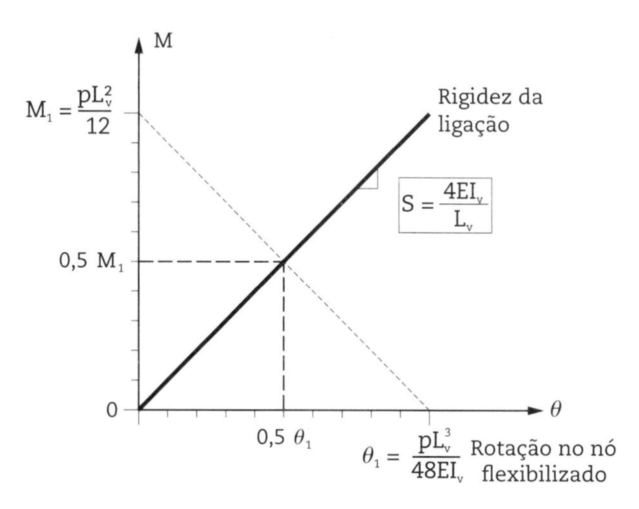

Fig. 2.63 *Rigidez da ligação elástica para 50% do momento máximo*

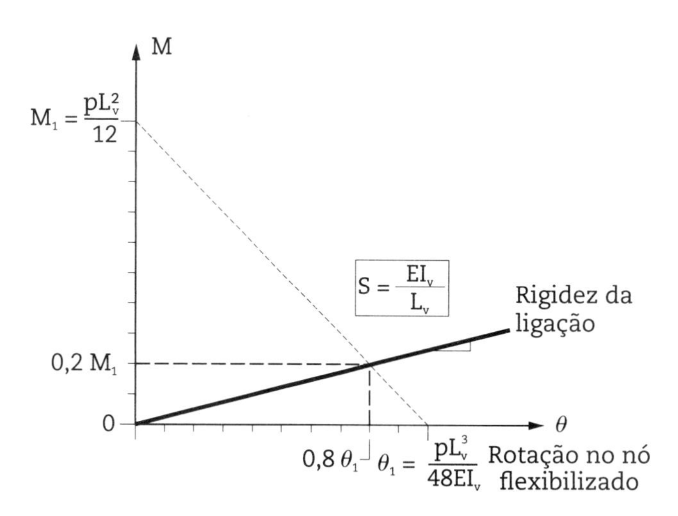

Fig. 2.65 *Rigidez da ligação elástica para 20% do momento máximo*

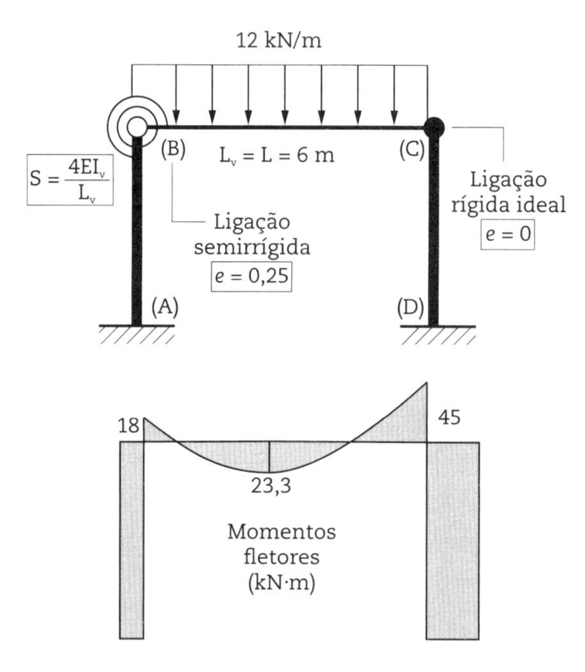

Fig. 2.64 *Diagrama final de momentos fletores com ligação elástica na extremidade direita para absorver 50% do momento máximo*

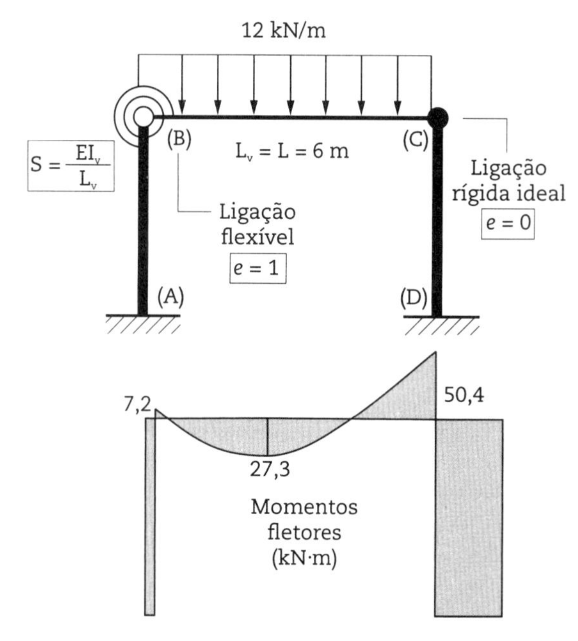

Fig. 2.66 *Diagrama final de momentos fletores com ligação elástica na extremidade direita para absorver 20% do momento máximo*

Finalmente, a rigidez da ligação elástica para absorver 20% do momento de engastamento perfeito, indicada na Fig. 2.65, e o parâmetro da matriz de rigidez do elemento valem:

$$S = \frac{0{,}2 \cdot M_1}{0{,}8 \cdot \theta_1} = \frac{0{,}2 \cdot \frac{pL_v^2}{12}}{0{,}8 \cdot \frac{pL_v^3}{48EI_v}} = \frac{EI_v}{L_v} \quad \rightarrow \quad e = \frac{EI}{L \cdot S} = 1 \qquad \textbf{(2.145)}$$

O diagrama final de momentos fletores para o pórtico com uma ligação flexibilizada é exibido na Fig. 2.66.

2.9 Formulação do elemento grelha

O elemento finito grelha é definido no plano $\overline{xy}$ e apresenta três graus de liberdade por nó, determinados por rotação em torno do eixo $\bar{x}$, rotação em torno do eixo $\bar{y}$ e translação na direção $\bar{z}$. A Fig. 2.67 ilustra os graus de liberdade desse elemento no sistema local de coordenadas.

2.9.1 Matriz de rigidez

A matriz de rigidez do elemento grelha é obtida a partir da matriz de rigidez do elemento pórtico 2D, substituindo-se o efeito da força normal pelo efeito do momento torçor e ordenando-se os graus de liberdade de acordo com o esquema mostrado nas Figs. 2.68 e 2.69.

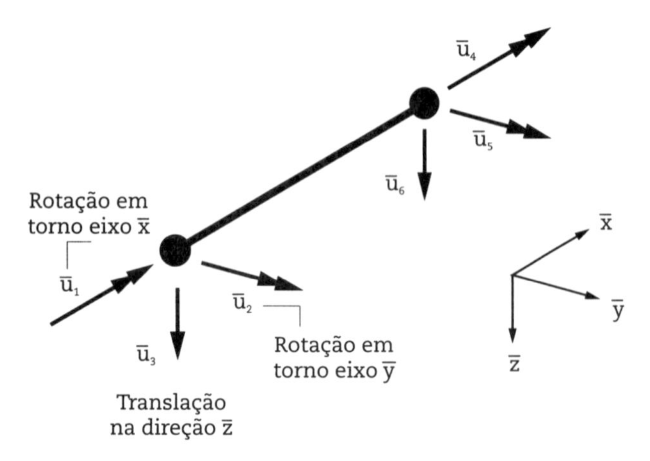

Fig. 2.67 *Elemento grelha com três graus de liberdade por nó (sentidos positivos)*

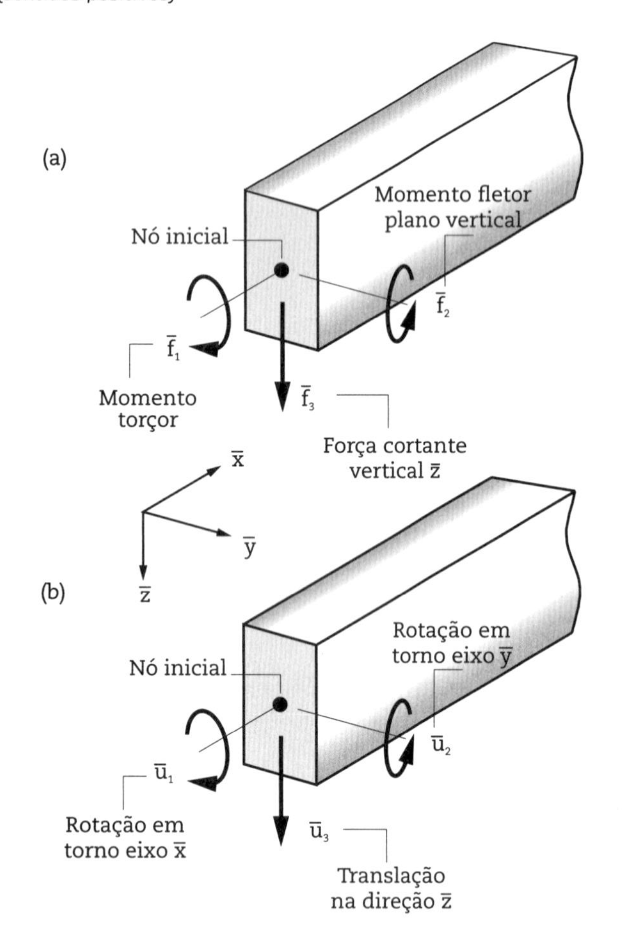

Fig. 2.68 *Elemento grelha: (a) esforços no nó inicial e (b) deslocamentos no nó inicial*

$$\bar{\mathbf{f}} = \begin{bmatrix} \bar{f}_1 \\ \bar{f}_2 \\ \bar{f}_3 \\ \bar{f}_4 \\ \bar{f}_5 \\ \bar{f}_6 \end{bmatrix} = \bar{\mathbf{k}}_{ij} \cdot \bar{\mathbf{u}} = \begin{bmatrix} \bar{u}_1 \\ \bar{u}_2 \\ \bar{u}_3 \\ \bar{u}_4 \\ \bar{u}_5 \\ \bar{u}_6 \end{bmatrix} \tag{2.146}$$

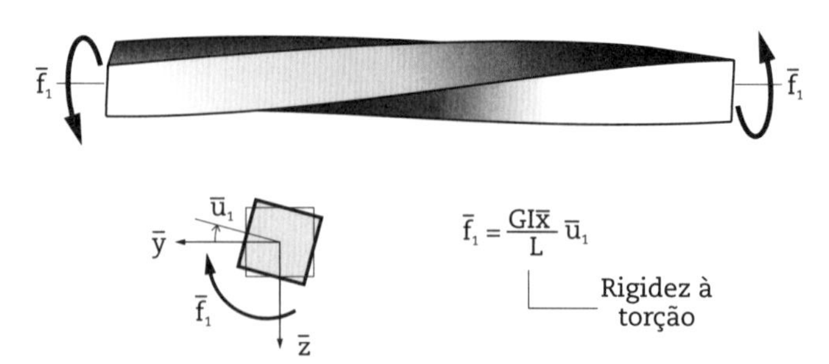

Fig. 2.69 *Rigidez à torção do elemento grelha*

Dessa forma, ao mudar o comportamento axial pelo torcional, chega-se à *matriz de rigidez do elemento grelha orientado 0° (direção x) em relação ao sistema global de coordenadas*, expressa por:

$$\mathbf{k}_{ij} = \bar{\mathbf{k}}_{ij} = \begin{bmatrix} GI_{\bar{x}}/L & 0 & 0 & -GI_{\bar{x}}/L & 0 & 0 \\ 0 & 4EI_{\bar{y}}/L & -6EI_{\bar{y}}/L^2 & 0 & 2EI_{\bar{y}}/L & 6EI_{\bar{y}}/L^2 \\ 0 & -6EI_{\bar{y}}/L^2 & 12EI_{\bar{y}}/L^3 & 0 & -6EI_{\bar{y}}/L^2 & -12EI_{\bar{y}}/L^3 \\ -GI_{\bar{x}}/L & 0 & 0 & GI_{\bar{x}}/L & 0 & 0 \\ 0 & 2EI_{\bar{y}}/L & -6EI_{\bar{y}}/L^2 & 0 & 4EI_{\bar{y}}/L & 6EI_{\bar{y}}/L^2 \\ 0 & 6EI_{\bar{y}}/L^2 & -12EI_{\bar{y}}/L^3 & 0 & 6EI_{\bar{y}}/L^2 & 12EI_{\bar{y}}/L^3 \end{bmatrix} \tag{2.147}$$

Genericamente, para qualquer que seja o valor de α no plano $\overline{xy}$, utiliza-se a Eq. 2.139, sendo a matriz **T** apresentada na Eq. 2.106.

$$\mathbf{k}_{ij} = \mathbf{T}^T \cdot \begin{bmatrix} GI_{\bar{x}}/L & 0 & 0 & -GI_{\bar{x}}/L & 0 & 0 \\ 0 & 4EI_{\bar{y}}/L & -6EI_{\bar{y}}/L^2 & 0 & 2EI_{\bar{y}}/L & 6EI_{\bar{y}}/L^2 \\ 0 & -6EI_{\bar{y}}/L^2 & 12EI_{\bar{y}}/L^3 & 0 & -6EI_{\bar{y}}/L^2 & -12EI_{\bar{y}}/L^3 \\ -GI_{\bar{x}}/L & 0 & 0 & GI_{\bar{x}}/L & 0 & 0 \\ 0 & 2EI_{\bar{y}}/L & -6EI_{\bar{y}}/L^2 & 0 & 4EI_{\bar{y}}/L & 6EI_{\bar{y}}/L^2 \\ 0 & 6EI_{\bar{y}}/L^2 & -12EI_{\bar{y}}/L^3 & 0 & 6EI_{\bar{y}}/L^2 & 12EI_{\bar{y}}/L^3 \end{bmatrix} \cdot \mathbf{T} \tag{2.148}$$

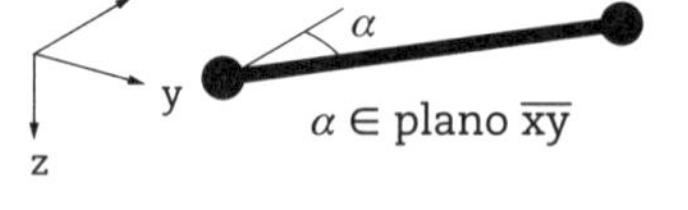

Particularmente, a matriz de rigidez do elemento grelha orientado 90° (direção y) em relação ao plano xy do sistema global de coordenadas é expressa por:

$$\mathbf{k}_{ij} = \begin{bmatrix} 4EI_{\bar{y}}/L & 0 & 6EI_{\bar{y}}/L^2 & 2EI_{\bar{y}}/L & 0 & -6EI_{\bar{y}}/L^2 \\ 0 & GI_{\bar{x}}/L & 0 & 0 & -GI_{\bar{x}}/L & 0 \\ 6EI_{\bar{y}}/L^2 & 0 & 12EI_{\bar{y}}/L^3 & 6EI_{\bar{y}}/L^2 & 0 & -12EI_{\bar{y}}/L^3 \\ 2EI_{\bar{y}}/L & 0 & 6EI_{\bar{y}}/L^2 & 4EI_{\bar{y}}/L & 0 & -6EI_{\bar{y}}/L^2 \\ 0 & -GI_{\bar{x}}/L & 0 & 0 & GI_{\bar{x}}/L & 0 \\ -6EI_{\bar{y}}/L^2 & 0 & -12EI_{\bar{y}}/L^3 & -6EI_{\bar{y}}/L^2 & 0 & 12EI_{\bar{y}}/L^3 \end{bmatrix} \tag{2.149}$$

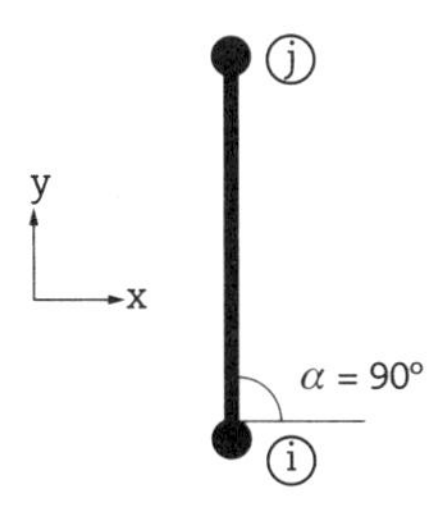

Uma vez conhecidos os deslocamentos nodais, é possível aplicar a Eq. 2.146 para a obtenção dos esforços internos solicitantes, apresentados na Fig. 2.68.

As matrizes de rigidez dadas nas Eqs. 2.147 e 2.149 permitem a modelagem de estruturas complexas para representar o comportamento de lajes de formas irregulares com furos, aberturas e condições de carregamento e vinculação complexas, como a ilustrada na Fig. 2.70.

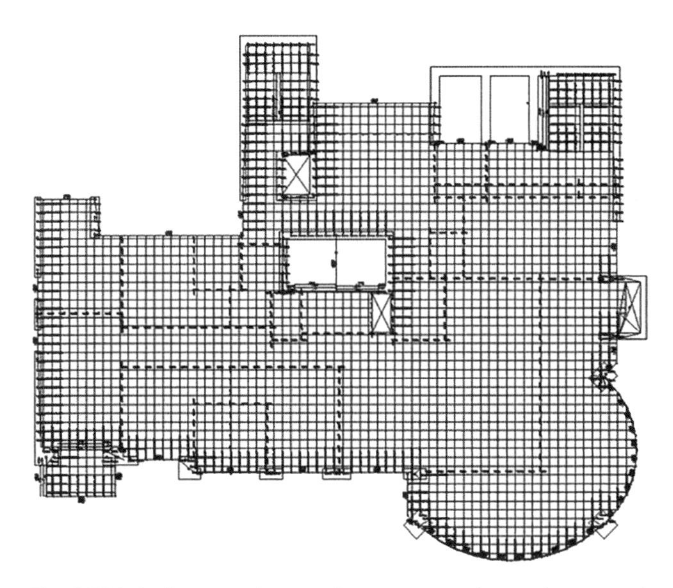

Fig. 2.70 *Laje de um pavimento-tipo representada por elementos de grelha gerada no programa TQS*
Fonte: Barbosa (2020).

Pode-se facilmente incluir na formulação do elemento grelha o efeito de ligações elásticas. Com esse recurso ativado, é possível modelar a capacidade de acomodação plástica e o efeito da fissuração nas ligações de estruturas de concreto armado. Para o elemento grelha, esse efeito poderá ser verificado nas ligações com as vigas de borda de uma estrutura de um pavimento e nas ligações com os pilares de uma edificação. A partir do elemento pórtico semirrígido-rígido, cuja matriz de rigidez é dada na Eq. 2.138, é possível, por analogia, chegar à *matriz de rigidez do elemento grelha semirrígido-rígido orientado na direção x em relação ao sistema global de coordenadas*, expressa por:

$$\mathbf{k}_{ij} = \bar{\mathbf{k}}_{ij} = \begin{bmatrix} \frac{GI_{\bar{x}}}{L} & 0 & 0 & -\frac{GI_{\bar{x}}}{L} & 0 & 0 \\ 0 & \frac{4EI_{\bar{y}}}{e_4 \cdot L} & -\frac{6EI_{\bar{y}}}{e_4 \cdot L^2} & 0 & \frac{2EI_{\bar{y}}}{e_4 \cdot L} & \frac{6EI_{\bar{y}}}{e_4 \cdot L^2} \\ 0 & -\frac{6EI_{\bar{y}}}{e_4 \cdot L^2} & \frac{12EI_{\bar{y}} \cdot e_1}{e_4 \cdot L^3} & 0 & -\frac{6EI_{\bar{y}} \cdot e_2}{e_4 \cdot L^2} & -\frac{12EI_{\bar{y}} \cdot e_1}{e_4 \cdot L^3} \\ -\frac{GI_{\bar{x}}}{L} & 0 & 0 & \frac{GI_{\bar{x}}}{L} & 0 & 0 \\ 0 & \frac{2EI_{\bar{y}}}{e_4 \cdot L} & -\frac{6EI_{\bar{y}} \cdot e_2}{e_4 \cdot L^2} & 0 & \frac{4EI_{\bar{y}} \cdot e_3}{e_4 \cdot L} & \frac{6EI_{\bar{y}} \cdot e_2}{e_4 \cdot L^2} \\ 0 & \frac{6EI_{\bar{y}}}{e_4 \cdot L^2} & -\frac{12EI_{\bar{y}} \cdot e_1}{e_4 \cdot L^3} & 0 & \frac{6EI_{\bar{y}} \cdot e_2}{e_4 \cdot L^2} & \frac{12EI_{\bar{y}} \cdot e_1}{e_4 \cdot L^3} \end{bmatrix} \quad \textbf{(2.150)}$$

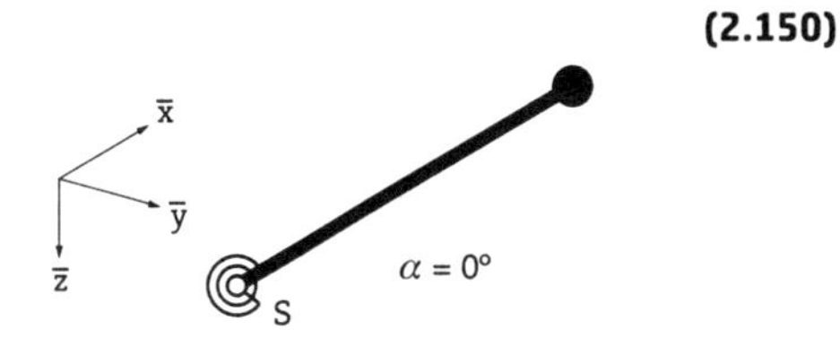

em que:

$e = EI/(L \cdot S)$; $e_3 = 3e + 1$;

$e_1 = e + 1$; $e_4 = 4e + 1$.

$e_2 = 2e + 1$;

Genericamente, para qualquer que seja o valor de α tem-se:

$$\mathbf{k}_{ij} = \mathbf{T}^T \cdot \bar{\mathbf{k}}_{ij} \cdot \mathbf{T} \quad \textbf{(2.151)}$$

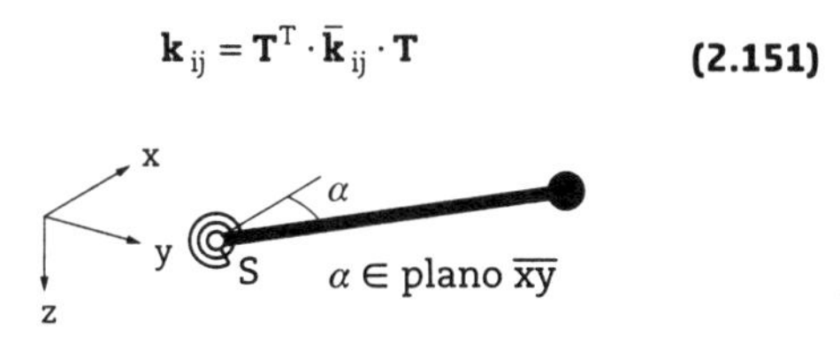

sendo a matriz **T** apresentada na Eq. 2.106 e $\bar{\mathbf{k}}_{ij}$, na Eq. 2.150.

2.10 Formulação do elemento treliça 3D

O elemento finito treliça 3D apresenta três graus de liberdade por nó, definidos pelos deslocamentos translacionais nas direções ortogonais do sistema local de coordenadas, como indicado na Fig. 2.71.

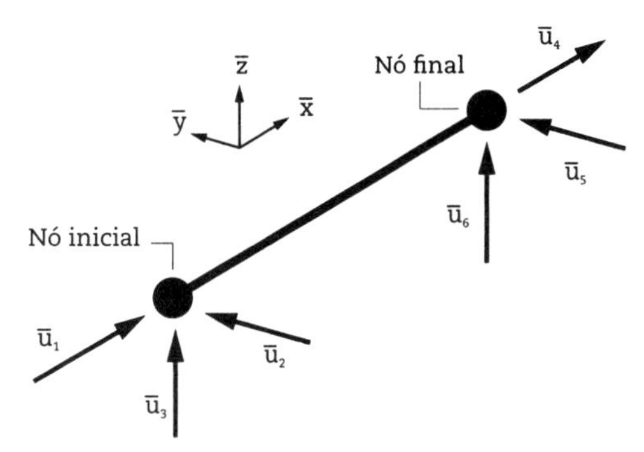

Fig. 2.71 *Elemento treliça 3D com três graus de liberdade por nó*

As estruturas formadas com esse elemento seguem o comportamento de uma treliça ideal em que todos os elementos são articulados nas ligações e as cargas são aplicadas exclusivamente nos nós. Dessa forma, devido à inexistência de cargas transversais nas barras, estas são solicitadas estritamente a forças normais (Fig. 2.72).

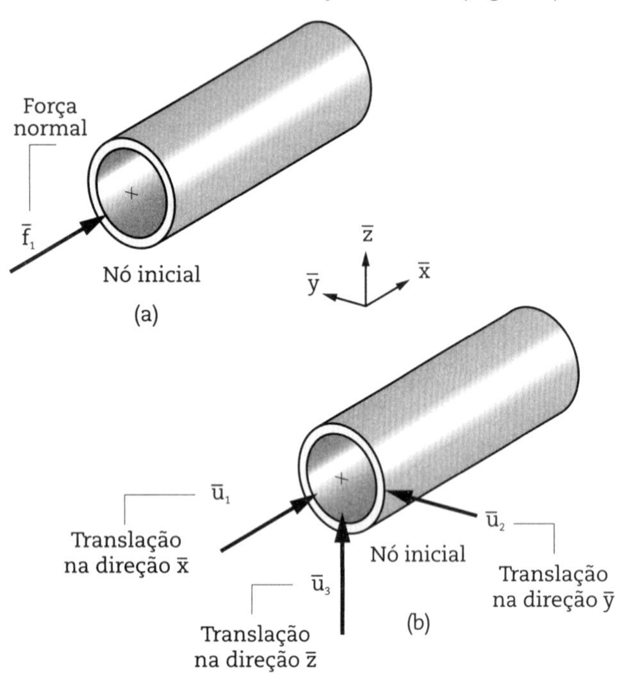

Fig. 2.72 *Esforço normal solicitante e deslocamentos nodais*

2.10.1 Matriz de rigidez

A obtenção da matriz de rigidez do elemento treliça 3D no sistema local de coordenadas segue o mesmo procedimento apresentado na seção 2.3, exceto pela inclusão do terceiro grau de liberdade associado à translação na direção z local para cada nó. Portanto, a matriz da Eq. 2.50, adaptada para o elemento finito treliça 3D no sistema local de coordenadas, é dada por:

$$\bar{\mathbf{k}}_{ij} = \begin{bmatrix} EA/L & 0 & 0 & -EA/L & 0 & 0 \\ 0 & 0 & 0 & 0 & 0 & 0 \\ 0 & 0 & 0 & 0 & 0 & 0 \\ -EA/L & 0 & 0 & EA/L & 0 & 0 \\ 0 & 0 & 0 & 0 & 0 & 0 \\ 0 & 0 & 0 & 0 & 0 & 0 \end{bmatrix} \quad (2.152)$$

Nos problemas bidimensionais, utilizam-se transformações algébricas baseadas em relações trigonométricas para a representação dos deslocamentos e dos esforços no sistema global de coordenadas. Entretanto, nos problemas tridimensionais, procedimentos de análise vetorial devem ser empregados (Hibbeler, 2017). O cosseno diretor entre dois vetores é calculado dividindo-se o produto escalar pelo produto de seus módulos. Assim, pode-se facilmente obter a projeção de um vetor em uma direção específica, associada a um dos eixos.

Os cossenos diretores dos eixos globais em relação ao eixo do elemento AB (eixo local $\bar{x}$), indicados na Fig. 2.73, são:

$$\cos(\theta_x) = \frac{\mathbf{v}\cdot\mathbf{i}}{v\cdot i} \;;\; \cos(\theta_y) = \frac{\mathbf{v}\cdot\mathbf{j}}{v\cdot j} \;;\; \cos(\theta_z) = \frac{\mathbf{v}\cdot\mathbf{k}}{v\cdot k} \quad (2.153)$$

ou expressos na forma cartesiana:

$$c_x = \frac{x_B - x_A}{L} \;;\; c_y = \frac{y_B - y_A}{L} \;;\; c_z = \frac{z_B - z_A}{L} \quad (2.154)$$

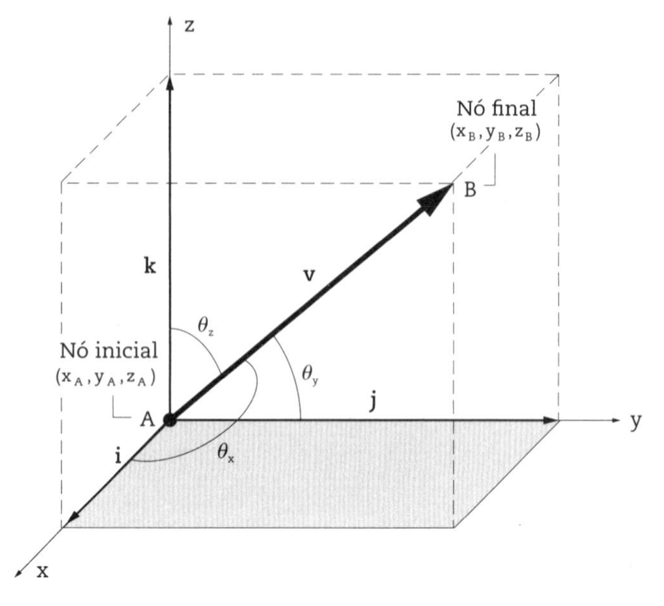

Fig. 2.73 *Cossenos diretores para projeção de um vetor nas direções dos eixos de coordenadas do sistema global*

A definição da matriz de transformação de eixos do sistema global para o local é feita em duas etapas sucessivas: na primeira, procede-se com a rotação β em relação ao plano xy, e, na segunda, efetua-se uma rotação γ em relação ao plano $\overline{xy}$, conforme ilustrado na Fig. 2.74 (Gere; Weaver Jr., 1981).

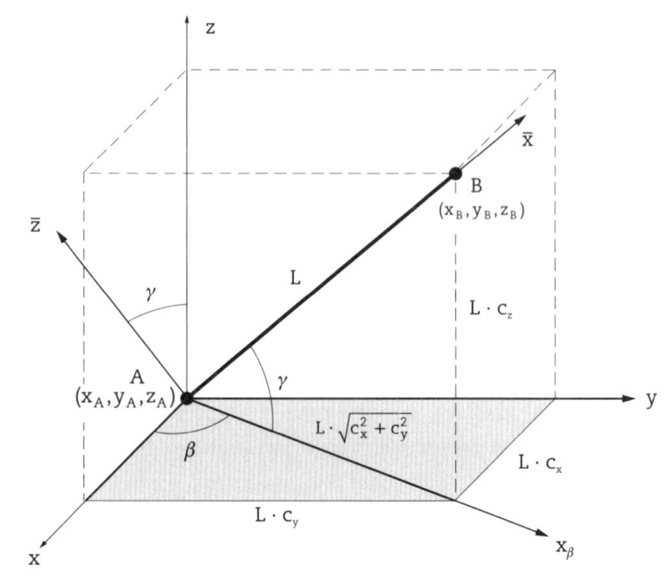

Fig. 2.74 *Rotação de eixos para o elemento treliça 3D*

Relembrando a matriz de transformação em relação ao plano xy, deduzida anteriormente na Eq. 2.52, obtém-se:

$$\mathbf{T}_\beta = \begin{bmatrix} \cos\beta & \text{sen}\beta & 0 \\ -\text{sen}\beta & \cos\beta & 0 \\ 0 & 0 & 1 \end{bmatrix} \quad \textbf{(2.155)}$$

sendo, conforme a Fig. 2.74:

$$\cos\beta = \frac{c_x}{\sqrt{c_x^2 + c_y^2}} \ \text{ e } \ \text{sen}\beta = \frac{c_y}{\sqrt{c_x^2 + c_y^2}} \quad \textbf{(2.156)}$$

A partir dessas relações, a matriz fornecida na Eq. 2.155 pode ser reescrita na forma:

$$\mathbf{T}_\beta = \begin{bmatrix} \frac{c_x}{\sqrt{c_x^2 + c_y^2}} & \frac{c_y}{\sqrt{c_x^2 + c_y^2}} & 0 \\ -\frac{c_y}{\sqrt{c_x^2 + c_y^2}} & \frac{c_x}{\sqrt{c_x^2 + c_y^2}} & 0 \\ 0 & 0 & 1 \end{bmatrix} \quad \textbf{(2.157)}$$

A segunda rotação do ângulo γ, em relação ao plano $x\beta z$, pode ser tratada de maneira similar. Assim:

$$\mathbf{T}_\gamma = \begin{bmatrix} \cos\gamma & 0 & \text{sen}\gamma \\ 0 & 1 & 0 \\ -\text{sen}\gamma & 0 & \cos\gamma \end{bmatrix} \quad \textbf{(2.158)}$$

sendo cos γ e sen γ, de acordo com a Fig. 2.74, dados por:

$$\cos\gamma = \sqrt{c_x^2 + c_y^2} \ \text{ e } \ \text{sen}\gamma = c_y \quad \textbf{(2.159)}$$

o que permite escrever:

$$\mathbf{T}_\gamma = \begin{bmatrix} \sqrt{c_x^2 + c_y^2} & 0 & c_z \\ 0 & 1 & 0 \\ -c_z & 0 & \sqrt{c_x^2 + c_y^2} \end{bmatrix} \quad \textbf{(2.160)}$$

Uma vez expressas as rotações nas formas matriciais dadas nas Eqs. 2.157 e 2.160, a submatriz de transformação do sistema global para o sistema local é dada por:

$$\mathbf{T} = \mathbf{T}_\gamma \cdot \mathbf{T}_\beta = \begin{bmatrix} c_x & c_y & c_z \\ -\frac{c_y}{\sqrt{c_x^2 + c_y^2}} & \frac{c_x}{\sqrt{c_x^2 + c_y^2}} & 0 \\ -\frac{c_x \cdot c_z}{\sqrt{c_x^2 + c_y^2}} & -\frac{c_y \cdot c_z}{\sqrt{c_x^2 + c_y^2}} & \sqrt{c_x^2 + c_y^2} \end{bmatrix} \quad \textbf{(2.161)}$$

A matriz de transformação para o elemento treliça 3D toma a seguinte forma:

$$\mathbf{T} = \begin{bmatrix} \mathbf{T} & \mathbf{0} \\ \mathbf{0} & \mathbf{T} \end{bmatrix} \quad \textbf{(2.162)}$$

de modo a compatibilizar o número de graus de liberdade do elemento (matriz 6 × 6). Com o uso da matriz de transformação (Eqs. 2.161 e 2.162) e da matriz de rigidez (Eq. 2.152) na Eq. 2.58, reapresentada a seguir, chega-se à *matriz de rigidez do elemento treliça 3D no sistema global*, dada explicitamente por:

$$\mathbf{k} = \mathbf{T}^T \cdot \bar{\mathbf{k}} \cdot \mathbf{T} \quad \textbf{(2.58)}$$

$$\mathbf{k}_{ij} = \frac{EA}{L} \cdot \begin{bmatrix} c_x^2 & c_x \cdot c_y & c_x \cdot c_z & -c_x^2 & -c_x \cdot c_y & -c_x \cdot c_z \\ c_x \cdot c_y & c_y^2 & c_y \cdot c_z & -c_x \cdot c_y & -c_y^2 & -c_y \cdot c_z \\ c_x \cdot c_z & c_y \cdot c_z & c_z^2 & -c_x \cdot c_z & -c_y \cdot c_z & -c_z^2 \\ -c_x^2 & -c_x \cdot c_y & -c_x \cdot c_z & c_x^2 & c_x \cdot c_y & c_x \cdot c_z \\ -c_x \cdot c_y & -c_y^2 & -c_y \cdot c_z & c_x \cdot c_y & c_y^2 & c_y \cdot c_z \\ -c_x \cdot c_z & -c_y \cdot c_z & -c_z^2 & c_x \cdot c_z & c_y \cdot c_z & c_z^2 \end{bmatrix} \quad \textbf{(2.163)}$$

sendo os cossenos diretores c_x, c_y e c_z definidos na Eq. 2.154.

Com a matriz de rigidez apresentada na Eq. 2.163, pode-se representar genericamente o comportamento de estruturas treliçadas espaciais com geometrias complexas, a exemplo do modelo ilustrado na Fig. 2.75.

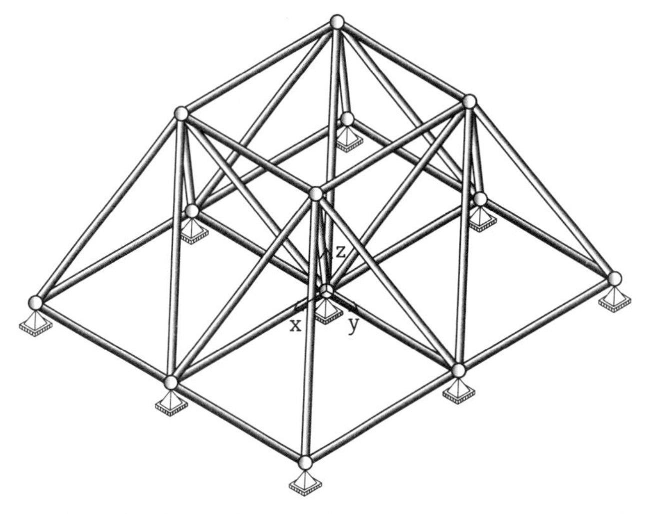

Fig. 2.75 *Modelo de treliça espacial composto por elementos treliça 3D*

Nas Figs. 2.76 e 2.77 são mostrados alguns casos particulares que merecem destaque, de modo a permitir melhor compreensão dos parâmetros geométricos para a orientação do elemento treliça 3D e a definição da matriz de rigidez do elemento analisado.

A matriz de transformação dada na Eq. 2.161 é válida para todas as orientações do elemento ij, *exceto quando este for vertical* (Fig. 2.78). Nesse caso, deve-se substituir tal matriz pela seguinte:

$$\mathbf{T} = \begin{bmatrix} 0 & 0 & c_z \\ 0 & 1 & 0 \\ -c_z & 0 & 0 \end{bmatrix} \quad \textbf{(2.164)}$$

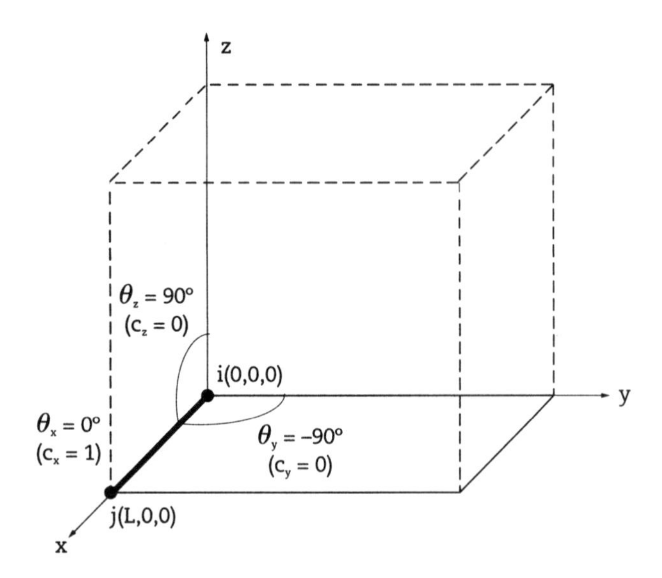

$$\bar{\mathbf{k}}_{ij} = \begin{bmatrix} EA/L & 0 & 0 & -EA/L & 0 & 0 \\ 0 & 0 & 0 & 0 & 0 & 0 \\ 0 & 0 & 0 & 0 & 0 & 0 \\ -EA/L & 0 & 0 & EA/L & 0 & 0 \\ 0 & 0 & 0 & 0 & 0 & 0 \\ 0 & 0 & 0 & 0 & 0 & 0 \end{bmatrix}$$

Fig. 2.76 *Elemento treliça 3D com o eixo local $\bar{x}$ coincidente com o eixo global x*

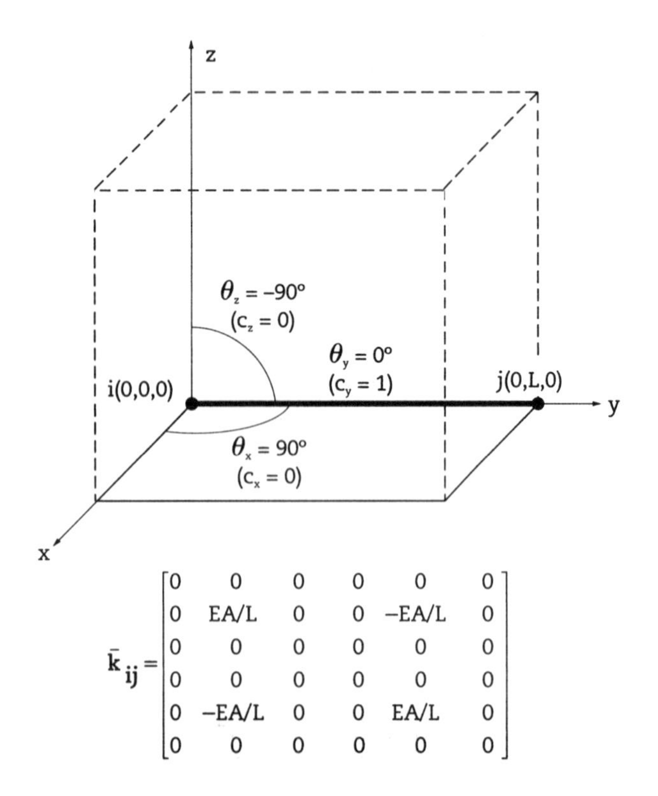

Fig. 2.77 *Elemento treliça 3D com o eixo local $\bar{x}$ coincidente com o eixo global y*

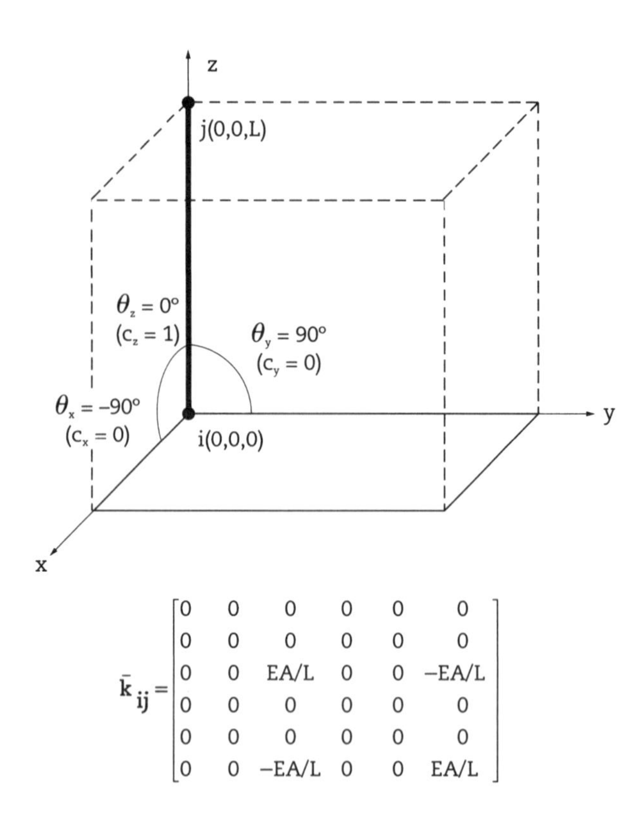

Fig. 2.78 *Elemento treliça 3D com o eixo local $\bar{x}$ coincidente com o eixo global z*

2.11 Formulação do elemento pórtico 3D

O elemento finito pórtico 3D apresenta seis graus de liberdade por nó, definidos pelos deslocamentos translacionais e rotacionais nas direções dos eixos do sistema local de coordenadas, conforme a ordem indicada na Fig. 2.79.

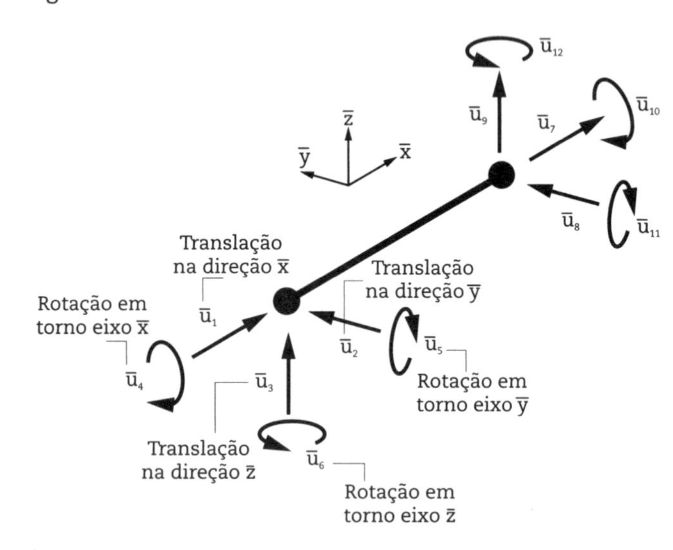

Fig. 2.79 *Elemento pórtico 3D com seis graus de liberdade por nó*

Esse elemento é o mais completo dentre os formulados, pois exibe todos os graus de liberdade nodais no espaço. Dessa forma, os esforços associados aos deslocamentos são ilustrados na Fig. 2.80.

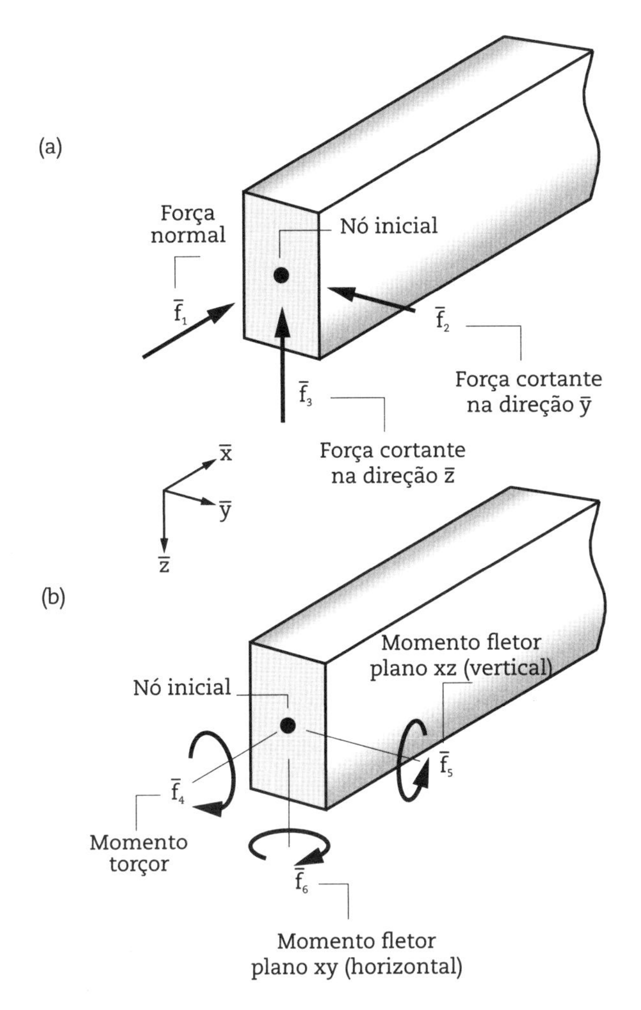

Fig. 2.80 *Esforços internos do elemento pórtico 3D: (a) forças e (b) momentos*

2.11.1 Matriz de rigidez

A matriz de rigidez do elemento pórtico 3D no sistema local de coordenadas é análoga à do elemento pórtico 2D, dada na Eq. 2.105, envolvendo dois planos de flexão, e do elemento grelha, apresentada na Eq. 2.147, para a inclusão da rigidez à torção. Ainda deve ser incluído um terceiro parâmetro α referente à rotação da seção transversal em relação aos eixos principais de inércia $\bar{y}$ (eixo centroidal maior) e $\bar{z}$ (eixo centroidal menor), indicados na Fig. 2.81.

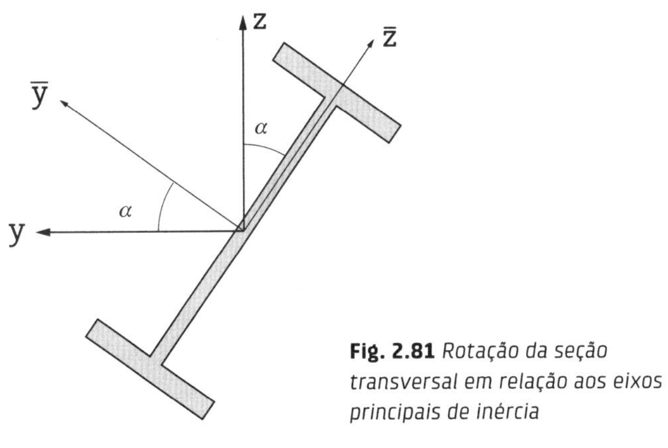

Fig. 2.81 *Rotação da seção transversal em relação aos eixos principais de inércia*

Dessa maneira, *a matriz de rigidez do elemento pórtico 3D no sistema local de coordenadas*, que coincide com a matriz de rigidez no sistema global quando o eixo do elemento está disposto ao longo do eixo global x (Fig. 2.82), é a seguinte:

$$\bar{\mathbf{k}}_{ij} = \begin{bmatrix} \frac{EA}{L} & 0 & 0 & 0 & 0 & 0 & -\frac{EA}{L} & 0 & 0 & 0 & 0 & 0 \\ 0 & \frac{12EI_z}{L^3} & 0 & 0 & 0 & \frac{6EI_z}{L^2} & 0 & -\frac{12EI_z}{L^3} & 0 & 0 & 0 & \frac{6EI_z}{L^2} \\ 0 & 0 & \frac{12EI_y}{L^3} & 0 & -\frac{6EI_y}{L^2} & 0 & 0 & 0 & -\frac{12EI_y}{L^3} & 0 & -\frac{6EI_y}{L^2} & 0 \\ 0 & 0 & 0 & \frac{GI_x}{L} & 0 & 0 & 0 & 0 & 0 & -\frac{GI_x}{L} & 0 & 0 \\ 0 & 0 & -\frac{6EI_y}{L^2} & 0 & \frac{4EI_y}{L} & 0 & 0 & 0 & \frac{6EI_y}{L^2} & 0 & \frac{2EI_y}{L} & 0 \\ 0 & \frac{6EI_z}{L^2} & 0 & 0 & 0 & \frac{4EI_z}{L} & 0 & -\frac{6EI_z}{L^2} & 0 & 0 & 0 & \frac{2EI_z}{L} \\ -\frac{EA}{L} & 0 & 0 & 0 & 0 & 0 & \frac{EA}{L} & 0 & 0 & 0 & 0 & 0 \\ 0 & -\frac{12EI_z}{L^3} & 0 & 0 & 0 & -\frac{6EI_z}{L^2} & 0 & \frac{12EI_z}{L^3} & 0 & 0 & 0 & -\frac{6EI_z}{L^2} \\ 0 & 0 & -\frac{12EI_y}{L^3} & 0 & \frac{6EI_y}{L^2} & 0 & 0 & 0 & \frac{12EI_y}{L^3} & 0 & \frac{6EI_y}{L^2} & 0 \\ 0 & 0 & 0 & -\frac{GI_x}{L} & 0 & 0 & 0 & 0 & 0 & \frac{GI_x}{L} & 0 & 0 \\ 0 & 0 & -\frac{6EI_y}{L^2} & 0 & \frac{2EI_y}{L} & 0 & 0 & 0 & \frac{6EI_y}{L^2} & 0 & \frac{4EI_y}{L} & 0 \\ 0 & \frac{6EI_z}{L^2} & 0 & 0 & 0 & \frac{2EI_z}{L} & 0 & -\frac{6EI_z}{L^2} & 0 & 0 & 0 & \frac{4EI_z}{L} \end{bmatrix} \quad (2.165)$$

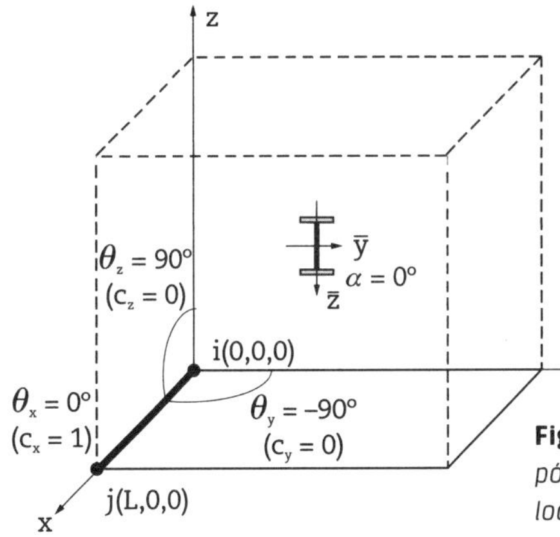

Fig. 2.82 *Elemento pórtico 3D com o eixo local $\bar{x}$ coincidente com o eixo global x*

A terceira matriz de transformação em relação ao plano da seção transversal é dada por:

$$\mathbf{T}_\alpha = \begin{bmatrix} 1 & 0 & 0 \\ 0 & \cos\alpha & \text{sen}\alpha \\ 0 & -\text{sen}\alpha & \cos\alpha \end{bmatrix} \quad (2.166)$$

e a submatriz de transformação do sistema global para o sistema local para o elemento pórtico 3D é igual a:

$$\mathbf{T} = \mathbf{T}_\alpha \cdot \mathbf{T}_\gamma \cdot \mathbf{T}_\beta \quad (2.167)$$

e se efetuando o produto triplo das matrizes mostradas nas Eqs. 2.157, 2.160 e 2.166, chega-se a:

$$\mathbf{T} = \begin{bmatrix} c_x & c_y & c_z \\ \frac{-c_y \cdot \cos\alpha - c_x \cdot c_z \cdot \text{sen}\alpha}{\sqrt{c_x^2 + c_y^2}} & \frac{c_x \cdot \cos\alpha - c_y \cdot c_z \cdot \text{sen}\alpha}{\sqrt{c_x^2 + c_y^2}} & \sqrt{c_x^2 + c_y^2} \cdot \text{sen}\alpha \\ \frac{c_y \cdot \text{sen}\alpha - c_x \cdot c_z \cdot \cos\alpha}{\sqrt{c_x^2 + c_y^2}} & \frac{-c_x \cdot \text{sen}\alpha - c_y \cdot c_z \cdot \cos\alpha}{\sqrt{c_x^2 + c_y^2}} & \sqrt{c_x^2 + c_y^2} \cdot \cos\alpha \end{bmatrix} \quad (2.168)$$

A matriz de transformação deve ter dimensão compatível com o número de graus de liberdade do elemento pórtico 3D (matriz 12 × 12), tomando a seguinte forma:

$$\mathbf{T}=\begin{bmatrix}\mathbf{T} & \mathbf{0} & \mathbf{0} & \mathbf{0}\\ \mathbf{0} & \mathbf{T} & \mathbf{0} & \mathbf{0}\\ \mathbf{0} & \mathbf{0} & \mathbf{T} & \mathbf{0}\\ \mathbf{0} & \mathbf{0} & \mathbf{0} & \mathbf{T}\end{bmatrix} \quad \textbf{(2.169)}$$

Para a obtenção da matriz de rigidez genérica do elemento pórtico 3D no sistema global, deve-se realizar a operação matricial apresentada na Eq. 2.58, fazendo-se uso das matrizes de transformação dadas nas Eqs. 2.168 e 2.169 e da matriz de rigidez do elemento pórtico 3D (Eq. 2.165), com os parâmetros geométricos apropriados para cada orientação desejada. A *matriz de rigidez do elemento pórtico 3D no sistema global para o elemento disposto ao longo do eixo global* y, conforme mostrado na Fig. 2.83, é:

$$\mathbf{k}_{ij}=\begin{bmatrix}
\frac{12EI_z}{L^3} & 0 & 0 & 0 & 0 & -\frac{6EI_z}{L^2} & -\frac{12EI_z}{L^3} & 0 & 0 & 0 & 0 & -\frac{6EI_z}{L^2}\\
0 & \frac{EA}{L} & 0 & 0 & 0 & 0 & 0 & -\frac{EA}{L} & 0 & 0 & 0 & 0\\
0 & 0 & \frac{12EI_y}{L^3} & \frac{6EI_y}{L^2} & 0 & 0 & 0 & 0 & -\frac{12EI_y}{L^3} & \frac{6EI_y}{L^2} & 0 & 0\\
0 & 0 & \frac{6EI_y}{L^2} & \frac{4EI_y}{L} & 0 & 0 & 0 & 0 & -\frac{6EI_y}{L^2} & \frac{2EI_y}{L} & 0 & 0\\
0 & 0 & 0 & 0 & \frac{GI_x}{L} & 0 & 0 & 0 & 0 & 0 & -\frac{GI_x}{L} & 0\\
-\frac{6EI_z}{L^2} & 0 & 0 & 0 & 0 & \frac{4EI_z}{L} & \frac{6EI_z}{L^2} & 0 & 0 & 0 & 0 & \frac{2EI_z}{L}\\
-\frac{12EI_z}{L^3} & 0 & 0 & 0 & 0 & \frac{6EI_z}{L^2} & \frac{12EI_z}{L^3} & 0 & 0 & 0 & 0 & \frac{6EI_z}{L^2}\\
0 & -\frac{EA}{L} & 0 & 0 & 0 & 0 & 0 & \frac{EA}{L} & 0 & 0 & 0 & 0\\
0 & 0 & -\frac{12EI_y}{L^3} & -\frac{6EI_y}{L^2} & 0 & 0 & 0 & 0 & \frac{12EI_y}{L^3} & -\frac{6EI_y}{L^2} & 0 & 0\\
0 & 0 & \frac{6EI_y}{L^2} & \frac{2EI_y}{L} & 0 & 0 & 0 & 0 & -\frac{6EI_y}{L^2} & \frac{4EI_y}{L} & 0 & 0\\
0 & 0 & 0 & 0 & -\frac{GI_x}{L} & 0 & 0 & 0 & 0 & 0 & \frac{GI_x}{L} & 0\\
-\frac{6EI_z}{L^2} & 0 & 0 & 0 & 0 & \frac{2EI_z}{L} & \frac{6EI_z}{L^2} & 0 & 0 & 0 & 0 & \frac{4EI_z}{L}
\end{bmatrix} \quad \textbf{(2.170)}$$

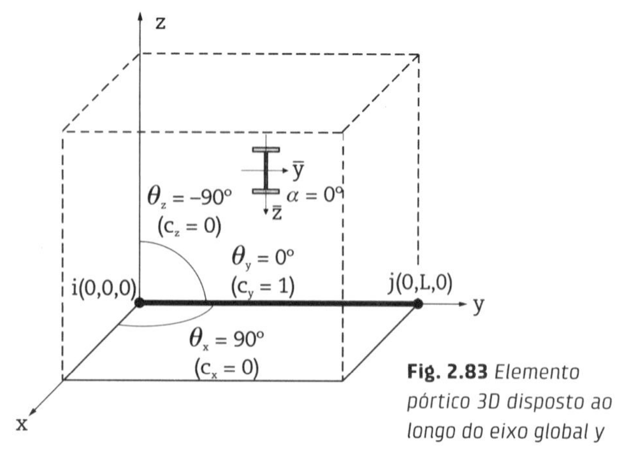

Fig. 2.83 *Elemento pórtico 3D disposto ao longo do eixo global y*

A matriz de transformação indicada na Eq. 2.168 é válida para todas as orientações do elemento ij, *exceto quando este for vertical*. Nesse caso, deve-se substituir tal matriz pela seguinte:

$$\mathbf{T}=\begin{bmatrix}0 & 0 & c_z\\ -c_z\cdot \text{sen}\alpha & \cos\alpha & 0\\ -c_z\cdot\cos\alpha & -\text{sen}\alpha & 0\end{bmatrix} \quad \textbf{(2.171)}$$

A *matriz de rigidez do elemento pórtico 3D no sistema global para o elemento disposto ao longo do eixo global* z (Fig. 2.84) é:

$$\mathbf{k}_{ij}=\begin{bmatrix}
\frac{12EI_y}{L^3} & 0 & 0 & 0 & \frac{6EI_y}{L^2} & 0 & -\frac{12EI_y}{L^3} & 0 & 0 & 0 & \frac{6EI_y}{L^2} & 0\\
0 & \frac{12EI_z}{L^3} & 0 & -\frac{6EI_z}{L^2} & 0 & 0 & 0 & -\frac{12EI_z}{L^3} & 0 & -\frac{6EI_z}{L^2} & 0 & 0\\
0 & 0 & \frac{EA}{L} & 0 & 0 & 0 & 0 & 0 & -\frac{EA}{L} & 0 & 0 & 0\\
0 & -\frac{6EI_z}{L^2} & 0 & \frac{4EI_z}{L} & 0 & 0 & 0 & \frac{6EI_z}{L^2} & 0 & \frac{2EI_z}{L} & 0 & 0\\
\frac{6EI_y}{L^2} & 0 & 0 & 0 & \frac{4EI_y}{L} & 0 & -\frac{6EI_y}{L^2} & 0 & 0 & 0 & \frac{2EI_y}{L} & 0\\
0 & 0 & 0 & 0 & 0 & \frac{GI_x}{L} & 0 & 0 & 0 & 0 & 0 & -\frac{GI_x}{L}\\
-\frac{12EI_y}{L^3} & 0 & 0 & 0 & -\frac{6EI_y}{L^2} & 0 & \frac{12EI_y}{L^3} & 0 & 0 & 0 & -\frac{6EI_y}{L^2} & 0\\
0 & -\frac{12EI_z}{L^3} & 0 & \frac{6EI_z}{L^2} & 0 & 0 & 0 & \frac{12EI_z}{L^3} & 0 & \frac{6EI_z}{L^2} & 0 & 0\\
0 & 0 & -\frac{EA}{L} & 0 & 0 & 0 & 0 & 0 & \frac{EA}{L} & 0 & 0 & 0\\
0 & -\frac{6EI_z}{L^2} & 0 & \frac{2EI_z}{L} & 0 & 0 & 0 & \frac{6EI_z}{L^2} & 0 & \frac{4EI_z}{L} & 0 & 0\\
\frac{6EI_y}{L^2} & 0 & 0 & 0 & \frac{2EI_y}{L} & 0 & -\frac{6EI_y}{L^2} & 0 & 0 & 0 & \frac{4EI_y}{L} & 0\\
0 & 0 & 0 & 0 & 0 & -\frac{GI_x}{L} & 0 & 0 & 0 & 0 & 0 & \frac{GI_x}{L}
\end{bmatrix} \quad \textbf{(2.172)}$$

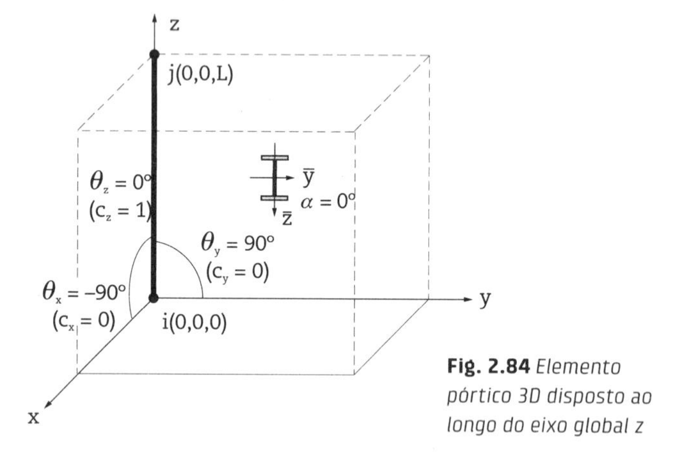

Fig. 2.84 *Elemento pórtico 3D disposto ao longo do eixo global z*

Ao fazer uso dos elementos apresentados pelas matrizes das Eqs. 2.165, 2.170 e 2.172, é possível representar o comportamento de pórticos espaciais de estruturas de concreto para edifícios de múltiplos pavimentos (Fig. 2.85). Tais estruturas correspondem à grande maioria das aplicações práticas do MEF no campo da engenharia de estruturas civis.

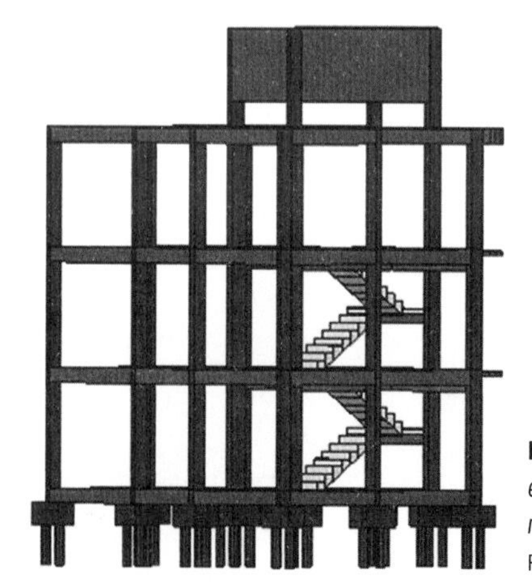

Fig. 2.85 *Pórtico espacial de edifício de múltiplos pavimentos*
Fonte: TQS (2022).

Ressalta-se que a formulação apresentada somente pode ser aplicada em elementos estruturais com seções duplamente simétricas, tipicamente aquelas listadas no Anexo A, caso envolvam dois planos de flexão. As interações entre os esforços flexo-torcionais e axial-flexionais não são contempladas na formulação desse elemento. É possível incluir a deformação por cortante da teoria das vigas de Timoshenko adaptando-se o parâmetro g, dado na Eq. 2.87, conforme a matriz indicada na Eq. 2.88.

Para incluir o comportamento de ligações elásticas, é possível seguir as mesmas considerações feitas na seção 2.8, estendidas para o elemento pórtico 3D semirrígido-rígido com ligações elásticas definidas em dois planos de flexão distintos: em relação ao eixo z (horizontal) e em relação ao eixo y (vertical), mostrados na Fig. 2.86.

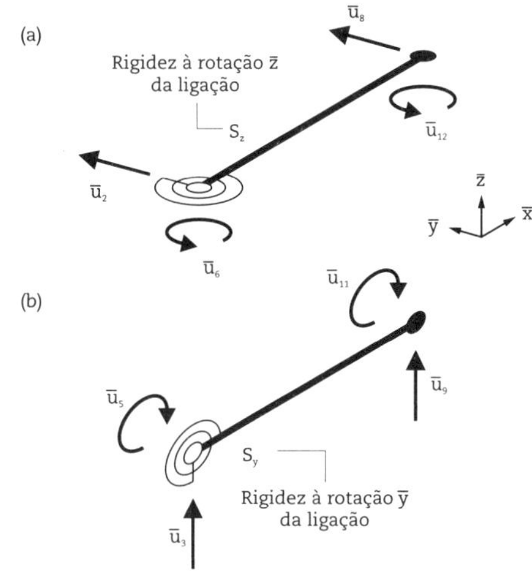

Fig. 2.86 *Ligações elásticas em relação aos planos de flexão (a) horizontal e (b) vertical*

Assim, a *matriz de rigidez do elemento pórtico 3D semirrígido-rígido no sistema local* é escrita na forma:

em que:

$e_z = EI_z/(L \cdot S_z)$; $\quad e_{z3} = 3e_z + 1$; $\quad e_{y3} = 3e_y + 1$;

$e_y = EI_y/(L \cdot S_y)$; $\quad e_{z4} = 4e_z + 1$; $\quad e_{y4} = 4e_y + 1$.

$e_{z1} = e_z + 1$; $\quad e_{y1} = e_y + 1$;

$e_{z2} = 2e_z + 1$; $\quad e_{y2} = 2e_y + 1$;

2.12 Formulação do elemento triangular sob estado plano de tensões (EPT)

O elemento finito triangular EPT, descrito por Turner *et al.* (1956), é utilizado na análise de tensões para os problemas da teoria da elasticidade plana. Esse elemento apresenta dois graus de liberdade por nó, dados pelos deslocamentos translacionais nas direções x e y, no sistema global de coordenadas. De acordo com a Fig. 2.87, os deslocamentos u_1 e u_2 correspondem, respectivamente, aos deslocamentos horizontal e vertical do nó 1, e assim sucessivamente, totalizando seis graus de liberdade.

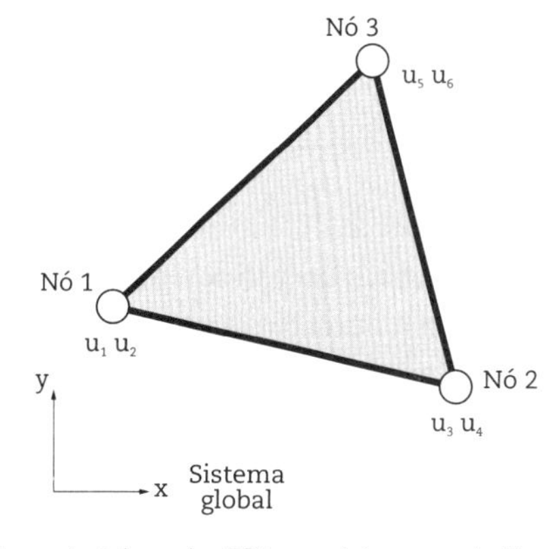

Fig. 2.87 *Elemento triangular EPT com dois graus de liberdade por nó*

$$\bar{\mathbf{k}}_{ij} = \begin{bmatrix}
\frac{EA}{L} & 0 & 0 & 0 & 0 & 0 & -\frac{EA}{L} & 0 & 0 & 0 & 0 & 0 \\
0 & \frac{12EI_z \cdot e_{z1}}{e_{z4} \cdot L^3} & 0 & 0 & 0 & \frac{6EI_z}{e_{z4} \cdot L^2} & 0 & -\frac{12EI_z \cdot e_{z1}}{e_{z4} \cdot L^3} & 0 & 0 & 0 & \frac{6EI_z \cdot e_{z2}}{e_{z4} \cdot L^2} \\
0 & 0 & \frac{12EI_y \cdot e_{y1}}{e_{y4} \cdot L^3} & 0 & -\frac{6EI_y}{e_{y4} \cdot L^2} & 0 & 0 & 0 & -\frac{12EI_y \cdot e_{y1}}{e_{y4} \cdot L^3} & 0 & -\frac{6EI_y \cdot e_{y2}}{e_{y4} \cdot L^2} & 0 \\
0 & 0 & 0 & \frac{GI_x}{L} & 0 & 0 & 0 & 0 & 0 & -\frac{GI_x}{L} & 0 & 0 \\
0 & 0 & -\frac{6EI_y}{e_{y4} \cdot L^2} & 0 & \frac{4EI_y}{e_{y4} \cdot L} & 0 & 0 & 0 & \frac{6EI_y}{e_{y4} \cdot L^2} & 0 & \frac{2EI_y}{e_{y4} \cdot L} & 0 \\
0 & \frac{6EI_z}{e_{z4} \cdot L^2} & 0 & 0 & 0 & \frac{4EI_z}{e_{z4} \cdot L} & 0 & -\frac{6EI_z}{e_{z4} \cdot L^2} & 0 & 0 & 0 & \frac{2EI_z}{e_{z4} \cdot L} \\
-\frac{EA}{L} & 0 & 0 & 0 & 0 & 0 & \frac{EA}{L} & 0 & 0 & 0 & 0 & 0 \\
0 & -\frac{12EI_z \cdot e_{z1}}{e_{z4} \cdot L^3} & 0 & 0 & 0 & -\frac{6EI_z}{e_{z4} \cdot L^2} & 0 & \frac{12EI_z \cdot e_{z1}}{e_{z4} \cdot L^3} & 0 & 0 & 0 & -\frac{6EI_z \cdot e_{z2}}{e_{z4} \cdot L^2} \\
0 & 0 & -\frac{12EI_y \cdot e_{y1}}{e_{y4} \cdot L^3} & 0 & \frac{6EI_y}{e_{y4} \cdot L^2} & 0 & 0 & 0 & \frac{12EI_y \cdot e_{y1}}{e_{y4} \cdot L^3} & 0 & \frac{6EI_y \cdot e_{y2}}{e_{y4} \cdot L^2} & 0 \\
0 & 0 & 0 & -\frac{GI_x}{L} & 0 & 0 & 0 & 0 & 0 & \frac{GI_x}{L} & 0 & 0 \\
0 & 0 & -\frac{6EI_y \cdot e_{y2}}{e_{y4} \cdot L^2} & 0 & \frac{2EI_y}{e_{y4} \cdot L} & 0 & 0 & 0 & \frac{6EI_y \cdot e_{y2}}{e_{y4} \cdot L^2} & 0 & \frac{4EI_y \cdot e_{y3}}{e_{y4} \cdot L} & 0 \\
0 & \frac{6EI_z \cdot e_{z2}}{e_{z4} \cdot L^2} & 0 & 0 & 0 & \frac{2EI_z}{e_{z4} \cdot L} & 0 & -\frac{6EI_z \cdot e_{z2}}{e_{z4} \cdot L^2} & 0 & 0 & 0 & \frac{4EI_z \cdot e_{z3}}{e_{z4} \cdot L}
\end{bmatrix} \quad (2.173)$$

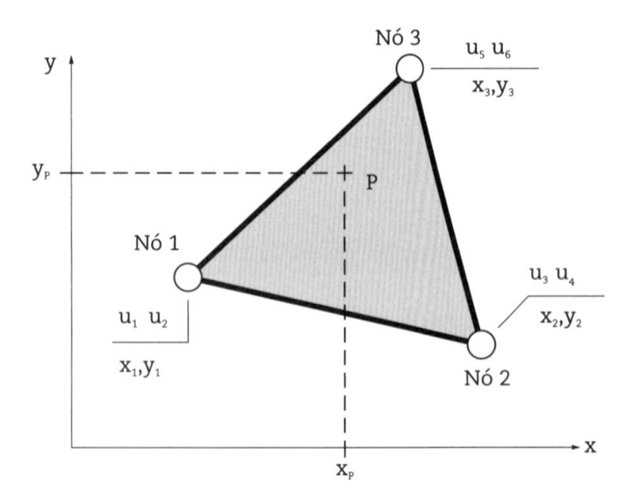

Fig. 2.88 *Elemento finito 2D com ênfase no grau de liberdade translacional na direção x*

2.12.1 Funções de interpolação

As funções de interpolação são obtidas a partir dos deslocamentos nodais, com base nos quais é possível estimar o deslocamento em qualquer ponto no interior do elemento finito considerado, de acordo com a Eq. 2.1.

Levando-se em conta, temporariamente, apenas as componentes horizontais dos deslocamentos nodais, definidos por u_1, u_3 e u_5 (Fig. 2.88), as funções de interpolação são obtidas a partir do uso da Eq. 2.5.

O número de termos do polinômio interpolador deve ser compatível com o número de graus de liberdade considerados para o elemento em análise. Com a escolha dos três primeiros do triângulo de Pascal (Fig. 2.89), tem-se:

$$\mathbf{g} = \begin{bmatrix} 1 & x & y \end{bmatrix} \quad \textbf{(2.174)}$$

e a matriz **h** é definida a partir das coordenadas nodais, ou seja:

$$\mathbf{h} = \begin{bmatrix} 1 & x_1 & y_1 \\ 1 & x_2 & y_2 \\ 1 & x_3 & y_3 \end{bmatrix} \quad \textbf{(2.175)}$$

que, na forma inversa, pode ser escrita simbolicamente por:

$$\mathbf{h}^{-1} = \begin{bmatrix} \dfrac{x_2 \cdot y_3 - y_2 \cdot x_3}{k_1} & \dfrac{x_3 \cdot y_1 - y_3 \cdot x_1}{k_1} & \dfrac{x_1 \cdot y_2 - y_1 \cdot x_2}{k_1} \\ \dfrac{y_2 - y_3}{k_1} & \dfrac{y_3 - y_1}{k_1} & \dfrac{y_1 - y_2}{k_1} \\ \dfrac{x_3 - x_2}{k_1} & \dfrac{x_1 - x_3}{k_1} & \dfrac{x_2 - x_1}{k_1} \end{bmatrix} \quad \textbf{(2.176)}$$

sendo

$k_1 = \det(\mathbf{h}) = x_1 \cdot y_2 + x_2 \cdot y_3 + x_3 \cdot y_1 - x_2 \cdot y_1 - x_3 \cdot y_2 - x_1 \cdot y_3$.

As funções de interpolação, deduzidas na Eq. 2.5, no caso do elemento triangular EPT são obtidas a partir do produto das matrizes indicadas nas Eqs. 2.174 e 2.176.

$$\mathbf{N}^T = \begin{bmatrix} N_1 & N_2 & N_3 \end{bmatrix} = \mathbf{g} \cdot \mathbf{h}^{-1} \quad \textbf{(2.177)}$$

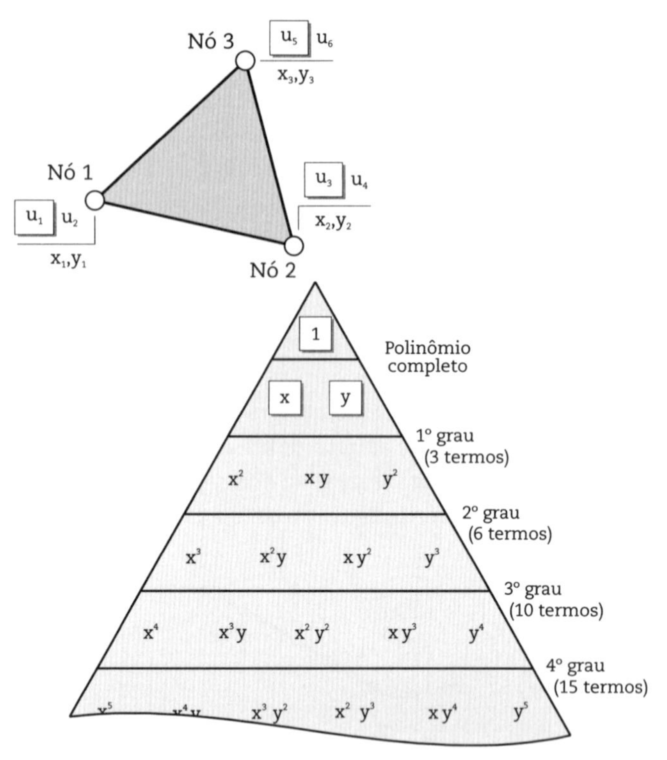

Fig. 2.89 *Expansão polinomial bidimensional (duas variáveis)*

Pode-se utilizar as mesmas funções de interpolação obtidas anteriormente para interpolar os deslocamentos translacionais verticais. Nessas condições, o campo dos deslocamentos em qualquer ponto do elemento finito bidimensional fica completamente definido pelas funções de interpolação (Fig. 2.88), dadas por:

$$\mathbf{u}\,(x,y) = \begin{bmatrix} u(x,y) \\ v(x,y) \end{bmatrix} \approx \mathbf{N}^T \cdot \mathbf{u} = \begin{bmatrix} N_1 & 0 & N_2 & 0 & N_3 & 0 \\ 0 & N_1 & 0 & N_2 & 0 & N_3 \end{bmatrix} \cdot \begin{bmatrix} u_1 \\ u_2 \\ u_3 \\ u_4 \\ u_5 \\ u_6 \end{bmatrix} \quad \textbf{(2.178)}$$

2.12.2 Equações de compatibilidade

Na seção 2.1.2 foi determinada a matriz de compatibilidade **B**, que relaciona os deslocamentos nodais com as deformações do elemento considerado, obtida a partir do gradiente das funções de interpolação. A matriz **B**, dada na Eq. 2.12, deve ser adaptada para o elemento triangular EPT. Nessa circunstância, expressa-se:

$$\mathbf{B} = \mathbf{L} \cdot \mathbf{N}^T = \begin{bmatrix} \dfrac{\partial}{\partial x} & 0 \\ 0 & \dfrac{\partial}{\partial y} \\ \dfrac{\partial}{\partial y} & \dfrac{\partial}{\partial x} \end{bmatrix} \cdot \begin{bmatrix} N_1 & 0 & N_2 & 0 & N_3 & 0 \\ 0 & N_1 & 0 & N_2 & 0 & N_3 \end{bmatrix} \quad \textbf{(2.179)}$$

que decorre em:

$$\mathbf{B}=\begin{bmatrix} \frac{\partial N_1}{\partial x} & 0 & \frac{\partial N_2}{\partial x} & 0 & \frac{\partial N_3}{\partial x} & 0 \\ 0 & \frac{\partial N_1}{\partial y} & 0 & \frac{\partial N_2}{\partial y} & 0 & \frac{\partial N_3}{\partial y} \\ \frac{\partial N_1}{\partial y} & \frac{\partial N_1}{\partial x} & \frac{\partial N_2}{\partial y} & \frac{\partial N_2}{\partial x} & \frac{\partial N_3}{\partial y} & \frac{\partial N_3}{\partial x} \end{bmatrix} \quad \textbf{(2.180)}$$

e se utilizando as matrizes fornecidas nas Eqs. 2.174 e 2.176, tem-se:

$$\mathbf{B}=\begin{bmatrix} \frac{y_2-y_3}{k_1} & 0 & \frac{y_3-y_1}{k_1} & 0 & \frac{y_1-y_2}{k_1} & 0 \\ 0 & \frac{x_3-x_2}{k_1} & 0 & \frac{x_1-x_3}{k_1} & 0 & \frac{x_2-x_1}{k_1} \\ \frac{x_3-x_2}{k_1} & \frac{y_2-y_3}{k_1} & \frac{x_1-x_3}{k_1} & \frac{y_3-y_1}{k_1} & \frac{x_2-x_1}{k_1} & \frac{y_1-y_2}{k_1} \end{bmatrix} \quad \textbf{(2.181)}$$

Ressalta-se que a matriz de compatibilidade **B** obtida na Eq. 2.181 é constante e fica completamente definida a partir do fornecimento das coordenadas nodais do elemento finito triangular EPT.

Por conseguinte, uma vez revelados os deslocamentos nodais do elemento, pode-se obter o estado de deformação dele. Esse elemento é conhecido na literatura técnica por elemento triangular de deformação constante (*constant strain triangle*, CST). Atualmente os programas comerciais utilizam elementos tecnologicamente mais avançados, contudo tal evolução deve-se em parte à formulação desse conceituado elemento.

Para o caso da teoria da elasticidade plana, a deformação é representada por três componentes: duas lineares, ε_x e ε_y, nas direções x e y, e a terceira angular, γ_{xy}, no plano xy. Assim, a Eq. 2.11 é reescrita na forma (Fig. 2.90):

$$\varepsilon=\begin{bmatrix}\varepsilon_x\\ \varepsilon_y\\ \gamma_{xy}\end{bmatrix}\approx \mathbf{B}\cdot\begin{bmatrix}u_1\\u_2\\u_3\\u_4\\u_5\\u_6\end{bmatrix} \quad \textbf{(2.182)}$$

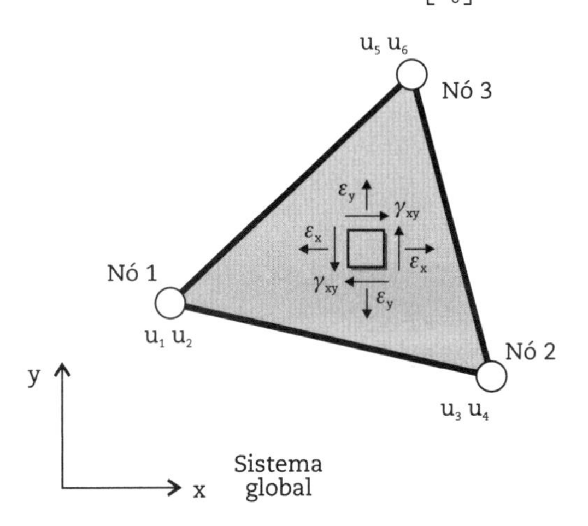

Fig. 2.90 *Deslocamentos nodais e estado de deformação no elemento finito triangular EPT (centroide)*

Esta é a principal simplificação na formulação apresentada: o campo dos deslocamentos no interior do elemento finito é aproximado por funções lineares e, nessas condições, o estado de deformação é constante. À medida que se diminui o tamanho do elemento finito, até dimensões infinitesimais, pode-se reproduzir cada vez mais preciso o estado de deformação em um ponto.

2.12.3 Equações constitutivas

A partir das relações constitutivas listadas na Eq. 2.13, particularizadas para o EPT, impõe-se a hipótese simplificadora básica em que as superfícies dos elementos estruturais são livres (desconfinadas) e, portanto, $\sigma_z = \tau_{zx} = \tau_{yz} = 0$ (Fig. 2.91).

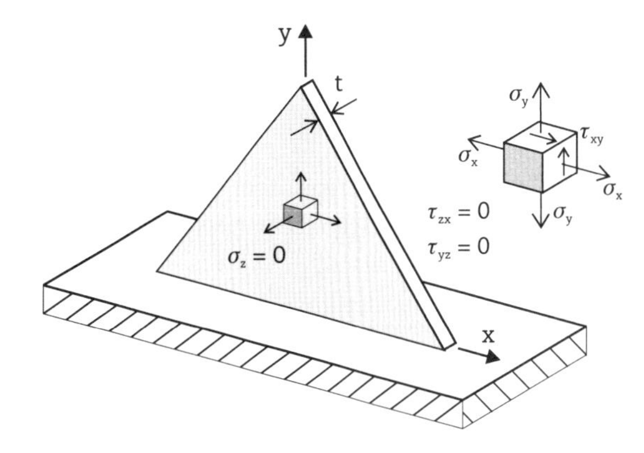

Fig. 2.91 *Hipóteses básicas do EPT*

Desse modo,

$$\varepsilon_x=+\frac{1}{E}\cdot\sigma_x-\frac{\nu}{E}\cdot\sigma_y \qquad \varepsilon_y=-\frac{\nu}{E}\cdot\sigma_x+\frac{1}{E}\cdot\sigma_y \qquad \gamma_{xy}=\frac{2\cdot(1+\nu)}{E}\cdot\tau_{xy} \quad \textbf{(2.183)}$$

que, reapresentadas no formato matricial, são escritas como:

$$\begin{bmatrix}\varepsilon_x\\ \varepsilon_y\\ \gamma_{xy}\end{bmatrix}=\begin{bmatrix}1/E & -\nu/E & 0\\ -\nu/E & 1/E & 0\\ 0 & 0 & 2\cdot(1+\nu)/E\end{bmatrix}\cdot\begin{bmatrix}\sigma_x\\ \sigma_y\\ \tau_{xy}\end{bmatrix} \quad \textbf{(2.184)}$$

e, na forma inversa, chega-se à *matriz constitutiva para o EPT*, dada por:

$$\mathbf{D}^{EPT}=\frac{E}{1-\nu^2}\cdot\begin{bmatrix}1 & \nu & 0\\ \nu & 1 & 0\\ 0 & 0 & (1-\nu)/2\end{bmatrix} \quad \textbf{(2.185)}$$

que relaciona as tensões (normais e de cisalhamento) com as deformações (lineares e angulares) no EPT (Fig. 2.92):

$$\begin{bmatrix}\sigma_x\\ \sigma_y\\ \tau_{xy}\end{bmatrix}=\mathbf{D}^{EPT}\cdot\begin{bmatrix}\varepsilon_x\\ \varepsilon_y\\ \gamma_{xy}\end{bmatrix} \quad \textbf{(2.186)}$$

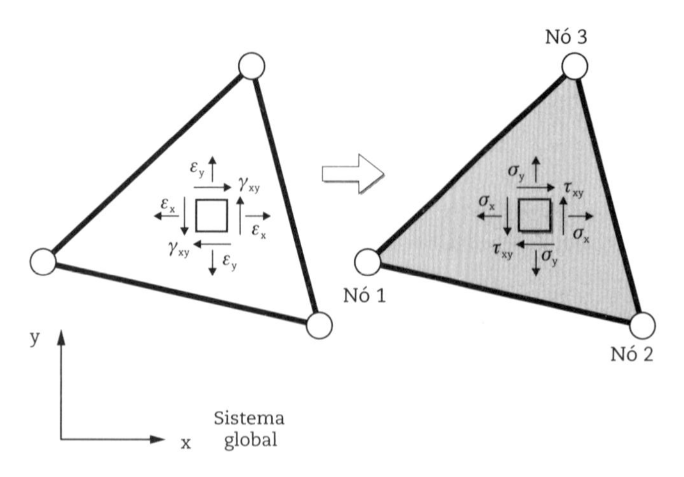

Fig. 2.92 *Deformações e tensões para o elemento finito triangular EPT (centroide)*

Das relações constitutivas da Eq. 2.13, destaca-se:

$$\varepsilon_z = -\frac{\nu}{E} \cdot (\sigma_x + \sigma_y) \quad (2.187)$$

e, por definição, a deformação linear na direção perpendicular ao plano é a variação da espessura do elemento laminar pela espessura inicial:

$$\varepsilon_z = \frac{\Delta t}{t_0} = \frac{t_f - t_0}{t_0} \quad (2.188)$$

em que:
t_0 é a espessura da chapa descarregada;
t_f é a espessura da chapa sob tensão.

Igualando-se as Eqs. 2.187 e 2.188, a *variação da espessura* do elemento sob estado plano de tensões é dada pela expressão:

$$\Delta t = -\frac{\nu \cdot t_0}{E} \cdot (\sigma_x + \sigma_y) \quad (2.189)$$

2.12.4 Matriz de rigidez

A partir das matrizes fornecidas nas Eqs. 2.181 e 2.185, chega-se à *matriz de rigidez do elemento finito* EPT (Fig. 2.93), dada por:

$$\mathbf{k}_{ijk} = \int_V \mathbf{B}^T \cdot \mathbf{D}^{EPT} \cdot \mathbf{B} \, dV \quad (2.190)$$

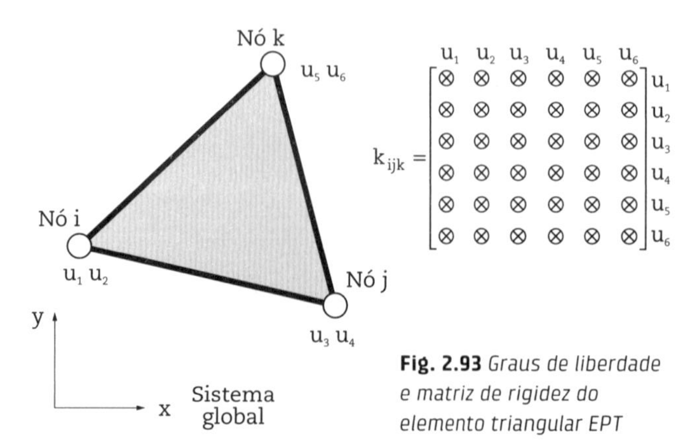

Fig. 2.93 *Graus de liberdade e matriz de rigidez do elemento triangular EPT*

O produto triplo de matrizes $\mathbf{B}^T \cdot \mathbf{D}^{EPT} \cdot \mathbf{B}$ resulta em uma matriz independente das variáveis x e y (constante) para o elemento finito triangular EPT, e, considerando-se que a espessura t do elemento é constante, seu volume é igual a:

$$\int_V dV = A \cdot t = \frac{\det(\mathbf{h})}{2} \cdot t \quad (2.191)$$

sendo a matriz **h** definida na Eq. 2.175.

Desse modo, escreve-se:

$$\mathbf{k}_{ijk} = \mathbf{B}^T \cdot \mathbf{D}^{EPT} \cdot \mathbf{B} \cdot \frac{\det(\mathbf{h})}{2} \cdot t \quad (2.192)$$

O elemento finito triangular EPT é utilizado para a análise de tensões de elementos estruturais especiais, tais como pilares com consolos curtos, dentes Gerber, vigas de transição, vigas com aberturas na alma, pilares-parede e pórticos formados por pilares-parede, entre outros.

Os modelos estruturais apresentados nas Figs. 2.94 a 2.98 podem ser representados matematicamente pelo

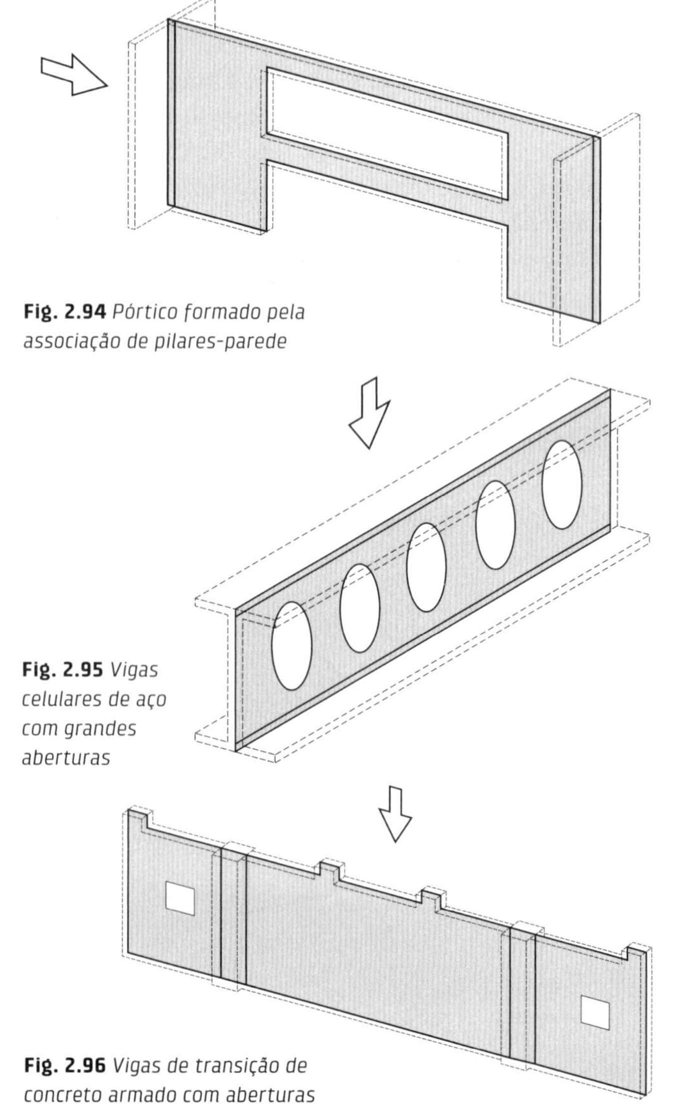

Fig. 2.94 *Pórtico formado pela associação de pilares-parede*

Fig. 2.95 *Vigas celulares de aço com grandes aberturas*

Fig. 2.96 *Vigas de transição de concreto armado com aberturas*

elemento finito EPT desde que os *carregamentos estejam contidos no plano da estrutura*.

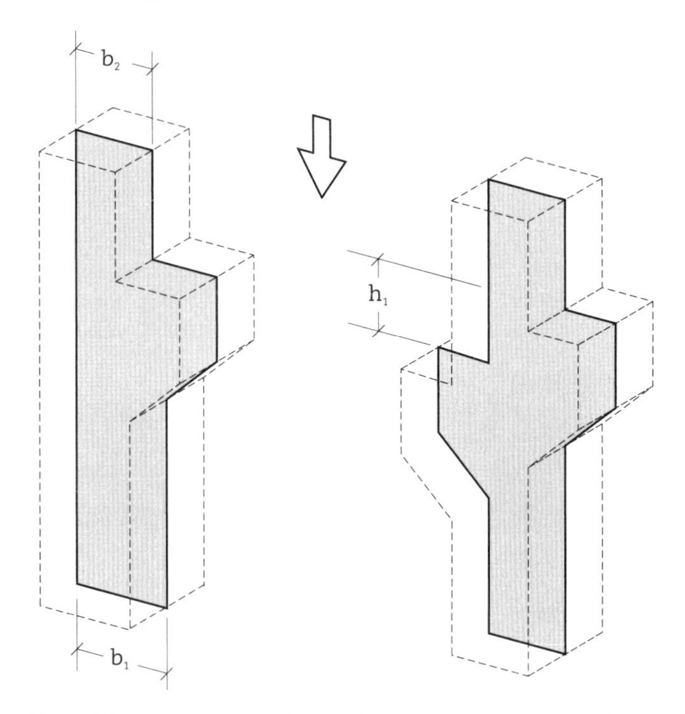

Fig. 2.97 *Pilares com consolos de vigas pré-moldadas com mudança de seção e vigas em desnível*

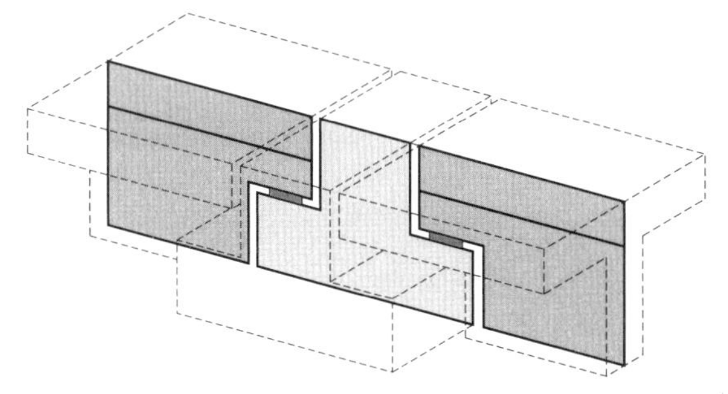

Fig. 2.98 *Vigas pré-moldadas de concreto protendido com dentes Gerber suportadas por viga tê invertida com consolos duplos*

2.13 Formulação do elemento triangular sob estado plano de deformações (EPD)

São válidas todas as considerações feitas para o elemento triangular EPT relativas às funções de interpolação e às equações de compatibilidade, desenvolvidas nas seções 2.12.1 e 2.12.2, respectivamente.

2.13.1 Equações constitutivas

Apesar de geometricamente o elemento triangular EPD poder ser confundido com o elemento triangular EPT, em termos estruturais o elemento atual representa o comportamento de um sólido de extrusão infinitamente longo, com seção transversal constante e condições de apoio e de carregamento contínuas. Desse sólido prismático toma-se uma seção representativa, ilustrada na Fig. 2.99. Nessa seção de

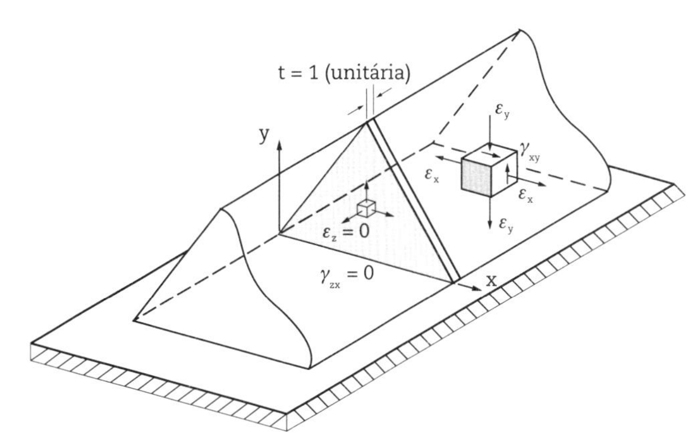

Fig. 2.99 *Hipóteses básicas do EPD*

largura unitária impõe-se um confinamento total, por meio do qual haverá um impedimento de exercer deformações fora do plano xy, ou seja, $\varepsilon_z = \varepsilon_{zx} = \varepsilon_{yz} = 0$.

Com base na matriz constitutiva para o estado triplo de tensões, apresentada na Eq. 2.17, considerando-se apenas as componentes de deformação indicadas no elemento infinitesimal da Fig. 2.99, chega-se à *matriz constitutiva para o EPD*:

$$\mathbf{D}^{EPD} = \frac{E}{(1+\nu)\cdot(1-2\nu)} \cdot \begin{bmatrix} 1-\nu & \nu & 0 \\ \nu & 1-\nu & 0 \\ 0 & 0 & (1-2\nu)/2 \end{bmatrix} \quad \textbf{(2.193)}$$

que relaciona as componentes de tensão com as componentes de deformação para o EPD.

$$\begin{bmatrix} \sigma_x \\ \sigma_y \\ \tau_{xy} \end{bmatrix} = \mathbf{D}^{EPD} \cdot \begin{bmatrix} \varepsilon_x \\ \varepsilon_y \\ \gamma_{xy} \end{bmatrix} \quad \textbf{(2.194)}$$

A partir da manipulação da terceira relação constitutiva dada na Eq. 2.13, a *tensão de confinamento* do elemento EPD (Fig. 2.100) é obtida pela expressão:

$$\sigma_z = \nu \cdot (\sigma_x + \sigma_y) \quad \textbf{(2.195)}$$

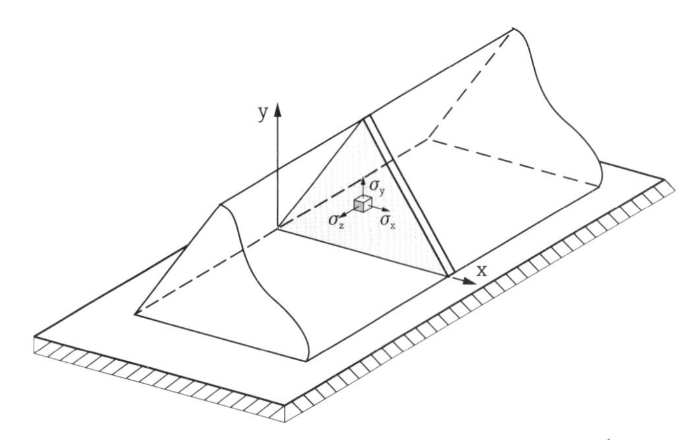

Fig. 2.100 *Tensão de confinamento para o elemento EPD*

2.13.2 Matriz de rigidez

Com base nas matrizes indicadas nas Eqs. 2.181 e 2.193, chega-se à *matriz de rigidez do elemento finito EPD*, dada por:

$$\mathbf{k}_{ijk} = \int_V \mathbf{B}^T \cdot \mathbf{D}^{EPD} \cdot \mathbf{B}\, dV \quad \textbf{(2.196)}$$

O elemento finito triangular EPD é utilizado para a análise de tensões de elementos estruturais do tipo: sapatas corridas, muros de arrimo, barragens de terra, galerias e túneis, entre outros.

Os modelos estruturais ilustrados nas Figs. 2.101 e 2.102 podem ser representados matematicamente pelo elemento finito EPD.

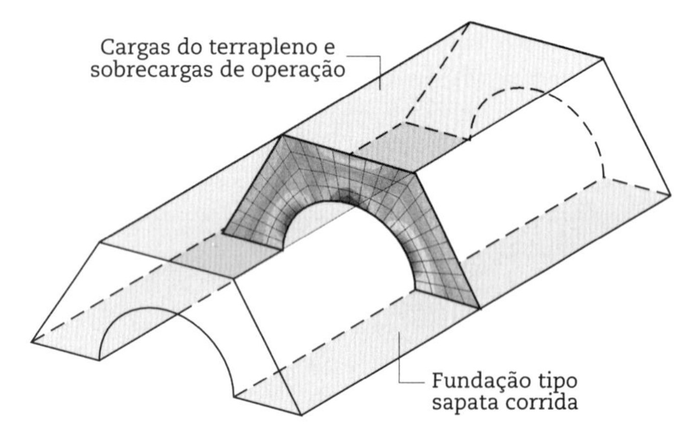

Fig. 2.101 *Galeria de concreto*
Fonte: adaptado de Weaver Jr. e Johnston (1984).

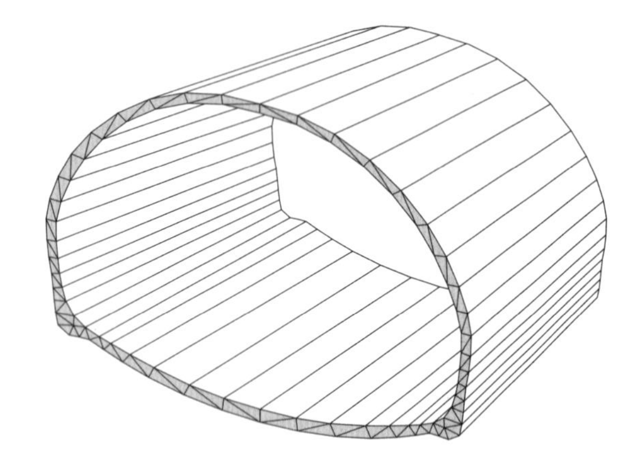

Fig. 2.102 *Túnel de concreto de eixo reto*

2.14 Formulação do elemento triangular sob estado axissimétrico de tensões (EAT)

São válidas todas as considerações feitas para o elemento triangular EPT relativas às funções de interpolação, desenvolvidas na seção 2.12.1.

2.14.1 Equações de compatibilidade

Na seção 2.1.2 foi definida a matriz de compatibilidade **B**, que relaciona os deslocamentos nodais com as deformações do elemento considerado, obtida a partir do gradiente das funções de interpolação. A matriz **B**, dada na Eq. 2.12, deve ser adaptada para o elemento triangular EAT. Nessa situação, expressa-se:

$$\mathbf{B} = \mathbf{L} \cdot \mathbf{N}^T = \begin{bmatrix} \frac{\partial}{\partial x} & 0 \\ 0 & \frac{\partial}{\partial y} \\ 0 & 0 \\ \frac{\partial}{\partial y} & \frac{\partial}{\partial x} \end{bmatrix} \cdot \begin{bmatrix} N_1 & 0 & N_2 & 0 & N_3 & 0 \\ 0 & N_1 & 0 & N_2 & 0 & N_3 \end{bmatrix} \quad \textbf{(2.197)}$$

que resulta em:

$$\mathbf{B} = \begin{bmatrix} \frac{\partial N_1}{\partial x} & 0 & \frac{\partial N_2}{\partial x} & 0 & \frac{\partial N_3}{\partial x} & 0 \\ 0 & \frac{\partial N_1}{\partial y} & 0 & \frac{\partial N_2}{\partial y} & 0 & \frac{\partial N_3}{\partial y} \\ 0 & 0 & 0 & 0 & 0 & 0 \\ \frac{\partial N_1}{\partial y} & \frac{\partial N_1}{\partial x} & \frac{\partial N_2}{\partial y} & \frac{\partial N_2}{\partial x} & \frac{\partial N_3}{\partial y} & \frac{\partial N_3}{\partial x} \end{bmatrix} \quad \textbf{(2.198)}$$

Para o caso do EAT, a deformação é representada por quatro componentes: três lineares, ε_x, ε_y e ε_θ, respectivamente nas direções radial, longitudinal e circunferencial, e a quarta angular, γ_{xy}, no plano xy. Assim, a Eq. 2.11 é reescrita na forma:

$$\varepsilon = \begin{bmatrix} \varepsilon_x \\ \varepsilon_y \\ \varepsilon_\theta \\ \gamma_{xy} \end{bmatrix} \approx \mathbf{B} \cdot \begin{bmatrix} u_1 \\ u_2 \\ u_3 \\ u_4 \\ u_5 \\ u_6 \end{bmatrix} + \begin{bmatrix} 0 \\ 0 \\ \varepsilon_\theta \\ 0 \end{bmatrix} \quad \textbf{(2.199)}$$

sendo a deformação circunferencial dada pela Eq. 2.201.

2.14.2 Equações constitutivas

Os elementos da elasticidade plana apresentados neste capítulo são geometricamente equivalentes, porém, em termos de representação estrutural, assumem comportamentos muito distintos. Essa distinção baseia-se nas hipóteses simplificadoras da teoria da elasticidade tridimensional assumidas em cada formulação.

O elemento triangular EAT representa o comportamento de um sólido de revolução com condições de carregamento e de apoio circunferenciais. A definição do modelo de elementos finitos do sólido axissimétrico reduz-se à geratriz e ao eixo de revolução, ilustrados na Fig. 2.103. Essa seção representativa pode sofrer deformações circunferenciais (fora do plano da geratriz) e, consequentemente, está sujeita a tensões circunferenciais.

Para sólidos de revolução, adota-se o sistema de coordenadas cilíndricas, onde as direções x, y e z correspon-

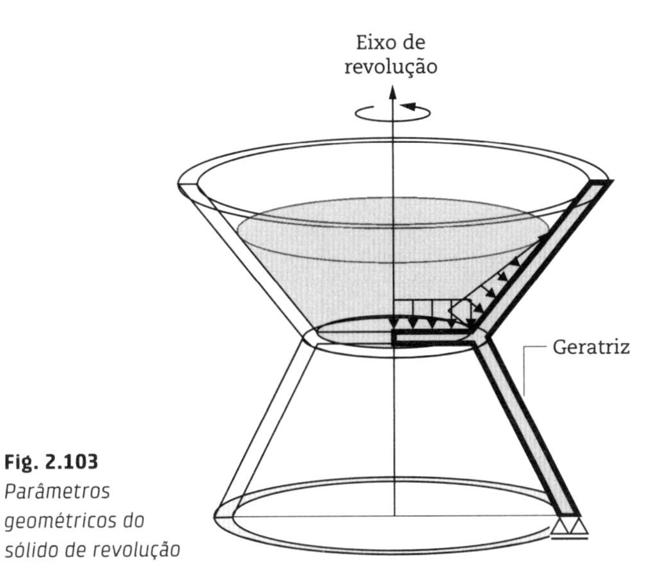

Fig. 2.103 *Parâmetros geométricos do sólido de revolução*

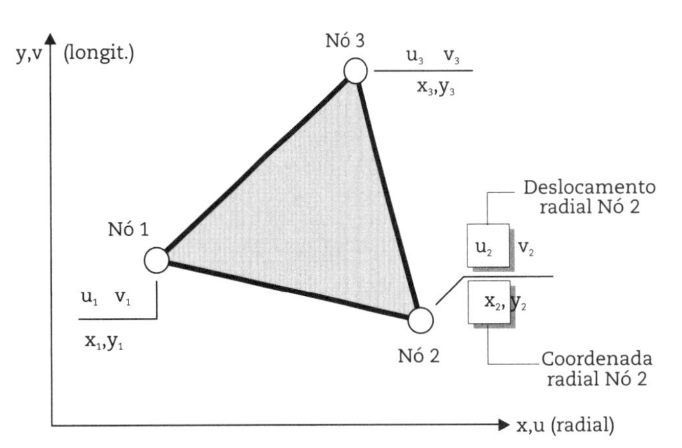

Fig. 2.105 *Coordenadas e deslocamentos nodais do elemento triangular EAT*

dem, respectivamente, às direções radial, longitudinal e circunferencial (θ). A deformação circunferencial para o elemento triangular EAT é definida pela variação do comprimento da circunferência por seu comprimento inicial, quantidades essas ilustradas na Fig. 2.104:

$$\varepsilon_\theta = \frac{\Delta L_\theta}{L_{\theta i}} = \frac{L_{\theta f} - L_{\theta i}}{L_{\theta i}} = \frac{2\pi(r+u) - 2\pi r}{2\pi r} = \frac{u}{r} \quad \textbf{(2.200)}$$

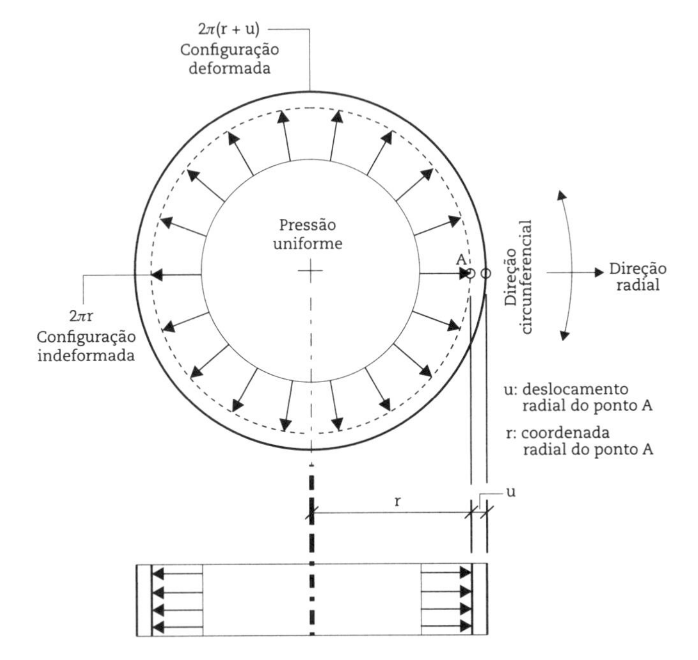

Fig. 2.104 *Tubo de parede fina submetido a pressão interna*

A partir da análise da Fig. 2.105, conclui-se que a deformação circunferencial do elemento EAT é igual à média da relação entre o deslocamento radial e a coordenada radial de cada nó.

$$\varepsilon_\theta = \frac{1}{3} \cdot \left(\frac{u_1}{x_1} + \frac{u_2}{x_2} + \frac{u_3}{x_3} \right) \quad \textbf{(2.201)}$$

Com base na matriz constitutiva para o estado triplo de tensões, apresentada na Eq. 2.17, considerando-se apenas as componentes de deformação, indicadas no elemento infinitesimal da Fig. 2.106, e excluindo-se a deformação circunferencial, que pode ser obtida independentemente por meio da Eq. 2.201, chega-se à *matriz constitutiva para o EAT*:

$$\mathbf{D}^{EAT} = \frac{E}{(1+\nu)\cdot(1-2\nu)} \cdot \begin{bmatrix} 1-\nu & \nu & \nu & 0 \\ \nu & 1-\nu & \nu & 0 \\ \nu & \nu & 1-\nu & 0 \\ 0 & 0 & 0 & (1-2\nu)/2 \end{bmatrix} \quad \textbf{(2.202)}$$

que relaciona as componentes de tensão (Fig. 2.107) com as componentes de deformação (Fig. 2.106) para o EAT.

$$\begin{bmatrix} \sigma_x \\ \sigma_y \\ \sigma_\theta \\ \tau_{xy} \end{bmatrix} = \mathbf{D}^{EAT} \cdot \begin{bmatrix} \varepsilon_x \\ \varepsilon_y \\ \varepsilon_\theta \\ \gamma_{xy} \end{bmatrix} \quad \textbf{(2.203)}$$

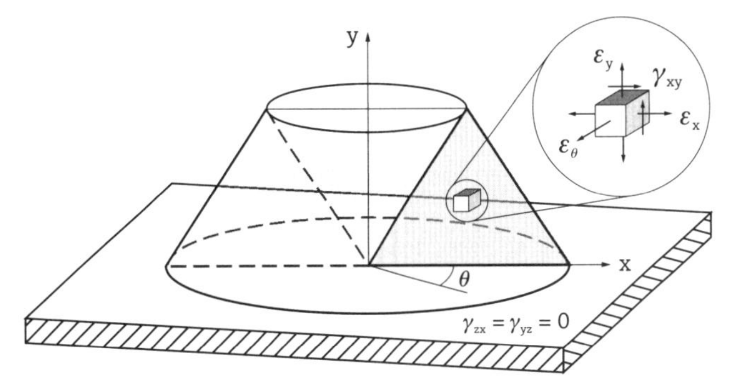

Fig. 2.106 *Hipóteses básicas do EAT*

Ao analisar a Eq. 2.201, observa-se que a formulação do elemento axissimétrico EAT, escrita com base no elemento triangular de deformação constante (CST), não é consistente, pois não acopla, por efeito de Poisson, as deformações circunferenciais $\varepsilon\theta$ aos deslocamentos longitudinais v_1, v_2 e v_3, indicados na Fig. 2.105.

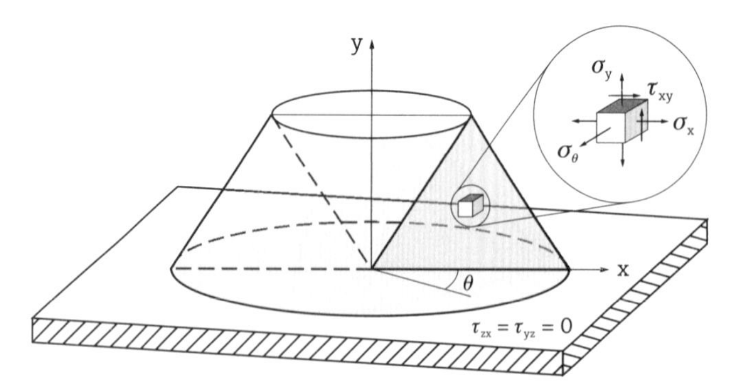

Fig. 2.107 *Tensão circunferencial para o EAT*

2.14.3 Matriz de rigidez

A partir das matrizes indicadas nas Eqs. 2.198 e 2.202 e com o auxílio do teorema de Pappus-Guldin, para a obtenção do volume de um sólido de revolução com geratriz triangular (Fig. 2.108), chega-se à *matriz de rigidez do elemento finito EAT*, dada pela expressão:

$$\mathbf{k}_{ijk} = \int_V \mathbf{B}^T \cdot \mathbf{D}^{EAT} \cdot \mathbf{B}\ dV = \mathbf{B}^T \cdot \mathbf{D}^{EAT} \cdot \mathbf{B} \iiint x dx\, dy d\theta$$

$$\mathbf{k}_{ijk} = \mathbf{B}^T \cdot \mathbf{D}^{EAT} \cdot \mathbf{B} \cdot 2\pi \cdot \bar{r} \cdot A \qquad \textbf{(2.204)}$$

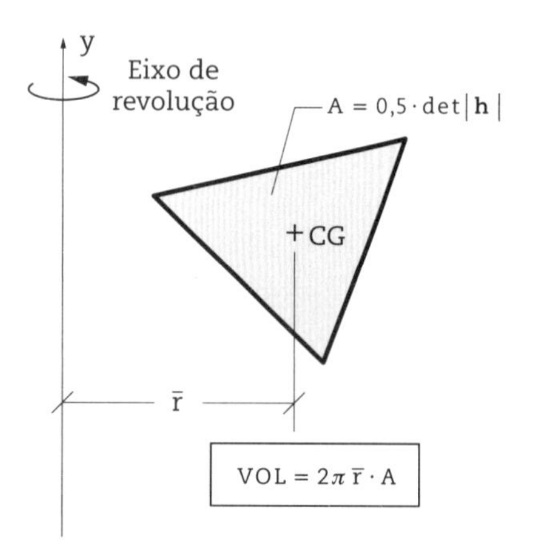

Fig. 2.108 *Teorema de Pappus-Guldin para o cálculo do volume de sólidos de revolução*

O elemento finito triangular EAT é utilizado para a análise de tensões de estruturas com geometria de revolução, tais como reservatórios, sapatas circulares, poços e pavimentos, entre outras.

Os modelos estruturais exibidos nas Figs. 2.109 a 2.111 podem ser representados matematicamente pelo elemento finito EAT.

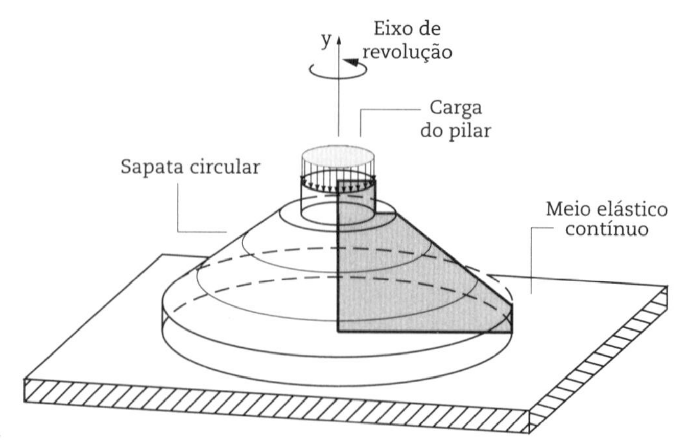

Fig. 2.109 *Sapata circular sobre meio elástico contínuo*

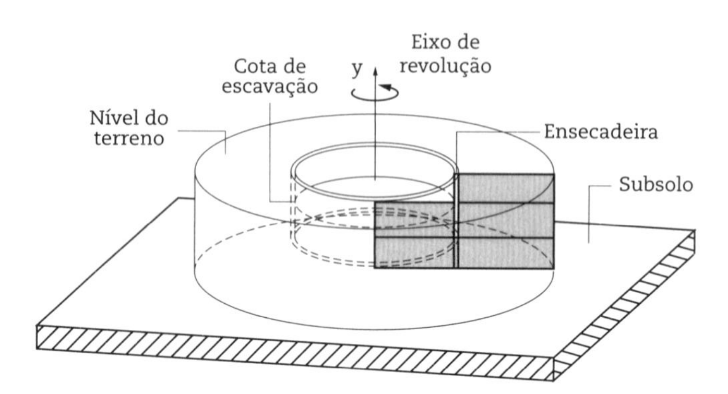

Fig. 2.110 *Escavação de poço de ventilação com ensecadeira em tubo-camisa metálico*

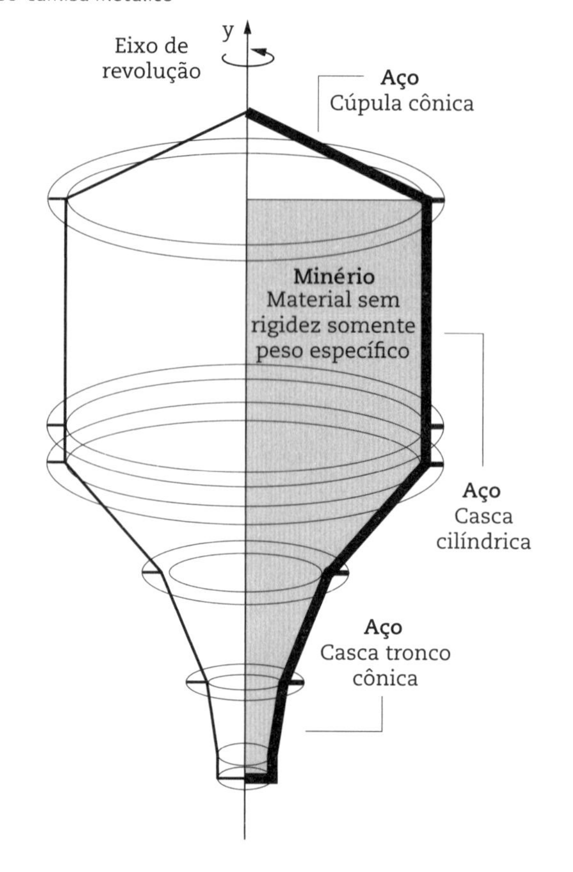

Fig. 2.111 *Silo de mineração em aço-carbono com anéis metálicos de reforço*

2.15 Formulação do elemento placa

O elemento finito retangular placa, contido no plano xy (Fig. 2.112), apresenta três graus de liberdade por nó, dados por translação na direção z, rotação em torno do eixo x e rotação em torno do eixo y (Fig. 2.113). Originalmente formulado por Melosh (1963a), esse elemento é considerado o mais simples dentre os tipos de elemen-

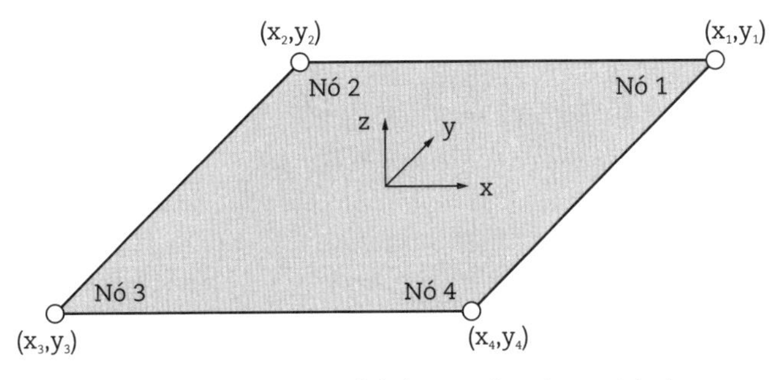

Fig. 2.112 *Origem do sistema global e coordenadas nodais do elemento retangular placa*

tos de placa existentes na literatura especializada. Uma extensão dessa formulação para placas com espessura variável e comportamento ortotrópico foi tratada por Zienkiewicz e Cheung (1964).

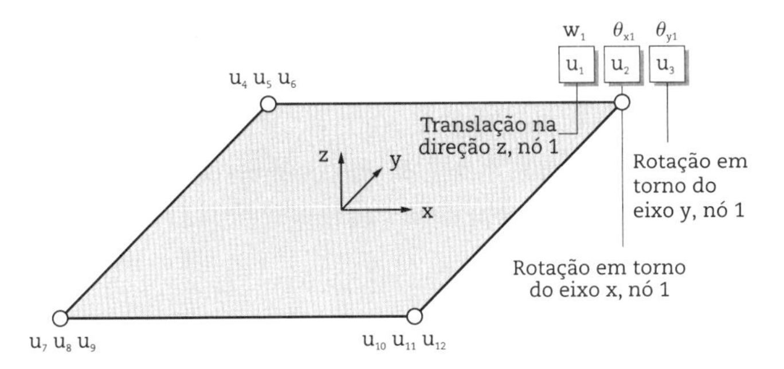

Fig. 2.113 *Elemento retangular placa com três graus de liberdade por nó*

2.15.1 Funções de interpolação

Conforme visto anteriormente na seção 2.4.1, os graus de liberdade de translação na direção z e de rotação em torno dos eixos x e y não podem ser desacoplados, sendo inter-relacionados por:

$$\mathbf{u} = \begin{bmatrix} u_1 \\ u_2 \\ u_3 \\ \vdots \end{bmatrix} = \begin{bmatrix} w_1 \\ \theta_{x1} \\ \theta_{y1} \\ \vdots \end{bmatrix} = \begin{bmatrix} w_1 \\ \dfrac{\partial w_1}{\partial y} \\ -\dfrac{\partial w_1}{\partial x} \\ \vdots \end{bmatrix} \qquad \textbf{(2.205)}$$

$$w(x,y) = \mathbf{N}^T \cdot \mathbf{u} = \begin{bmatrix} N_1(x,y) & N_2(x,y) & \cdots & N_{12}(x,y) \end{bmatrix} \cdot \begin{bmatrix} u_1 \\ u_2 \\ \vdots \\ u_{12} \end{bmatrix} \qquad \textbf{(2.206)}$$

Na Eq. 2.205, o sinal negativo decorre da compatibilização de sinais entre a declividade da função ao longo do eixo x e a rotação em torno do eixo y (Fig. 2.114). As funções de interpolação, indicadas na Eq. 2.206, são obtidas de acordo com a Eq. 2.5. Particularmente nesse caso, para o elemento placa com 12 graus de liberdade, a matriz **g** é definida por:

$$\mathbf{g} = \begin{bmatrix} 1 & x & y & x^2 & xy & y^2 & x^3 & x^2y & xy^2 & y^3 & x^3y & xy^3 \end{bmatrix} \qquad \textbf{(2.207)}$$

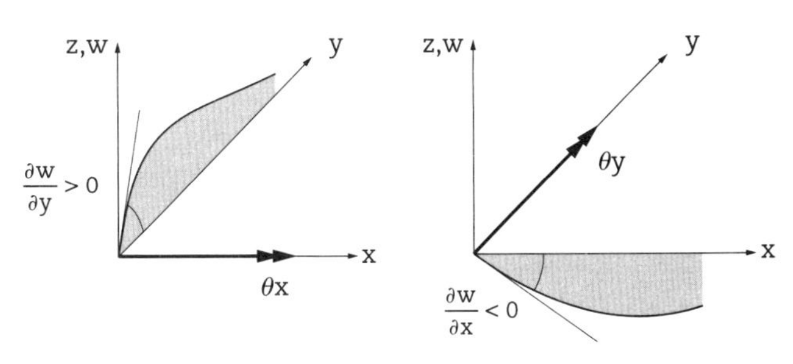

Fig. 2.114 *Compatibilidade entre a declividade da superfície elástica e os graus de liberdade de rotação*

Observa-se que o número de termos que compõe o polinômio deve ser compatível com o número de graus de liberdade interpolados (no caso, 12 GL). Dessa maneira, considerando-se a escolha dos 12 primeiros termos do triângulo de Pascal (Fig. 2.115), chega-se à forma geral de um polinômio incompleto do 4º grau, sendo que os dois últimos termos escolhidos estão simetricamente dispostos em relação às variáveis x e y da função polinomial para não gerar ortotropia numérica.

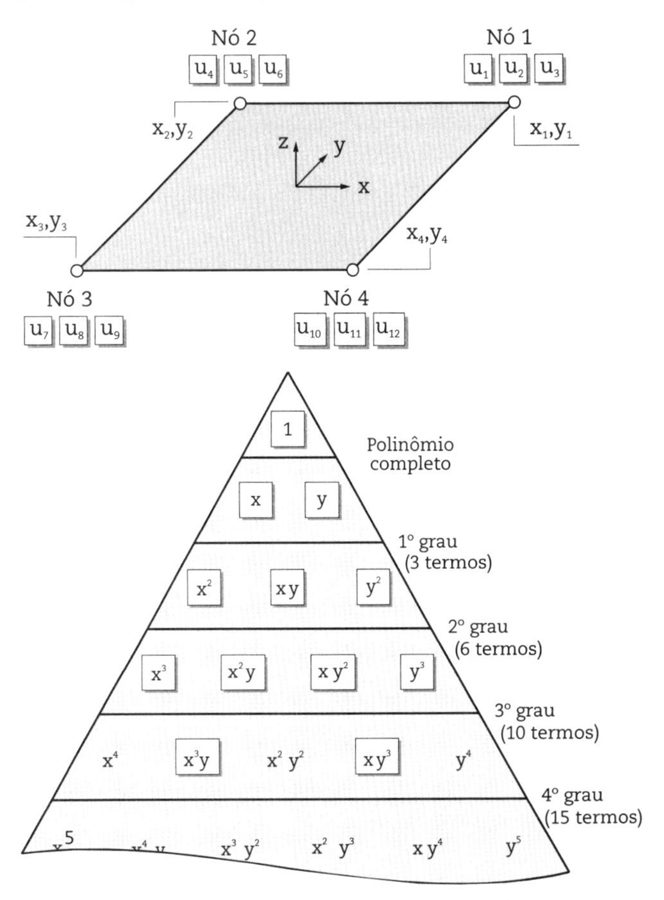

Fig. 2.115 *Expansão polinomial da função do 4º grau incompleta*

A partir da definição da matriz **h**, escreve-se:

$$\mathbf{h} = \begin{bmatrix} g_1 \\ \frac{\partial g_1}{\partial y} \\ -\frac{\partial g_1}{\partial x} \\ \vdots \\ g_4 \\ \frac{\partial g_4}{\partial y} \\ -\frac{\partial g_4}{\partial x} \end{bmatrix} = \begin{bmatrix} 1 & x_1 & y_1 & x_1^2 & x_1y_1 & y_1^2 & x_1^3 & x_1^2y_1 & x_1y_1^2 & y_1^3 & x_1^3y_1 & x_1y_1^3 \\ 0 & 0 & 1 & 0 & x_1 & 2y_1 & 0 & x_1^2 & 2x_1y_1 & 3y_1^2 & x_1^3 & 3x_1y_1^2 \\ 0 & -1 & 0 & -2x_1 & -y_1 & 0 & -3x_1^2 & -2x_1y_1 & -y_1^2 & 0 & -3x_1^2y_1 & -y_1^3 \\ \vdots & \vdots & \vdots & \vdots & \vdots & \vdots & \vdots & \vdots & \vdots & \vdots & \vdots & \vdots \\ 1 & x_4 & y_4 & x_4^2 & x_4y_4 & y_4^2 & x_4^3 & x_4^2y_4 & x_4y_4^2 & y_4^3 & x_4^3y_4 & x_4y_4^3 \\ 0 & 0 & 1 & 0 & x_4 & 2y_4 & 0 & x_4^2 & 2x_4y_4 & 3y_4^2 & x_4^3 & 3x_4y_4^2 \\ 0 & -1 & 0 & -2x_4 & -y_4 & 0 & -3x_4^2 & -2x_4y_4 & -y_4^2 & 0 & -3x_4^2y_4 & -y_4^3 \end{bmatrix} \quad \textbf{(2.208)}$$

$$w(x,y) = \mathbf{N}^T \cdot \mathbf{u} = \mathbf{g} \cdot \mathbf{h}^{-1} \cdot \mathbf{u} \quad \textbf{(2.209)}$$

2.15.2 Equações de compatibilidade

Pela teoria das placas, as hipóteses cinemáticas dos pontos da placa fora do plano médio são dadas pelas relações matemáticas descritas a seguir e ilustradas nas Figs. 2.116 e 2.117.

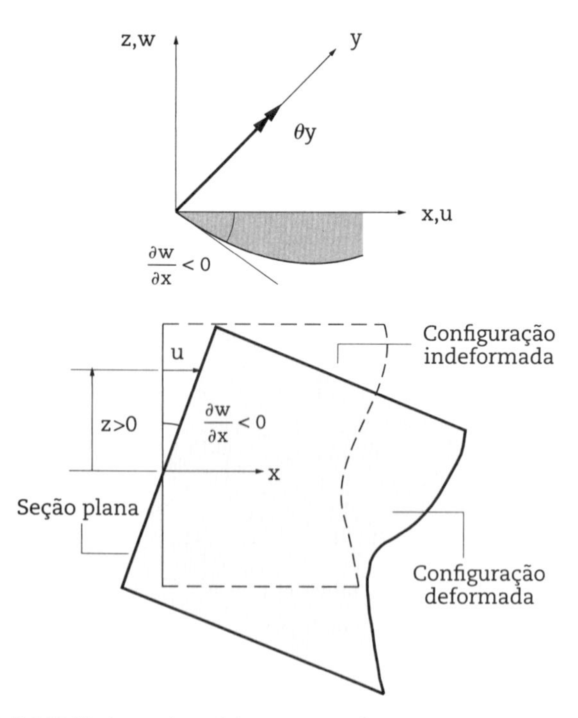

Fig. 2.116 *Hipótese cinemática para rotação em torno do eixo y*

Para os deslocamentos paralelos à direção do eixo x, da Fig. 2.116 depreende-se:

$$u = -z\frac{\partial w}{\partial x} \quad \textbf{(2.210)}$$

e, por conseguinte:

$$\varepsilon_x = \frac{\partial u}{\partial x} = -z\frac{\partial^2 w}{\partial x^2} \quad \textbf{(2.211)}$$

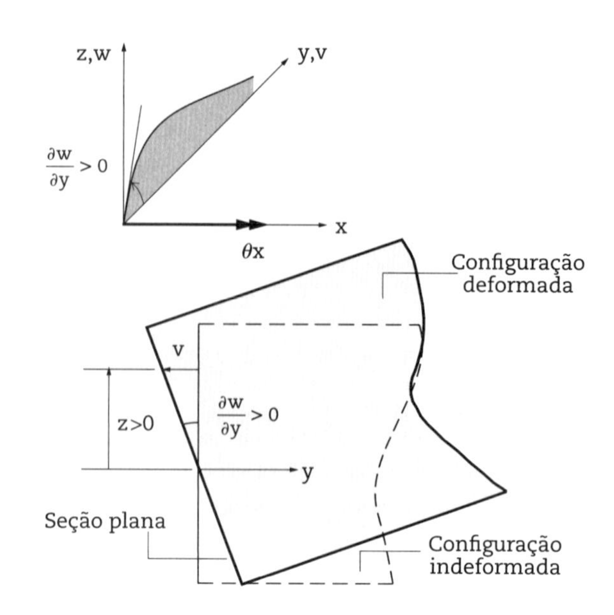

Fig. 2.117 *Hipótese cinemática para rotação em torno do eixo x*

Por outro lado, para os deslocamentos paralelos à direção do eixo y, com base na Fig. 2.117 conclui-se:

$$v = -z\frac{\partial w}{\partial y} \quad \textbf{(2.212)}$$

e, por conseguinte:

$$\varepsilon_y = \frac{\partial v}{\partial y} = -z\frac{\partial^2 w}{\partial y^2} \quad \textbf{(2.213)}$$

Para as deformações angulares, a partir da utilização das equações de compatibilidade listadas na Eq. 2.7 e das hipóteses cinemáticas dadas nas Eqs. 2.210 e 2.212, chega-se a (Fig. 2.118):

$$\gamma_{xy} = \frac{\partial u}{\partial y} + \frac{\partial v}{\partial x} = -2z\frac{\partial^2 w}{\partial x \partial y} \quad \textbf{(2.214)}$$

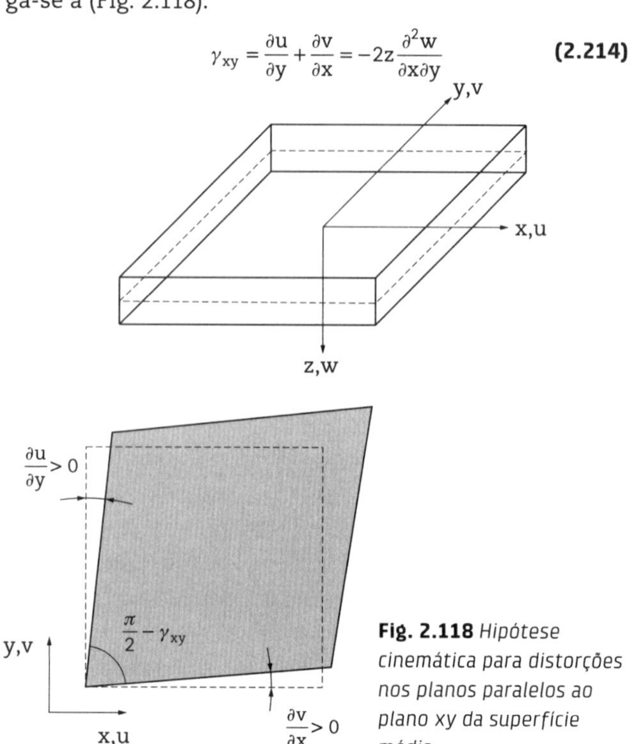

Fig. 2.118 *Hipótese cinemática para distorções nos planos paralelos ao plano xy da superfície média*

$$\varepsilon(x,y,z) = \begin{bmatrix} \varepsilon_x \\ \varepsilon_y \\ \gamma_{xy} \end{bmatrix} = -z \cdot \begin{bmatrix} \dfrac{\partial^2 w}{\partial x^2} \\ \dfrac{\partial^2 w}{\partial y^2} \\ 2\dfrac{\partial^2 w}{\partial x \partial y} \end{bmatrix} = -z \cdot \mathbf{L} \cdot \mathbf{N}^T \cdot \mathbf{u} = -z \cdot \mathbf{B} \cdot \mathbf{u} \quad (2.215)$$

$$\mathbf{B} = \mathbf{L} \cdot \mathbf{N}^T = \begin{bmatrix} \dfrac{\partial^2 N_1}{\partial x^2} & \dfrac{\partial^2 N_2}{\partial x^2} & \cdots & \dfrac{\partial^2 N_{12}}{\partial x^2} \\ \dfrac{\partial^2 N_1}{\partial y^2} & \dfrac{\partial^2 N_2}{\partial y^2} & \cdots & \dfrac{\partial^2 N_{12}}{\partial y^2} \\ 2\dfrac{\partial^2 N_1}{\partial x \partial y} & 2\dfrac{\partial^2 N_2}{\partial x \partial y} & \cdots & 2\dfrac{\partial^2 N_{12}}{\partial x \partial y} \end{bmatrix} = \begin{bmatrix} \dfrac{\partial^2 \mathbf{g}}{\partial x^2} \\ \dfrac{\partial^2 \mathbf{g}}{\partial y^2} \\ 2\dfrac{\partial^2 \mathbf{g}}{\partial x \partial y} \end{bmatrix} \cdot \mathbf{h}^{-1} \quad (2.216)$$

em que:

$$\begin{bmatrix} \dfrac{\partial^2 \mathbf{g}}{\partial x^2} \\ \dfrac{\partial^2 \mathbf{g}}{\partial y^2} \\ 2\dfrac{\partial^2 \mathbf{g}}{\partial x \partial y} \end{bmatrix} = \begin{bmatrix} 0 & 0 & 0 & 2 & 0 & 0 & 6x & 2y & 0 & 0 & 6xy & 0 \\ 0 & 0 & 0 & 0 & 0 & 2 & 0 & 0 & 2x & 6y & 0 & 6xy \\ 0 & 0 & 0 & 0 & 2 & 0 & 0 & 4x & 4y & 0 & 6x^2 & 6y^2 \end{bmatrix} \quad (2.217)$$

2.15.3 Equações constitutivas

De acordo com a seção 2.12.3, para o EPT:

$$\begin{bmatrix} \sigma_x \\ \sigma_y \\ \tau_{xy} \end{bmatrix} = \frac{E}{1-\nu^2} \cdot \begin{bmatrix} 1 & \nu & 0 \\ \nu & 1 & 0 \\ 0 & 0 & (1-\nu)/2 \end{bmatrix} \cdot \begin{bmatrix} \varepsilon_x \\ \varepsilon_y \\ \gamma_{xy} \end{bmatrix} \quad (2.218)$$

e se destacando a *matriz constitutiva no EPT para o elemento placa*, escreve-se:

$$\mathbf{D}^{EPT} = \frac{E}{1-\nu^2} \cdot \begin{bmatrix} 1 & \nu & 0 \\ \nu & 1 & 0 \\ 0 & 0 & (1-\nu)/2 \end{bmatrix} \quad (2.219)$$

2.15.4 Matriz de rigidez

A partir das matrizes apresentadas nas Eqs. 2.216 e 2.219, chega-se à *matriz de rigidez do elemento finito retangular placa*, dada por:

$$\mathbf{k}_{ijkl} = \int_V z^2 \cdot \mathbf{B}^T \cdot \mathbf{D} \cdot \mathbf{B} \; dV \quad (2.220)$$

Assinala-se que, para o elemento retangular placa, o termo retido na integral tripla $z^2 \cdot \mathbf{B}^T \cdot \mathbf{D} \cdot \mathbf{B}$ resulta em uma matriz que é função das variáveis x, y e z, devendo-se recorrer a técnicas de integração numérica para a estimativa dos coeficientes da matriz de rigidez.

Em termos práticos, o elemento finito retangular placa é empregado para a análise estrutural das lajes de um pavimento, com geometrias e condições de contorno e de carregamento complexas (Fig. 2.119). Os carregamentos podem ser distribuídos na superfície da laje, lineares ou pontuais, expressos por forças e momentos aplicados.

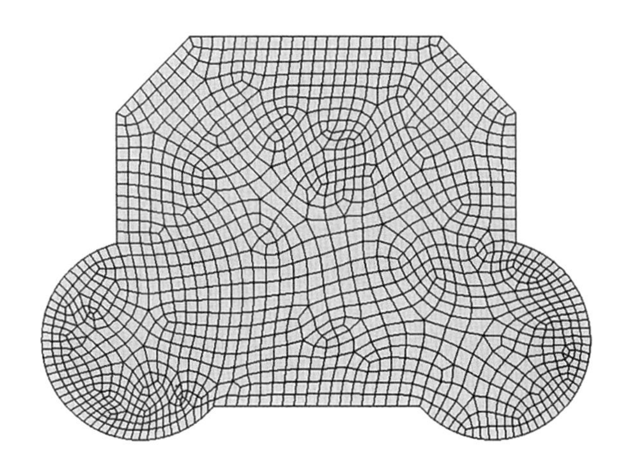

Fig. 2.119 *Modelo de elementos finitos retangulares placa (irregulares) de uma laje maciça apoiada sobre vigas de borda de um pavimento-tipo*

Esse elemento permite a obtenção dos deslocamentos, para as verificações de desempenho no estado-limite de utilização, e dos momentos fletores, para o dimensionamento das armaduras e a verificação da segurança no estado-limite último.

2.16 Formulação do elemento sólido

O elemento finito sólido hexaédrico regular (Fig. 2.120) apresenta três graus de liberdade translacionais por nó em relação aos eixos triortogonais x, y e z do sistema global de coordenadas, apontados na Fig. 2.121.

Os primeiros desenvolvimentos da família de elementos sólidos foram formulados por Melosh (1963b), que concebeu, entre outros, o elemento tetraédrico de deformação constante, que é a versão tridimensional do elemento CST visto na seção 2.12.

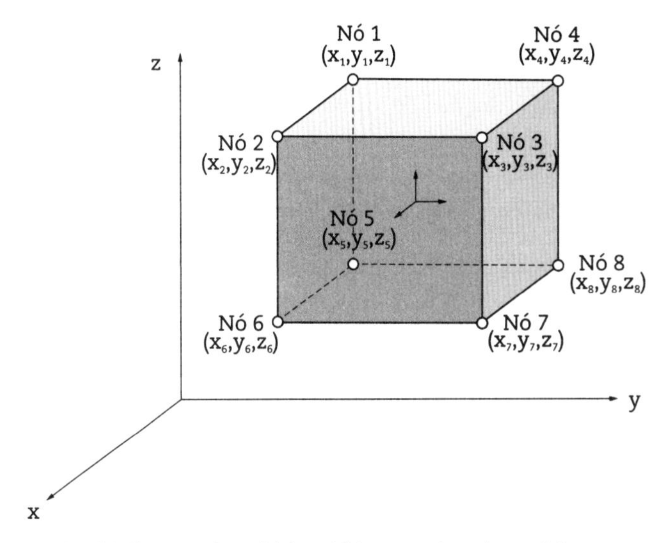

Fig. 2.120 *Elemento hexaédrico sólido e coordenadas nodais no sistema global*

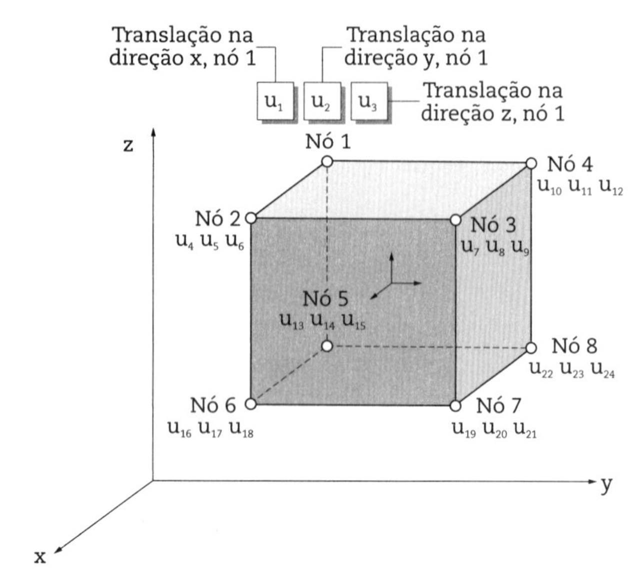

Fig. 2.121 *Elemento hexaédrico sólido com três graus de liberdade translacionais por nó*

2.16.1 Funções de interpolação

As funções de interpolação são obtidas a partir dos deslocamentos nodais, de acordo com a Eq. 2.1. Considerando-se apenas os graus de liberdade referentes às translações na direção x dos oito nós do elemento sólido, expostos na Fig. 2.122, as funções de interpolação são calculadas a partir da Eq. 2.6 com graus de liberdade reduzidos.

$$u(x,y,z) = \mathbf{N}^T \cdot \mathbf{u} = \begin{bmatrix} N_1 & N_2 & N_3 & N_4 & N_5 & N_6 & N_7 & N_8 \end{bmatrix} \cdot \begin{bmatrix} u_1 \\ u_4 \\ u_7 \\ u_{10} \\ u_{13} \\ u_{16} \\ u_{19} \\ u_{22} \end{bmatrix} \quad (2.221)$$

As funções de interpolação, indicadas na Eq. 2.221, são obtidas conforme a Eq. 2.5. Sabe-se que o número de termos das funções de forma deve ser compatível com o número de graus de liberdade interpolados. Nesse caso particular, em que há oito graus de liberdade translacionais, a matriz **g** é definida por:

$$\mathbf{g} = \begin{bmatrix} 1 & x & y & z & xy & yz & xz & xyz \end{bmatrix} \quad (2.222)$$

Pelo fato de os oito termos não comporem um polinômio completo do 2° grau, pois são necessários dez termos, eles devem ser escolhidos criteriosamente de modo a garantir sua paridade em relação às variáveis x, y e z, como ilustrado na Fig. 2.122.

Consequentemente, a matriz **h** é determinada pela expressão:

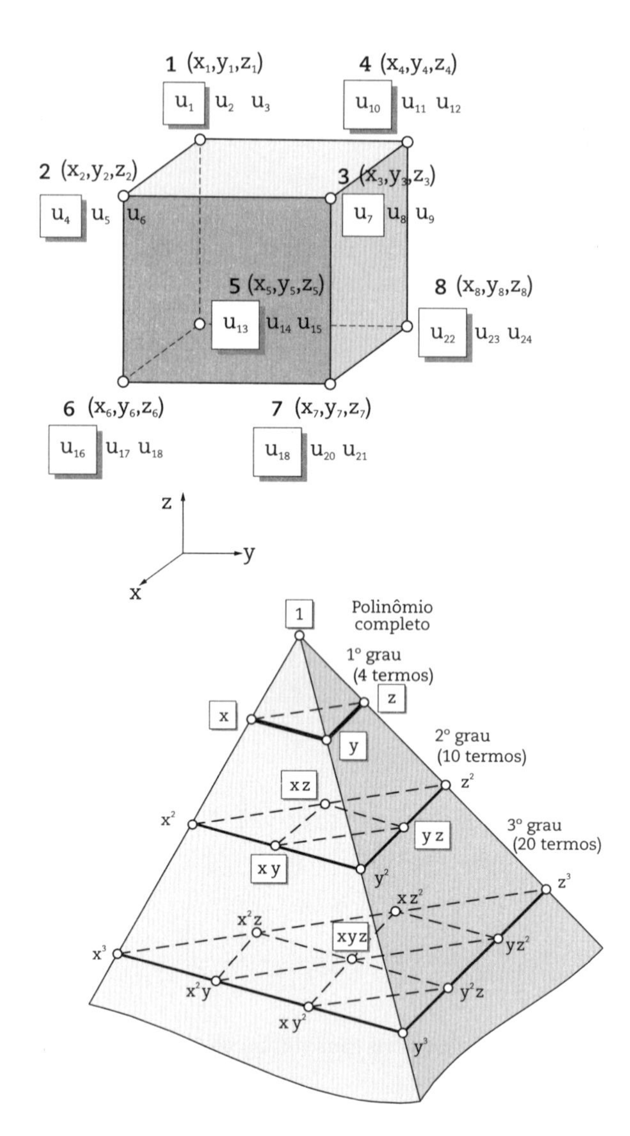

Fig. 2.122 *Expansão polinomial tridimensional (três variáveis)*

$$\mathbf{h} = \begin{bmatrix} 1 & x_1 & y_1 & z_1 & x_1y_1 & y_1z_1 & x_1z_1 & x_1y_1z_1 \\ 1 & x_2 & y_2 & z_2 & x_2y_2 & y_2z_2 & x_2z_2 & x_2y_2z_2 \\ 1 & x_3 & y_3 & z_3 & x_3y_3 & y_3z_3 & x_3z_3 & x_3y_3z_3 \\ 1 & x_4 & y_4 & z_4 & x_4y_4 & y_4z_4 & x_4z_4 & x_4y_4z_4 \\ 1 & x_5 & y_5 & z_5 & x_5y_5 & y_5z_5 & x_5z_5 & x_5y_5z_5 \\ 1 & x_6 & y_6 & z_6 & x_6y_6 & y_6z_6 & x_6z_6 & x_6y_6z_6 \\ 1 & x_7 & y_7 & z_7 & x_7y_7 & y_7z_7 & x_7z_7 & x_7y_7z_7 \\ 1 & x_8 & y_8 & z_8 & x_8y_8 & y_8z_8 & x_8z_8 & x_8y_8z_8 \end{bmatrix} \quad (2.223)$$

A partir das matrizes indicadas nas Eqs. 2.222 e 2.223, as funções de interpolação para o elemento hexaédrico sólido são encontradas por:

$$u(x,y,z) = \mathbf{N}^T \cdot \mathbf{u} = \mathbf{g} \cdot \mathbf{h}^{-1} \cdot \mathbf{u} \quad (2.224)$$

Utilizando-se as mesmas funções de interpolação obtidas anteriormente para os graus de liberdade translacionais nas direções y e z, o campo dos deslocamentos é dado pela expressão:

$$\tilde{\mathbf{u}}(x,y,z) = \begin{bmatrix} u(x,y,z) \\ v(x,y,z) \\ w(x,y,z) \end{bmatrix}$$

$$= \begin{bmatrix} N_1 & 0 & 0 & N_2 & 0 & 0 & & N_8 & 0 & 0 \\ 0 & N_1 & 0 & 0 & N_2 & 0 & \cdots & 0 & N_8 & 0 \\ 0 & 0 & N_1 & 0 & 0 & N_2 & & 0 & 0 & N_8 \end{bmatrix} \cdot \begin{bmatrix} u_1 \\ u_2 \\ u_3 \\ \vdots \\ u_{24} \end{bmatrix} \quad \mathbf{(2.225)}$$

2.16.2 Equações de compatibilidade

Com base nas equações constitutivas inerentes da teoria da elasticidade tridimensional, as componentes de deformação podem ser aproximadas pelo produto do gradiente das funções de interpolação pelos deslocamentos nodais.

$$\varepsilon(x,y,z) = \mathbf{L} \cdot \mathbf{N}^T \cdot \mathbf{u} \quad \mathbf{(2.226)}$$

$$\begin{bmatrix} \varepsilon_x \\ \varepsilon_y \\ \varepsilon_z \\ \gamma_{xy} \\ \gamma_{yz} \\ \gamma_{zx} \end{bmatrix} = \begin{bmatrix} \partial N_1/\partial x & 0 & 0 & \cdots & \partial N_8/\partial x & 0 & 0 \\ 0 & \partial N_1/\partial y & 0 & \cdots & 0 & \partial N_8/\partial y & 0 \\ 0 & 0 & \partial N_1/\partial z & \cdots & 0 & 0 & \partial N_8/\partial z \\ \partial N_1/\partial y & \partial N_1/\partial x & 0 & \cdots & \partial N_8/\partial y & \partial N_8/\partial x & 0 \\ 0 & \partial N_1/\partial z & \partial N_1/\partial y & \cdots & 0 & \partial N_8/\partial z & \partial N_8/\partial y \\ \partial N_1/\partial z & 0 & \partial N_1/\partial x & \cdots & \partial N_8/\partial z & 0 & \partial N_8/\partial x \end{bmatrix} \cdot \begin{bmatrix} u_1 \\ u_2 \\ u_3 \\ \vdots \\ u_{24} \end{bmatrix} \quad \mathbf{(2.227)}$$

$$\mathbf{B} = \mathbf{L} \cdot \mathbf{N}^T = \begin{bmatrix} \partial N_1/\partial x & 0 & 0 & \cdots & \partial N_8/\partial x & 0 & 0 \\ 0 & \partial N_1/\partial y & 0 & \cdots & 0 & \partial N_8/\partial y & 0 \\ 0 & 0 & \partial N_1/\partial z & \cdots & 0 & 0 & \partial N_8/\partial z \\ \partial N_1/\partial y & \partial N_1/\partial x & 0 & \cdots & \partial N_8/\partial y & \partial N_8/\partial x & 0 \\ 0 & \partial N_1/\partial z & \partial N_1/\partial y & \cdots & 0 & \partial N_8/\partial z & \partial N_8/\partial y \\ \partial N_1/\partial z & 0 & \partial N_1/\partial x & \cdots & \partial N_8/\partial z & 0 & \partial N_8/\partial x \end{bmatrix} \quad \mathbf{(2.228)}$$

2.16.3 Equações constitutivas

De acordo com a seção 2.1.3, para o estado triplo de tensões:

$$\begin{bmatrix} \sigma_x \\ \sigma_y \\ \sigma_z \\ \tau_{xy} \\ \tau_{yz} \\ \tau_{zx} \end{bmatrix} = \frac{E}{(1+\nu)\cdot(1-2\nu)} \cdot \begin{bmatrix} 1-\nu & \nu & \nu & 0 & 0 & 0 \\ \nu & 1-\nu & \nu & 0 & 0 & 0 \\ \nu & \nu & 1-\nu & 0 & 0 & 0 \\ 0 & 0 & 0 & (1-2\nu)/2 & 0 & 0 \\ 0 & 0 & 0 & 0 & (1-2\nu)/2 & 0 \\ 0 & 0 & 0 & 0 & 0 & (1-2\nu)/2 \end{bmatrix} \cdot \begin{bmatrix} \varepsilon_x \\ \varepsilon_y \\ \varepsilon_z \\ \gamma_{xy} \\ \gamma_{yz} \\ \gamma_{zx} \end{bmatrix} \quad \mathbf{(2.229)}$$

Dessa equação se destaca a *matriz constitutiva no estado triplo de tensões para o elemento sólido*, dada anteriormente na Eq. 2.17, reapresentada a seguir:

$$\mathbf{D} = \frac{E}{(1+\nu)\cdot(1-2\nu)} \cdot \begin{bmatrix} 1-\nu & \nu & \nu & 0 & 0 & 0 \\ \nu & 1-\nu & \nu & 0 & 0 & 0 \\ \nu & \nu & 1-\nu & 0 & 0 & 0 \\ 0 & 0 & 0 & (1-2\nu)/2 & 0 & 0 \\ 0 & 0 & 0 & 0 & (1-2\nu)/2 & 0 \\ 0 & 0 & 0 & 0 & 0 & (1-2\nu)/2 \end{bmatrix} \quad \mathbf{(2.17)}$$

2.16.4 Matriz de rigidez

A partir das matrizes fornecidas nas Eqs. 2.228 e 2.17, chega-se à *matriz de rigidez do elemento finito hexaédrico sólido*, dada por:

$$\mathbf{k}_{i...p} = \int_V \mathbf{B}^T \cdot \mathbf{D} \cdot \mathbf{B} dV \quad \mathbf{(2.230)}$$

Novamente o produto triplo de matrizes resulta em uma matriz que é função das variáveis x, y e z, devendo-se recorrer a técnicas de integração numérica para a estimativa dos coeficientes da matriz de rigidez do elemento sólido.

Em termos práticos, o elemento finito sólido hexaédrico é utilizado para a análise estrutural de elementos estruturais volumétricos com formas geométricas complexas, tais como barragens de gravidade (Fig. 2.123) e em arco, subestações elétricas, vertedouros, blocos de fundação e sapatas, entre outros.

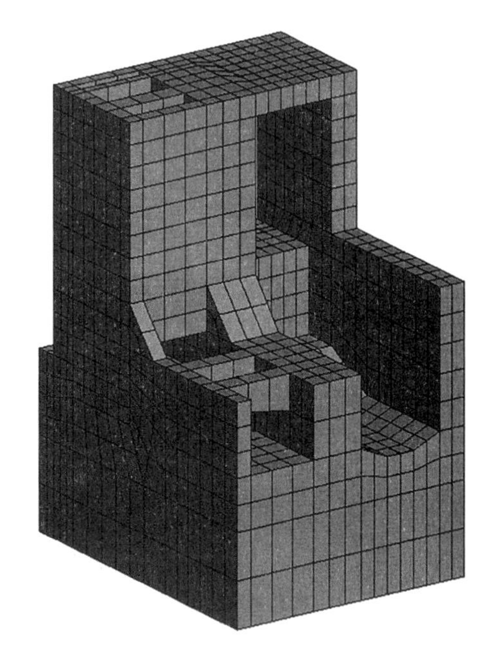

Fig. 2.123 *Modelo de elementos finitos hexaédricos sólidos da tomada d'água e da eclusa de uma barragem de concreto*

3 ANÁLISES ESTRUTURAIS

Neste capítulo são detalhados os principais tipos de análise estrutural fazendo uso das formulações apresentadas no Cap. 2. As análises estruturais utilizadas dependem dos problemas estruturais em foco, que podem ser classificados em três categorias: problemas de equilíbrio (análises estáticas e análise dinâmica harmônica), problemas de autovalores e autovetores (análise de estabilidade e análise dinâmica modal) e problemas de propagação (análise dinâmica transiente e análise de ondas de choque), não abordados neste livro. Outra classificação baseia-se no tipo de comportamento, que pode ser linear ou não linear. Dentre os problemas não lineares, destacam-se três abordagens: não linearidade física, que leva em conta a mudança das propriedades dos materiais em função das cargas aplicadas na estrutura (plasticidade e hiperelasticidade, entre outras); não linearidade geométrica, requerida para os problemas de grandes deformações e grandes deslocamentos, em que os deslocamentos são atualizados a cada iteração (análises de estabilidade e processo incremental para simulação dos estágios de construção; e não linearidade de contato, em que duas ou mais partes descontínuas entram em contato, gerando forças normais e de atrito nas interfaces que se tocam (protensão com cordoalhas engraxadas, rotações em ligações semirrígidas). O Quadro 3.1 apresenta sumariamente esses tipos de análise.

As análises estruturais para problemas de equilíbrio com o emprego do MEF são definidas pelas seguintes fases: inicialmente, são determinados os deslocamentos nodais – translacionais e rotacionais – decorrentes da aplicação de forças externas ativas e, a partir deles, são obtidas as grandezas derivadas, representadas pelos esforços reativos e internos solicitantes – forças normais e cortantes e momentos fletores e torçores –, quando compatíveis com a formulação utilizada.

3.1 Análise estática

Análises estáticas são apropriadas para resolver problemas em que as forças de inércia e os amortecimentos podem ser desprezados, não afetando significativamente a resposta do problema estrutural. Nesse sentido, os carregamentos devem ser aplicados gradual e lentamente e permanecer constantes ao longo do tempo. Além disso, devem produzir pequenos deslocamentos (linearidade geométrica), e os materiais devem manter-se no regime elástico linear (linearidade física).

O primeiro passo é a escolha dos elementos finitos que participam da análise, de acordo com o tipo de problema estrutural a ser resolvido, e a identificação das matrizes de rigidez de cada elemento considerado. O elenco de incógnitas associado ao problema é identificado com base na absorção das condições de contorno da estrutura, podendo-se distinguir entre dois tipos: graus de liberdade ativos e graus de liberdade reativos. Cabe ressaltar que os graus de liberdade ativos correspondem aos deslocamentos generalizados (U = translações ou rotações), e os graus de liberdade restritos, aos esforços generalizados (R = forças e momentos reativos).

A partir da incidência nodal, definida pela sequência de índices subscritos ij, prossegue-se com o mapeamento dos coeficientes da matriz de rigidez do elemento $\mathbf{k}_{ij}$. Por convenção, as linhas e as colunas de uma matriz são

Quadro 3.1 Principais tipos de análise estrutural

<table>
<tr><th colspan="3">Análise estática</th></tr>
<tr><td rowspan="5">Análise dinâmica</td><td colspan="2">Modal</td></tr>
<tr><td colspan="2">Harmônica</td></tr>
<tr><td rowspan="2">Transiente</td><td>Análise de impacto</td></tr>
<tr><td>Análise de colapso progressivo</td></tr>
<tr><td colspan="2">Espectral</td></tr>
<tr><td colspan="3">Análise de estabilidade</td></tr>
<tr><td colspan="3">Análise incremental</td></tr>
<tr><td colspan="3">Análise-limite</td></tr>
<tr><td colspan="3">Análise de fadiga</td></tr>
<tr><td colspan="3">Análises lineares</td></tr>
<tr><td rowspan="3">Análises não lineares</td><td colspan="2">Não linearidade física</td></tr>
<tr><td colspan="2">Não linearidade geométrica</td></tr>
<tr><td colspan="2">Não linearidade de contato</td></tr>
</table>

orientadas de cima para baixo e da esquerda para a direita, respectivamente.

O próximo passo é a montagem da matriz de rigidez da estrutura **K**, que é feita a partir da ordenação dos graus de liberdade, em que primeiramente são elencados os n graus de liberdade ativos (designados por U_1, U_2, ..., U_n) e, em seguida, os m graus de liberdade reativos (denominados R_1, R_2, ..., R_m). Em seguida, procede-se com a partição da matriz de rigidez da estrutura **K**, etapa necessária para a resolução de sistemas de equações algébricas com incógnitas mistas (deslocamentos e esforços), chegando-se às submatrizes dadas na Eq. 3.2. A partir do desacoplamento da equação de equilíbrio (Eq. 3.1), originam-se duas equações. A primeira equação de equilíbrio (Eq. 3.3) permite o cálculo dos deslocamentos incógnitos $\mathbf{U}^U$ (U_1, U_2, ..., U_n), obtidos com base na resolução de um sistema de equações algébricas lineares n × n, em que participam as submatrizes $\mathbf{K}^{UU}$ e $\mathbf{K}^{UR}$. Sequencialmente, a segunda equação de equilíbrio (Eq. 3.4) conduz ao cálculo dos esforços reativos $\mathbf{F}^R$ (R_1, R_2, ..., R_m), obtidos a partir do produto de matrizes envolvendo os deslocamentos calculados na etapa anterior e as submatrizes $\mathbf{K}^{RU}$ e $\mathbf{K}^{RR}$.

$$\mathbf{F} = \mathbf{K} \cdot \mathbf{U} + \mathbf{F}_0 \qquad (3.1)$$

$$\begin{bmatrix} \mathbf{F}^U \\ \mathbf{F}^R \end{bmatrix} = \begin{bmatrix} \mathbf{K}^{UU} & \mathbf{K}^{UR} \\ \mathbf{K}^{RU} & \mathbf{K}^{RR} \end{bmatrix} \cdot \begin{bmatrix} \mathbf{U}^U \\ \mathbf{U}^R \end{bmatrix} + \begin{bmatrix} 0 \\ \mathbf{F}_0^R \end{bmatrix} \qquad (3.2)$$

$$\mathbf{F}^U = \mathbf{K}^{UU} \cdot \mathbf{U}^U + \mathbf{K}^{UR} \cdot \mathbf{U}^R \qquad (3.3)$$

$$\mathbf{F}^R = \mathbf{K}^{RU} \cdot \mathbf{U}^U + \mathbf{K}^{RR} \cdot \mathbf{U}^R + \mathbf{F}_0^R \qquad (3.4)$$

Com base na análise das Eqs. 3.3 e 3.4, de equilíbrio estático, observa-se que o segundo termo do segundo membro – em ambas as equações – somente será nulo para os casos em que não ocorrerem recalques de apoio. Por outro lado, havendo recalques de apoio, devem ser consideradas as submatrizes $\mathbf{K}^{UR}$ e $\mathbf{K}^{RR}$.

Por exemplo, para os casos particulares de elementos de viga e de pórtico, podem ser considerados carregamentos transversais aplicados ao longo do comprimento dos elementos, os quais implicam a participação do vetor esforços de engastamento perfeito de estrutura $\mathbf{F}_0$, que depende do tipo de carregamento e de sua disposição.

Finalmente, a etapa final requerida numa análise estática é a obtenção dos esforços internos solicitantes e resistentes, cujas quantidades dependem da formulação utilizada. Esses esforços internos devem ser referenciados no sistema local de coordenadas. Dessa forma, primeiramente se calculam os esforços internos no elemento ij no sistema global de coordenadas pela equação:

$$\mathbf{f}_{ij} = \mathbf{k}_{ij} \cdot \mathbf{u}_{ij} + \mathbf{f}_{ij}^0 \qquad (3.5)$$

e, em seguida, convertem-se tais esforços do sistema global para o sistema local de coordenadas por meio da matriz de transformação $\mathbf{T}_{ij}$, que é determinada no Cap. 2 e depende da formulação utilizada. Os esforços de engastamento perfeito do elemento analisado, definidos por $\mathbf{f}_{ij}^0$, são apresentados no Anexo B e dependem das condições de contorno e de carregamento do elemento em questão. Essas particularidades são vistas detalhadamente nos Problemas de Aplicação 4.1 (p. 77) e 4.2 (p. 78) para o elemento mola 2D, nos Problemas de Aplicação 4.4 (p. 80) e 4.5 (p. 84) para o elemento treliça 2D e no Problema de Aplicação 4.9 (p. 88) para o elemento viga 2D rotulado-rígido.

3.2 Análise de estabilidade

É empregada para a determinação das cargas críticas e dos modos de flambagem associados. A equação governante para a análise de estabilidade recai num problema de autovalores e autovetores:

$$\left(\mathbf{K}^{UU} - \lambda \cdot \mathbf{S}^{UU}\right) \cdot \bar{\mathbf{u}} = \mathbf{0} \qquad (3.6)$$

em que:
λ é o fator de carga (autovalor);
$\bar{\mathbf{u}}$ é o modo de flambagem (autovetor);
$\mathbf{K}^{UU}$ é a matriz de rigidez;
$\mathbf{S}^{UU}$ é a matriz de rigidez geométrica (*stress stiffening*);
U é o número de graus de liberdade ativos da estrutura, que é compatível com o número de cargas críticas e modos de flambagem dela.

As cargas críticas de flambagem são obtidas multiplicando-se o fator de carga (menor autovalor) pelas cargas aplicadas na estrutura, para a combinação de ações considerada. Diversos modos de flambagem podem ser capturados na análise de estabilidade (torcional, flexional, lateral, local), identificados pelo autovetor associado. Esse tipo de análise permite a identificação do fenômeno da instabilidade, a verificação da segurança à flambagem e a tomada de decisão nas situações em que haja necessidade de reforço estrutural.

Para a inclusão do efeito da rigidez geométrica, utiliza-se a teoria geometricamente não linear para grandes deslocamentos, cuja resolução pode ser obtida pelo método P-Δ ou por outro método adequado. Tomando-se como exemplo a barra apresentada na Fig. 3.1, admite-se a existência da força F quando a força vertical V for aplicada. Vale ressaltar que, para pequenos deslocamentos, θ é considerado muito pequeno, da ordem de 0,05 rad, e seu cosseno pode ser aproximado ao valor unitário, ou seja, $\cos \theta \approx 1$. Assim, o comprimento da barra na configuração indeformada é o mesmo daquele na configuração deformada, sendo ela considerada inextensível.

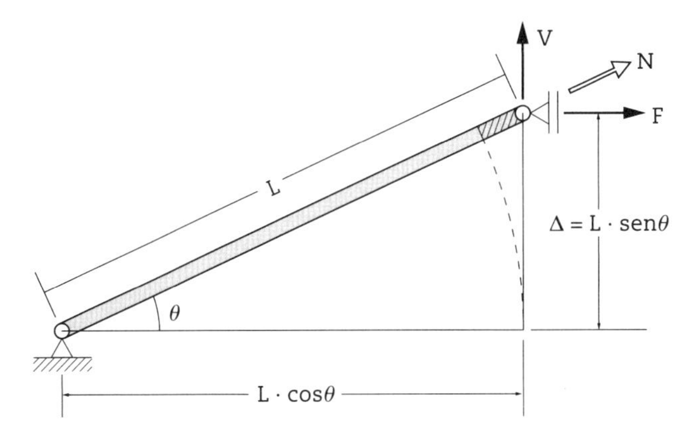

Fig. 3.1 *Equilíbrio na configuração deformada para grandes deslocamentos*
Fonte: Ansys (2022).

Definindo-se a rigidez geométrica como a razão entre a força transversal e o deslocamento transversal, dada por:

$$S = V/\Delta \tag{3.7}$$

e se impondo a equação de equilíbrio de momentos em torno do apoio esquerdo, tem-se:

$$F \cdot (L \cdot \text{sen}\,\theta) - V \cdot (L \cdot \cos\theta) = 0 \tag{3.8}$$

que resulta em:

$$V = \frac{F \cdot \text{sen}\,\theta}{\cos\theta} \tag{3.9}$$

Por outro lado, a força normal pode ser expressa em termos de suas componentes:

$$N = F \cdot \cos\theta + V \cdot \text{sen}\,\theta \tag{3.10}$$

e, a partir do isolamento da força F na Eq. 3.10, chega-se a:

$$F = \frac{N - V \cdot \text{sen}\,\theta}{\cos\theta} \tag{3.11}$$

e, com a substituição da Eq. 3.11 na Eq. 3.9, obtém-se:

$$V = \left(\frac{N - V \cdot \text{sen}\,\theta}{\cos\theta}\right) \cdot \frac{\text{sen}\,\theta}{\cos\theta} = \frac{N \cdot \text{sen}\,\theta - V \cdot \text{sen}^2\,\theta}{\cos^2\theta} \tag{3.12}$$

Ao rearranjar os termos dessa equação e fazer uso da identidade trigonométrica fundamental, encontra-se:

$$V = N \cdot \text{sen}\,\theta \tag{3.13}$$

e, retornando à definição dada na Eq. 3.7, com base na Eq. 3.13 e no deslocamento transversal mostrado na Fig. 3.1, tem-se:

$$S = N/L \tag{3.14}$$

como sendo uma primeira aproximação da rigidez geométrica (*stress stiffening*). Dessa forma, a *matriz de rigidez geométrica do elemento pórtico 2D* no sistema global pode ser escrita para $\alpha = 0°$ e $\alpha = 90°$, respectivamente, como:

$$\mathbf{s}_{ij} = \mathbf{T}^T \cdot \begin{bmatrix} 0 & 0 & 0 & 0 & 0 & 0 \\ 0 & N/L & 0 & 0 & -N/L & 0 \\ 0 & 0 & 0 & 0 & 0 & 0 \\ 0 & 0 & 0 & 0 & 0 & 0 \\ 0 & -N/L & 0 & 0 & N/L & 0 \\ 0 & 0 & 0 & 0 & 0 & 0 \end{bmatrix} \cdot \mathbf{T} \tag{3.15}$$

$$\mathbf{s}_{ij} = \mathbf{T}^T \cdot \begin{bmatrix} N/L & 0 & 0 & -N/L & 0 & 0 \\ 0 & 0 & 0 & 0 & 0 & 0 \\ 0 & 0 & 0 & 0 & 0 & 0 \\ -N/L & 0 & 0 & N/L & 0 & 0 \\ 0 & 0 & 0 & 0 & 0 & 0 \\ 0 & 0 & 0 & 0 & 0 & 0 \end{bmatrix} \cdot \mathbf{T} \tag{3.16}$$

3.3 Análise dinâmica modal

As análises dinâmicas são apropriadas para resolver problemas em que as forças de inércia não podem ser negligenciadas, pois sua desconsideração afeta significativamente a resposta do problema estrutural. Pode-se afirmar que a maioria dos carregamentos são de origem dinâmica, com variação espacial e/ou temporal. Em alguns casos, os efeitos dinâmicos podem ser desprezados, e, nessa situação, uma análise estática conduz a resultados realistas. Como regra prática, se a frequência de excitação é menor que um terço da menor frequência natural da estrutura, a análise estática pode ser utilizada como uma boa aproximação do problema dinâmico.

A análise modal é empregada para a determinação das frequências naturais e dos modos de vibração de uma estrutura, com a possibilidade de incluir o amortecimento estrutural e os efeitos do pré-tensionamento. Por meio dela, pode-se também identificar a ocorrência do fenômeno da ressonância, em situações em que haja sincronização das frequências naturais com as frequências de excitação produzidas pelos carregamentos atuantes na estrutura (movimentação de pessoas e veículos, operação de máquinas e equipamentos, rajadas de vento). Tal fenômeno leva à amplificação dos deslocamentos, comprometendo a integridade da estrutura. Todos os tipos de análise dinâmica são normalmente precedidos pela análise modal, para identificar o espaço de solução relativa aos modos de vibração e às frequências naturais da estrutura.

É possível realizar uma análise modal levando-se em conta vibrações livres amortecidas ou não amortecidas. A equação de equilíbrio dinâmico é expressa por:

$$\mathbf{K} \cdot \mathbf{u} + \mathbf{C} \cdot \dot{\mathbf{u}} + \mathbf{M} \cdot \ddot{\mathbf{u}} = 0 \tag{3.17}$$

cuja solução recai num problema de autovalores e autovetores. Assim, assumindo-se um deslocamento que varia senoidalmente ao longo do tempo em torno da configuração de equilíbrio estático, a Eq. 3.17 é reduzida na forma:

$$\left(\mathbf{K} + i \cdot \omega \cdot \mathbf{C} - \omega^2 \cdot \mathbf{M}\right) \cdot \bar{\mathbf{u}} = 0 \tag{3.18}$$

em que:
ω é a frequência natural (autovalor);
$\bar{\mathbf{u}}$ é o modo de vibração (autovetor);
K é a matriz de rigidez;
i é um número complexo ou imaginário igual a $i = \sqrt{-1}$;
C é a matriz de amortecimento;
M é a matriz de massa.

A Eq. 3.18 pode ser resolvida por meio de métodos numéricos, tais como o método de Lanczos ou o método das iterações por subespaços, que são consagrados na literatura e muito eficientes para a extração dos autovalores, sendo o primeiro mais preciso e com menor custo operacional.

Na maioria dos casos, o amortecimento pode ser desprezado para simplificar a resolução do problema, sem afetar os valores das frequências naturais da estrutura. Desse modo, a Eq. 3.17 é escrita como:

$$\mathbf{K} \cdot \mathbf{u} + \mathbf{M} \cdot \ddot{\mathbf{u}} = 0 \quad \textbf{(3.19)}$$

e, do mesmo modo, é reduzida na forma:

$$\left(\mathbf{K} - \omega^2 \cdot \mathbf{M}\right) \cdot \bar{\mathbf{u}} = 0 \quad \textbf{(3.20)}$$

A solução não trivial da Eq. 3.20 é obtida a partir da imposição do determinante nulo:

$$\left|\mathbf{K} - \omega^2 \cdot \mathbf{M}\right| = 0 \quad \textbf{(3.21)}$$

Particularmente, para um sistema massa-mola com um grau de liberdade, a frequência natural, em ciclos por segundo (hertz), é dada por:

$$f = \frac{1}{2\pi} \cdot \sqrt{\frac{K}{M}} \quad \textbf{(3.22)}$$

onde se conclui que a frequência natural do sistema massa-mola é diretamente proporcional à rigidez K e inversamente proporcional à massa M da estrutura.

Estendendo-se esse raciocínio para um sistema de múltiplos graus de liberdade, o número de frequências naturais e modos associados de uma estrutura é compatível com o número de graus de liberdade ativos dela, ou seja:

$$\left(\mathbf{K}^{UU} - \omega^2 \cdot \mathbf{M}^{UU}\right) \cdot \bar{\mathbf{u}} = 0 \quad \textbf{(3.23)}$$

A matriz de massa consistente de um elemento finito genérico é definida por:

$$\mathbf{m} = \rho \int_V \mathbf{N}^T \cdot \mathbf{N} dV = \rho \cdot A \int_L \mathbf{N}^T \cdot \mathbf{N} d\bar{x} \quad \textbf{(3.24)}$$

sendo ρ a densidade do material.

Para o caso particular do elemento treliça 2D, a matriz das funções de interpolação, apresentadas nas Eqs. 2.43 e 2.44, é dada por:

$$\mathbf{N}^T = \begin{bmatrix} 1-\bar{x}/L & 0 & \bar{x}/L & 0 \\ 0 & 1-\bar{x}/L & 0 & \bar{x}/L \end{bmatrix} \quad \textbf{(3.25)}$$

e, introduzindo-se a Eq. 3.25 na Eq. 3.24, chega-se à *matriz de massa consistente do elemento treliça 2D*, que vale:

$$\mathbf{m} = \frac{\rho \cdot A \cdot L}{6} \cdot \begin{bmatrix} 2 & 0 & 1 & 0 \\ 0 & 2 & 0 & 1 \\ 1 & 0 & 2 & 0 \\ 0 & 1 & 0 & 2 \end{bmatrix} \quad \textbf{(3.26)}$$

Brasil e Silva (2015) demonstram que a matriz de massa no sistema global coincide com a matriz de massa no sistema local, dada na Eq. 3.26. Dessa forma, conclui-se que a matriz de massa independe do sistema de referência.

A matriz de massa discreta do elemento treliça 2D é diagonal, e seus coeficientes são obtidos a partir do somatório de cada linha da matriz de massa consistente, apresentada na Eq. 3.26. Assim, a *matriz de massa discreta do elemento treliça 2D* é expressa por:

$$\mathbf{m} = \frac{\rho \cdot A \cdot L}{2} \cdot \begin{bmatrix} 1 & 0 & 0 & 0 \\ 0 & 1 & 0 & 0 \\ 0 & 0 & 1 & 0 \\ 0 & 0 & 0 & 1 \end{bmatrix} \quad \textbf{(3.27)}$$

em que:
ρ é a densidade do material;
A é a área da seção transversal do elemento;
L é o comprimento do eixo do elemento.

Procedendo-se da mesma maneira para o elemento viga 2D, com o uso da matriz das funções de interpolação fornecida na Eq. 2.73, chega-se à *matriz de massa consistente do elemento viga 2D*:

$$\mathbf{m} = \frac{\rho \cdot A \cdot L}{420} \cdot \begin{bmatrix} 156 & 22L & 154 & -13L \\ 22L & 4L^2 & 13L & -3L^2 \\ 154 & 13L & 156 & -22L \\ -13L & -3L^2 & -22L & 4L^2 \end{bmatrix} \quad \textbf{(3.28)}$$

Para levar em conta a presença de outras massas que permanecem fixas à estrutura (elementos construtivos, caixas-d'água e equipamentos, entre outras), admitindo-se também a inclusão da massa da estrutura, é possível utilizar a *matriz de massa discreta da estrutura*. Nesse caso, é considerado um modelo dinâmico discreto simplificado, e a matriz de massa é diagonal e sua dimensão é função do número de graus de liberdade ativos da estrutura.

$$\mathbf{M} = \begin{bmatrix} M_1 & 0 & \cdots & 0 \\ 0 & M_2 & \cdots & 0 \\ \vdots & \vdots & \ddots & 0 \\ 0 & 0 & 0 & M_n \end{bmatrix} \quad \textbf{(3.29)}$$

A título de exemplo, para o caso de estruturas para edifícios de múltiplos pavimentos, pode-se adotar o modelo discreto, onde se considera que essas massas se concentram no centro de massa de cada diafragma rígido (pavimento), conforme estabelecido no item 9.4.1 da NBR 6123 (ABNT, 1988).

3.4 Análise dinâmica harmônica

A análise harmônica determina a resposta de uma estrutura, de comportamento elástico linear em regime permanente, submetida a um carregamento harmonicamente variável no tempo (bases de equipamentos, geradores) operando numa dada frequência. Assume-se que todas as cargas aplicadas na estrutura atuam numa mesma frequência de operação, mas não necessariamente em fase.

Para uma frequência de operação próxima de uma das frequências naturais da estrutura, observa-se a amplificação dos deslocamentos. Por esse motivo, sempre uma análise modal deve preceder uma análise harmônica, para a identificação das frequências naturais da estrutura de modo a impedir ou mitigar esse fenômeno.

A equação governante de uma análise harmônica é dada por:

$$\mathbf{K}^{UU} \cdot \mathbf{u} + \mathbf{C} \cdot \dot{\mathbf{u}} + \mathbf{M} \cdot \ddot{\mathbf{u}} = \mathbf{F}(t) \tag{3.30}$$

sendo $\mathbf{F}(t)$ o vetor carregamento, que varia harmonicamente com uma amplitude conhecida. Assim, para uma dada frequência de excitação ω e ângulo de fase ϕ, tem-se:

$$\mathbf{F}(t) = F_0 \cdot \left[\cos(\omega \cdot t + \phi) + i \cdot \text{sen}(\omega \cdot t + \phi)\right] \tag{3.31}$$

Os deslocamentos incógnitos variam harmonicamente na mesma frequência ω, mas não necessariamente em fase com a função carregamento. Os deslocamentos são especificados, para uma certa frequência, em termos de amplitude (parte real) e ângulo de fase (parte imaginária). A análise harmônica realiza uma varredura, em incrementos preestabelecidos, dentro de um intervalo de frequências de excitação definido, capturando os deslocamentos nodais. O método da superposição modal pode ser utilizado na resolução do problema (Ansys, 2022).

A equação governante de uma análise harmônica é dada pela Eq. 3.30, em que $F_0(t)$ é a função carregamento, que combina várias funções harmônicas com amplitude conhecida. Assim, para uma dada frequência de excitação f e ângulo de fase φ, tem-se:

$$\mathbf{F}(t) = C_1 \cdot \sum_{i=1}^{n} G_i \cdot \text{sen}(2\pi i f t + \varphi_i) \tag{3.32}$$

A Fig. 3.2 apresenta a combinação de quatro funções harmônicas, indicadas na Fig. 3.3. Dessa forma, pode-se reproduzir qualquer tipo de carregamento variável no tempo.

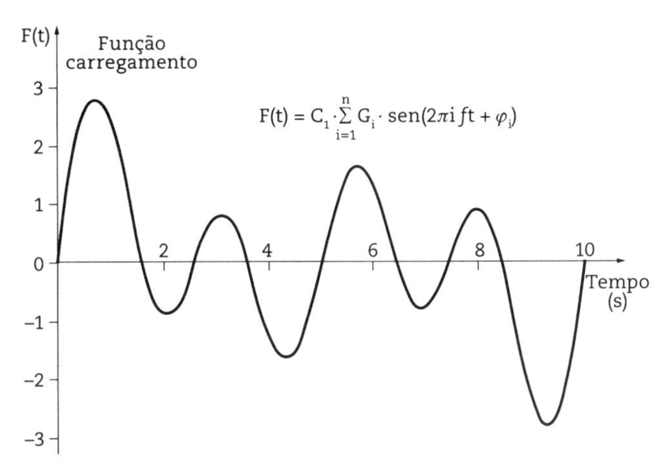

Fig. 3.2 *Carregamento variável no tempo*

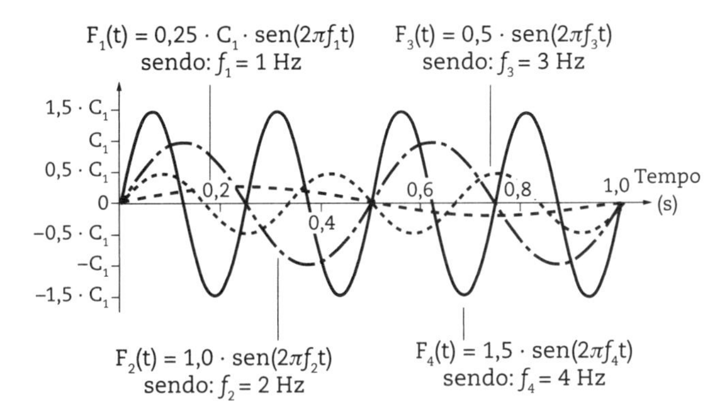

Fig. 3.3 *Funções harmônicas com amplitudes e frequências diferentes para a reprodução do carregamento variável no tempo F(t)*

3.5 Análise dinâmica transiente

A análise dinâmica transiente (*time-history analysis*) é utilizada para determinar a resposta dinâmica de uma estrutura submetida a carregamentos arbitrariamente variáveis no tempo, cuja equação governante pode ser resolvida por diferentes técnicas. O método da superposição modal e o método de Newmark são procedimentos clássicos de integração numérica no tempo empregados para a obtenção da resposta dinâmica de estruturas de comportamento linear. O método de Newmark é usado em análises dinâmicas implícitas, sendo incondicionalmente estável.

O amortecimento é definido em termos da taxa de amortecimento, que é arbitrada de acordo com o material e o tipo de excitação e corresponde a uma fração do amortecimento crítico para um particular modo de vibração i, dada por:

$$\xi_i = \frac{\alpha}{4\pi \cdot f_i} + \pi \cdot f_i \cdot \beta \qquad (3.33)$$

em que:

α e β são as constantes de amortecimento de Rayleigh;

f_i é a frequência de vibração associada ao modo de interesse.

Tais parâmetros são representados na Fig. 3.4. Na prática, adota-se, simplificadamente, uma taxa de amortecimento constante para uma faixa de frequências naturais de interesse.

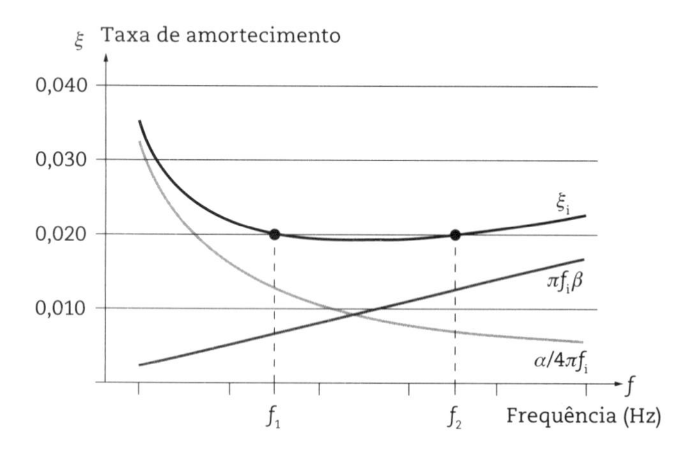

Fig. 3.4 *Frequência de vibração* versus *taxa de amortecimento*

Dessa forma, especifica-se a taxa de amortecimento baseada na experiência técnica profissional e avalia-se, por meio de uma análise modal, qual o intervalo de frequências naturais f_1 e f_2 que poderão ser excitadas de acordo com a carga dinâmica. Por exemplo, em estruturas de concreto industriais sujeitas a carregamentos dinâmicos produzidos por máquinas e equipamentos, adota-se a taxa de amortecimento de $\xi = 0{,}020$, enquanto para ações devidas ao vento em edifícios acima de 100 m utiliza-se $\xi = 0{,}015$ e, em torno de 50 m, considera-se uma taxa de $\xi = 0{,}025$ (TQS, 2022). Conclui-se que estruturas com baixas frequências de vibração amortecem menos e estruturas com altas frequências amortecem mais.

A matriz de amortecimento, que combina os amortecimentos inercial (matriz de massa) e estrutural (matriz de rigidez), é expressa por:

$$\mathbf{C} = \alpha \cdot \mathbf{M} + \beta \cdot \mathbf{K} \qquad (3.34)$$

sendo adotada na equação de equilíbrio dinâmico (Eq. 3.30).

A utilização das matrizes de rigidez geométrica dadas nas Eqs. 3.15 e 3.16 em problemas de estabilidade elástica é apresentada no Cap. 4, especificamente nos Problemas de Aplicação 4.10, 4.11 (p. 90) e 6.6, para barras isoladas (colunas), e no Problema de Aplicação 6.7 avançado, para um quadro rígido formado por elementos de pórtico 2D.

Nos Problemas de Aplicação 4.3 (p. 79) e 4.6 a 4.8 (p. 86 a 88), é usada a matriz de massa concentrada (Eq. 3.29) para a análise modal envolvendo os elementos de mola 2D e viga 2D. A matriz de massa discreta do elemento treliça 2D, dada na Eq. 3.27, é utilizada no Problema de Aplicação 4.5 (p. 84), e a matriz de massa consistente do elemento viga 2D, apresentada na Eq. 3.28, é adotada na resolução do Problema de Aplicação 6.4 avançado.

Na Aplicação Prática 5.9 (p. 156) é feita uma análise dinâmica transiente para a estimativa de cargas a serem consideradas em estruturas de aço para pouso e decolagem de helicópteros.

PROBLEMAS DE APLICAÇÃO

4

Os problemas de aplicação apresentados neste capítulo contemplam as formulações expostas no Cap. 2, os tipos de análise e as técnicas de modelagem abordados no Cap. 3 e os critérios de resistência para materiais metálicos e granulares fornecidos no Apêndice A. São incluídos problemas propostos com respostas para a fixação dos conceitos abordados neste livro.

4.1 Elemento mola 2D

4.1.1 Problema de Aplicação 4.1

A partir da utilização da matriz de rigidez do elemento mola 2D, considerando apenas o grau de liberdade translacional axial, determine os deslocamentos dos pontos B e C e as reações de apoio nos pontos A e D para o sistema estrutural mostrado na Fig. 4.1.

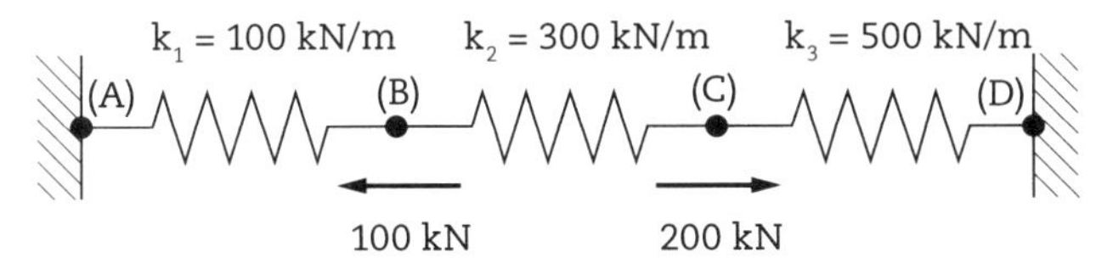

Fig. 4.1 *Sistema de molas elásticas em série*

É fornecida a matriz de rigidez do elemento mola 2D, descrita na Eq. 2.37, para um elemento genérico ij:

$$\mathbf{k}_{ij} = \begin{bmatrix} k & -k \\ -k & k \end{bmatrix} \qquad \textbf{(2.37)}$$

Trabalhe com as unidades consistentes quilonewton (kN) e metro (m). Opere com precisão da ordem de 10^{-3} m (milésimo de metro) para os deslocamentos e 0,1 kN (décimo de quilonewton) para os esforços normais nas barras.

Resolução

i. Identificação dos graus de liberdade (incógnitas) do problema

(A) (B) (C) (D)
R_1 U_1 U_2 R_2

ii. Definição das matrizes de rigidez dos elementos e mapeamento dos coeficientes de rigidez com base nos graus de liberdade do sistema estrutural

k_1 = 100 kN/m k_2 = 300 kN/m k_3 = 500 kN/m
(A) (B) (C) (D)
R_1 U_1 U_2 R_2

$$\mathbf{k}_{AB} = \begin{bmatrix} \ & \bigcirc \\ \ & \times \end{bmatrix} \begin{matrix} R_1 \\ U_1 \end{matrix} \quad \mathbf{k}_{BC} = \begin{bmatrix} \times & \times \\ \times & \times \end{bmatrix} \begin{matrix} U_1 \\ U_2 \end{matrix} \quad \mathbf{k}_{CD} = \begin{bmatrix} \times & \ \\ \bigcirc & \ \end{bmatrix} \begin{matrix} U_2 \\ R_2 \end{matrix}$$

$$\mathbf{k}_{AB} = \overset{\begin{matrix} R_1 & \quad U_1 \end{matrix}}{\begin{bmatrix} 100 & -100 \\ -100 & 100 \end{bmatrix}} \begin{matrix} R_1 \\ U_1 \end{matrix} \qquad \mathbf{k}_{BC} = \overset{\begin{matrix} U_1 & \quad U_2 \end{matrix}}{\begin{bmatrix} 300 & -300 \\ -300 & 300 \end{bmatrix}} \begin{matrix} U_1 \\ U_2 \end{matrix}$$

$$\mathbf{k}_{CD} = \overset{\begin{matrix} U_2 & \quad R_2 \end{matrix}}{\begin{bmatrix} 500 & -500 \\ -500 & 500 \end{bmatrix}} \begin{matrix} U_2 \\ R_2 \end{matrix}$$

iii. Ordenação dos graus de liberdade e partição da matriz de rigidez do sistema elástico em submatrizes $\mathbf{K}^{UU}$ e $\mathbf{K}^{RU}$

$$\mathbf{F} = \mathbf{K} \cdot \mathbf{U}$$

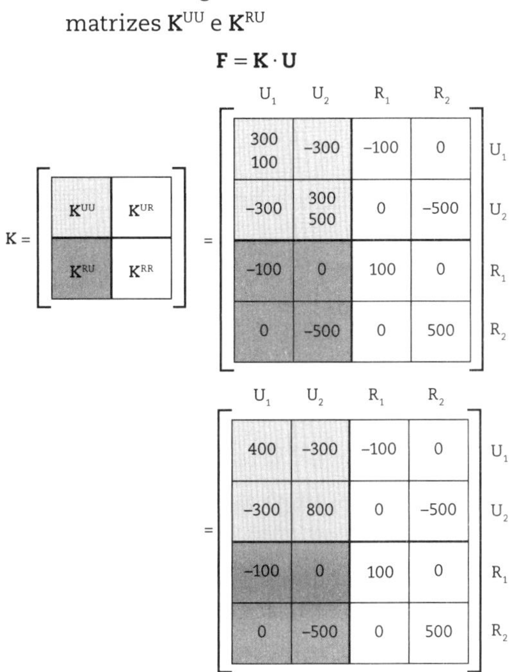

$$K = \begin{bmatrix} K^{UU} & K^{UR} \\ K^{RU} & K^{RR} \end{bmatrix} =$$

	U_1	U_2	R_1	R_2
U_1	300 100	-300	-100	0
U_2	-300	300 500	0	-500
R_1	-100	0	100	0
R_2	0	-500	0	500

=

	U_1	U_2	R_1	R_2
U_1	400	-300	-100	0
U_2	-300	800	0	-500
R_1	-100	0	100	0
R_2	0	-500	0	500

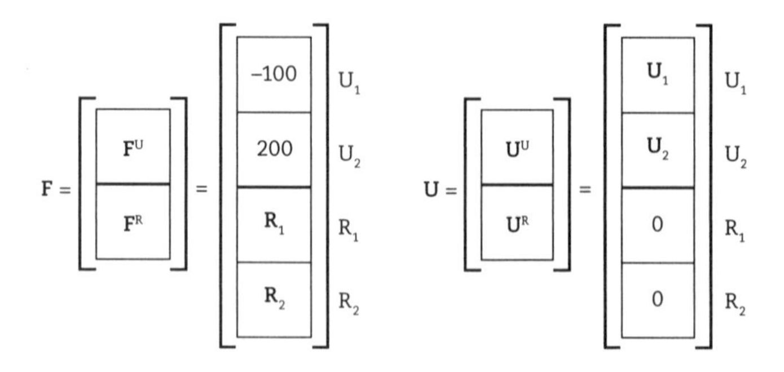

iv. Operações com submatrizes para obtenção das equações matriciais

$$\begin{bmatrix} \mathbf{F}^U \\ \mathbf{F}^R \end{bmatrix} = \begin{bmatrix} \mathbf{K}^{UU} & \mathbf{K}^{UR} \\ \mathbf{K}^{RU} & \mathbf{K}^{RR} \end{bmatrix} \cdot \begin{bmatrix} \mathbf{U}^U \\ \mathbf{U}^R \end{bmatrix}$$

1ª equação matricial:

$$\mathbf{F}^U = \mathbf{K}^{UU} \cdot \mathbf{U}^U + \mathbf{K}^{UR} \cdot \mathbf{U}^R$$

2ª equação matricial:

$$\mathbf{F}^R = \mathbf{K}^{RU} \cdot \mathbf{U}^U + \mathbf{K}^{RR} \cdot \mathbf{U}^R$$

v. Determinação dos deslocamentos U_1 e U_2

$$\mathbf{F}^U = \mathbf{K}^{UU} \cdot \mathbf{U}^U + \mathbf{K}^{UR} \cdot \mathbf{U}^R$$

$$\mathbf{F}^U = \begin{bmatrix} -100 \\ 200 \end{bmatrix} \qquad \mathbf{K}^{UU} = \begin{bmatrix} 400 & -300 \\ -300 & 800 \end{bmatrix}$$

$$\mathbf{U}^U = \begin{bmatrix} U_1 \\ U_2 \end{bmatrix} \qquad \mathbf{U}^R = \begin{bmatrix} 0 \\ 0 \end{bmatrix}$$

$$\begin{bmatrix} -100 \\ 200 \end{bmatrix} = \begin{bmatrix} 400 & -300 \\ -300 & 800 \end{bmatrix} \cdot \begin{bmatrix} U_1 \\ U_2 \end{bmatrix}$$

Com a resolução do sistema, chega-se a:

$$\mathbf{U}^U = \begin{bmatrix} U_1 \\ U_2 \end{bmatrix} = \begin{bmatrix} -0{,}087\,\text{m} \\ 0{,}217\,\text{m} \end{bmatrix}$$

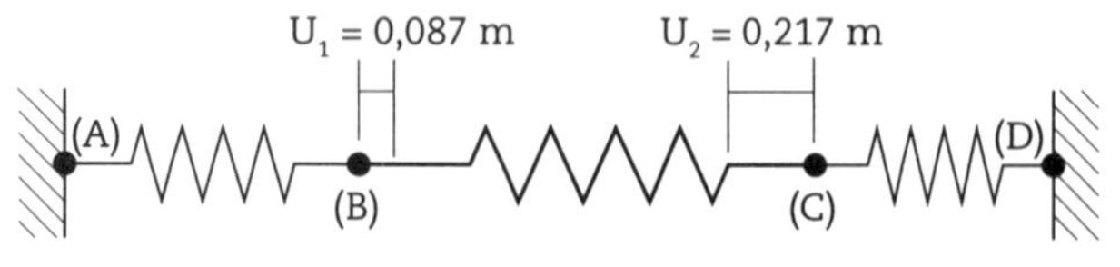

vi. Determinação das reações R_1 e R_2

$$\mathbf{F}^R = \mathbf{K}^{RU} \cdot \mathbf{U}^U + \mathbf{K}^{RR} \cdot \mathbf{U}^R$$

$$\mathbf{F}^R = \begin{bmatrix} R_1 \\ R_2 \end{bmatrix} \qquad \mathbf{K}^{RU} = \begin{bmatrix} -100 & 0 \\ 0 & -500 \end{bmatrix}$$

$$\mathbf{U}^U = \begin{bmatrix} -0{,}087\,\text{m} \\ 0{,}217\,\text{m} \end{bmatrix} \qquad \mathbf{U}^R = \begin{bmatrix} 0 \\ 0 \end{bmatrix}$$

$$\begin{bmatrix} R_1 \\ R_2 \end{bmatrix} = \begin{bmatrix} -100 & 0 \\ 0 & -500 \end{bmatrix} \cdot \begin{bmatrix} -0{,}087 \\ 0{,}217 \end{bmatrix}$$

A partir do produto de matrizes, obtém-se:

$$\begin{bmatrix} R_1 \\ R_2 \end{bmatrix} = \begin{bmatrix} 8{,}7\,\text{kN} \\ -108{,}7\,\text{kN} \end{bmatrix}$$

4.1.2 Problema de Aplicação 4.2

Com base na utilização da matriz de rigidez do elemento mola 2D, considerando apenas o grau de liberdade translacional axial, determine os deslocamentos dos pontos B e C e as reações de apoio nos pontos A e D para o sistema estrutural mostrado na Fig. 4.2.

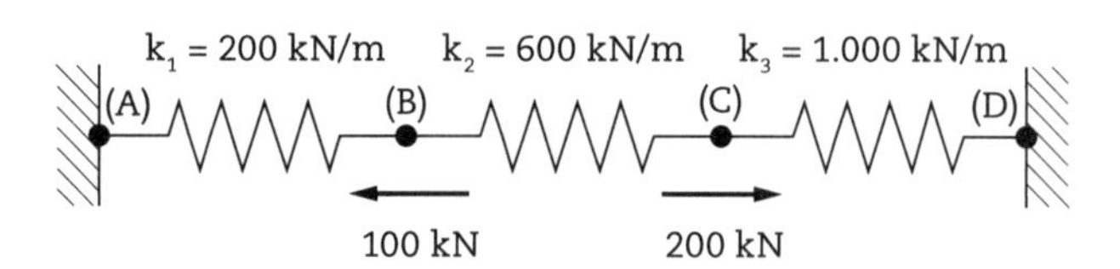

Fig. 4.2 *Sistema de molas elásticas em série*

Resolução

De acordo com o Problema de Aplicação 4.1, os deslocamentos U_1 e U_2 são calculados por meio de:

$$\mathbf{F}^U = \mathbf{K}^{UU} \cdot \mathbf{U}^U + \mathbf{K}^{UR} \cdot \mathbf{U}^R$$

$$\begin{bmatrix} -100 \\ 200 \end{bmatrix} = \begin{bmatrix} 800 & -600 \\ -600 & 1.600 \end{bmatrix} \cdot \begin{bmatrix} U_1 \\ U_2 \end{bmatrix}$$

Com a resolução do sistema, chega-se a:

$$\mathbf{U}^U = \begin{bmatrix} U_1 \\ U_2 \end{bmatrix} = \begin{bmatrix} -0{,}0435\ \text{m} \\ 0{,}1087\ \text{m} \end{bmatrix}$$

Da mesma forma, a determinação das reações R_1 e R_2 é dada por:

$$\mathbf{F}^R = \mathbf{K}^{RU} \cdot \mathbf{U}^U + \mathbf{K}^{RR} \cdot \mathbf{U}^R$$

$$\mathbf{F}^R = \begin{bmatrix} R_1 \\ R_2 \end{bmatrix} \qquad \mathbf{K}^{RU} = \begin{bmatrix} -200 & 0 \\ 0 & -1.000 \end{bmatrix}$$

$$\mathbf{U}^U = \begin{bmatrix} -0{,}0435 \text{ m} \\ 0{,}1087 \text{ m} \end{bmatrix} \qquad \mathbf{U}^R = \begin{bmatrix} 0 \\ 0 \end{bmatrix}$$

$$\begin{bmatrix} R_1 \\ R_2 \end{bmatrix} = \begin{bmatrix} -200 & 0 \\ 0 & -1.000 \end{bmatrix} \cdot \begin{bmatrix} -0{,}0435 \\ 0{,}1087 \end{bmatrix}$$

A partir do produto de matrizes, obtém-se:

$$\begin{bmatrix} R_1 \\ R_2 \end{bmatrix} = \begin{bmatrix} 8{,}7 \text{kN} \\ -108{,}7 \text{kN} \end{bmatrix}$$

Nota técnica

Neste problema de aplicação, em que a rigidez dos elementos aumentou proporcionalmente em relação ao Problema de Aplicação 4.1, os coeficientes de rigidez dobraram de valor. Embora, neste estudo comparativo, os deslocamentos calculados tenham caído para a metade do valor daqueles obtidos no problema anterior, deve-se ressaltar que os esforços internos solicitantes e as reações de apoio mantiveram seus valores inalterados para o mesmo carregamento prescrito.

4.1.3 Problema de Aplicação 4.3

A partir da utilização da matriz de rigidez do elemento mola 2D e da matriz de massa concentrada do sistema massa-mola apresentado na Fig. 4.3, determine as frequências naturais e os modos de vibração considerando apenas o grau de liberdade translacional horizontal.

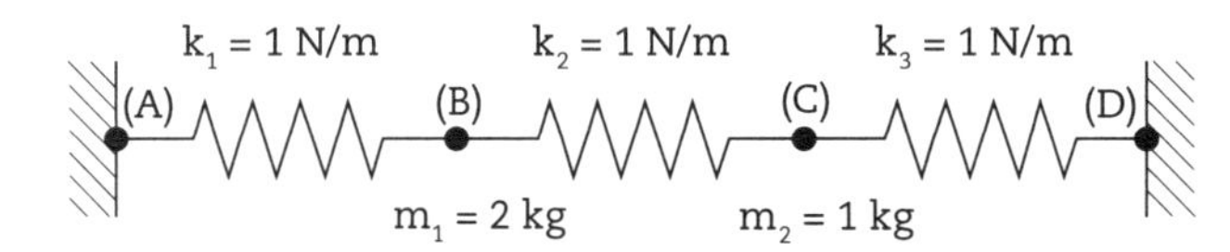

Fig. 4.3 *Sistema massa-mola*

Resolução

i. Identificação dos graus de liberdade do problema

$k_1 = 1$ N/m (A) R_1 — (B) U_1, $k_2 = 1$ N/m — (C) U_2, $k_3 = 1$ N/m — (D) R_2

$m_1 = 2$ kg $m_2 = 1$ kg

$$\mathbf{k}_{AB} = \begin{bmatrix} 1 & -1 \\ -1 & 1 \end{bmatrix} \begin{matrix} R_1 \\ U_1 \end{matrix} \quad (R_1\ U_1) \qquad \mathbf{k}_{BC} = \begin{bmatrix} 1 & -1 \\ -1 & 1 \end{bmatrix} \begin{matrix} U_1 \\ U_2 \end{matrix} \quad (U_1\ U_2) \qquad \mathbf{k}_{CD} = \begin{bmatrix} 1 & -1 \\ -1 & 1 \end{bmatrix} \begin{matrix} U_2 \\ R_2 \end{matrix} \quad (U_2\ R_2)$$

ii. Definição das matrizes de rigidez e de massa da estrutura

Com base na definição dos graus de liberdade do sistema, pode-se obter a matriz de rigidez $\mathbf{K}^{UU}$ e a matriz de massa concentrada $\mathbf{M}^{UU}$, dadas por:

$$\mathbf{K}^{UU} = \begin{bmatrix} 2 & -1 \\ -1 & 2 \end{bmatrix} \qquad \mathbf{M}^{UU} = \begin{bmatrix} 2 & 0 \\ 0 & 1 \end{bmatrix}$$

iii. Determinação das frequências de vibração

As matrizes estabelecidas anteriormente permitem escrever a equação governante do problema de vibrações livres não amortecidas:

$$\left(\mathbf{K}^{UU} - \omega^2 \cdot \mathbf{M}^{UU}\right) \cdot \tilde{\mathbf{U}} = \mathbf{0}$$

cuja solução é fornecida pelo determinante:

$$\left|\mathbf{K}^{UU} - \omega^2 \cdot \mathbf{M}^{UU}\right| = 0$$

$$\left| \begin{bmatrix} 2 & -1 \\ -1 & 2 \end{bmatrix} - \omega^2 \cdot \begin{bmatrix} 2 & 0 \\ 0 & 1 \end{bmatrix} \right| = 0 \qquad \begin{vmatrix} 2-2\omega^2 & -1 \\ -1 & 2-\omega^2 \end{vmatrix} = 0$$

e, com a resolução pela regra de Sarrus, chega-se a:

$$2\omega^4 - 6\omega^2 + 3 = 0$$

Como se trata de uma equação do quarto grau incompleta, é possível definir que $\omega^2 = x$, e, com esse artifício, obtém-se uma equação do segundo grau cuja solução é dada pela fórmula de Bhaskara.

$$2x^2 - 6x + 3 = 0 \rightarrow \left| \begin{matrix} x_1 = 0{,}634 \\ x_2 = 2{,}366 \end{matrix} \right.$$

Recorrendo-se à definição apresentada anteriormente, as frequências naturais circulares são calculadas por:

$$\left| \begin{matrix} \omega_1 = \sqrt{x_1} = \sqrt{0{,}634} = 0{,}796 \text{ rad/s} \\ \omega_2 = \sqrt{x_2} = \sqrt{2{,}366} = 1{,}538 \text{ rad/s} \end{matrix} \right.$$

cujas frequências naturais de vibração e períodos valem:

$$\left| \begin{matrix} f_1 = \dfrac{\omega_1}{2\pi} = 0{,}127 \text{ Hz} \\ f_2 = \dfrac{\omega_2}{2\pi} = 0{,}245 \text{ Hz} \end{matrix} \right| \qquad \begin{matrix} T_1 = \dfrac{1}{f_1} = 7{,}893 \text{ s} \\ T_2 = \dfrac{1}{f_2} = 4{,}085 \text{ s} \end{matrix}$$

iv. Determinação dos modos de vibração

Ao substituir os valores calculados das frequências naturais circulares na equação governante, um de cada vez, chega-se aos modos de vibração associados do sistema massa-mola. Dessa maneira, para o primeiro modo natural de vibração (Fig. 4.4):

$$\left(\mathbf{K}^{UU} - \omega^2 \cdot \mathbf{M}^{UU}\right) \cdot \tilde{\mathbf{U}} = \mathbf{0}$$

$$\begin{bmatrix} 0{,}733 & -1 \\ -1 & 1{,}366 \end{bmatrix} \cdot \begin{bmatrix} \varphi_{11} \\ \varphi_{21} \end{bmatrix} = \begin{bmatrix} 0 \\ 0 \end{bmatrix}$$

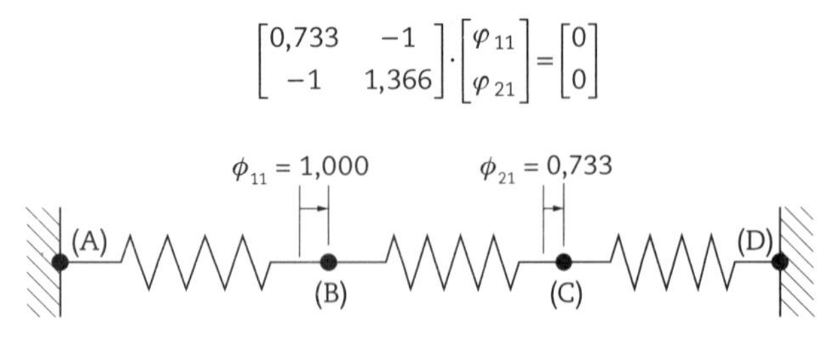

Fig. 4.4 *Primeiro modo de vibração, associado à frequência f_1 = 0,127 Hz*

Como se trata de um sistema linear homogêneo, que admite infinitas soluções, uma maneira de contornar essa dificuldade é impor um valor unitário para uma das componentes e, em função dela, obter a outra:

$$\tilde{\mathbf{U}}_1 = \begin{bmatrix} \varphi_{11} \\ \varphi_{21} \end{bmatrix} = \begin{bmatrix} 1{,}000 \\ 0{,}733 \end{bmatrix}$$

Repetindo-se o procedimento anterior para o segundo modo de vibração (Fig. 4.5), chega-se a:

$$\begin{bmatrix} -2{,}731 & -1 \\ -1 & -0{,}365 \end{bmatrix} \cdot \begin{bmatrix} \varphi_{12} \\ \varphi_{22} \end{bmatrix} = \begin{bmatrix} 0 \\ 0 \end{bmatrix}$$

$$\tilde{\mathbf{U}}_2 = \begin{bmatrix} \varphi_{12} \\ \varphi_{22} \end{bmatrix} = \begin{bmatrix} 1{,}000 \\ -2{,}731 \end{bmatrix}$$

$\phi_{12} = 1{,}000$ $\qquad$ $\phi_{22} = 2{,}731$

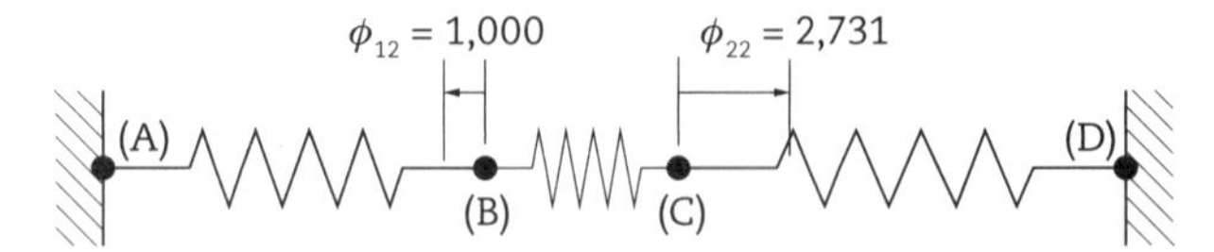

Fig. 4.5 *Segundo modo de vibração, associado à frequência f_2 = 0,245 Hz*

Nota técnica

É muito importante assinalar que as coordenadas dos modos de vibração são adimensionais e podem ser escaladas de várias formas diferentes (Brasil; Silva, 2015).

4.2 Elemento treliça 2D

4.2.1 Problema de Aplicação 4.4

A partir da formulação do elemento finito treliça 2D, determine, para a estrutura esquematizada na Fig. 4.6:

- os deslocamentos nodais;
- as reações de apoio;
- os esforços normais nas barras;
- as tensões normais nas barras e a segurança ao escoamento da estrutura. Caso a segurança ao escoamento não seja atendida para a tensão admissível σ^{adm} = 150 MPa, escolha a seção transversal tubular mais econômica para a relação t = 0,1D, sendo t a espessura da parede do tubo e D o diâmetro externo;
- a segurança à flambagem da estrutura. Caso a segurança à flambagem não seja atendida para o coeficiente de segurança à flambagem s = 1,5, determine os comprimentos de flambagem necessários para atender a segurança requerida. A partir desses comprimentos, calcule o número de divisões necessárias nas barras para a definição do travejamento interno da estrutura.

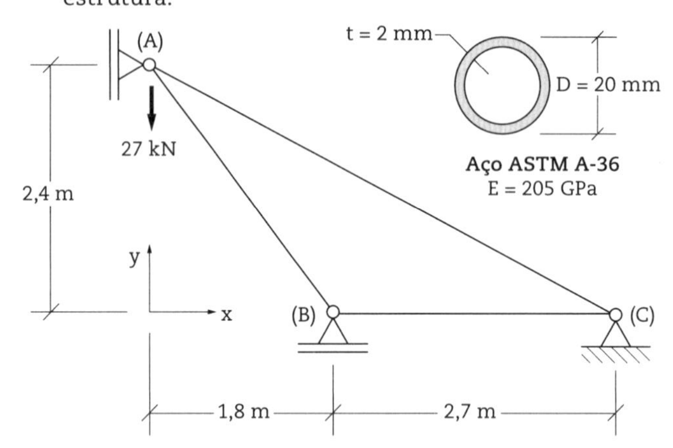

Fig. 4.6 *Treliça hiperestática externamente*

Adote o módulo de elasticidade do aço E = 205 GPa, a seção transversal tubular inicial com diâmetro externo D = 20 mm e espessura de parede t = 2 mm, a matriz de rigidez do elemento treliça 2D no sistema global, apresentada na Eq. 2.59, e a matriz de transformação do sistema global para o sistema local, definida na Eq. 2.52.

$$\mathbf{k}_{ij} = \frac{EA}{L} \cdot \begin{bmatrix} \cos^2\alpha & \cos\alpha \cdot \text{sen}\alpha & -\cos^2\alpha & -\cos\alpha \cdot \text{sen}\alpha \\ \cos\alpha \cdot \text{sen}\alpha & \text{sen}^2\alpha & -\cos\alpha \cdot \text{sen}\alpha & -\text{sen}^2\alpha \\ -\cos^2\alpha & -\cos\alpha \cdot \text{sen}\alpha & \cos^2\alpha & \cos\alpha \cdot \text{sen}\alpha \\ -\cos\alpha \cdot \text{sen}\alpha & -\text{sen}^2\alpha & \cos\alpha \cdot \text{sen}\alpha & \text{sen}^2\alpha \end{bmatrix} \tag{2.59}$$

$$\mathbf{T}_{ij} = \begin{bmatrix} \cos\alpha & \text{sen}\alpha & 0 & 0 \\ -\text{sen}\alpha & \cos\alpha & 0 & 0 \\ 0 & 0 & \cos\alpha & \text{sen}\alpha \\ 0 & 0 & -\text{sen}\alpha & \cos\alpha \end{bmatrix} \tag{2.52}$$

Trabalhe com as unidades consistentes quilonewton (kN), metro (m) e quilopascal (kPa = kN/m²). Opere com precisão da ordem de 10^{-5} m (centésimo de milímetro) para os deslocamentos e 0,1 kN (décimo de quilonewton) para os esforços normais nas barras.

As propriedades geométricas da seção transversal são dadas por:

$$A = \frac{\pi}{4} \cdot (D^2 - d^2) = \frac{\pi}{4} \cdot 0{,}36D^2$$

$$I = \frac{\pi}{64} \cdot (D^4 - d^4) = \frac{\pi}{64} \cdot 0{,}59D^4$$

t = 0,1D
D
d = 0,8D
t = 0,1D

O critério das tensões admissíveis é o seguinte:

$$\frac{|N^{máx}|}{A} = \frac{|N^{máx}|}{\frac{\pi}{4}\cdot 0{,}36D^2} \le \sigma^{adm} \quad \left| \begin{array}{c} N/mm^2 \\ MPa \end{array} \right.$$

Já o critério de estabilidade é:

$$|N_{ij}|\cdot s \le \frac{\pi^2\cdot E\cdot I}{L^2} = \frac{\pi^2\cdot E\cdot\left(\frac{\pi}{64}\cdot 0{,}59D^4\right)}{L^2} \quad \left| \begin{array}{c} kN/mm^2 \\ GPa \end{array} \right.$$

Resolução

Para o caso das estruturas treliçadas, as incógnitas do problema estrutural são os deslocamentos translacionais (U = graus de liberdade ativos) e as forças reativas (R = graus de liberdade impedidos). Desse modo, têm-se U = 2 e R = 4, totalizando seis incógnitas para o problema atual (duas incógnitas por nó), como se vê na Fig. 4.7.

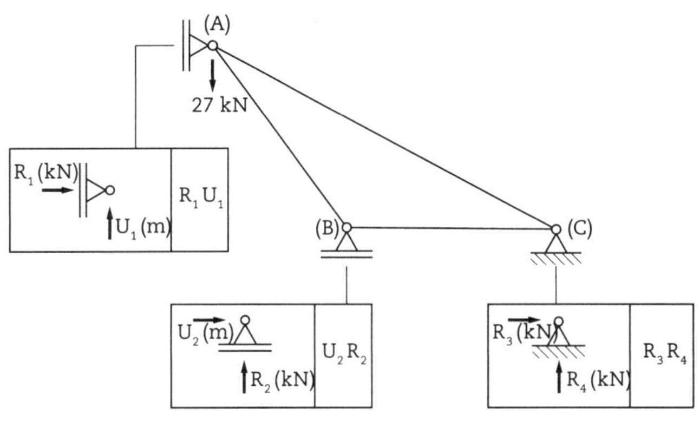

Fig. 4.7 *Graus de liberdade da estrutura*

i. Matriz de rigidez dos elementos

a) Barra BC

($E = 205 \times 10^6$ kN/m²; $A = 113{,}10 \times 10^{-6}$ m²; L = 2,7 m; α = 0°)

$$\mathbf{k}_{BC} = \begin{array}{c} \begin{matrix} U_2 & R_2 & R_3 & R_4 \end{matrix} \\ \begin{bmatrix} 8.587 & 0 & -8.587 & 0 \\ 0 & 0 & 0 & 0 \\ -8.587 & 0 & 8.587 & 0 \\ 0 & 0 & 0 & 0 \end{bmatrix} \end{array} \begin{matrix} U_2 \\ R_2 \\ R_3 \\ R_4 \end{matrix}$$

(B) $\alpha_{BC} = 0°$ (C) $x = \overline{x}$

$U_2\ R_2$ $R_3\ R_4$

b) Barra AB

($E = 205 \times 10^6$ kN/m²; $A = 113{,}10 \times 10^{-6}$ m²; L = 3 m; α = 306,87°)

$$\mathbf{k}_{AB} = \begin{array}{c} \begin{matrix} R_1 & U_1 & U_2 & R_2 \end{matrix} \\ \begin{bmatrix} 2.782 & -3.710 & -2.782 & 3.710 \\ -3.710 & 4.946 & 3.710 & -4.946 \\ -2.782 & 3.710 & 2.782 & -3.710 \\ 3.710 & -4.946 & -3.710 & 4.946 \end{bmatrix} \end{array} \begin{matrix} R_1 \\ U_1 \\ U_2 \\ R_2 \end{matrix}$$

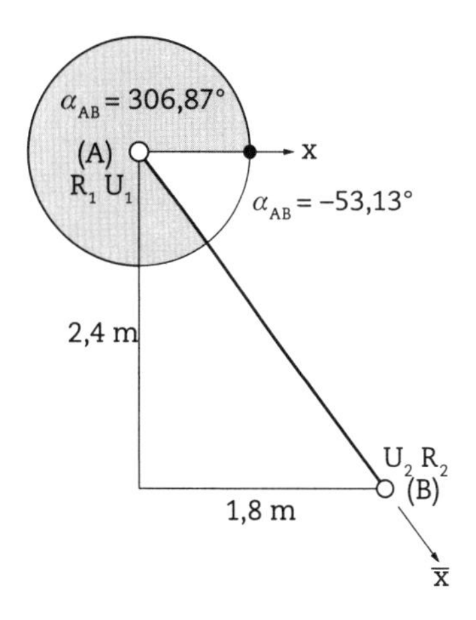

c) Barra AC

($E = 205 \times 10^6$ kN/m²; $A = 113{,}10 \times 10^{-6}$ m²; L = 5,1 m; α = 331,93°)

$$\mathbf{k}_{AC} = \begin{array}{c} \begin{matrix} R_1 & U_1 & R_3 & R_4 \end{matrix} \\ \begin{bmatrix} 3.539 & -1.888 & -3.539 & 1.888 \\ -1.888 & 1.007 & 1.888 & -1.007 \\ -3.539 & 1.888 & 3.539 & -1.888 \\ 1.888 & -1.007 & -1.888 & 1.007 \end{bmatrix} \end{array} \begin{matrix} R_1 \\ U_1 \\ R_3 \\ R_4 \end{matrix}$$

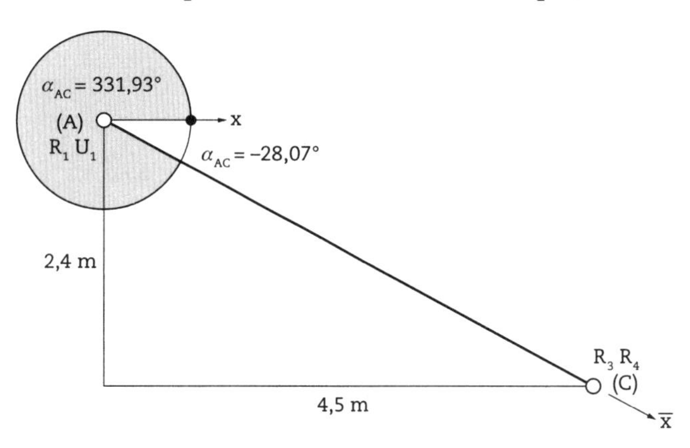

ii. Matriz de rigidez da estrutura

$$\mathbf{F} = \mathbf{K}\cdot\mathbf{U}$$

$$\begin{bmatrix} \mathbf{F}^U \\ \mathbf{F}^R \end{bmatrix} = \begin{bmatrix} \mathbf{K}^{UU} & \mathbf{K}^{UR} \\ \mathbf{K}^{RU} & \mathbf{K}^{RR} \end{bmatrix} \cdot \begin{bmatrix} \mathbf{U}^U \\ \mathbf{U}^R \end{bmatrix}$$

$$\mathbf{K} = \begin{bmatrix} \mathbf{K}^{UU} & \mathbf{K}^{UR} \\ \mathbf{K}^{RU} & \mathbf{K}^{RR} \end{bmatrix} = \begin{array}{c} \begin{matrix} U_1 & U_2 & R_1 & R_2 & R_3 & R_4 \end{matrix} \\ \begin{bmatrix} 5.953 & 3.710 & \times & \times & \times & \times \\ 3.710 & 11.369 & \times & \times & \times & \times \\ -5.597 & -2.782 & \times & \times & \times & \times \\ -4.946 & -3.710 & \times & \times & \times & \times \\ 1.888 & -8.587 & \times & \times & \times & \times \\ -1.007 & 0 & \times & \times & \times & \times \end{bmatrix} \end{array} \begin{matrix} U_1 \\ U_2 \\ R_1 \\ R_2 \\ R_3 \\ R_4 \end{matrix}$$

$$\mathbf{F} = \begin{bmatrix} \mathbf{F}^U \\ \mathbf{F}^R \end{bmatrix} = \begin{bmatrix} -27 \\ 0 \\ R_1 \\ R_2 \\ R_3 \\ R_4 \end{bmatrix} \begin{matrix} U_1 \\ U_2 \\ R_1 \\ R_2 \\ R_3 \\ R_4 \end{matrix} \quad e \quad \mathbf{U} = \begin{bmatrix} \mathbf{U}^U \\ \mathbf{U}^R \end{bmatrix} = \begin{bmatrix} U_1 \\ U_2 \\ 0 \\ 0 \\ 0 \\ 0 \end{bmatrix} \begin{matrix} U_1 \\ U_2 \\ R_1 \\ R_2 \\ R_3 \\ R_4 \end{matrix}$$

iii. Deslocamentos nodais

$$\mathbf{F}^U = \mathbf{K}^{UU}\cdot\mathbf{U}^U + \mathbf{K}^{UR}\cdot\mathbf{U}^R$$

$$\begin{bmatrix}-27\\0\end{bmatrix}=\begin{bmatrix}5.953 & 3.710\\3.710 & 11.369\end{bmatrix}\cdot\begin{bmatrix}U_1\\U_2\end{bmatrix}+\mathbf{K}^{UR}\cdot\mathbf{0}$$

Com a resolução do sistema linear, tem-se:

$$\mathbf{U}_U=\begin{bmatrix}U_1=-5{,}69\times10^{-3}\,\text{m}\\U_2=1{,}86\times10^{-3}\,\text{m}\end{bmatrix}$$

iv. Reações de apoio

$$\mathbf{F}^R=\mathbf{K}^{RU}\cdot\mathbf{U}^U+\mathbf{K}^{RR}\cdot\mathbf{U}^R$$

$$\begin{bmatrix}R_1\\R_2\\R_3\\R_4\end{bmatrix}=\begin{bmatrix}-5.597 & -2.782\\-4.946 & -3.710\\1.888 & -8.587\\-1.007 & 0\end{bmatrix}\cdot\begin{bmatrix}-5{,}69\times10^{-3}\\1{,}86\times10^{-3}\end{bmatrix}+\mathbf{K}^{RR}\cdot\mathbf{0}$$

Ao multiplicar as matrizes, chega-se a:

$$\mathbf{F}_R=\begin{bmatrix}R_1\\R_2\\R_3\\R_4\end{bmatrix}=\begin{bmatrix}26{,}7\text{ kN}\\21{,}3\text{ kN}\\-26{,}7\text{ kN}\\5{,}7\text{ kN}\end{bmatrix}$$

As equações de equilíbrio estático são dadas por:

$$\left|\begin{array}{l}\sum H=0:26{,}7-26{,}7=0\\\sum V=0:-27{,}0+21{,}3+5{,}7=0\\\sum M_B=0:26{,}7\cdot2{,}4-5{,}7\cdot2{,}7-27\cdot1{,}8\approx0\end{array}\right.$$

As equações de equilíbrio estático foram atendidas, desprezando-se os erros de arredondamento da ordem da precisão imposta igual a 0,1 kN. Uma vez que os *esforços reativos obtidos foram verificados e eles são calculados a partir dos deslocamentos, pode-se afirmar que os deslocamentos nodais definidos também são corretos.*

Na Fig. 4.8 são sumarizados os deslocamentos nodais e as reações de apoio.

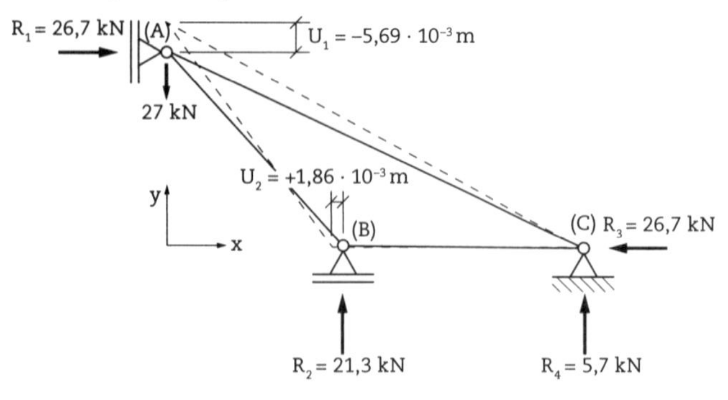

Fig. 4.8 *Deslocamentos nodais e reações de apoio*

v. Esforços normais

a) Barra BC

$$\mathbf{f}_{BC}=\mathbf{k}_{BC}\cdot\mathbf{u}_{BC}$$

$$\begin{bmatrix}f_1\\f_2\\f_3\\f_4\end{bmatrix}=\begin{bmatrix}8.587 & 0 & -8.587 & 0\\0 & 0 & 0 & 0\\-8.587 & 0 & 8.587 & 0\\0 & 0 & 0 & 0\end{bmatrix}\cdot\begin{bmatrix}1{,}86\times10^{-3}\\0\\0\\0\end{bmatrix}$$

$$\mathbf{f}_{BC}=\begin{bmatrix}f_1=16{,}0\text{ kN}\\f_2=0\\f_3=-16{,}0\text{ kN}\\f_4=0\end{bmatrix}$$

$$\bar{\mathbf{f}}_{BC}=\mathbf{T}_{BC}\cdot\mathbf{f}_{BC}$$

$$\mathbf{T}_{BC}=\begin{bmatrix}\cos(0^\circ) & \text{sen}(0^\circ) & 0 & 0\\-\text{sen}(0^\circ) & \cos(0^\circ) & 0 & 0\\0 & 0 & \cos(0^\circ) & \text{sen}(0^\circ)\\0 & 0 & -\text{sen}(0^\circ) & \cos(0^\circ)\end{bmatrix}$$

$$\begin{bmatrix}\bar{f}_1\\\bar{f}_2\\\bar{f}_3\\\bar{f}_4\end{bmatrix}=\begin{bmatrix}1 & 0 & 0 & 0\\0 & 1 & 0 & 0\\0 & 0 & 1 & 0\\0 & 0 & 0 & 1\end{bmatrix}\cdot\begin{bmatrix}16{,}0\\0\\-16{,}0\\0\end{bmatrix}\rightarrow\bar{\mathbf{f}}_{BC}=\begin{bmatrix}\bar{f}_1=16{,}0\text{ kN}\\\bar{f}_2=0\\\bar{f}_3=-16{,}0\text{ kN}\\\bar{f}_4=0\end{bmatrix}$$

$$\text{(B)}\;f_1=\bar{f}_1=16{,}0\text{ kN}\qquad\text{(C)}\;f_3=\bar{f}_3=16{,}0\text{ kN}\qquad y=\bar{y},\;x=\bar{x}$$

b) Barra AB

$$\mathbf{f}_{AB}=\mathbf{k}_{AB}\cdot\mathbf{u}_{AB}$$

$$\begin{bmatrix}f_1\\f_2\\f_3\\f_4\end{bmatrix}=\begin{bmatrix}2.782 & -3.710 & -2.782 & 3.710\\-3.710 & 4.946 & 3.710 & -4.946\\-2.782 & 3.710 & 2.782 & -3.710\\3.710 & -4.946 & -3.710 & 4.946\end{bmatrix}\cdot\begin{bmatrix}0\\-5{,}69\times10^{-3}\\1{,}86\times10^{-3}\\0\end{bmatrix}$$

$$\mathbf{f}_{AB}=\begin{bmatrix}f_1=15{,}9\text{ kN}\\f_2=-21{,}2\text{ kN}\\f_3=-15{,}9\text{ kN}\\f_4=21{,}2\text{ kN}\end{bmatrix}$$

$$\bar{\mathbf{f}}_{AB}=\mathbf{T}_{AB}\cdot\mathbf{f}_{AB}$$

$$\mathbf{T}_{AB}=\begin{bmatrix}\cos(306{,}87^\circ) & \text{sen}(306{,}87^\circ) & 0 & 0\\-\text{sen}(306{,}87^\circ) & \cos(306{,}87^\circ) & 0 & 0\\0 & 0 & \cos(306{,}87^\circ) & \text{sen}(306{,}87^\circ)\\0 & 0 & -\text{sen}(306{,}87^\circ) & \cos(306{,}87^\circ)\end{bmatrix}$$

$$\begin{bmatrix}\bar{f}_1\\\bar{f}_2\\\bar{f}_3\\\bar{f}_4\end{bmatrix}=\begin{bmatrix}0{,}6 & -0{,}8 & 0 & 0\\0{,}8 & 0{,}6 & 0 & 0\\0 & 0 & 0{,}6 & -0{,}8\\0 & 0 & 0{,}8 & 0{,}6\end{bmatrix}\cdot\begin{bmatrix}15{,}9\\-21{,}2\\-15{,}9\\21{,}2\end{bmatrix}\rightarrow\bar{\mathbf{f}}_{AB}=\begin{bmatrix}\bar{f}_1=26{,}6\text{ kN}\\\bar{f}_2=0\\\bar{f}_3=-26{,}6\text{ kN}\\\bar{f}_4=0\end{bmatrix}$$

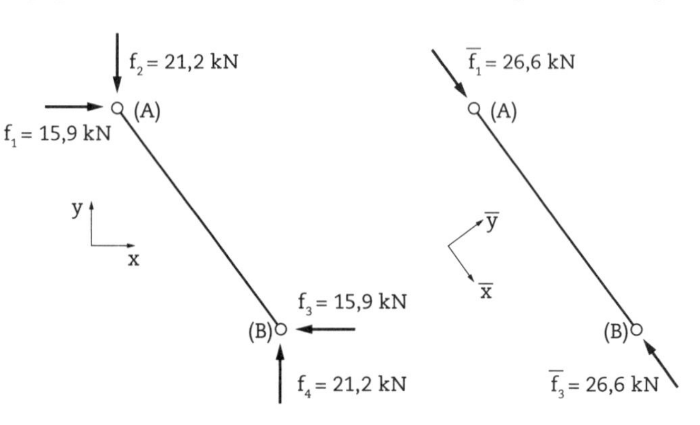

c) Barra AC

$$\mathbf{f}_{AC} = \mathbf{k}_{AC} \cdot \mathbf{u}_{AC}$$

$$\begin{bmatrix} f_1 \\ f_2 \\ f_3 \\ f_4 \end{bmatrix} = \begin{bmatrix} 3.539 & -1.888 & -3.539 & 1.888 \\ -1.888 & 1.007 & 1.888 & -1.007 \\ -3.539 & 1.888 & 3.539 & -1.888 \\ 1.888 & -1.007 & -1.888 & 1.007 \end{bmatrix} \cdot \begin{bmatrix} 0 \\ -5{,}69 \times 10^{-3} \\ 0 \\ 0 \end{bmatrix}$$

$$\mathbf{f}_{AC} = \begin{bmatrix} f_1 = 10{,}7 \text{ kN} \\ f_2 = -5{,}7 \text{ kN} \\ f_3 = -10{,}7 \text{ kN} \\ f_4 = 5{,}7 \text{ kN} \end{bmatrix}$$

$$\overline{\mathbf{f}}_{AC} = \mathbf{T}_{AC} \cdot \mathbf{f}_{AC}$$

$$\mathbf{T}_{AC} = \begin{bmatrix} \cos(331{,}93^\circ) & \text{sen}(331{,}93^\circ) & 0 & 0 \\ -\text{sen}(331{,}93^\circ) & \cos(331{,}93^\circ) & 0 & 0 \\ 0 & 0 & \cos(331{,}937^\circ) & \text{sen}(331{,}93^\circ) \\ 0 & 0 & -\text{sen}(331{,}93^\circ) & \cos(331{,}93^\circ) \end{bmatrix}$$

$$\begin{bmatrix} \overline{f}_1 \\ \overline{f}_2 \\ \overline{f}_3 \\ \overline{f}_4 \end{bmatrix} = \begin{bmatrix} 0{,}88 & -0{,}47 & 0 & 0 \\ 0{,}47 & 0{,}88 & 0 & 0 \\ 0 & 0 & 0{,}88 & -0{,}47 \\ 0 & 0 & 0{,}47 & 0{,}88 \end{bmatrix} \cdot \begin{bmatrix} 10{,}7 \\ -5{,}7 \\ -10{,}7 \\ 5{,}7 \end{bmatrix} \rightarrow \overline{\mathbf{f}}_{AC} = \begin{bmatrix} \overline{f}_1 = 12{,}2 \text{ kN} \\ \overline{f}_2 = 0 \\ \overline{f}_3 = -12{,}2 \text{ kN} \\ \overline{f}_4 = 0 \end{bmatrix}$$

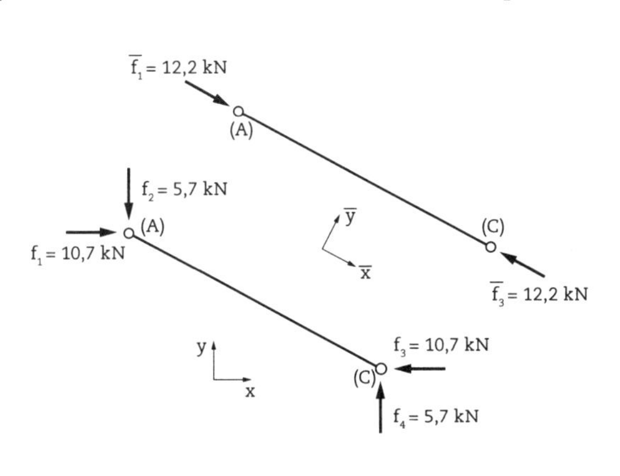

Na Fig. 4.9 apresenta-se o diagrama de forças normais da treliça.

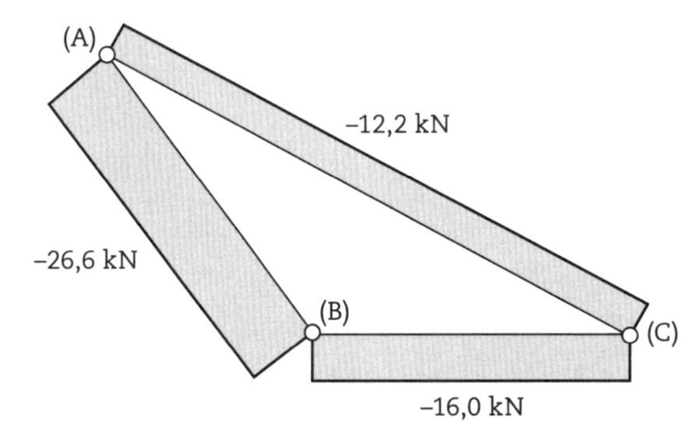

Fig. 4.9 *Diagrama de forças normais da treliça*

vi. Segurança ao escoamento

$$\frac{|N^*|}{\left(A = \frac{\pi}{4} \cdot 0{,}36D^2\right)} \leq \sigma^{adm} \quad \Bigg| \begin{matrix} \text{N/mm}^2 \\ \text{MPa} \end{matrix}$$

$$\sigma^{máx} = \frac{|-26.600|}{\left(\frac{\pi}{4} \cdot 0{,}36 \cdot 20^2\right)} \leq 150 \text{ MPa}$$

$\sigma^{máx} = 235{,}2 \text{ MPa} > \sigma^{adm} = 150 \text{ MPa}$ (aumentar seção)

$$\sigma^{adm} = \frac{|-26.600|}{\left(\frac{\pi}{4} \cdot 0{,}36D^2\right)} = 150 \text{ MPa}$$

$$\boxed{\begin{matrix} D = 25 \text{ mm} \\ t = 2{,}5 \text{ mm} \end{matrix}}$$

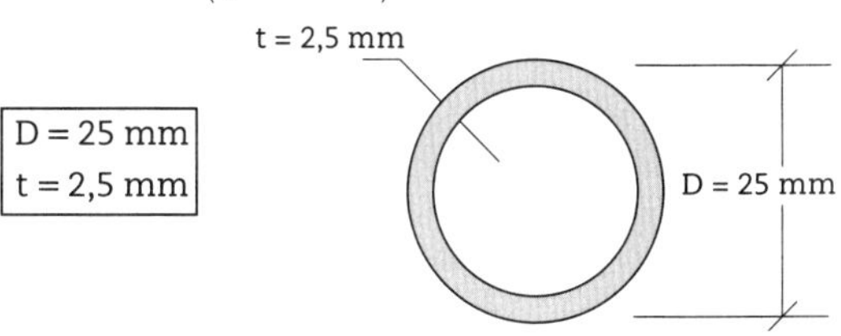

vii. Segurança à flambagem

a) Barra BC

$$|N_{BC}| \cdot s \leq \frac{\pi^2 \cdot E \cdot \left(I = \frac{\pi}{64} \cdot 0{,}59\, D^4\right)}{L^2} \quad \Bigg| \begin{matrix} \text{kN/mm}^2 \\ \text{GPa} \end{matrix}$$

$$|16{,}0| \cdot s \leq \frac{\pi^2 \cdot 205 \cdot \left(\frac{\pi}{64} \cdot 0{,}59 \cdot 25^4\right)}{2.700^2} \rightarrow s = 0{,}20 < 1{,}5$$

$$|16{,}0| \cdot 1{,}5 \leq \frac{\pi^2 \cdot 205 \cdot \left(\frac{\pi}{64} \cdot 0{,}59 \cdot 25^4\right)}{L_{FL}^{\ 2}} \rightarrow \Bigg| \begin{matrix} L_{FL} = 977 \text{ mm} \\ L_{BC} = 2.700 \text{ mm} \end{matrix}$$

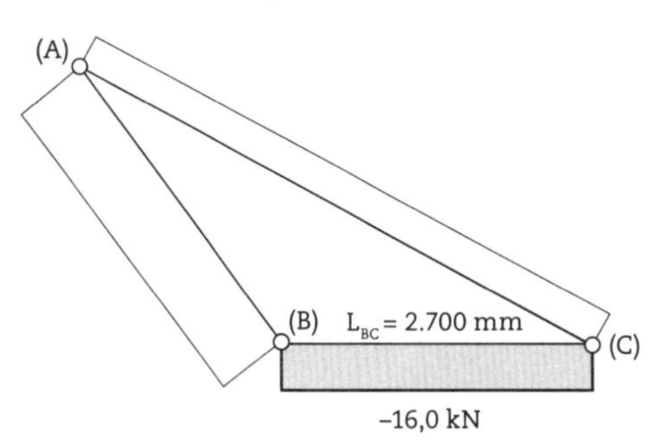

$$n_{BC} = \frac{L_{BC} = 2.700 \text{ mm}}{L_{FL} = 977 \text{ mm}} \approx \boxed{\textbf{3 divisões}} \rightarrow L_{BC}^{eq} = 900 \text{mm}$$

$$|16{,}0| \cdot s_{BC} \leq \frac{\pi^2 \cdot 205 \cdot \left(\frac{\pi}{64} \cdot 0{,}59 \cdot 25^4\right)}{900^2} \rightarrow \boxed{s_{BC} = 1{,}77 > s^{mín} = 1{,}5}$$

b) Barra AB

$$|N_{AB}| \cdot s \leq \frac{\pi^2 \cdot E \cdot \left(I = \frac{\pi}{64} \cdot 0{,}59\, D^4\right)}{L^2} \quad \Bigg| \begin{matrix} \text{kN/mm}^2 \\ \text{GPa} \end{matrix}$$

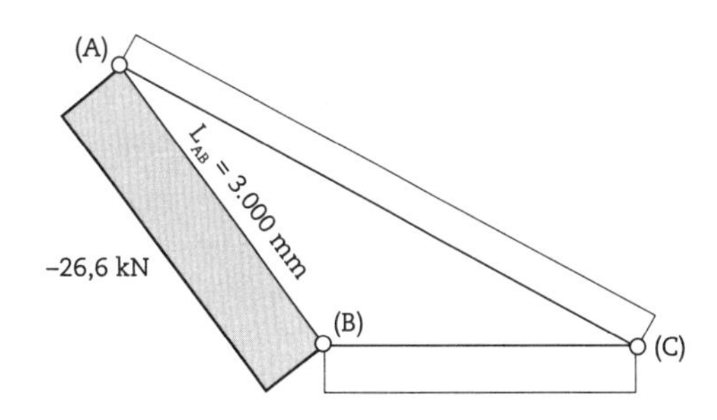

$$|26{,}6|\cdot s \leq \frac{\pi^2 \cdot 205 \cdot \left(\frac{\pi}{64}\cdot 0{,}59 \cdot 25^4\right)}{3.000^2} \rightarrow \boxed{s = 0{,}10 < 1{,}5}$$

$$|26{,}6|\cdot 1{,}5 \leq \frac{\pi^2 \cdot 205 \cdot \left(\frac{\pi}{64}\cdot 0{,}59 \cdot 25^4\right)}{L_{FL}^2} \rightarrow \left| \begin{array}{l} L_{FL} = 758\ \text{mm} \\ L_{AB} = 3.000\ \text{mm} \end{array} \right.$$

$$n_{AB} = \frac{L_{AB} = 3.000\,\text{mm}}{L_{FL} = 758\,\text{mm}} \approx \boxed{\textbf{4 divisões}} \rightarrow L_{AB}^{eq} = 750\,\text{mm}$$

$$|26{,}6|\cdot s_{AB} \leq \frac{\pi^2 \cdot 205 \cdot \left(\frac{\pi}{64}\cdot 0{,}59 \cdot 25^4\right)}{750^2} \rightarrow \boxed{s_{AB} = 1{,}53 > s^{mín} = 1{,}5}$$

c) Barra AC

$$|N_{AC}|\cdot s \leq \frac{\pi^2 \cdot E \cdot \left(I = \frac{\pi}{64}\cdot 0{,}59\, D^4\right)}{L^2} \left| \begin{array}{l} \text{kN/mm}^2 \\ \text{GPa} \end{array} \right.$$

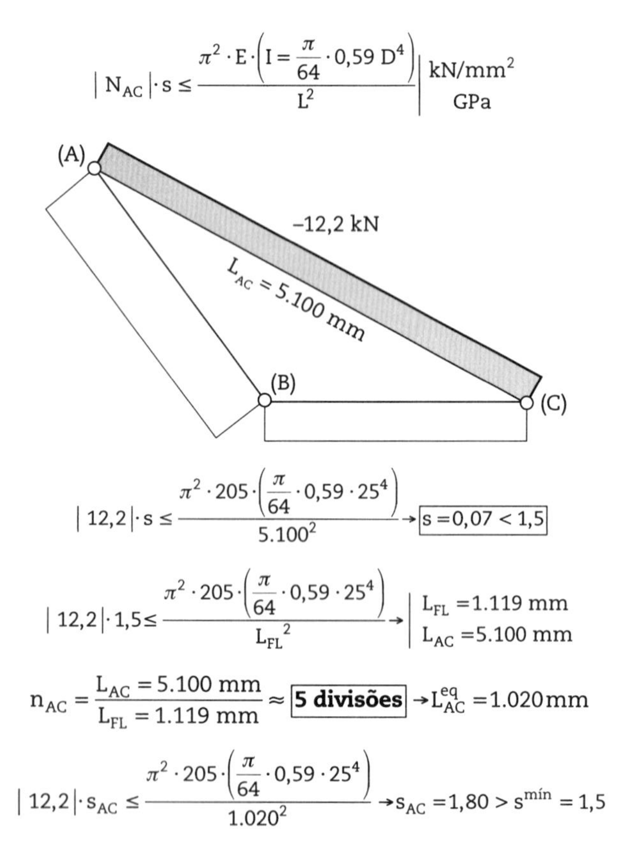

$$|12{,}2|\cdot s \leq \frac{\pi^2 \cdot 205 \cdot \left(\frac{\pi}{64}\cdot 0{,}59 \cdot 25^4\right)}{5.100^2} \rightarrow \boxed{s = 0{,}07 < 1{,}5}$$

$$|12{,}2|\cdot 1{,}5 \leq \frac{\pi^2 \cdot 205 \cdot \left(\frac{\pi}{64}\cdot 0{,}59 \cdot 25^4\right)}{L_{FL}^2} \rightarrow \left| \begin{array}{l} L_{FL} = 1.119\ \text{mm} \\ L_{AC} = 5.100\ \text{mm} \end{array} \right.$$

$$n_{AC} = \frac{L_{AC} = 5.100\ \text{mm}}{L_{FL} = 1.119\ \text{mm}} \approx \boxed{\textbf{5 divisões}} \rightarrow L_{AC}^{eq} = 1.020\,\text{mm}$$

$$|12{,}2|\cdot s_{AC} \leq \frac{\pi^2 \cdot 205 \cdot \left(\frac{\pi}{64}\cdot 0{,}59 \cdot 25^4\right)}{1.020^2} \rightarrow s_{AC} = 1{,}80 > s^{mín} = 1{,}5$$

Observa-se que a redução do comprimento de flambagem, obtida pelo travejamento interno das barras, permite o aumento da carga de flambagem sem a necessidade de aumento da seção transversal delas (Fig. 4.10). Deve-se buscar um arranjo das barras de travejamento de modo que resultem na configuração com o menor comprimento. Nesse caso, pode-se adotar bitolas menores para as barras secundárias.

Ressalta-se que o aumento da bitola da seção tubular para atender a verificação de segurança contra escoamento, apesar de levar a deslocamentos nodais inferiores, não afetou a distribuição dos esforços normais nas barras. *Isso se deve ao fato de que a rigidez das barras foi aumentada proporcionalmente* (conforme verificado no Problema de Aplicação 4.2).

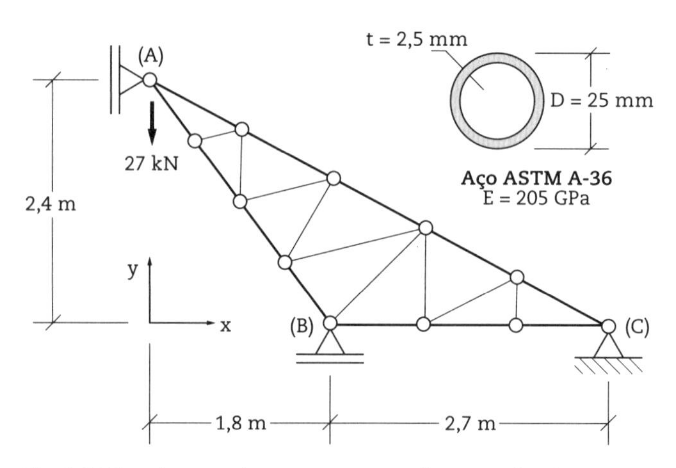

Fig. 4.10 *Travejamento interno para proteção contra flambagem das barras para atender a segurança mínima s = 1,5*

Outro comportamento que merece ser assinalado é que, enquanto as barras principais não manifestarem a ocorrência do fenômeno da flambagem e se mantiverem em equilíbrio estável (s < 1,5), as barras secundárias não trabalham e, portanto, são ociosas (conforme se observa no diagrama da Fig. 4.11).

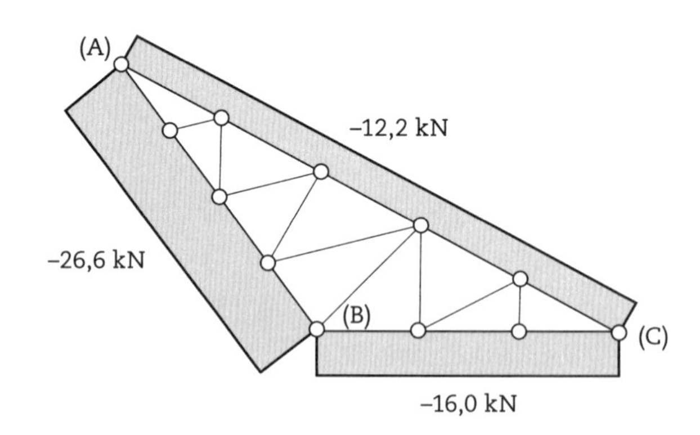

Fig. 4.11 *Diagrama de forças normais da treliça reforçada com travejamento interno*

Esse problema é reapresentado na Aplicação Prática 5.3, onde será feita a simulação computacional do fenômeno da flambagem para a previsão das cargas críticas de flambagem e dos modos de flambagem associados.

4.2.2 Problema de Aplicação 4.5

Determine as frequências naturais e os modos de vibração para a treliça de cobertura esquematizada na Fig. 4.12, fabricada com varas de bambu. Considere, aproximadamente, uma seção transversal tubular circular com 50×10^{-3} m de diâmetro externo e 5 mm de espessura da parede, módulo de elasticidade $E = 12 \times 10^9$ Pa e densidade $\rho = 700$ kg/m³. Na sequência, são fornecidas as matrizes de rigidez dos membros estruturais, obtidas a partir da matriz genérica apresentada na Eq. 2.59:

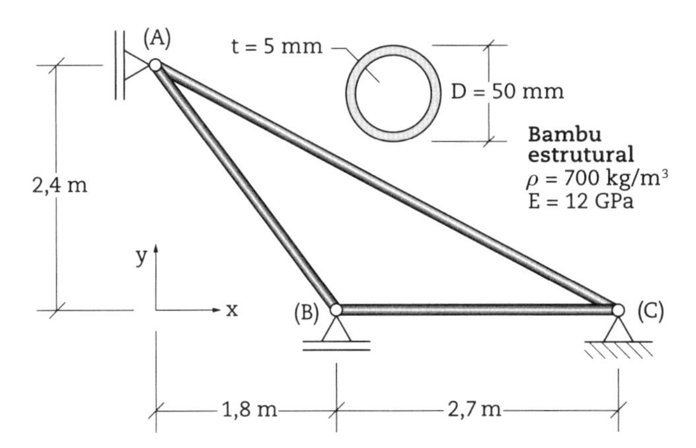

Fig. 4.12 *Treliça de cobertura simétrica*

$$\mathbf{k}_{AB} = \begin{bmatrix} 1.017.876 & -1.357.168 & -1.017.876 & 1.357.168 \\ -1.357.168 & 1.809.557 & 1.357.168 & -1.809.557 \\ -1.017.876 & 1.357.168 & 1.017.876 & -1.357.168 \\ 1.357.168 & -1.809.557 & -1.357.168 & 1.809.557 \end{bmatrix}$$

$$\mathbf{k}_{AC} = \begin{bmatrix} 1.294.876 & -690.600 & -1.294.876 & 690.600 \\ -690.600 & 368.320 & 690.600 & -368.320 \\ -1.294.876 & 690.600 & 1.294.876 & -690.600 \\ 690.600 & -368.320 & -690.600 & 368.320 \end{bmatrix}$$

$$\mathbf{k}_{BC} = \begin{bmatrix} 3.141.593 & 0 & -3.141.593 & 0 \\ 0 & 0 & 0 & 0 \\ -3.141.593 & 0 & 3.141.593 & 0 \\ 0 & 0 & 0 & 0 \end{bmatrix}$$

Use a matriz de massa discreta dada na Eq. 3.27 e reproduzida na sequência.

$$\mathbf{m} = \frac{\rho \cdot A \cdot L}{2} \cdot \begin{bmatrix} 1 & 0 & 0 & 0 \\ 0 & 1 & 0 & 0 \\ 0 & 0 & 1 & 0 \\ 0 & 0 & 0 & 1 \end{bmatrix} \quad \mathbf{(3.27)}$$

O esquema geral dos coeficientes da matriz de rigidez e da matriz de massa que participam da solução do problema é dado na Fig. 4.13.

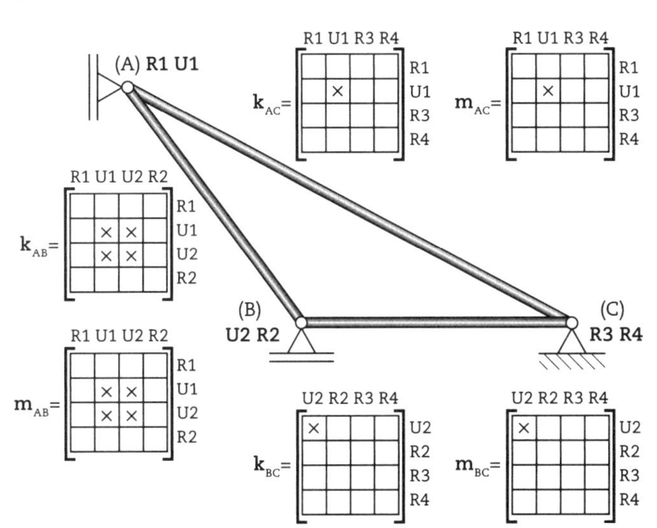

Fig. 4.13 *Graus de liberdade e mapeamento dos coeficientes das matrizes de rigidez e de massa*

Utilize obrigatoriamente as unidades básicas do Sistema Internacional: newton (N), metro (m), pascal (1 Pa = 1 N/m²), quilograma (kg), segundo (s) e hertz (Hz).

Resolução

Calculam-se as matrizes de massa discreta para os elementos estruturais com base nos dados do problema e na Eq. 3.27, obtendo-se:

$$\mathbf{m}_{AB} = \frac{700 \cdot \pi / 4 \cdot (0{,}050^2 - 0{,}040^2) \cdot 3}{2} \cdot \begin{bmatrix} 1 & 0 & 0 & 0 \\ 0 & 1 & 0 & 0 \\ 0 & 0 & 1 & 0 \\ 0 & 0 & 0 & 1 \end{bmatrix}$$

$$\mathbf{m}_{AB} = \begin{bmatrix} 0{,}742 & 0 & 0 & 0 \\ 0 & 0{,}742 & 0 & 0 \\ 0 & 0 & 0{,}742 & 0 \\ 0 & 0 & 0 & 0{,}742 \end{bmatrix}$$

Ao proceder da mesma forma para os elementos AC e BC, chega-se a:

$$\mathbf{m}_{AC} = \begin{bmatrix} 1{,}262 & 0 & 0 & 0 \\ 0 & 1{,}262 & 0 & 0 \\ 0 & 0 & 1{,}262 & 0 \\ 0 & 0 & 0 & 1{,}262 \end{bmatrix}$$

$$\mathbf{m}_{BC} = \begin{bmatrix} 0{,}668 & 0 & 0 & 0 \\ 0 & 0{,}668 & 0 & 0 \\ 0 & 0 & 0{,}668 & 0 \\ 0 & 0 & 0 & 0{,}668 \end{bmatrix}$$

e, finalmente, após a montagem da matriz de massa discreta dos graus de liberdade ativos da estrutura, escreve-se:

$$\mathbf{M}^{UU} = \begin{bmatrix} 2{,}000 & 0 \\ 0 & 1{,}410 \end{bmatrix}$$

com a respectiva matriz de rigidez:

$$\mathbf{K}^{UU} = 1 \times 10^6 \cdot \begin{bmatrix} 2{,}178 & 1{,}357 \\ 1{,}357 & 4{,}159 \end{bmatrix}$$

A Fig. 4.14 ilustra a massa concentrada nos nós da estrutura.

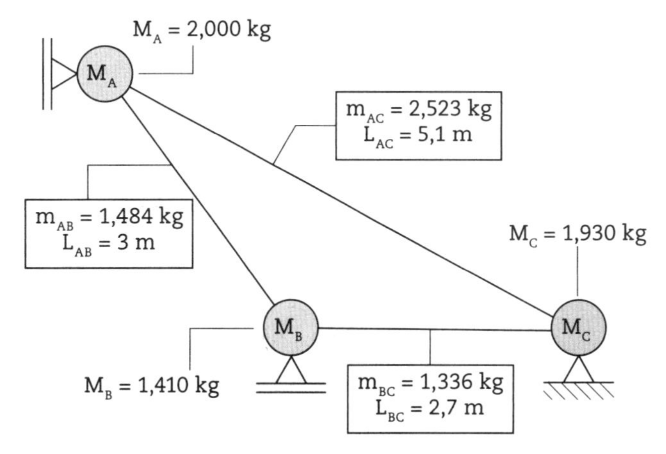

Fig. 4.14 *Massa concentrada nos nós da estrutura*

A equação de autovalores e autovetores para a obtenção das frequências e dos modos de vibração, dada na Eq. 3.20, é reescrita:

$$(\mathbf{K}^{UU} - \omega^2 \cdot \mathbf{M}^{UU}) \cdot \bar{\mathbf{u}} = \mathbf{0}$$

e é resolvida impondo-se o determinante nulo, conforme a Eq. 3.21:

$$\left| \mathbf{K}^{UU} - \omega^2 \cdot \mathbf{M}^{UU} \right| = 0$$

Pelo fato de os coeficientes da matriz de rigidez serem seis ordens de grandeza maiores que os da matriz de massa, utiliza-se o artifício:

$$\lambda = \frac{\omega^2}{1 \times 10^6}$$

para não introduzir erros de origem numérica na resolução da equação. Desse modo, recai-se em:

$$\left| \begin{bmatrix} 2{,}178 & 1{,}357 \\ 1{,}357 & 4{,}159 \end{bmatrix} - \lambda \cdot \begin{bmatrix} 2{,}000 & 0 \\ 0 & 1{,}410 \end{bmatrix} \right| = 0$$

$$\left| \begin{bmatrix} 2{,}178 - 2{,}000\lambda & 1{,}357 \\ 1{,}357 & 4{,}159 - 1{,}410\lambda \end{bmatrix} \right| = 0$$

que resulta numa equação do 2° grau cujas raízes são:

$$\left| \begin{array}{l} \lambda_1 = 0{,}787 \\ \lambda_2 = 3{,}252 \end{array} \right. \rightarrow \left| \begin{array}{l} \omega_1^2 = 0{,}787 \times 10^6 (\text{rad/s})^2 \\ \omega_2^2 = 3{,}252 \times 10^6 (\text{rad/s})^2 \end{array} \right. \rightarrow \left| \begin{array}{l} \omega_1 = 887{,}13 \text{ rad/s} \\ \omega_2 = 1.803{,}33 \text{ rad/s} \end{array} \right.$$

e as frequências de vibração naturais do sistema estrutural valem:

$$\left| \begin{array}{l} f_1 = 141{,}2 \text{ Hz} \\ f_2 = 287{,}0 \text{ Hz} \end{array} \right.$$

Com os autovalores da equação, é possível obter os modos de vibração impondo-se os valores encontrados, duas vezes consecutivas, na equação de autovalores e autovetores:

$$(\mathbf{K}^{UU} - \lambda \cdot \mathbf{M}^{UU}) \cdot \bar{\mathbf{u}} = \mathbf{0}$$

Pelo fato de a norma de um autovetor ser indeterminada, fixa-se uma componente do autovetor com um valor unitário e se determinam as demais componentes, pois o que importa é a proporção entre elas.

$$\begin{bmatrix} 2{,}178 - 2{,}000\lambda_n & 1{,}357 \\ 1{,}357 & 4{,}159 - 1{,}410\lambda_n \end{bmatrix} \cdot \begin{bmatrix} \varphi_{1n} \\ \varphi_{2n} \end{bmatrix} = \begin{bmatrix} 0 \\ 0 \end{bmatrix}$$

Para $\lambda_1 = 0{,}787$, escreve-se:

$$\begin{bmatrix} 0{,}604 & 1{,}357 \\ 1{,}357 & 3{,}049 \end{bmatrix} \cdot \begin{bmatrix} 1{,}000 \\ \varphi_{21} \end{bmatrix} = \begin{bmatrix} 0 \\ 0 \end{bmatrix}$$

de onde se obtém o autovetor associado:

$$\bar{\mathbf{u}}_1 = \begin{bmatrix} 1{,}000 \\ -0{,}445 \end{bmatrix}$$

Em seguida, para $\lambda_2 = 3{,}252$ tem-se:

$$\begin{bmatrix} -4{,}326 & 1{,}357 \\ 1{,}357 & -0{,}426 \end{bmatrix} \cdot \begin{bmatrix} 1{,}000 \\ \varphi_{22} \end{bmatrix} = \begin{bmatrix} 0 \\ 0 \end{bmatrix}$$

a partir da qual se chega ao autovetor associado:

$$\bar{\mathbf{u}}_2 = \begin{bmatrix} 1{,}000 \\ 3{,}188 \end{bmatrix}$$

Tais modos de vibração são representados nas Figs. 4.15 e 4.16.

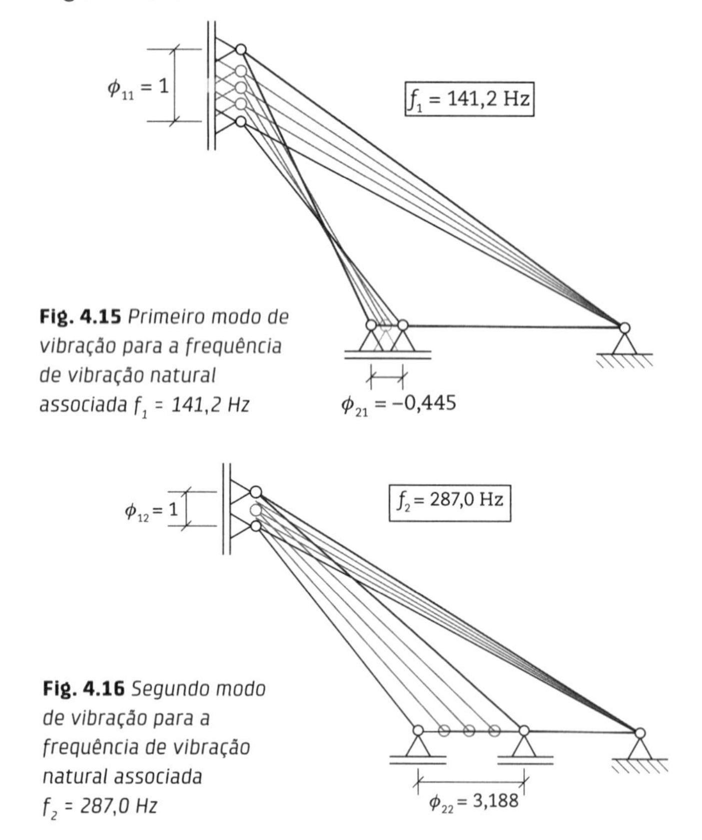

Fig. 4.15 *Primeiro modo de vibração para a frequência de vibração natural associada f_1 = 141,2 Hz*

Fig. 4.16 *Segundo modo de vibração para a frequência de vibração natural associada f_2 = 287,0 Hz*

4.3 Elemento viga 2D

4.3.1 Problema de Aplicação 4.6

Determine a frequência natural de vibração da viga biengastada com uma massa concentrada M = 8.000 kg no meio do vão, de acordo com a Fig. 4.17.

São dados: módulo de elasticidade E = 30 × 10^9 Pa, densidade ρ = 2.500 kg/m³, seção transversal retangular com altura h = 0,40 m e largura b = 0,20 m e a matriz de rigidez do elemento viga 2D, apresentada na Eq. 2.80. Despreze a massa da estrutura. Considere que a estrutura pode vibrar somente no plano vertical.

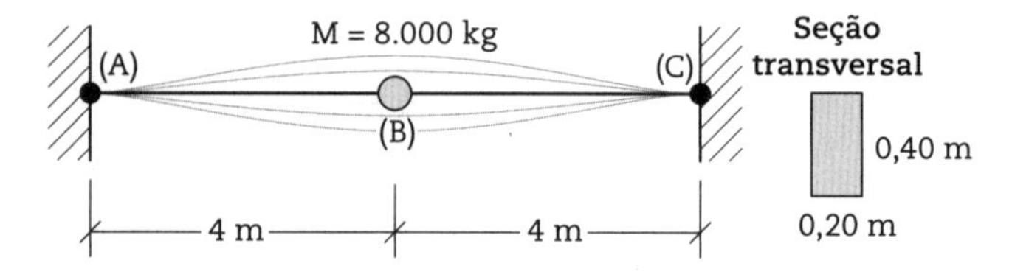

Fig. 4.17 *Viga biengastada com massa concentrada no meio do vão*

$$\mathbf{k}_{AB} = \mathbf{k}_{BC} = \begin{bmatrix} 12EI/L^3 & 6EI/L^2 & -12EI/L^3 & 6EI/L^2 \\ 6EI/L^2 & 4EI/L & -6EI/L^2 & 2EI/L \\ -12EI/L^3 & -6EI/L^2 & 12EI/L^3 & -6EI/L^2 \\ 6EI/L^2 & 2EI/L & -6EI/L^2 & 4EI/L \end{bmatrix} \quad \textbf{(2.80)}$$

Resolução

As matrizes de rigidez, devido à simetria do problema, são idênticas:

$$\mathbf{k}_{AB} = \mathbf{k}_{BC} = 1\times10^3 \cdot \begin{bmatrix} 6.000 & 12.000 & -6.000 & 12.000 \\ 12.000 & 32.000 & -12.000 & 16.000 \\ -6.000 & -12.000 & 6.000 & -12.000 \\ 12.000 & 16.000 & -12.000 & 32.000 \end{bmatrix}$$

e, assim, as matrizes de rigidez e de massa da estrutura são escritas:

$$\mathbf{K}^{UU} = 1\times10^3 \cdot [12.000] \qquad \mathbf{M}^{UU} = [8.000]$$

Resolvendo-se o determinante:

$$\left| \mathbf{K}^{UU} - \omega^2 \cdot \mathbf{M}^{UU} \right| = 0$$

chega-se à frequência natural do sistema:

$$\omega = 38{,}7 \text{ rad/s} \quad \rightarrow \quad f = 6{,}2 \text{ Hz}$$

4.3.2 Problema de Aplicação 4.7

Determine a frequência natural de vibração da viga simplesmente apoiada com uma massa concentrada M = 8.000 kg no meio do vão, de acordo com a Fig. 4.18.

São dados: módulo de elasticidade E = 30 × 10^9 Pa, densidade ρ = 2.500 kg/m³, seção transversal retangular com altura h = 0,40 m e largura b = 0,20 m e a matriz de rigidez do elemento viga 2D, apresentada na Eq. 2.80. Despreze a massa da estrutura. Considere a simetria da estrutura e o plano vertical de vibração.

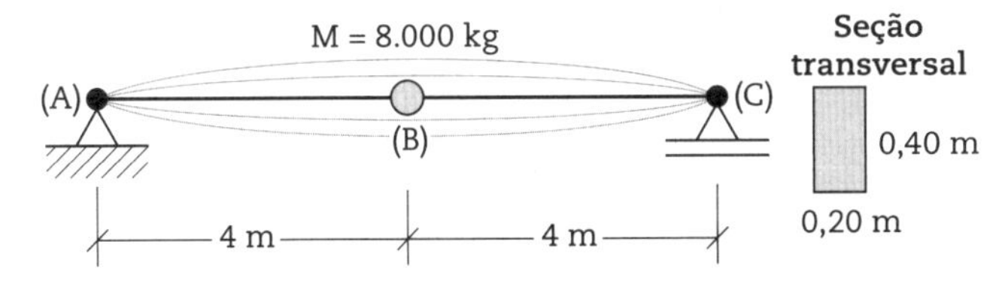

Fig. 4.18 *Viga simplesmente apoiada com massa concentrada no meio do vão*

Resolução

Considerando-se a simetria do problema, é possível analisar metade da estrutura, conforme indicado a seguir.

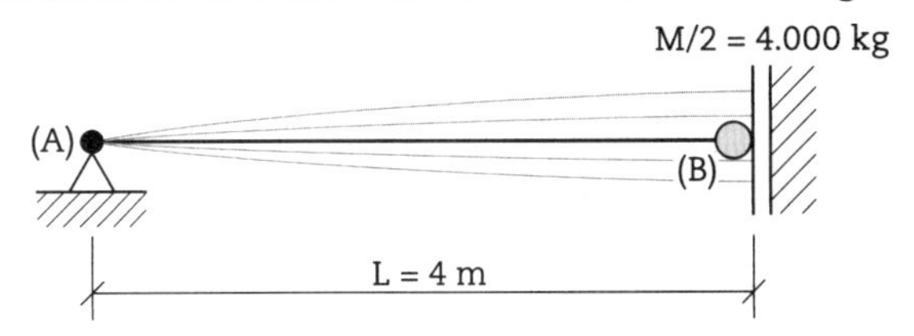

A matriz de rigidez que representa o problema é dada por:

$$\mathbf{k}_{AB} = 1\times10^3 \cdot \begin{bmatrix} 6.000 & 12.000 & -6.000 & 12.000 \\ 12.000 & 32.000 & -12.000 & 16.000 \\ -6.000 & -12.000 & 6.000 & -12.000 \\ 12.000 & 16.000 & -12.000 & 32.000 \end{bmatrix}$$

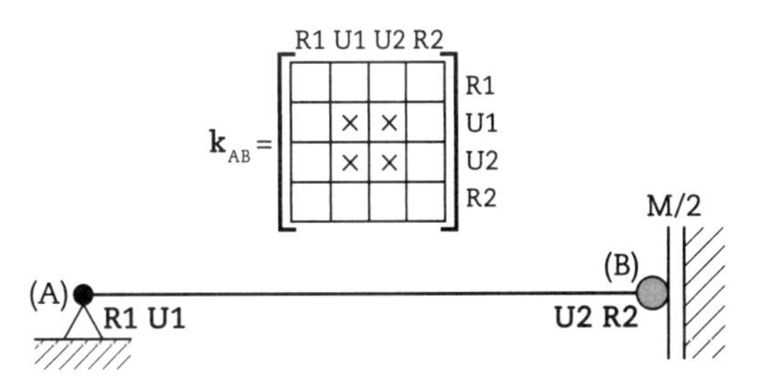

e, assim, as matrizes de rigidez e de massa da estrutura são escritas:

$$\mathbf{K}^{UU} = 1\times10^3 \cdot \begin{bmatrix} 32.000 & -12.000 \\ -12.000 & 6.000 \end{bmatrix} \qquad \mathbf{M}^{UU} = \begin{bmatrix} 0 & 0 \\ 0 & 4.000 \end{bmatrix}$$

A equação de autovalores e autovetores governante do problema para a obtenção das frequências e dos modos de vibração recai no determinante:

$$\left| \mathbf{K}^{UU} - \omega^2 \cdot \mathbf{M}^{UU} \right| = 0$$

Alternativamente, pode-se definir:

$$\lambda = \frac{\omega^2}{1\times10^3}$$

e, desse modo, escrever:

$$\left| \begin{bmatrix} 32.000 & -12.000 \\ -12.000 & 6.000 \end{bmatrix} - \lambda \cdot \begin{bmatrix} 0 & 0 \\ 0 & 4.000 \end{bmatrix} \right| = 0$$

$$\left| \begin{bmatrix} 32.000 & -12.000 \\ -12.000 & (6.000 - 4.000\lambda) \end{bmatrix} \right| = 0$$

por fim, pela regra de Sarrus, o autovalor resulta em:

$$\lambda = 0{,}375$$

$$\omega^2 = 1\times10^3 \cdot \lambda = 375 \text{ (rad/s)}^2$$

obtendo-se a frequência natural do sistema:

$$\omega = 19{,}4 \text{ rad/s} \quad \rightarrow \quad f = 3{,}1 \text{ Hz}$$

4.3.3 Problema de Aplicação 4.8

Verifique se a frequência natural do pilar em balanço mostrado na Fig. 4.19, com uma massa concentrada M = 16.000 kg na extremidade livre, é igual ou superior a 1 Hz, que implica a não necessidade de levar em conta os efeitos dinâmicos devidos ao vento.

São dados: módulo de elasticidade $E = 30 \times 10^9$ Pa, densidade $\rho = 2.500$ kg/m³, seção transversal retangular com altura h = 0,40 m e largura b = 0,20 m e a matriz de rigidez do elemento viga 2D, apresentada na Eq. 2.80. Despreze a massa do pilar. Considere a maior dimensão da seção transversal contida no plano de vibração flexional e que, fora deste, o pilar está impedido de vibrar.

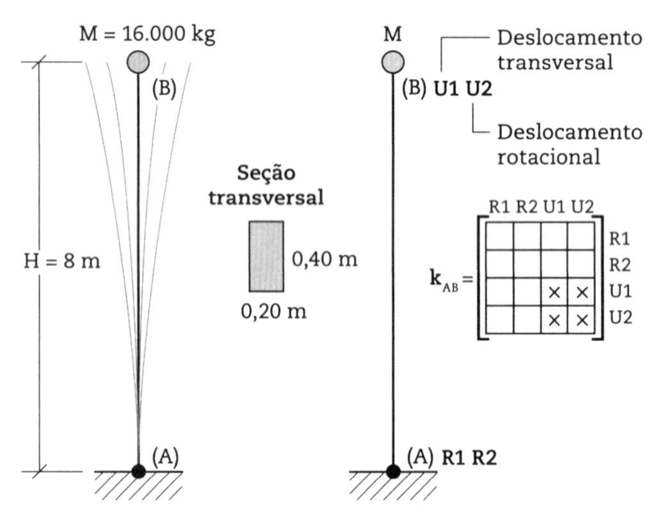

Fig. 4.19 *Pilar em balanço com massa concentrada no topo*

Resolução

$$\mathbf{k}_{AB} = 1 \times 10^3 \cdot \begin{bmatrix} 750 & 3.000 & -750 & 3.000 \\ 3.000 & 16.000 & -3.000 & 8.000 \\ -750 & -3.000 & 750 & -3.000 \\ 3.000 & 8.000 & -3.000 & 16.000 \end{bmatrix}$$

e, assim, as matrizes de rigidez e de massa da estrutura são escritas:

$$\mathbf{K}^{UU} = 1 \times 10^3 \cdot \begin{bmatrix} 750 & -3.000 \\ -3.000 & 16.000 \end{bmatrix} \qquad \mathbf{M}^{UU} = \begin{bmatrix} 16.000 & 0 \\ 0 & 0 \end{bmatrix}$$

Resolvendo-se o determinante:

$$\left| \mathbf{K}^{UU} - \omega^2 \cdot \mathbf{M}^{UU} \right| = 0$$

e definindo-se:

$$\lambda = \frac{\omega^2}{1 \times 10^3}$$

escreve-se:

$$\left| \begin{bmatrix} 750 & -3.000 \\ -3.000 & 16.000 \end{bmatrix} - \lambda \cdot \begin{bmatrix} 16.000 & 0 \\ 0 & 0 \end{bmatrix} \right| = 0$$

$$\left| \begin{bmatrix} (750 - 16.000\lambda) & -3.000 \\ -3.000 & 16.000 \end{bmatrix} \right| = 0$$

que resulta em:

$$\lambda = 0{,}0117$$

$$\omega^2 = 1 \times 10^3 \cdot \lambda = 11{,}7\ (\text{rad/s})^2$$

obtendo-se a frequência natural do sistema:

$$\omega = 3{,}42 \text{ rad/s} \quad \rightarrow \quad f = 0{,}54 \text{ Hz}$$

$$f = 0{,}54 \text{ Hz} < 1 \text{ Hz}$$

A frequência natural do pilar de 8 m em balanço com a massa concentrada no topo M = 16.000 kg é abaixo de 1 Hz, portanto devem ser considerados, obrigatoriamente, os efeitos dinâmicos devidos às rajadas de vento (ABNT, 1988).

4.4 Elemento viga 2D rotulado-rígido

4.4.1 Problema de Aplicação 4.9

Para a viga contínua articulada no ponto (B) mostrada na Fig. 4.20, determine os deslocamentos nodais e os diagramas de forças cortantes e de momentos fletores. Use as matrizes de rigidez fornecidas nas Eqs. 2.101 e 2.102, desenvolvidas para o elemento viga 2D rotulado-rígido e reescritas a seguir.

São dados: módulo de elasticidade $E = 24 \times 10^6$ kN/m² e seção transversal retangular com altura h = 0,60 m e largura b = 0,20 m. Utilize as unidades consistentes quilonewton (kN), metro (m) e quilopascal (kPa).

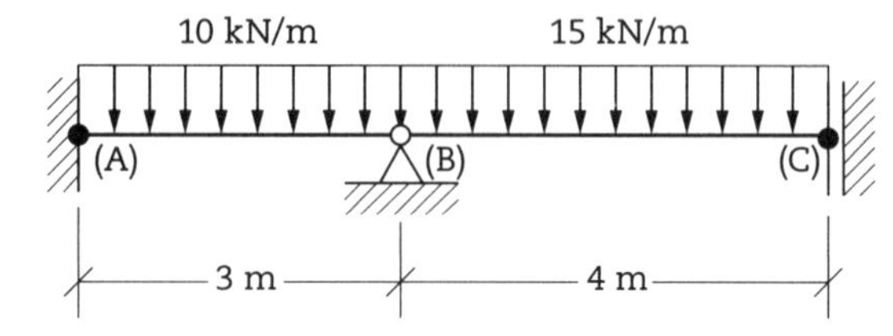

Fig. 4.20 *Viga contínua articulada no apoio central*

$$\mathbf{k}_{AB} = \begin{bmatrix} 3EI/L^3 & 3EI/L^2 & 0 & -3EI/L^3 \\ 3EI/L^2 & 3EI/L & 0 & -3EI/L^2 \\ 0 & 0 & 0 & 0 \\ -3EI/L^3 & -3EI/L^2 & 0 & 3EI/L^3 \end{bmatrix} \quad \textbf{(2.102)}$$

$$\mathbf{k}_{BC} = \begin{bmatrix} 3EI/L^3 & 0 & -3EI/L^3 & 3EI/L^2 \\ 0 & 0 & 0 & 0 \\ -3EI/L^3 & 0 & 3EI/L^3 & -3EI/L^2 \\ 3EI/L^2 & 0 & -3EI/L^2 & 3EI/L \end{bmatrix} \quad \textbf{(2.101)}$$

Resolução

Esforços de engastamento perfeito, fornecidos no Anexo B, devem ser representados no formato matricial, constituindo os carregamentos $\mathbf{f}_0^{AB}$ e $\mathbf{f}_0^{BC}$. Tais esforços, quando sobrepostos para reproduzir o comportamento da viga contínua e escritos com sinal invertido, constituem os esforços nodais equivalentes.

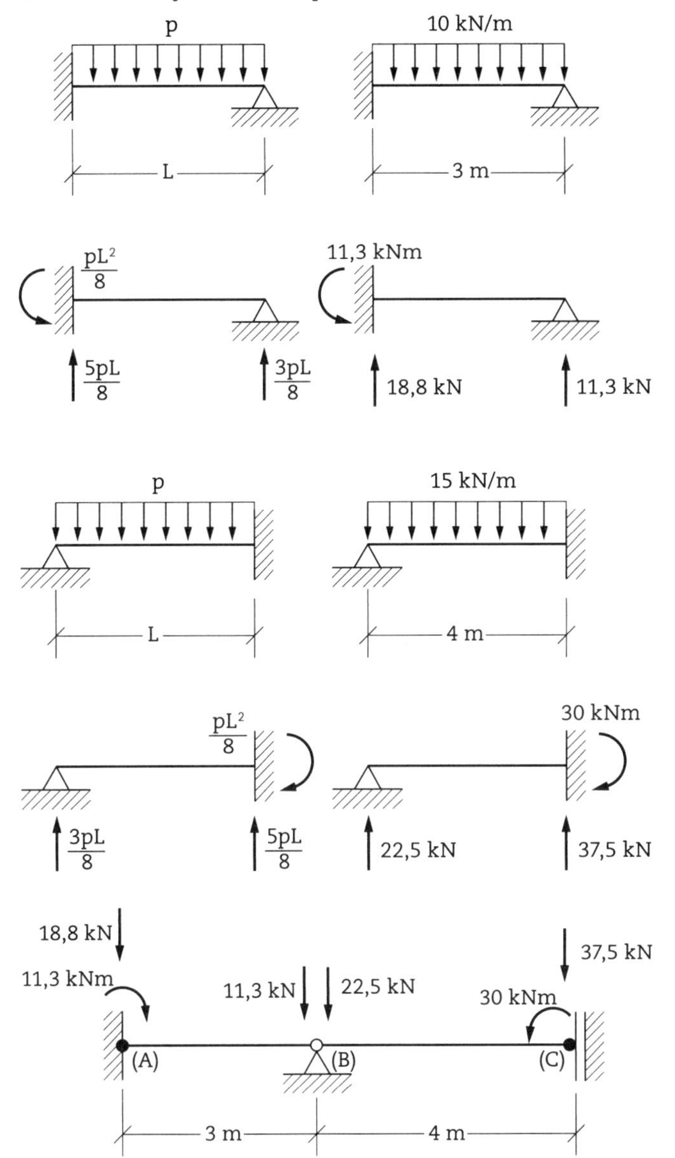

Ao indicar apenas os esforços atuantes nos graus de liberdade ativos, pode-se obter o carregamento externo ativo, que reproduz os mesmos deslocamentos observados com o carregamento original.

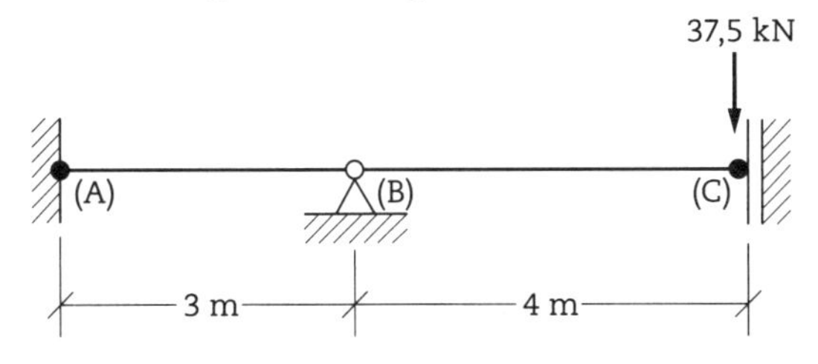

A partir da absorção das condições de apoio, são reveladas as incógnitas do problema. Com base no mapeamento dos coeficientes das matrizes das barras AB e BC, parte-se para a montagem da matriz de rigidez da estrutura associada aos graus de liberdade ativos.

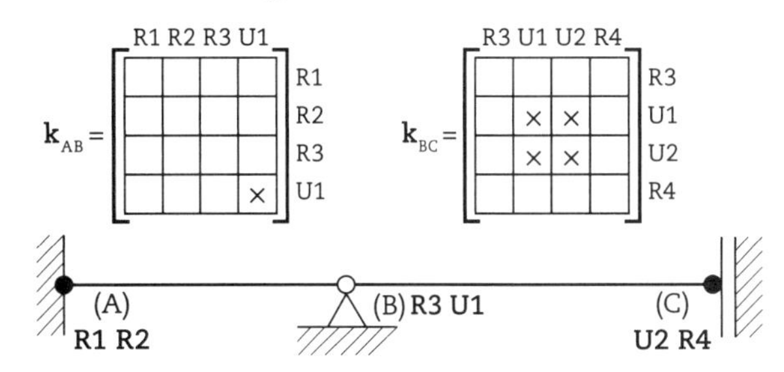

Ao escrever explicitamente as matrizes de rigidez dos elementos que compõem a viga contínua a partir dos dados de entrada apresentados no enunciado, chega-se a:

$$\mathbf{k}_{AB} = \begin{bmatrix} 9.600 & 28.800 & 0 & -9.600 \\ 28.800 & 86.400 & 0 & -28.800 \\ 0 & 0 & 0 & 0 \\ -9.600 & -28.800 & 0 & 9.600 \end{bmatrix}$$

$$\mathbf{k}_{BC} = \begin{bmatrix} 4.050 & 0 & -4.050 & 16.200 \\ 0 & 0 & 0 & 0 \\ -4.050 & 0 & 4.050 & -16.200 \\ 16.200 & 0 & -16.200 & 64.800 \end{bmatrix}$$

de onde se depreende a submatriz de rigidez da estrutura e o carregamento atuante nela.

$$\mathbf{K}^{UU} = \begin{bmatrix} 9.600 & 0 \\ 0 & 4.050 \end{bmatrix} \qquad \mathbf{F}^{U} = \begin{bmatrix} 0 \\ -37,5 \end{bmatrix}$$

Vale observar que a rotação no apoio (B) é indefinida devido à existência da rótula. O segundo termo da equação matricial é nulo, pois admite-se que não ocorre recalque de apoio, sendo a viga contínua perfeitamente executada sobre apoios nivelados.

$$\mathbf{F}^{U} = \mathbf{K}^{UU} \cdot \mathbf{U}^{U} + \mathbf{K}^{UR} \cdot \mathbf{U}^{R}$$

Ao resolver a equação matricial, chega-se ao deslocamento dado a seguir, esquematizado na configuração deformada da estrutura.

$$\mathbf{U}^{U} = \begin{bmatrix} 0 \\ -9,259 \times 10^{-3} \end{bmatrix}$$

Com base no deslocamento obtido, determinam-se os esforços em cada elemento a partir do uso das equações mostradas na sequência:

$$\mathbf{f}_{AB} = \mathbf{k}_{AB} \cdot \mathbf{u}_{AB} + \mathbf{f}_0^{AB} = \begin{bmatrix} 9.600 & 28.800 & 0 & -9.600 \\ 28.800 & 86.400 & 0 & -28.800 \\ 0 & 0 & 0 & 0 \\ -9.600 & -28.800 & 0 & 9.600 \end{bmatrix} \cdot \begin{bmatrix} 0 \\ 0 \\ 0 \\ 0 \end{bmatrix} + \begin{bmatrix} 18,8 \\ 11,3 \\ 11,3 \\ 0 \end{bmatrix}$$

$$\mathbf{f}_{BC} = \begin{bmatrix} 4.050 & 0 & -4.050 & 16.200 \\ 0 & 0 & 0 & 0 \\ -4.050 & 0 & 4.050 & -16.200 \\ 16.200 & 0 & -16.200 & 64.800 \end{bmatrix} \cdot \begin{bmatrix} 0 \\ 0 \\ -9,259 \times 10^{-3} \\ 0 \end{bmatrix} + \begin{bmatrix} 22,5 \\ 0 \\ 37,5 \\ -30,0 \end{bmatrix}$$

resultando nos esforços que foram utilizados para a montagem dos diagramas de forças cortantes e de momentos fletores da Fig. 4.21.

$$\mathbf{f}_{AB} = \begin{bmatrix} V_A \\ M_A \\ V_B \\ M_B \end{bmatrix} = \begin{bmatrix} 18{,}8 \\ 11{,}3 \\ 11{,}3 \\ 0 \end{bmatrix} \quad \text{e} \quad \mathbf{f}_{BC} = \begin{bmatrix} V_B \\ M_B \\ V_C \\ M_C \end{bmatrix} = \begin{bmatrix} 60{,}0 \\ 0 \\ 0 \\ 120 \end{bmatrix}$$

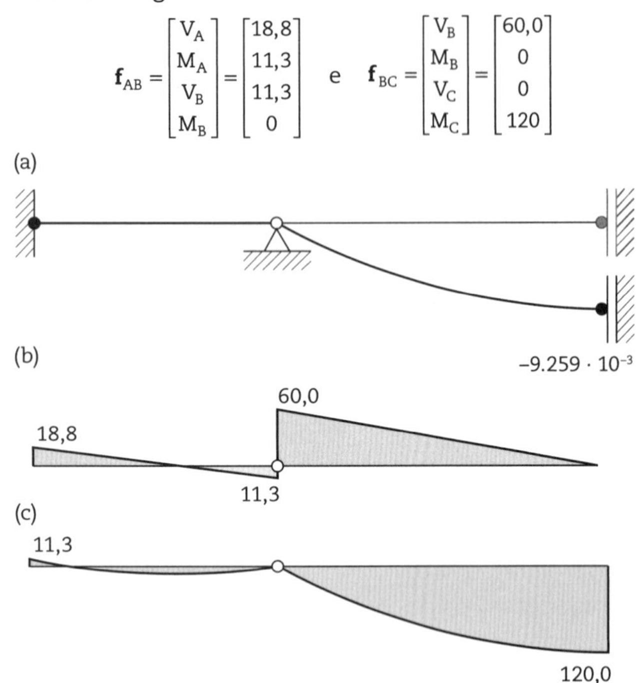

Fig. 4.21 *Configuração deformada e esforços internos solicitantes: (a) deslocamento nodal (m), (b) diagrama de forças cortantes (kN) e (c) diagrama de momentos fletores (kN · m)*

4.5 Elemento pórtico 2D

4.5.1 Problema de Aplicação 4.10

Determine a carga crítica de flambagem para a coluna biengastada mostrada na Fig. 4.22 utilizando o elemento pórtico 2D e a equação de autovalores e autovetores (Eq. 3.6). As matrizes de rigidez e de rigidez geométrica do elemento pórtico 2D são dadas nas Eqs. 2.107 e 3.16, respectivamente. A Fig. 4.23 indica o mapeamento dos coeficientes de rigidez das duas matrizes. Levar em conta a simetria do problema.

$$\mathbf{k}_{AB} = \begin{bmatrix} 12EI/L^3 & 0 & -6EI/L^2 & -12EI/L^3 & 0 & -6EI/L^2 \\ 0 & EA/L & 0 & 0 & -EA/L & 0 \\ -6EI/L^2 & 0 & 4EI/L & 6EI/L^2 & 0 & 2EI/L \\ -12EI/L^3 & 0 & 6EI/L^2 & 12EI/L^3 & 0 & 6EI/L^2 \\ 0 & -EA/L & 0 & 0 & EA/L & 0 \\ -6EI/L^2 & 0 & 2EI/L & 6EI/L^2 & 0 & 4EI/L \end{bmatrix} \tag{2.107}$$

$$\mathbf{s}_{AB} = \begin{bmatrix} N/L & 0 & 0 & -N/L & 0 & 0 \\ 0 & 0 & 0 & 0 & 0 & 0 \\ 0 & 0 & 0 & 0 & 0 & 0 \\ -N/L & 0 & 0 & N/L & 0 & 0 \\ 0 & 0 & 0 & 0 & 0 & 0 \\ 0 & 0 & 0 & 0 & 0 & 0 \end{bmatrix} \tag{3.16}$$

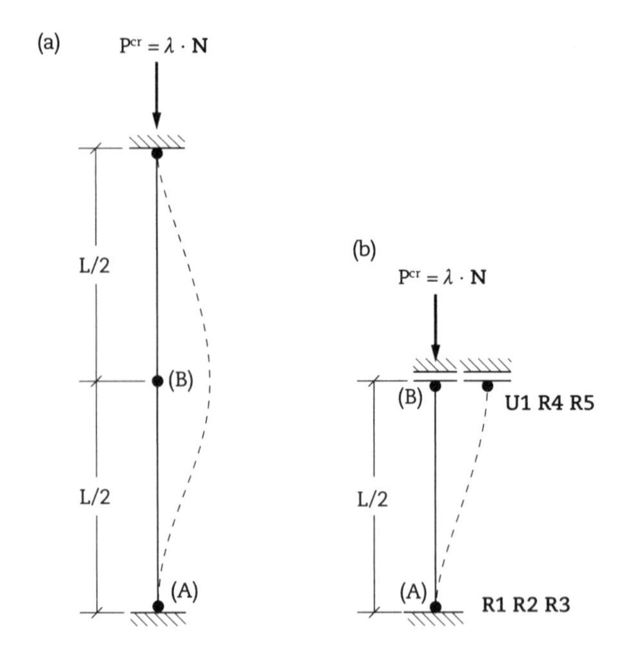

Fig. 4.22 *Coluna biengastada: (a) modelo total e (b) modelo com simetria*

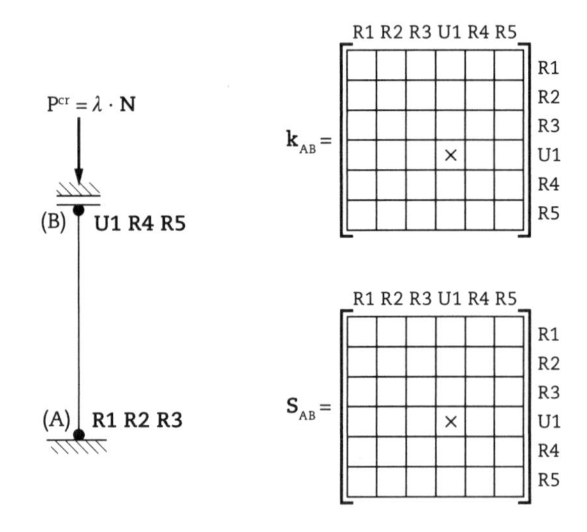

Fig. 4.23 *Graus de liberdade e mapeamento dos coeficientes das matrizes de rigidez da coluna AB*

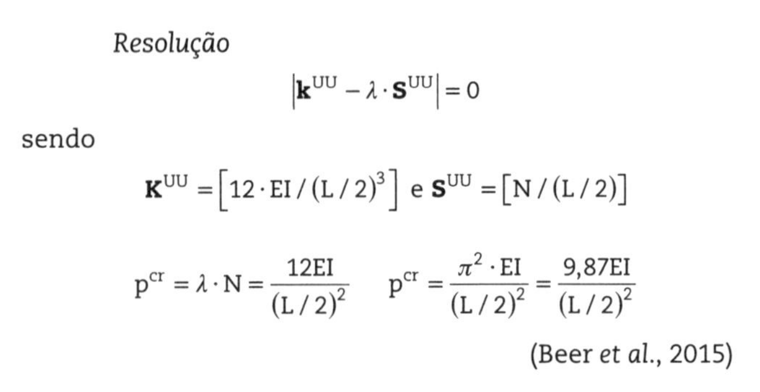

Resolução

$$\left|\mathbf{k}^{UU} - \lambda \cdot \mathbf{s}^{UU}\right| = 0$$

sendo

$$\mathbf{K}^{UU} = \left[12 \cdot EI/(L/2)^3\right] \text{ e } \mathbf{S}^{UU} = \left[N/(L/2)\right]$$

$$p^{cr} = \lambda \cdot N = \frac{12EI}{(L/2)^2} \qquad p^{cr} = \frac{\pi^2 \cdot EI}{(L/2)^2} = \frac{9{,}87EI}{(L/2)^2}$$

(Beer *et al.*, 2015)

4.5.2 Problema de Aplicação 4.11

Determine a carga crítica de flambagem para a coluna biarticulada mostrada na Fig. 4.24 utilizando o elemento pórtico 2D e a equação de autovalores e autovetores (Eq. 3.6). As matrizes de rigidez e de rigidez geométrica do elemento pórtico 2D são dadas nas Eqs. 2.107 e 3.16, respectivamente. A Fig. 4.25 indica o mapeamento dos coeficientes de rigidez das duas matrizes. Levar em conta a simetria do problema.

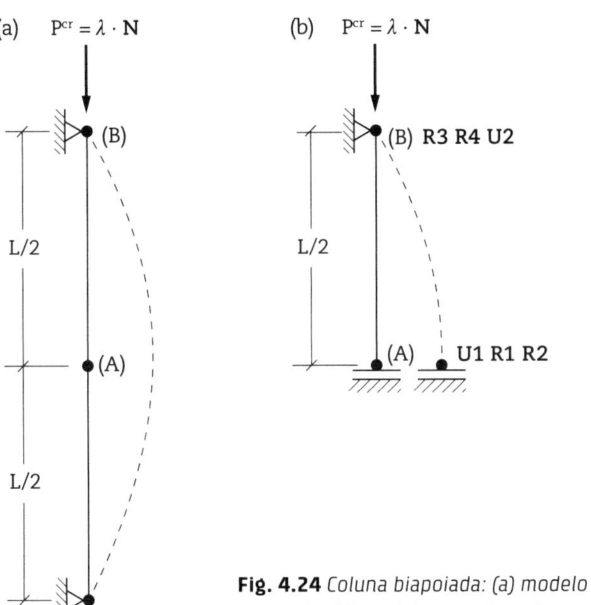

Fig. 4.24 *Coluna biapoiada: (a) modelo integral e (b) modelo com simetria*

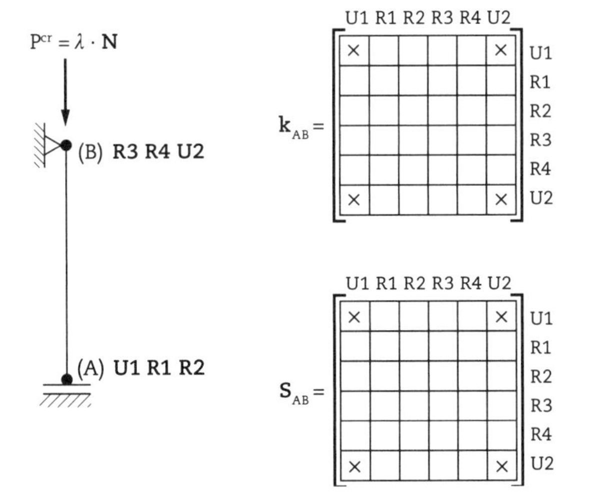

Fig. 4.25 *Graus de liberdade e mapeamento dos coeficientes das matrizes de rigidez da coluna AB*

Resolução

$$\mathbf{K}^{UU} - \lambda \cdot \mathbf{S}^{UU} = 0$$

sendo

$$\mathbf{K}^{UU} = \begin{bmatrix} 12EI/(L/2)^3 & -6EI/(L/2)^2 \\ -6EI/(L/2)^2 & 4EI/(L/2) \end{bmatrix} \text{ e } \mathbf{S}^{UU} = \begin{bmatrix} N/(L/2) & 0 \\ 0 & 0 \end{bmatrix}$$

$$\left| \begin{bmatrix} 12EI/(L/2)^3 & -6EI/(L/2)^2 \\ -6EI/(L/2)^2 & 4EI/(L/2) \end{bmatrix} - \lambda \cdot \begin{bmatrix} N/(L/2) & 0 \\ 0 & 0 \end{bmatrix} \right| = 0$$

$$\begin{bmatrix} 12EI/(L/2)^3 - \lambda \cdot N/(L/2) & -6EI/(L/2)^2 \\ -6EI/(L/2)^2 & 4EI/(L/2) \end{bmatrix} = 0$$

A partir do uso da regra de Sarrus, obtém-se:

$$P^{cr} = \lambda \cdot N = \frac{3EI}{(L/2)^2} \qquad P^{cr} = \frac{\pi^2 \cdot EI}{(L)^2} = \frac{2{,}47EI}{(L/2)^2}$$

(Beer *et al.*, 2015)

4.6 Elemento pórtico 2D semirrígido-rígido

4.6.1 Problema de Aplicação 4.12

Seja um pórtico simétrico simples com uma viga de 6 m de comprimento que suporta uma carga de 48 kN aplicada no meio do vão. Os elementos estruturais são formados por perfis laminados de aço bitola W360 × 39 (tipo I), cujas propriedades geométricas da seção são apresentadas na Fig. 4.26. Obtenha os deslocamentos e o diagrama de momentos fletores para os seguintes casos de ligação pilar-viga:

- infinitamente rígida;
- semirrígida com 80% do momento de engastamento perfeito;
- semirrígida com 50% do momento de engastamento perfeito;
- semiflexível com 20% do momento de engastamento perfeito.

O esquema estático com carregamento e condições de contorno é exibido na Fig. 4.26, levando-se em conta o plano de simetria, e o esquema de resolução com o mapeamento dos coeficientes da matriz de rigidez de cada elemento finito é dado na Fig. 4.27.

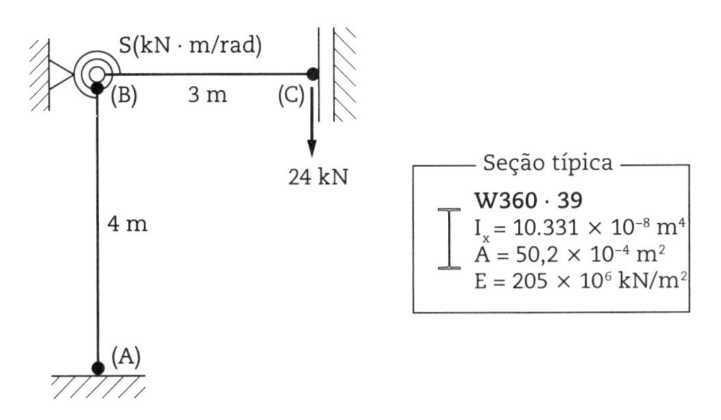

Fig. 4.26 *Esquema estático do pórtico simples com ligação elástica*

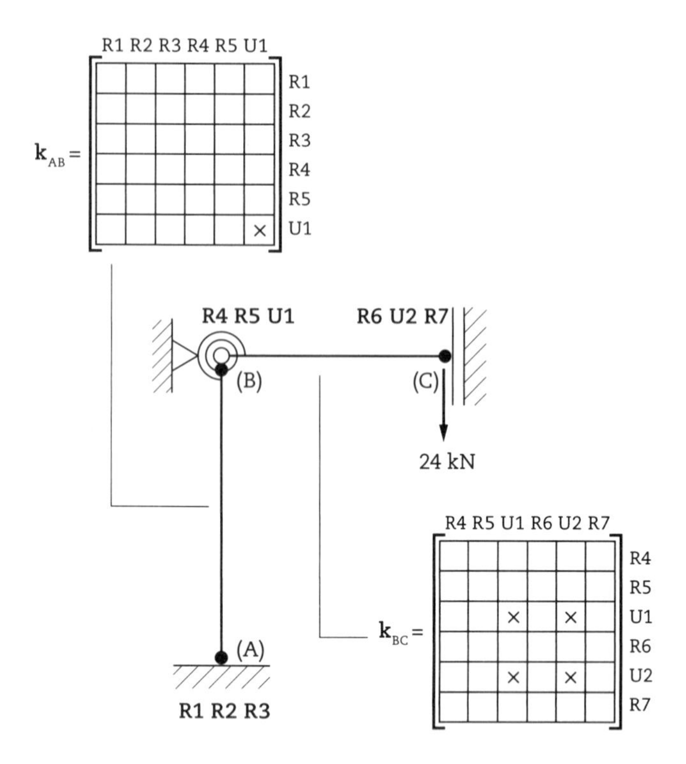

Fig. 4.27 *Graus de liberdade ativos e impedidos e mapeamento dos coeficientes das matrizes de rigidez dos elementos estruturais*

São fornecidas as matrizes (Eqs. 2.107 e 2.138):

$$\mathbf{k}_{AB} = \begin{bmatrix} 12EI/L^3 & 0 & -6EI/L^2 & -12EI/L^3 & 0 & -6EI/L^2 \\ 0 & EA/L & 0 & 0 & -EA/L & 0 \\ -6EI/L^2 & 0 & 4EI/L & 6EI/L^2 & 0 & 2EI/L \\ -12EI/L^3 & 0 & 6EI/L^2 & 12EI/L^3 & 0 & 6EI/L^2 \\ 0 & -EA/L & 0 & 0 & EA/L & 0 \\ -6EI/L^2 & 0 & 2EI/L & 6EI/L^2 & 0 & 4EI/L \end{bmatrix} \tag{2.107}$$

$$\mathbf{k}_{BC} = \begin{bmatrix} \frac{EA}{L} & 0 & 0 & -\frac{EA}{L} & 0 & 0 \\ 0 & \frac{12EI \cdot e_1}{e_4 \cdot L^3} & \frac{6EI}{e_4 \cdot L^2} & 0 & -\frac{12EI \cdot e_1}{e_4 \cdot L^3} & \frac{6EI \cdot e_2}{e_4 \cdot L^2} \\ 0 & \frac{6EI}{e_4 \cdot L^2} & \frac{4EI}{e_4 \cdot L} & 0 & -\frac{6EI}{e_4 \cdot L^2} & \frac{2EI}{e_4 \cdot L} \\ -\frac{EA}{L} & 0 & 0 & \frac{EA}{L} & 0 & 0 \\ 0 & -\frac{12EI \cdot e_1}{e_4 \cdot L^3} & -\frac{6EI}{e_4 \cdot L^2} & 0 & \frac{12EI \cdot e_1}{e_4 \cdot L^3} & -\frac{6EI \cdot e_2}{e_4 \cdot L^2} \\ 0 & \frac{6EI \cdot e_2}{e_4 \cdot L^2} & \frac{2EI}{e_4 \cdot L} & 0 & -\frac{6EI \cdot e_2}{e_4 \cdot L^2} & \frac{4EI \cdot e_3}{e_4 \cdot L} \end{bmatrix} \tag{2.138}$$

em que:

$e = EI/(L \cdot S)$; $e_3 = 3e + 1$;
$e_1 = e + 1$; $e_4 = 4e + 1$.
$e_2 = 2e + 1$;

Resolução

i. Ligações infinitamente rígidas

$S \to \infty$ conduz a $e = 0$.

$$\mathbf{k}_{AB} = \begin{bmatrix} \times & \times & \times & \times & \times & \times \\ \times & \times & \times & \times & \times & \times \\ \times & \times & \times & \times & \times & \times \\ \times & \times & \times & \times & \times & \times \\ \times & \times & \times & \times & \times & \times \\ \times & \times & \times & \times & \times & 21.179 \end{bmatrix} \quad \mathbf{k}_{BC} = \begin{bmatrix} \times & \times & \times & \times & \times & \times \\ \times & \times & \times & \times & \times & \times \\ \times & \times & 28.238 & \times & -14.119 & \times \\ \times & \times & \times & \times & \times & \times \\ \times & \times & -14.119 & \times & 9.413 & \times \\ \times & \times & \times & \times & \times & \times \end{bmatrix}$$

$$\mathbf{F}^U = \mathbf{K}^{UU} \cdot \mathbf{U}^U$$

$$\begin{bmatrix} 0 \\ -24 \end{bmatrix} = \begin{bmatrix} 49.417 & -14.119 \\ -14.119 & 9.413 \end{bmatrix} \cdot \begin{bmatrix} U_1 \\ U_2 \end{bmatrix}$$

$$\begin{bmatrix} U_1 \\ U_2 \end{bmatrix} = \begin{bmatrix} -1{,}27 \times 10^{-3}\,\text{rad} \\ -4{,}46 \times 10^{-3}\,\text{m} \end{bmatrix}$$

$$\mathbf{f}_{BC} = \mathbf{k}_{BC} \cdot \mathbf{u}_{BC}$$

$$\begin{bmatrix} \times \\ \times \\ f_3 \\ \times \\ \times \\ f_6 \end{bmatrix} = \begin{bmatrix} \times & \times & \times & \times & \times & \times \\ \times & \times & \times & \times & \times & \times \\ \times & \times & 28.238 & \times & -14.119 & \times \\ \times & \times & \times & \times & \times & \times \\ \times & \times & \times & \times & \times & \times \\ \times & \times & 14.119 & \times & -14.119 & \times \end{bmatrix} \cdot \begin{bmatrix} 0 \\ 0 \\ -1{,}27 \times 10^{-3} \\ 0 \\ -4{,}46 \times 10^{-3} \\ 0 \end{bmatrix}$$

$$\begin{bmatrix} f_3 \\ f_6 \end{bmatrix} = \begin{bmatrix} 27\ \text{kN} \cdot \text{m} \\ 45\ \text{kN} \cdot \text{m} \end{bmatrix}$$

Os deslocamentos nodais e o diagrama de momentos fletores para o caso em questão são ilustrados na Fig. 4.28.

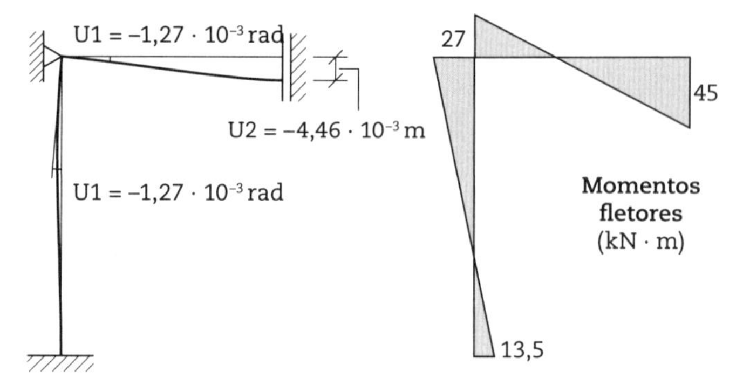

Fig. 4.28 *Deslocamentos nodais e diagrama de momentos fletores para ligações infinitamente rígidas*

ii. Ligações semirrígidas com capacidade de transmitir 80% M^{eng}

Conforme visto na Eq. 2.140:

$$S = \frac{8EI_v}{L_v} = \frac{8 \cdot 21.179}{6} = 28.238\ \text{kN} \cdot \text{m/rad} \rightarrow e = \frac{EI}{L \cdot S} = 0{,}25$$

$$e_1 = 1 \cdot 0{,}25 + 1 = 1{,}25;\ \ e_4 = 4 \cdot 0{,}25 + 1 = 2{,}0.$$

$$\mathbf{k}_{AB} = \begin{bmatrix} \times & \times & \times & \times & \times & \times \\ \times & \times & \times & \times & \times & \times \\ \times & \times & \times & \times & \times & \times \\ \times & \times & \times & \times & \times & \times \\ \times & \times & \times & \times & \times & \times \\ \times & \times & \times & \times & \times & 21.179 \end{bmatrix} \quad \mathbf{k}_{BC} = \begin{bmatrix} \times & \times & \times & \times & \times & \times \\ \times & \times & \times & \times & \times & \times \\ \times & \times & 14.119 & \times & -7.060 & \times \\ \times & \times & \times & \times & \times & \times \\ \times & \times & -7.060 & \times & 5.883 & \times \\ \times & \times & \times & \times & \times & \times \end{bmatrix}$$

$$\mathbf{F}^U = \mathbf{K}^{UU} \cdot \mathbf{U}^U$$

$$\begin{bmatrix} 0 \\ -24 \end{bmatrix} = \begin{bmatrix} 35.298 & -7.060 \\ -7.060 & 5.883 \end{bmatrix} \cdot \begin{bmatrix} U_1 \\ U_2 \end{bmatrix}$$

$$\begin{bmatrix} U_1 \\ U_2 \end{bmatrix} = \begin{bmatrix} -1{,}07 \times 10^{-3}\,\text{rad} \\ -5{,}37 \times 10^{-3}\,\text{m} \end{bmatrix}$$

$$\mathbf{f}_{BC} = \mathbf{k}_{BC} \cdot \mathbf{u}_{BC}$$

$$\begin{bmatrix} \times \\ \times \\ f_3 \\ \times \\ \times \\ f_6 \end{bmatrix} = \begin{bmatrix} \times & \times & \times & \times & \times & \times \\ \times & \times & \times & \times & \times & \times \\ \times & \times & 14.119 & \times & -7.060 & \times \\ \times & \times & \times & \times & \times & \times \\ \times & \times & \times & \times & \times & \times \\ \times & \times & 7.060 & \times & -10.589 & \times \end{bmatrix} \cdot \begin{bmatrix} 0 \\ 0 \\ -1{,}07 \times 10^{-3} \\ 0 \\ -5{,}37 \times 10^{-3} \\ 0 \end{bmatrix}$$

$$\begin{bmatrix} f_3 \\ f_6 \end{bmatrix} = \begin{bmatrix} 22{,}7\ \text{kN} \cdot \text{m} \\ 49{,}3\ \text{kN} \cdot \text{m} \end{bmatrix}$$

A rotação na extremidade esquerda da viga (ponto B), conforme estabelecido na Eq. 2.118, vale:

$$\theta_{LIG} = U_1 + \frac{f_3}{S} = -1{,}07 \times 10^{-3} - \frac{22{,}7}{28.238} = -1{,}87 \times 10^{-3}\,\text{rad}$$

Os deslocamentos nodais e o diagrama de momentos fletores para o caso em questão são mostrados na Fig. 4.29.

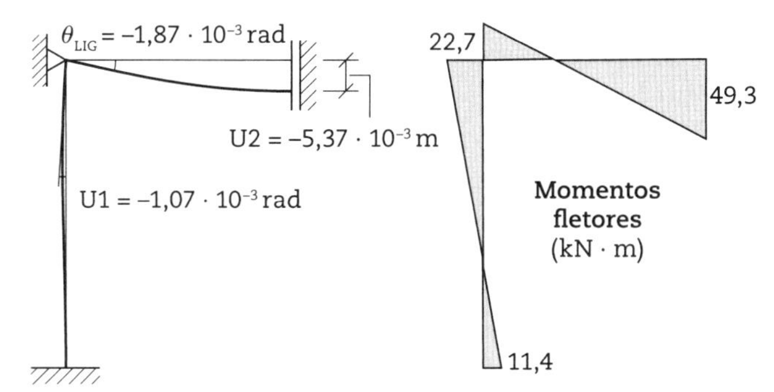

Fig. 4.29 *Deslocamentos nodais e diagrama de momentos fletores para ligações com capacidade de transmitir 80% M^{eng}*

$$\mathbf{F}^U = \mathbf{K}^{UU} \cdot \mathbf{U}^U$$

$$\begin{bmatrix} 0 \\ -24 \end{bmatrix} = \begin{bmatrix} 26.826 & -2.824 \\ -2.824 & 375 \end{bmatrix} \cdot \begin{bmatrix} U_1 \\ U_2 \end{bmatrix}$$

$$\begin{bmatrix} U_1 \\ U_2 \end{bmatrix} = \begin{bmatrix} -0{,}73 \times 10^{-3}\,\text{rad} \\ -6{,}92 \times 10^{-3}\,\text{m} \end{bmatrix}$$

$$\mathbf{f}_{BC} = \mathbf{k}_{BC} \cdot \mathbf{u}_{BC}$$

$$\begin{bmatrix} \times \\ \times \\ f_3 \\ \times \\ \times \\ f_6 \end{bmatrix} = \begin{bmatrix} \times & \times & \times & \times & \times & \times \\ \times & \times & \times & \times & \times & \times \\ \times & \times & 5.648 & \times & -2.824 & \times \\ \times & \times & \times & \times & \times & \times \\ \times & \times & \times & \times & \times & \times \\ \times & \times & 2.824 & \times & -8.471 & \times \end{bmatrix} \cdot \begin{bmatrix} 0 \\ 0 \\ -0{,}73 \times 10^{-3} \\ 0 \\ -6{,}92 \times 10^{-3} \\ 0 \end{bmatrix}$$

$$\begin{bmatrix} f_3 \\ f_6 \end{bmatrix} = \begin{bmatrix} 15{,}4\ \text{kN} \cdot \text{m} \\ 56{,}6\ \text{kN} \cdot \text{m} \end{bmatrix}$$

e a rotação na extremidade esquerda da viga (ponto B), de acordo com a Eq. 2.118, vale:

$$\theta_{LIG} = U_1 - \frac{f_3}{S} = -0{,}73 \times 10^{-3} - \frac{15{,}4}{7.060} = -2{,}91 \times 10^{-3}\,\text{rad}$$

A Fig. 4.30 apresenta os deslocamentos nodais e o diagrama de momentos fletores para essas ligações.

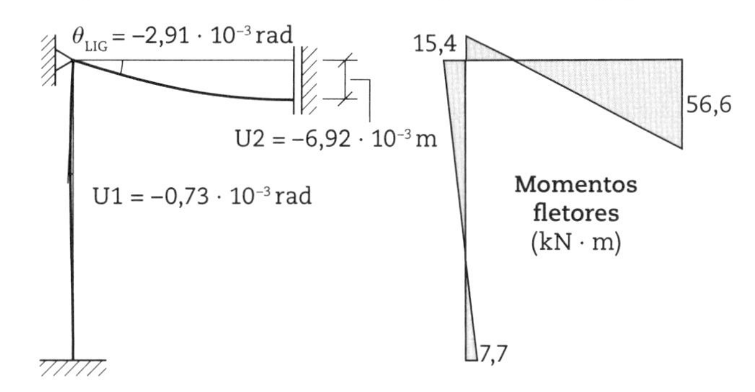

Fig. 4.30 *Deslocamentos nodais e diagrama de momentos fletores para ligações com capacidade de transmitir 50% M^{eng}*

iii. Ligações semirrígidas com capacidade de transmitir 50% M^{eng}

Conforme visto na Eq. 2.141:

$$S = \frac{2EI_v}{L_v} = \frac{2 \cdot 21.179}{6} = 7.060\ \text{kN} \cdot \text{m/rad} \rightarrow e = \frac{EI}{L \cdot S} = 1{,}0$$

$$e_1 = 1 \cdot 1{,}0 + 1 = 2{,}0; \quad e_4 = 4 \cdot 1{,}0 + 1 = 5{,}0.$$

$$\mathbf{k}_{AB} = \begin{bmatrix} \times & \times & \times & \times & \times & \times \\ \times & \times & \times & \times & \times & \times \\ \times & \times & \times & \times & \times & \times \\ \times & \times & \times & \times & \times & \times \\ \times & \times & \times & \times & \times & \times \\ \times & \times & \times & \times & \times & 21.179 \end{bmatrix} \quad \mathbf{k}_{BC} = \begin{bmatrix} \times & \times & \times & \times & \times & \times \\ \times & \times & \times & \times & \times & \times \\ \times & \times & 5.648 & \times & -2.824 & \times \\ \times & \times & \times & \times & \times & \times \\ \times & \times & -2.824 & \times & 3.765 & \times \\ \times & \times & \times & \times & \times & \times \end{bmatrix}$$

iv. Ligações semiflexíveis com capacidade de transmitir 20% M^{eng}

$$S = \frac{0{,}5EI_v}{L_v} = \frac{0{,}5 \cdot 21.179}{6} = 1.765\ \text{kN} \cdot \text{m/rad} \rightarrow e = \frac{EI}{L \cdot S} = 4{,}0$$

$$e_1 = 1 \cdot 4{,}0 + 1 = 5{,}0; \quad e_4 = 4 \cdot 4{,}0 + 1 = 17{,}0.$$

$$\mathbf{k}_{AB} = \begin{bmatrix} \times & \times & \times & \times & \times & \times \\ \times & \times & \times & \times & \times & \times \\ \times & \times & \times & \times & \times & \times \\ \times & \times & \times & \times & \times & \times \\ \times & \times & \times & \times & \times & \times \\ \times & \times & \times & \times & \times & 21.179 \end{bmatrix} \quad \mathbf{k}_{BC} = \begin{bmatrix} \times & \times & \times & \times & \times & \times \\ \times & \times & \times & \times & \times & \times \\ \times & \times & 1.661 & \times & -831 & \times \\ \times & \times & \times & \times & \times & \times \\ \times & \times & -831 & \times & 2.768 & \times \\ \times & \times & \times & \times & \times & \times \end{bmatrix}$$

$$\mathbf{F}^U = \mathbf{K}^{UU} \cdot \mathbf{U}^U$$

$$\begin{bmatrix} 0 \\ -24 \end{bmatrix} = \begin{bmatrix} 22.840 & -831 \\ -831 & 2.768 \end{bmatrix} \cdot \begin{bmatrix} U_1 \\ U_2 \end{bmatrix}$$

$$\begin{bmatrix} U_1 \\ U_2 \end{bmatrix} = \begin{bmatrix} -0{,}32 \times 10^{-3}\,\text{rad} \\ -8{,}77 \times 10^{-3}\,\text{m} \end{bmatrix}$$

$$\mathbf{f}_{BC} = \mathbf{k}_{BC} \cdot \mathbf{u}_{BC}$$

$$\begin{bmatrix} \times \\ \times \\ f_3 \\ \times \\ \times \\ f_6 \end{bmatrix} = \begin{bmatrix} \times & \times & \times & \times & \times & \times \\ \times & \times & \times & \times & \times & \times \\ \times & \times & 1.661 & \times & -831 & \times \\ \times & \times & \times & \times & \times & \times \\ \times & \times & \times & \times & \times & \times \\ \times & \times & 831 & \times & -7.475 & \times \end{bmatrix} \cdot \begin{bmatrix} 0 \\ 0 \\ -0{,}32 \times 10^{-3} \\ 0 \\ -8{,}77 \times 10^{-3} \\ 0 \end{bmatrix}$$

$$\begin{bmatrix} f_3 \\ f_6 \end{bmatrix} = \begin{bmatrix} 6{,}8\ \text{kN} \cdot \text{m} \\ 65{,}3\ \text{kN} \cdot \text{m} \end{bmatrix}$$

e a rotação na extremidade esquerda da viga (ponto B) vale:

$$\theta_{LIG} = U_1 - \frac{f_3}{S} = -0{,}32 \times 10^{-3} - \frac{6{,}8}{1.765} = -4{,}17 \times 10^{-3}\,\text{rad}$$

Na Fig. 4.31 mostram-se os deslocamentos nodais e o diagrama de momentos fletores para o caso em questão.

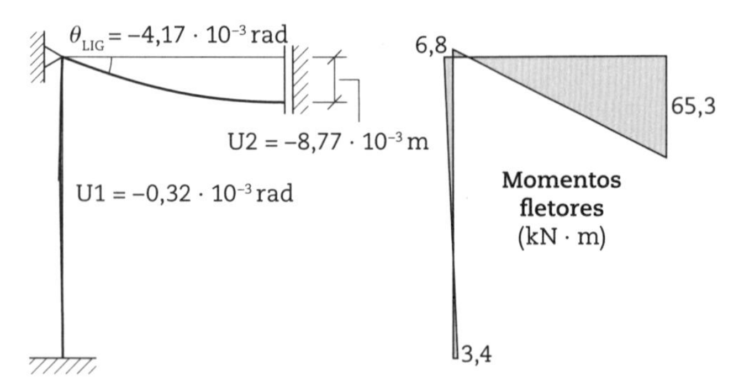

Fig. 4.31 *Deslocamentos nodais e diagrama de momentos fletores para ligações com capacidade de transmitir 20% M^{eng}*

4.7 Elemento grelha

4.7.1 Problema de Aplicação 4.13

Determine o deslocamento vertical do ponto (A) e os esforços internos nos elementos V1 e V2, mostrados na Fig. 4.32, para a carga concentrada de 210 kN aplicada no meio do vão. Os elementos grelha são de concreto armado com seção transversal retangular de 0,15 m de largura por 0,50 m de altura. Considere que os elementos V1 e V2 são engastados nos pilares de periferia. Adote módulo de elasticidade E = 25 × 10⁶ kPa e coeficiente de Poisson ν = 0,2.

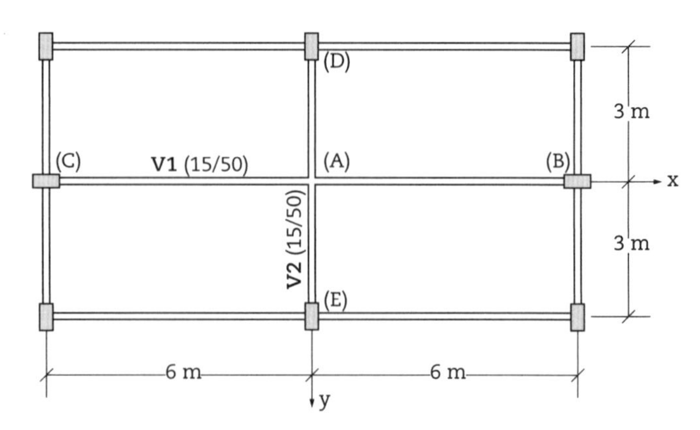

Fig. 4.32 *Arranjo e dimensões do pavimento-tipo*

O modelo de grelha e a carga aplicada são ilustrados na Fig. 4.33, enquanto os graus de liberdade e o mapeamento dos coeficientes das matrizes de rigidez para o caso em questão são apresentados na Fig. 4.34.

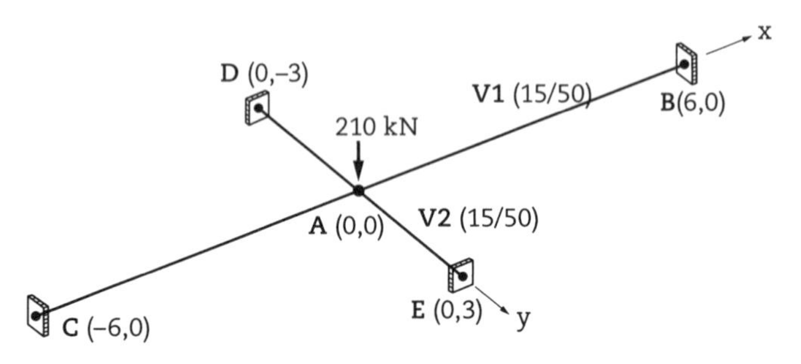

Fig. 4.33 *Modelo de grelha e carga aplicada*

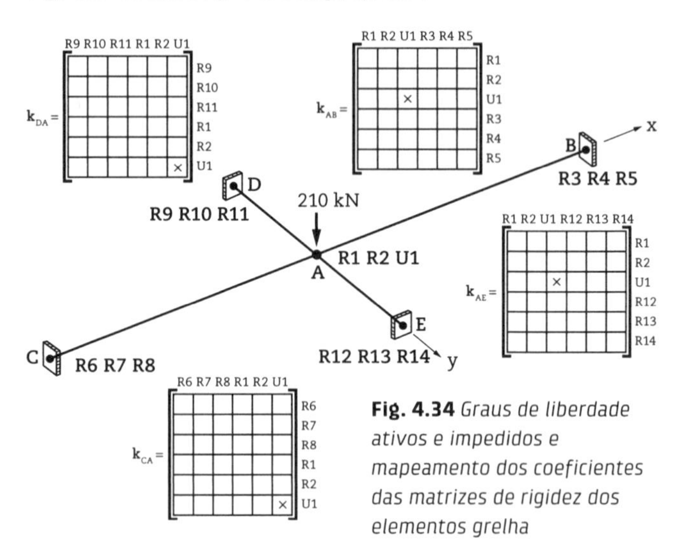

Fig. 4.34 *Graus de liberdade ativos e impedidos e mapeamento dos coeficientes das matrizes de rigidez dos elementos grelha*

São fornecidas as matrizes (Eqs. 2.147 e 2.149):

$$\mathbf{k}_{AB} = \mathbf{k}_{CA} = \begin{bmatrix} GI_{\bar{x}}/L & 0 & 0 & -GI_{\bar{x}}/L & 0 & 0 \\ 0 & 4EI_{\bar{y}}/L & -6EI_{\bar{y}}/L^2 & 0 & 2EI_{\bar{y}}/L & 6EI_{\bar{y}}/L^2 \\ 0 & -6EI_{\bar{y}}/L^2 & 12EI_{\bar{y}}/L^3 & 0 & -6EI_{\bar{y}}/L^2 & -12EI_{\bar{y}}/L^3 \\ -GI_{\bar{x}}/L & 0 & 0 & GI_{\bar{x}}/L & 0 & 0 \\ 0 & 2EI_{\bar{y}}/L & -6EI_{\bar{y}}/L^2 & 0 & 4EI_{\bar{y}}/L & 6EI_{\bar{y}}/L^2 \\ 0 & 6EI_{\bar{y}}/L^2 & -12EI_{\bar{y}}/L^3 & 0 & 6EI_{\bar{y}}/L^2 & 12EI_{\bar{y}}/L^3 \end{bmatrix} \quad \textbf{(2.147)}$$

$$\mathbf{k}_{DA} = \mathbf{k}_{AE} = \begin{bmatrix} 4EI_{\bar{y}}/L & 0 & 6EI_{\bar{y}}/L^2 & 2EI_{\bar{y}}/L & 0 & -6EI_{\bar{y}}/L^2 \\ 0 & GI_{\bar{x}}/L & 0 & 0 & -GI_{\bar{x}}/L & 0 \\ 6EI_{\bar{y}}/L^2 & 0 & 12EI_{\bar{y}}/L^3 & 6EI_{\bar{y}}/L^2 & 0 & -12EI_{\bar{y}}/L^3 \\ 2EI_{\bar{y}}/L & 0 & 6EI_{\bar{y}}/L^2 & 4EI_{\bar{y}}/L & 0 & -6EI_{\bar{y}}/L^2 \\ 0 & -GI_{\bar{x}}/L & 0 & 0 & GI_{\bar{x}}/L & 0 \\ -6EI_{\bar{y}}/L^2 & 0 & -12EI_{\bar{y}}/L^3 & -6EI_{\bar{y}}/L^2 & 0 & 12EI_{\bar{y}}/L^3 \end{bmatrix} \quad \textbf{(2.149)}$$

São dadas as propriedades geométricas da seção transversal retangular (Fig. 4.35), detalhadas no Anexo A, e a relação matemática entre o módulo de elasticidade longitudinal e transversal $G = E/2 \cdot (1 + \nu)$, definida nas equações constitutivas (Eq. 2.13).

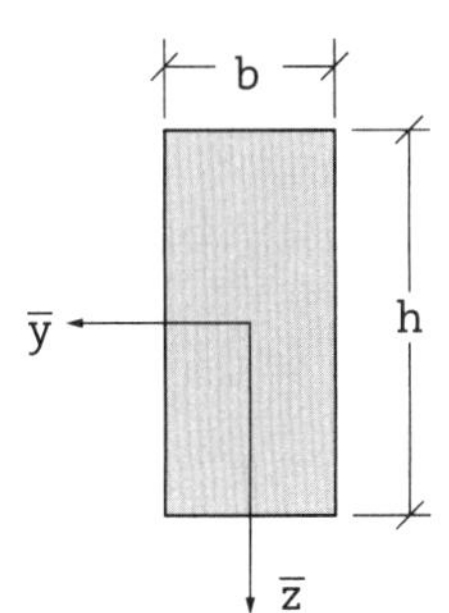

Área da seção transversal

$$A = b \cdot h$$

Momento de inércia à flexão

$$I_{\bar{y}} = \frac{b \cdot h^3}{12}$$

Momento de inércia à torção

$$I_{\bar{x}} \approx h \cdot b^3 \cdot \left[\frac{1}{3} - 0{,}21\frac{b}{h} \cdot \left(1 - \frac{b^4}{12h^4}\right)\right]$$

Fig. 4.35 *Propriedades geométricas da seção transversal retangular*

Resolução

$$\mathbf{k}_{AB} = \begin{bmatrix} \times & \times & \times & \times & \times & \times \\ \times & \times & \times & \times & \times & \times \\ \times & \times & 2.170 & \times & \times & \times \\ \times & \times & \times & \times & \times & \times \\ \times & \times & \times & \times & \times & \times \\ \times & \times & \times & \times & \times & \times \end{bmatrix} \quad \mathbf{k}_{CA} = \begin{bmatrix} \times & \times & \times & \times & \times & \times \\ \times & \times & \times & \times & \times & \times \\ \times & \times & \times & \times & \times & \times \\ \times & \times & \times & \times & \times & \times \\ \times & \times & \times & \times & \times & \times \\ \times & \times & \times & \times & \times & 2.170 \end{bmatrix}$$

$$\mathbf{k}_{DA} = \begin{bmatrix} \times & \times & \times & \times & \times & \times \\ \times & \times & \times & \times & \times & \times \\ \times & \times & \times & \times & \times & \times \\ \times & \times & \times & \times & \times & \times \\ \times & \times & \times & \times & \times & \times \\ \times & \times & \times & \times & \times & 17.361 \end{bmatrix} \quad \mathbf{k}_{AE} = \begin{bmatrix} \times & \times & \times & \times & \times & \times \\ \times & \times & \times & \times & \times & \times \\ \times & \times & 17.361 & \times & \times & \times \\ \times & \times & \times & \times & \times & \times \\ \times & \times & \times & \times & \times & \times \\ \times & \times & \times & \times & \times & \times \end{bmatrix}$$

$$\mathbf{F}^U = \mathbf{K}^{UU} \cdot \mathbf{U}^U$$

$$[210] = [39.063] \cdot [U_1]$$

$$U_1 = 5{,}38 \times 10^{-3}\,\text{m}$$

A configuração deformada do modelo de grelha é exibida na Fig. 4.36.

$$\mathbf{f}_{AB} = \mathbf{k}_{AB} \cdot \mathbf{u}_{AB}$$

$$\begin{bmatrix} f_1 \\ f_2 \\ f_3 \\ f_4 \\ f_5 \\ f_6 \end{bmatrix} = \begin{bmatrix} \times & \times & 0 & \times & \times & \times \\ \times & \times & -6.510 & \times & \times & \times \\ \times & \times & 2.170 & \times & \times & \times \\ \times & \times & 0 & \times & \times & \times \\ \times & \times & -6.510 & \times & \times & \times \\ \times & \times & -2.170 & \times & \times & \times \end{bmatrix} \cdot \begin{bmatrix} 0 \\ 0 \\ 5{,}38 \times 10^{-3} \\ 0 \\ 0 \\ 0 \end{bmatrix}$$

$$\begin{bmatrix} f_1 \\ f_2 \\ f_3 \\ f_4 \\ f_5 \\ f_6 \end{bmatrix} - \begin{bmatrix} 0 \\ -35{,}0\ \text{kN}\cdot\text{m} \\ 11{,}7\ \text{kN} \\ 0 \\ -35{,}0\ \text{kN}\cdot\text{m} \\ -11{,}7\ \text{kN} \end{bmatrix}$$

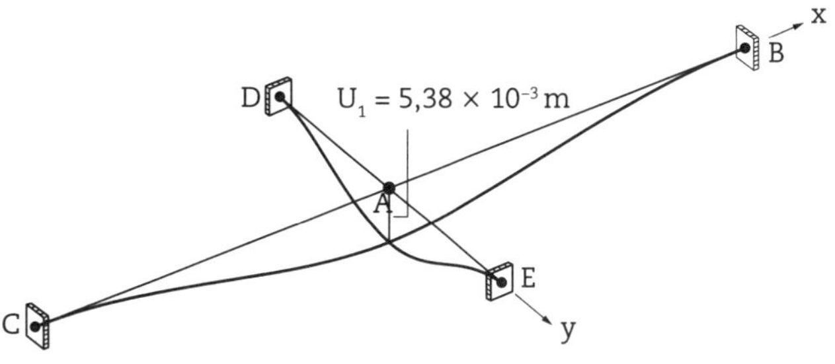

Fig. 4.36 *Configuração deformada do modelo de grelha*

Nas Figs. 4.37 e 4.38 são ilustrados, respectivamente, os diagramas de momentos fletores e de forças cortantes referentes ao elemento AB.

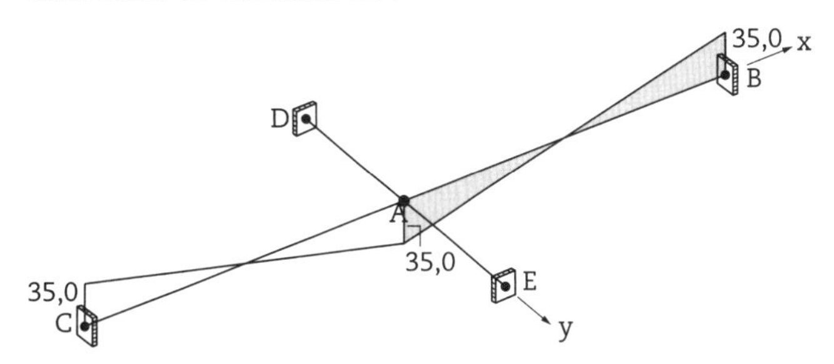

Fig. 4.37 *Diagrama de momentos fletores em relação ao plano de flexão vertical do elemento AB (esforços em kN · m)*

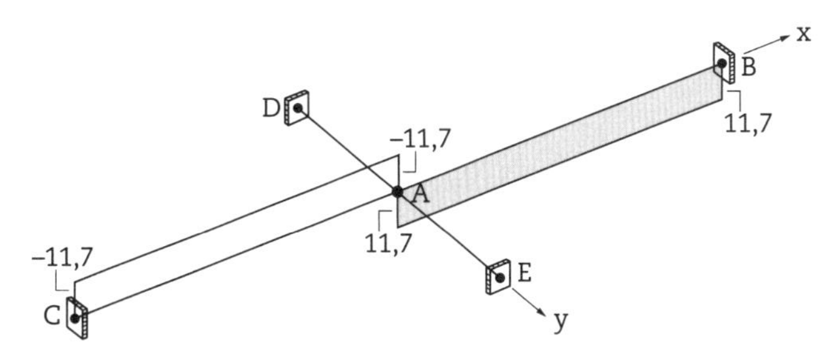

Fig. 4.38 *Diagrama de forças cortantes na direção vertical do elemento AB (esforços em kN)*

$$\mathbf{f}_{AE} = \mathbf{k}_{AE} \cdot \mathbf{u}_{AE}$$

$$\begin{bmatrix} f_1 \\ f_2 \\ f_3 \\ f_4 \\ f_5 \\ f_6 \end{bmatrix} = \begin{bmatrix} \times & \times & 26.042 & \times & \times & \times \\ \times & \times & 0 & \times & \times & \times \\ \times & \times & 17.361 & \times & \times & \times \\ \times & \times & 26.042 & \times & \times & \times \\ \times & \times & 0 & \times & \times & \times \\ \times & \times & -17.361 & \times & \times & \times \end{bmatrix} \cdot \begin{bmatrix} 0 \\ 0 \\ 5{,}38 \times 10^{-3} \\ 0 \\ 0 \\ 0 \end{bmatrix}$$

A partir dos resultados obtidos, cabe ressaltar que os esforços são referidos no sistema global de coordenadas: (1) momento em torno do eixo global x, (2) momento em torno do eixo global y e (3) força cortante na direção global z. Para o elemento AB, os esforços encontrados são elencados nesta ordem: (1) momento torçor, (2) momento fletor e (3) força cortante. Alternativamente, pode-se obter os esforços internos no sistema local de coordenadas.

$$\begin{bmatrix} f_1 \\ f_2 \\ f_3 \\ f_4 \\ f_5 \\ f_6 \end{bmatrix} = \begin{bmatrix} 140{,}1\ \text{kN}\cdot\text{m} \\ 0 \\ 93{,}4\ \text{kN} \\ 140{,}1\ \text{kN}\cdot\text{m} \\ 0 \\ -93{,}4\ \text{kN} \end{bmatrix}$$

Por outro lado, para o elemento AE os esforços aparecem nesta ordem: (1) momento fletor, (2) momento torçor e (3) força cortante.

Os diagramas de momentos fletores e de forças cortantes relativos ao elemento AE são dados nas Figs. 4.39 e 4.40, respectivamente.

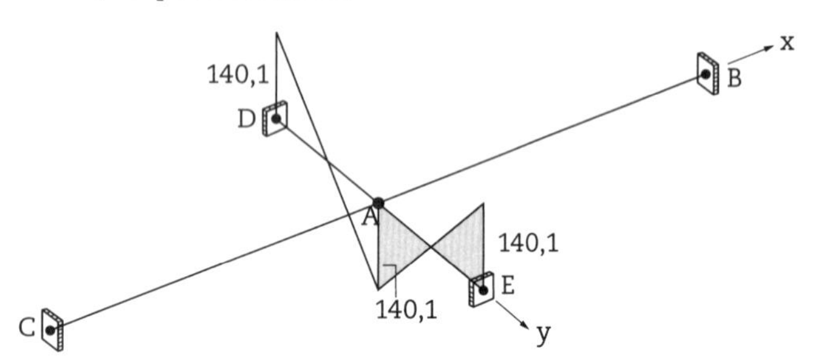

Fig. 4.39 *Diagrama de momentos fletores em relação ao plano de flexão vertical do elemento AE (esforços em kN · m)*

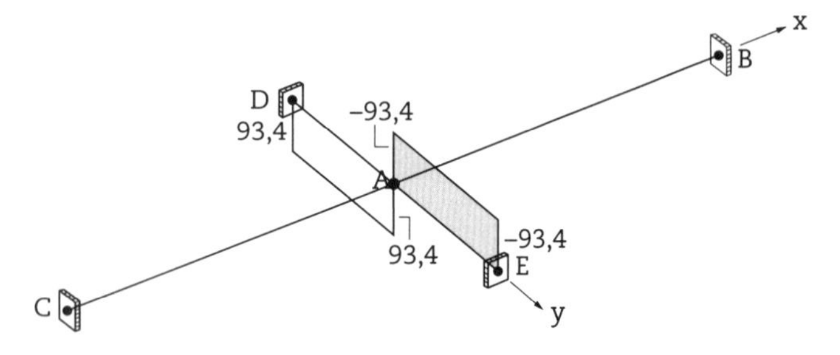

Fig. 4.40 *Diagrama de forças cortantes na direção vertical do elemento AE (esforços em kN)*

4.8 Elemento EPT

4.8.1 Problema de Aplicação 4.14

Determine o coeficiente de segurança ao escoamento, pelos critérios de resistência de Von Mises e de Tresca, da chapa triangular submetida à ação de uma força vertical F = 5 kN, conforme indicado na Fig. 4.41.

Considere a chapa de espessura t = 1 mm feita de latão vermelho na liga C83400 com as seguintes propriedades: módulo de elasticidade E = 100.000 MPa, coeficiente de Poisson ν = 0,35, limite de resistência ao escoamento f_y = 70 MPa e limite de resistência à tração f_t = 240 MPa. Opere com precisão mínima da ordem de grandeza de 1×10^{-6} m

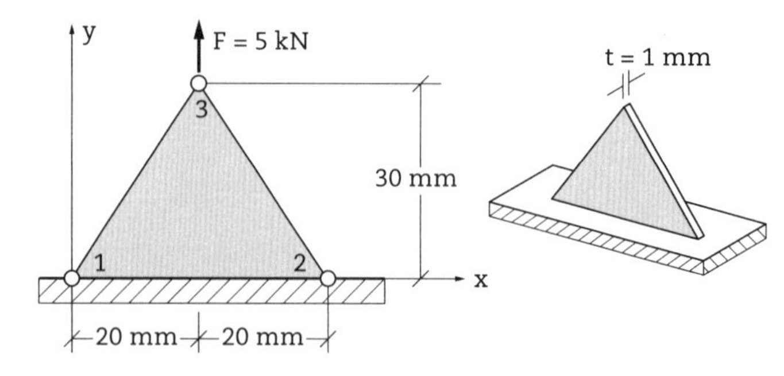

Fig. 4.41 *Chapa de latão de espessura unitária*

para os deslocamentos, 1×10^{-6} para as deformações e 1 MPa para as tensões. Trabalhe com as unidades consistentes newton (N), milímetro (mm) e megapascal (MPa).

As coordenadas nodais do elemento em questão são ilustradas na Fig. 4.42.

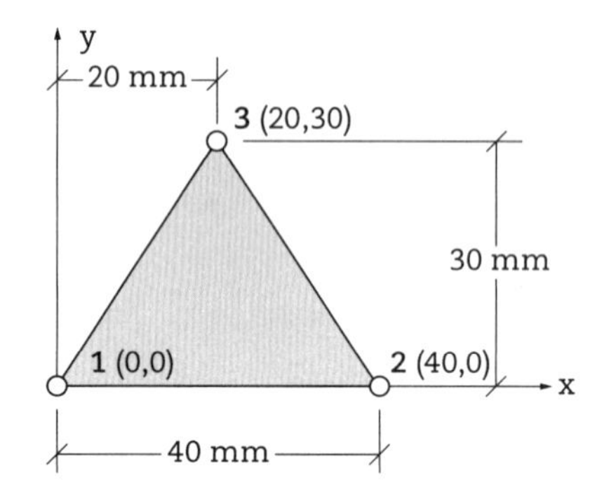

Fig. 4.42 *Coordenadas nodais do elemento 1-2-3*

Resolução

i. Deslocamentos nodais

a) Graus de liberdade

Os graus de liberdade são indicados na Fig. 4.43.

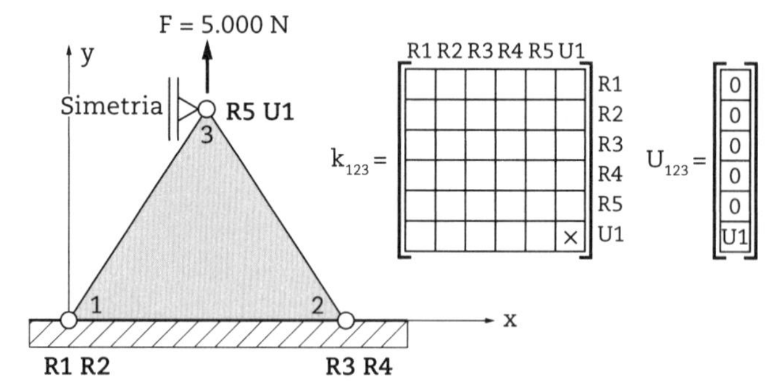

Fig. 4.43 *Graus de liberdade e mapeamento dos coeficientes da matriz de rigidez do elemento 1-2-3*

b) Elemento 1-2-3

- Funções de interpolação

$$\mathbf{g} = \begin{bmatrix} 1 & x & y \end{bmatrix}$$

$$\mathbf{h} = \begin{bmatrix} 1 & 0 & 0 \\ 1 & 40 & 0 \\ 1 & 20 & 30 \end{bmatrix} \rightarrow \mathbf{h}^{-1} = \begin{bmatrix} 1 & 0 & 0 \\ -1/40 & 1/40 & 0 \\ -1/60 & -1/60 & 1/30 \end{bmatrix}$$

$$\mathbf{N}^T = \mathbf{g} \cdot \mathbf{h}^{-1} = [\, N_1(x,y) \quad N_2(x,y) \quad N_3(x,y) \,]$$

$$\mathbf{N}^T = \left[N_1(x,y) = 1 - \frac{x}{40} - \frac{y}{60} \quad N_2(x,y) = \frac{x}{40} - \frac{y}{60} \quad N_3(y) = \frac{y}{30} \right]$$

- Matriz de compatibilidade

$$\mathbf{B} = \begin{bmatrix} -1/40 & 0 & 1/40 & 0 & 0 & 0 \\ 0 & -1/60 & 0 & -1/60 & 0 & 1/30 \\ -1/60 & -1/40 & -1/60 & 1/40 & 1/30 & 0 \end{bmatrix}$$

- Matriz constitutiva

$$\mathbf{D}^{EPT} = \begin{bmatrix} 113.960 & 39.886 & 0 \\ 39.886 & 113.960 & 0 \\ 0 & 0 & 37.037 \end{bmatrix}$$

- Matriz de rigidez

$$\mathbf{k}_{123} = \begin{bmatrix} \times & \times & \times & \times & \times & \times \\ \times & \times & \times & \times & \times & \times \\ \times & \times & \times & \times & \times & \times \\ \times & \times & \times & \times & \times & \times \\ \times & \times & \times & \times & \times & \times \\ \times & \times & \times & \times & \times & 75.973 \end{bmatrix}$$

c) Montagem da matriz K^{UU}

$$\mathbf{K}^{UU} = [75.973]$$

d) Resolução do sistema

$$\mathbf{F}^U = \mathbf{K}^{UU} \cdot \mathbf{U}^U$$

$$5.000 = 75.973 \cdot U_1 \quad \rightarrow \quad U_1 = 0{,}066 \text{ mm}$$

ii. Deformações no plano XY

a) Elemento 1-2-3

$$\varepsilon = \mathbf{B} \cdot \mathbf{u} = \begin{bmatrix} -1/40 & 0 & 1/40 & 0 & 0 & 0 \\ 0 & -1/60 & 0 & -1/60 & 0 & 1/30 \\ -1/60 & -1/40 & -1/60 & 1/40 & 1/30 & 0 \end{bmatrix} \cdot \begin{bmatrix} 0 \\ 0 \\ 0 \\ 0 \\ 0 \\ 0{,}066 \end{bmatrix}$$

$$\varepsilon = \begin{bmatrix} \varepsilon_x \\ \varepsilon_y \\ \gamma_{xy} \end{bmatrix} = \begin{bmatrix} 0 \\ 2.194 \times 10^{-6} \\ 0 \end{bmatrix}$$

iii. Tensões no plano XY

a) Elemento 1-2-3

$$\sigma = \mathbf{D} \cdot \varepsilon = \begin{bmatrix} 113.960 & 39.886 & 0 \\ 39.886 & 113.960 & 0 \\ 0 & 0 & 37.037 \end{bmatrix} \cdot \begin{bmatrix} 0 \\ 2.194 \times 10^{-6} \\ 0 \end{bmatrix}$$

$$\sigma = \begin{bmatrix} \sigma_x \\ \sigma_y \\ \tau_{xy} \end{bmatrix} = \begin{bmatrix} 87{,}5 \\ 250 \\ 0 \end{bmatrix} \text{(MPa)}$$

iv. Segurança ao escoamento

a) Elemento 1-2-3

- Tensões principais

$$\sigma_{p1} = \sigma_1 = \frac{87{,}5 + 250}{2} + \sqrt{\left(\frac{87{,}5 - 250}{2}\right)^2 + 0^2} = +250 \text{ MPa}$$

$$\sigma_{p2} = \sigma_2 = \frac{87{,}5 + 250}{2} - \sqrt{\left(\frac{87{,}5 - 250}{2}\right)^2 + 0^2} = +87{,}5 \text{ MPa}$$

- Critério de Von Mises

$$\sigma^{VM} = \sqrt{\sigma_1^2 - \sigma_1 \cdot \sigma_2 + \sigma_2^2} = \sqrt{250^2 - 250 \cdot 87{,}5 + 87{,}5^2}$$

$$\sigma^{VM} = 220 \text{ MPa}$$

O deslocamento vertical e as tensões para o caso em questão são ilustrados na Fig. 4.44.

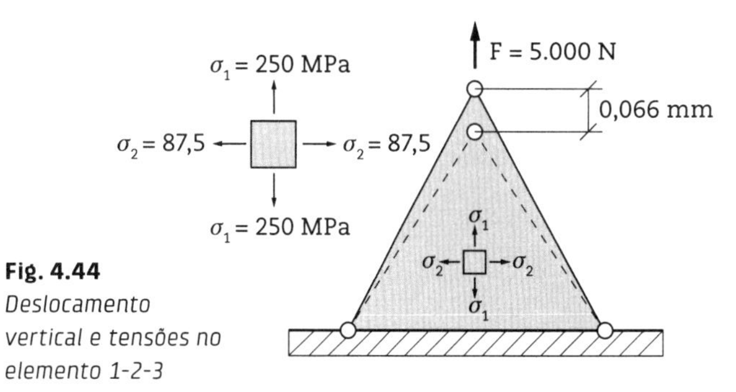

Fig. 4.44 *Deslocamento vertical e tensões no elemento 1-2-3*

$$s = \frac{f_y}{\sigma^{VM}} = \frac{70 \text{ MPa}}{220 \text{ MPa}}$$

$$s = 0{,}32 \text{ (escoou)}$$

- Critério de Tresca

$$s = \frac{f_y}{\sigma_1} = \frac{70 \text{ MPa}}{250 \text{ MPa}}$$

$$s = 0{,}28 \text{ (escoou)}$$

Nota técnica

A chapa de latão atingiu o escoamento com a carga aplicada F = 5 kN, conforme indicado na Fig. 4.45. Embora o material assumido para a análise seja indefinidamente elástico linear, nesse nível de tensão o resultado não reflete a realidade, pois o material encontra-se em regime plástico (pós-escoamento), no limiar da ruptura.

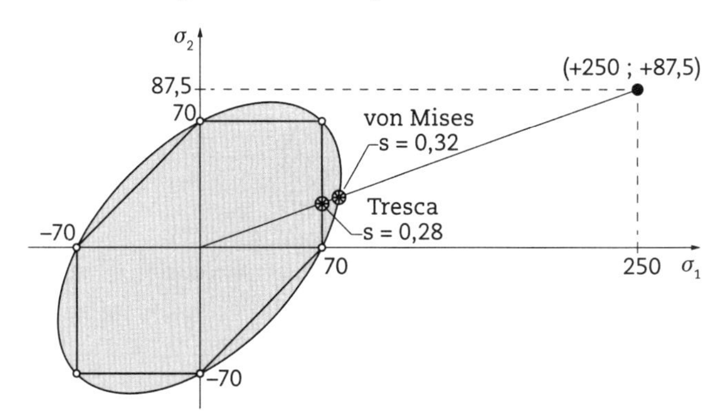

Fig. 4.45 *Envoltórias resistentes para o estado biaxial de tensões*

Esse resultado permite balizar o engenheiro para a determinação da espessura que a chapa deve ter para impedir a ocorrência desse comportamento espúrio. Para o caso analisado, aumentando-se a espessura da chapa para t = 7,2 mm, a tensão principal máxima cai para σ_1 = 35 MPa, o que leva a um coeficiente de segurança ao escoamento s = 2, suficientemente adequado para estruturas convencionais.

4.8.2 Problema de Aplicação 4.15

Determine o coeficiente de segurança à ruptura, pelos critérios de Mohr-Coulomb modificado, da NBR 6118 (ABNT, 2023a) e de Willam-Warnke, da chapa triangular submetida à ação de duas forças, indicadas na Fig. 4.46.

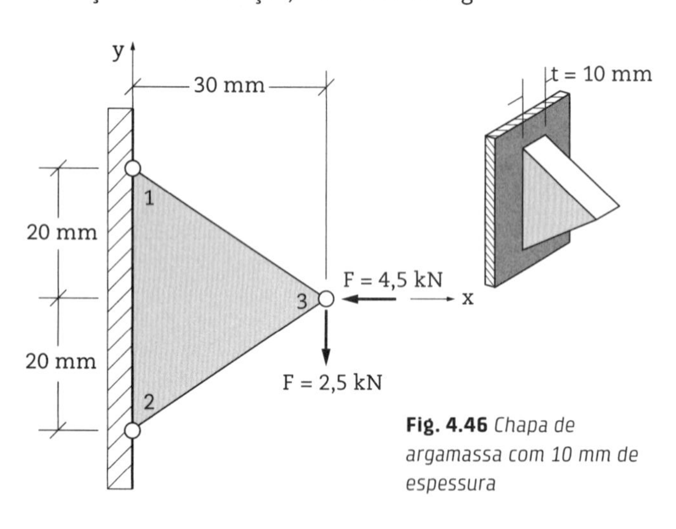

Fig. 4.46 *Chapa de argamassa com 10 mm de espessura*

Considere a chapa de espessura t = 10 mm moldada em argamassa de alta resistência com módulo de elasticidade E = 26.000 MPa, coeficiente de Poisson ν = 0,2, resistência à tração f_t = 3 MPa e resistência à compressão f_c = 30 MPa. Opere com precisão mínima da ordem de grandeza de 1 × 10^{-6} m para os deslocamentos, 1 × 10^{-6} para as deformações e 1 MPa para as tensões. Trabalhe com as unidades consistentes newton (N), milímetro (mm) e megapascal (MPa).

As coordenadas nodais do elemento em questão são mostradas na Fig. 4.47.

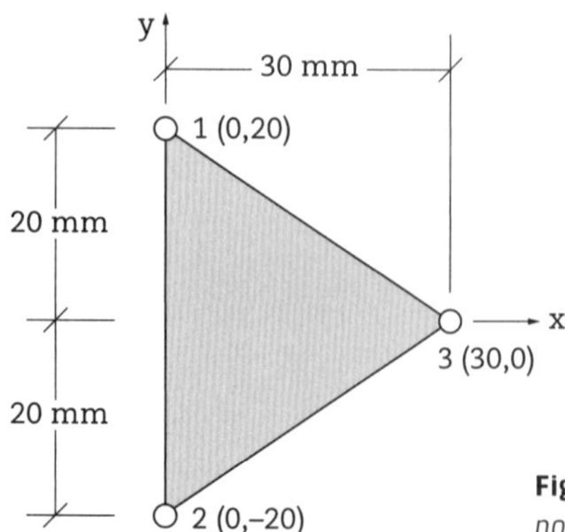

Fig. 4.47 *Coordenadas nodais do elemento 1-2-3*

Resolução

i. Deslocamentos nodais

a) Graus de liberdade

Os graus de liberdade são ilustrados na Fig. 4.48.

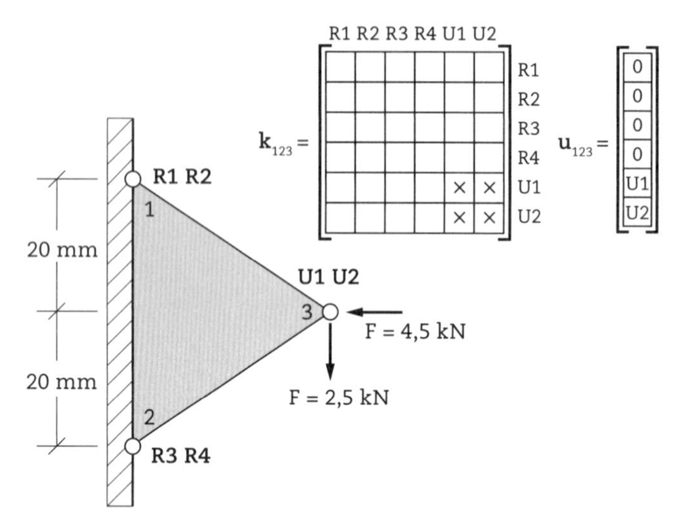

Fig. 4.48 *Graus de liberdade e mapeamento dos coeficientes da matriz de rigidez do elemento 1-2-3*

b) Elemento 1-2-3

- Funções de interpolação

$$\mathbf{g} = \begin{bmatrix} 1 & x & y \end{bmatrix}$$

$$\mathbf{h} = \begin{bmatrix} 1 & 0 & 20 \\ 1 & 0 & -20 \\ 1 & 30 & 0 \end{bmatrix} \rightarrow \mathbf{h}^{-1} = \begin{bmatrix} 1/2 & 1/2 & 0 \\ -1/60 & -1/60 & 1/30 \\ 1/40 & -1/40 & 0 \end{bmatrix}$$

$$\mathbf{N}^T = \mathbf{g} \cdot \mathbf{h}^{-1} = \left[N_1(x,y) \quad N_2(x,y) \quad N_3(x,y) \right]$$

$$\mathbf{N}^T = \left[N_1(x,y) = 0{,}5 - \frac{x}{60} + \frac{y}{40} \quad N_2(x,y) = 0{,}5 - \frac{x}{60} - \frac{y}{40} \quad N_3(x) = \frac{x}{30} \right]$$

- Matriz de compatibilidade

$$\mathbf{B} = \begin{bmatrix} -1/60 & 0 & -1/60 & 0 & 1/30 & 0 \\ 0 & 1/40 & 0 & -1/40 & 0 & 0 \\ 1/40 & -1/60 & -1/40 & -1/60 & 0 & 1/30 \end{bmatrix}$$

- Matriz constitutiva

$$\mathbf{D}^{EPT} = \frac{1}{3} \cdot \begin{bmatrix} 81.250 & 16.250 & 0 \\ 16.250 & 81.250 & 0 \\ 0 & 0 & 32.500 \end{bmatrix}$$

- Matriz de rigidez

$$\mathbf{k}_{123} = \mathbf{B}^T \cdot \mathbf{D} \cdot \mathbf{B} \cdot \int_V dV = \mathbf{B}^T \cdot \mathbf{D} \cdot \mathbf{B} \cdot \left(\frac{30 \cdot 40}{2} \cdot 10 \right)$$

$$\mathbf{k}_{123} = \frac{1}{9} \cdot \begin{bmatrix} \times & \times & \times & \times & \times & \times \\ \times & \times & \times & \times & \times & \times \\ \times & \times & \times & \times & \times & \times \\ \times & \times & \times & \times & \times & \times \\ \times & \times & \times & \times & 1.625.000 & 0 \\ \times & \times & \times & \times & 0 & 650.000 \end{bmatrix}$$

c) Montagem da matriz K^{UU}

$$\mathbf{K}^{UU} = \frac{1}{9} \cdot \begin{bmatrix} 1.625.000 & 0 \\ 0 & 650.000 \end{bmatrix}$$

d) Resolução do sistema

$$\mathbf{F}^{U} = \mathbf{K}^{UU} \cdot \mathbf{U}^{U}$$

$$\begin{bmatrix} -4.500 \\ -2.500 \end{bmatrix} = \frac{1}{9} \cdot \begin{bmatrix} 1.625.000 & 0 \\ 0 & 650.000 \end{bmatrix} \cdot \begin{bmatrix} U_1 \\ U_2 \end{bmatrix} \rightarrow \begin{matrix} U_1 = -0{,}0249 \text{ mm} \\ U_2 = -0{,}0346 \text{ mm} \end{matrix}$$

Os deslocamentos nodais para o caso em questão são exibidos na Fig. 4.49.

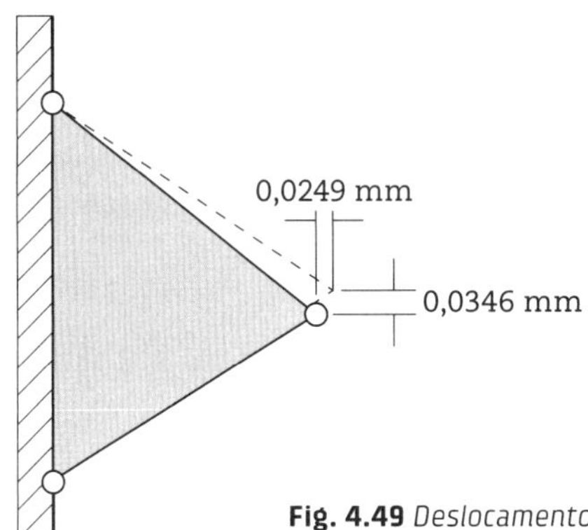

Fig. 4.49 *Deslocamentos nodais do elemento 1-2-3*

ii. Deformações no plano XY

a) Elemento 1-2-3

$$\varepsilon = \mathbf{B} \cdot \mathbf{u} = \begin{bmatrix} -1/60 & 0 & -1/60 & 0 & 1/30 & 0 \\ 0 & 1/40 & 0 & -1/40 & 0 & 0 \\ 1/40 & -1/60 & -1/40 & -1/60 & 0 & 1/30 \end{bmatrix} \cdot \begin{bmatrix} 0 \\ 0 \\ 0 \\ 0 \\ -0{,}0249 \\ -0{,}0346 \end{bmatrix}$$

$$\varepsilon = \begin{bmatrix} \varepsilon_x \\ \varepsilon_y \\ \gamma_{xy} \end{bmatrix} = \begin{bmatrix} -831 \times 10^{-6} \\ 0 \\ -1.154 \times 10^{-6} \end{bmatrix} (\text{mm/mm})$$

iii. Tensões no plano XY

a) Elemento 1-2-3

$$\sigma = \mathbf{D} \cdot \varepsilon = \frac{1}{3} \cdot \begin{bmatrix} 81.250 & 16.250 & 0 \\ 16.250 & 81.250 & 0 \\ 0 & 0 & 32.500 \end{bmatrix} \cdot \begin{bmatrix} -831 \times 10^{-6} \\ 0 \\ -1.154 \times 10^{-6} \end{bmatrix}$$

$$\sigma = \begin{bmatrix} \sigma_x \\ \sigma_y \\ \tau_{xy} \end{bmatrix} = \begin{bmatrix} -22{,}5 \\ -4{,}5 \\ -12{,}5 \end{bmatrix} (\text{MPa})$$

iv. Segurança à ruptura

a) Elemento 1-2-3

• Tensões principais

$$\sigma_{p1} = \sigma_1 = \frac{-22{,}5 + (-4{,}5)}{2} + \sqrt{\left(\frac{-22{,}5 - (-4{,}5)}{2}\right)^2 + (-12{,}5)^2} = +1{,}9 \text{ MPa}$$

$$\sigma_{p2} = \sigma_2 = \frac{-22{,}5 + (-4{,}5)}{2} - \sqrt{\left(\frac{-22{,}5 - (-4{,}5)}{2}\right)^2 + (-12{,}5)^2} = -28{,}9 \text{ MPa}$$

$$\text{tg}\,(2\theta_p) = \frac{2 \cdot (-12{,}5)}{-22{,}5 - (-4{,}5)} \rightarrow \theta_p = 27{,}1^\circ$$

Na Fig. 4.50 são sumarizadas as tensões no elemento 1-2-3.

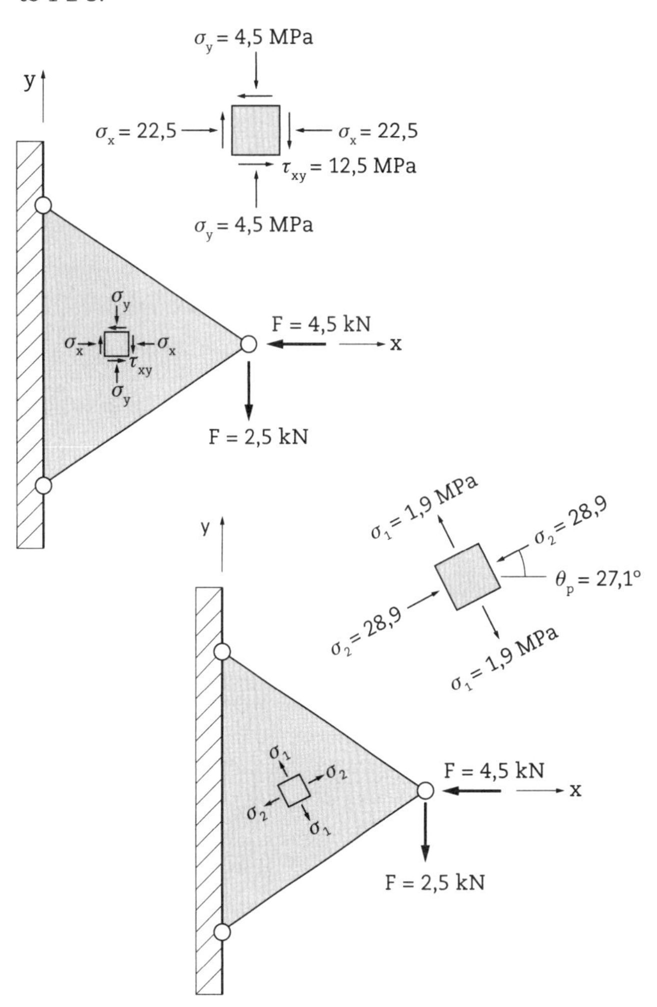

Fig. 4.50 *Tensões no plano xy e nos eixos principais no elemento 1-2-3*

• Critério de Mohr-Coulomb modificado

$$s = \frac{f_t \cdot f_c}{\sigma_1 \cdot f_c + |\sigma_2| \cdot f_t} = \frac{3 \cdot 30}{+1{,}9 \cdot 30 + |-28{,}9| \cdot 3}$$

$$s = 0{,}63 \;\; (\text{rompeu})$$

• Critério da NBR 6118 (ABNT, 2023a)

$$s < \left| \begin{matrix} f_t / \sigma_1 = 3 / 1{,}9 = 1{,}58 \\ \dfrac{f_c}{(|4\sigma_1 - \sigma_3|)} = \dfrac{30}{[|4 \cdot 1{,}9 - (-28{,}9)|]} = 0{,}82 \end{matrix} \right.$$

$$s = 0{,}82 \;\; (\text{rompeu})$$

- Critério de Willam-Warnke

$$J_2 = \frac{1}{3} \cdot \left[(-27,00)^2 - 3 \cdot (-54,91) \right] = 297,91 \text{ MPa}^2$$

$$J_3 = \frac{1}{27} \cdot \left[2 \cdot (-27,00)^3 - 9 \cdot (-27,00) \cdot (-54,91) + 27 \cdot (0) \right] = -1.952,19 \text{ MPa}^3$$

$$3\theta = \arccos\left(\frac{3\sqrt{3}}{2} \cdot \frac{-1.952,19}{(297,91)^{3/2}} \right) \rightarrow \theta = 0,992 \text{ rad} = 56,84^\circ$$

O algoritmo do método da iteração é dado por:

$$\sigma_m = \frac{(+1,9k + 0 - 28,9k)}{3 \cdot 30} = -0,30k$$

$$\rho = \frac{\sqrt{2 \cdot 297,91k^2}}{30} = 0,814k$$

$$0,814 \cdot (k_{i+1}) = \frac{A(k_i) + B(k_i) \cdot \sqrt{C(k_i)}}{D(k_i) + E(k_i)^2}$$

e, após 12 iterações, adotando-se o valor inicial $k_0 = 1,00$, chega-se a:

$$s = 0,76 \text{ (rompeu)}$$

A interpretação gráfica dos critérios de resistência é apresentada na Fig. 4.51.

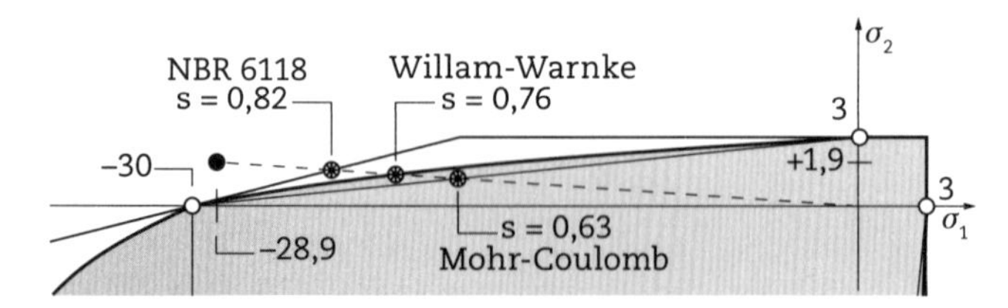

Fig. 4.51 *Interpretação gráfica dos critérios de resistência*

Nota técnica

Para o caso atual, aumentando-se a espessura da chapa para t = 32 mm, as tensões principais máxima e mínima reduzem para $\sigma_1 = 0,6$ MPa e $\sigma_2 = -9,0$ MPa, o que leva a um coeficiente de segurança à ruptura s = 2 para o critério mais conservador (Mohr-Coulomb modificado), suficientemente adequado para estruturas convencionais.

4.8.3 Problema de Aplicação 4.16

Considere a ligação pilar-viga do pórtico rolante composto por chapas de aço e sujeito a uma combinação severa de carregamento. Verifique a segurança ao escoamento do elemento 1-2-3, apresentado na Fig. 4.52, pelo critério de Von Mises. Na mesma figura são dados os deslocamentos e, na Tab. 4.1, as coordenadas nodais do elemento.

Adote módulo de elasticidade do aço E = 205.000 MPa, coeficiente de Poisson $\nu = 0,3$, limite de resistência ao escoamento $f_y = 345$ MPa e espessura da chapa t = 16 mm.

Opere com precisão mínima da ordem de grandeza de 1×10^{-6} m para os deslocamentos, 1×10^{-6} para as deformações e 1 MPa para as tensões. Trabalhe com as unidades consistentes newton (N), milímetro (mm) e megapascal (MPa).

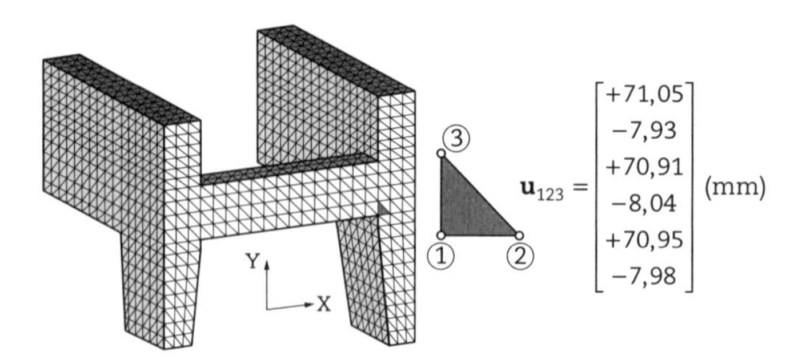

Fig. 4.52 *Modelo de elementos finitos de chapa na região da ligação pilar-viga, com detalhe do elemento 1-2-3 e deslocamentos nodais*

Tab. 4.1 Coordenadas nodais do elemento 1-2-3

Nó	X (mm)	Y (mm)
1	1.670	11.900
2	1.870	11.900
3	1.670	12.100

Resolução

i. Deformações no plano XY

a) Elemento 1-2-3

- Funções de interpolação

$$\mathbf{g} = \begin{bmatrix} 1 & x & y \end{bmatrix}$$

$$\mathbf{h} = \begin{bmatrix} 1 & 1.670 & 11.900 \\ 1 & 1.870 & 11.900 \\ 1 & 1.670 & 12.100 \end{bmatrix}$$

$$\mathbf{h}^{-1} = \begin{bmatrix} 68,85 & -8,35 & -59,5 \\ -5.000 \times 10^{-6} & 5.000 \times 10^{-6} & 0 \\ -5.000 \times 10^{-6} & 0 & 5.000 \times 10^{-6} \end{bmatrix}$$

$$\mathbf{N}^T = \mathbf{g} \cdot \mathbf{h}^{-1} = \begin{bmatrix} N_1(x,y) & N_2(x,y) & N_3(x,y) \end{bmatrix}$$

$$\mathbf{N} = \begin{bmatrix} N_1(x,y) = 68,85 - 5.000 \times 10^{-6} \cdot x - 5.000 \times 10^{-6} \cdot y \\ N_2(x) = -8,35 + 5.000 \times 10^{-6} \cdot x \\ N_3(y) = -59,5 + 5.000 \times 10^{-6} \cdot y \end{bmatrix}$$

- Matriz de compatibilidade

$$\mathbf{B} = 1 \times 10^{-6} \cdot \begin{bmatrix} -5.000 & 0 & 5.000 & 0 & 0 & 0 \\ 0 & -5.000 & 0 & 0 & 0 & 5.000 \\ -5.000 & -5.000 & 0 & 5.000 & 5.000 & 0 \end{bmatrix}$$

$$\varepsilon = \mathbf{B} \cdot \mathbf{u} = 1 \times 10^{-6}$$

$$\begin{bmatrix} -5.000 & 0 & 5.000 & 0 & 0 & 0 \\ 0 & -5.000 & 0 & 0 & 0 & 5.000 \\ -5.000 & -5.000 & 0 & 5.000 & 5.000 & 0 \end{bmatrix} \cdot \begin{bmatrix} 71,05 \\ -7,93 \\ 70,91 \\ -8,04 \\ 70,95 \\ -7,98 \end{bmatrix}$$

$$\varepsilon = \begin{bmatrix} \varepsilon_x \\ \varepsilon_y \\ \gamma_{xy} \end{bmatrix} = \begin{bmatrix} -700 \times 10^{-6} \\ -250 \times 10^{-6} \\ -1.050 \times 10^{-6} \end{bmatrix} (\text{mm/mm})$$

ii. Tensões no plano XY

a) Elemento 1-2-3

$$\mathbf{D}^{\text{EPT}} = \begin{bmatrix} 225.275 & 67.582 & 0 \\ 67.582 & 225.275 & 0 \\ 0 & 0 & 78.846 \end{bmatrix}$$

$$\sigma = \mathbf{D} \cdot \varepsilon = \begin{bmatrix} 225.275 & 67.582 & 0 \\ 67.582 & 225.275 & 0 \\ 0 & 0 & 78.846 \end{bmatrix} \cdot \begin{bmatrix} -700 \times 10^{-6} \\ -250 \times 10^{-6} \\ -1.050 \times 10^{-6} \end{bmatrix}$$

$$\sigma = \begin{bmatrix} \sigma_x \\ \sigma_y \\ \tau_{xy} \end{bmatrix} = \begin{bmatrix} -175 \\ -104 \\ -83 \end{bmatrix} (\text{MPa})$$

iii. Segurança ao escoamento

a) Elemento 1-2-3

- Tensões principais

$$\sigma_{p1} = \sigma_1 = \frac{-175 - 104}{2} + \sqrt{\left(\frac{-175 + 104}{2}\right)^2 + (-83)^2} = -49 \text{ MPa}$$

$$\sigma_{p2} = \sigma_2 = \frac{-175 - 104}{2} - \sqrt{\left(\frac{-175 + 104}{2}\right)^2 + (-83)^2} = -229 \text{ MPa}$$

- Critério de Von Mises

$$\sigma^{VM} = \sqrt{(-49)^2 - (-49) \cdot (-229) + (-229)^2} = 209 \text{ MPa}$$

$$s = \frac{345}{209} = 1,65$$

4.9 Elemento EPD

4.9.1 Problema de Aplicação 4.17

Seja o elemento triangular esquematizado na Fig. 4.53a, submetido a uma força vertical F = 5 kN, equivalente a uma carga distribuída de 5 kN/mm no EPD, conforme indicado na Fig. 4.53c. Determine o coeficiente de segurança ao escoamento desse elemento pelos critérios de resistência de Von Mises e de Tresca.

Considere o elemento com espessura unitária t = 1 mm de liga leve de alumínio 2014-T6 com módulo de

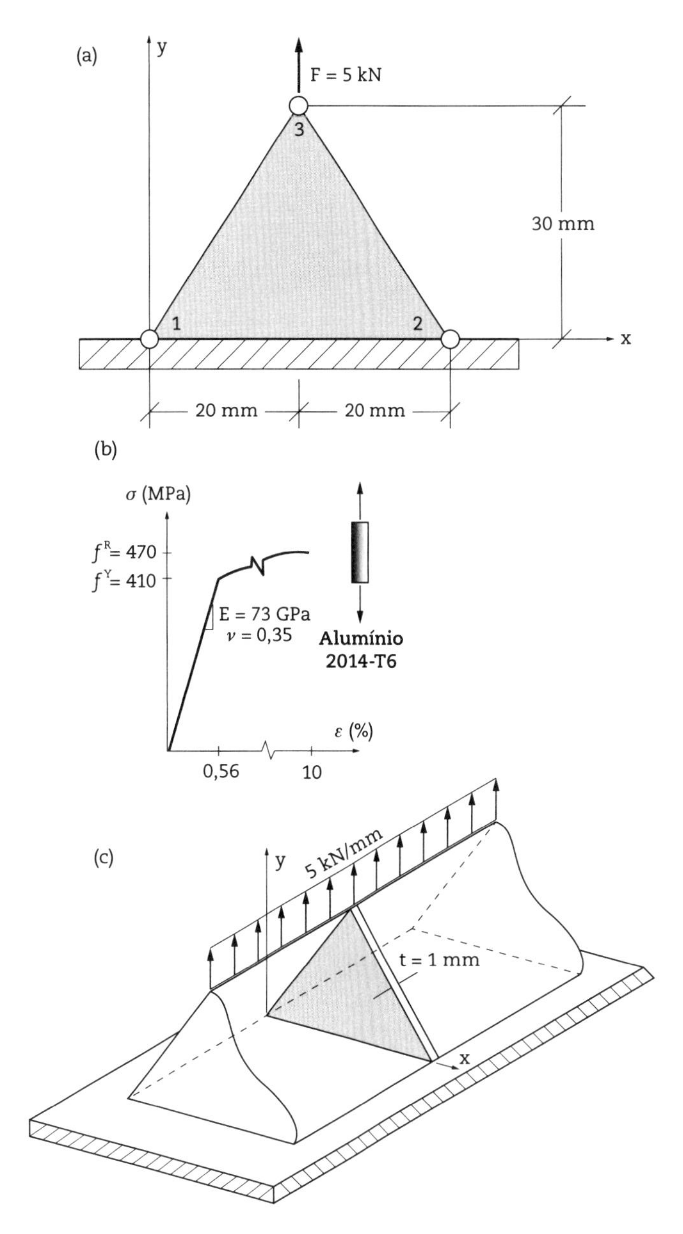

Fig. 4.53 *Elemento estrutural de alumínio: (a) modelo de elementos finitos idealizado para o EPD, (b) diagrama tensão-deformação da liga de alumínio utilizada e (c) sólido prismático com seção triangular*

elasticidade E = 73.000 MPa, coeficiente de Poisson ν = 0,35, limite de resistência ao escoamento f_y = 410 MPa e limite de resistência à tração f_t = 470 MPa, cujo diagrama tensão-deformação é indicado na Fig. 4.53b.

Opere com precisão mínima da ordem de grandeza de 1×10^{-6} m para os deslocamentos, 1×10^{-6} para as deformações e 1 MPa para as tensões. Trabalhe com as unidades consistentes newton (N), milímetro (mm) e megapascal (MPa).

Resolução

i. Deslocamentos nodais

a) Graus de liberdade

Os graus de liberdade são ilustrados na Fig. 4.54.

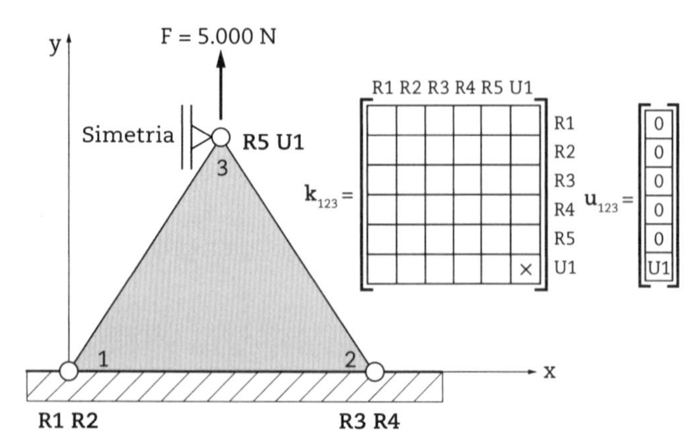

Fig. 4.54 *Graus de liberdade e mapeamento dos coeficientes da matriz de rigidez do elemento 1-2-3*

b) Elemento 1-2-3

- Funções de interpolação

As funções de interpolação são as mesmas obtidas no Problema de Aplicação 4.14, dadas por:

$$\mathbf{N}^T = \left[N_1(x,y) = 1 - \frac{x}{40} - \frac{y}{60} \quad N_2(x,y) = \frac{x}{40} - \frac{y}{60} \quad N_3(y) = \frac{y}{30} \right]$$

- Matriz de compatibilidade

$$\mathbf{B} = \begin{bmatrix} -1/40 & 0 & 1/40 & 0 & 0 & 0 \\ 0 & -1/60 & 0 & -1/60 & 0 & 1/30 \\ -1/60 & -1/40 & -1/60 & 1/40 & 1/30 & 0 \end{bmatrix}$$

- Matriz constitutiva

$$\mathbf{D}^{EPD} = \begin{bmatrix} 117.160 & 63.086 & 0 \\ 63.086 & 117.160 & 0 \\ 0 & 0 & 27.037 \end{bmatrix}$$

- Matriz de rigidez

$$\mathbf{k}_{123} = \mathbf{B}^T \cdot \mathbf{D} \cdot \mathbf{B} \cdot \int_v dV = \mathbf{B}^T \cdot \mathbf{D} \cdot \mathbf{B} \cdot \left(\frac{40 \cdot 30}{2} \cdot 1 \right)$$

$$\mathbf{k}_{123} = \begin{bmatrix} \times & \times & \times & \times & \times & \times \\ \times & \times & \times & \times & \times & \times \\ \times & \times & \times & \times & \times & \times \\ \times & \times & \times & \times & \times & \times \\ \times & \times & \times & \times & \times & \times \\ \times & \times & \times & \times & \times & 78.107 \end{bmatrix}$$

c) Montagem da matriz K^{UU}

$$\mathbf{K}^{UU} = [78.107]$$

d) Resolução do sistema

$$\mathbf{F}^U = \mathbf{K}^{UU} \cdot \mathbf{U}^U$$

$$5.000 = 78.107 \cdot U_1 \quad \rightarrow \quad U_1 = 0{,}064 \text{ mm}$$

ii. Deformações no plano XY

a) Elemento 1-2-3

$$\varepsilon = \mathbf{B} \cdot \mathbf{u} = \begin{bmatrix} -1/40 & 0 & 1/40 & 0 & 0 & 0 \\ 0 & -1/60 & 0 & -1/60 & 0 & 1/30 \\ -1/60 & -1/40 & -1/60 & 1/40 & 1/30 & 0 \end{bmatrix} \cdot \begin{bmatrix} 0 \\ 0 \\ 0 \\ 0 \\ 0 \\ 0{,}064 \end{bmatrix}$$

$$\varepsilon = \begin{bmatrix} \varepsilon_x \\ \varepsilon_y \\ \gamma_{xy} \end{bmatrix} = \begin{bmatrix} 0 \\ 2.134 \times 10^{-6} \\ 0 \end{bmatrix}$$

iii. Tensões no plano XY e de confinamento

a) Elemento 1-2-3

$$\sigma = \mathbf{D} \cdot \varepsilon = \begin{bmatrix} 117.160 & 63.086 & 0 \\ 63.086 & 117.160 & 0 \\ 0 & 0 & 27.037 \end{bmatrix} \cdot \begin{bmatrix} 0 \\ 2.134 \times 10^{-6} \\ 0 \end{bmatrix}$$

$$\sigma = \begin{bmatrix} \sigma_x \\ \sigma_y \\ \tau_{xy} \end{bmatrix} = \begin{bmatrix} 135 \\ 250 \\ 0 \end{bmatrix} \text{(MPa)}$$

$$\sigma_z = 0{,}35 \cdot (135 + 250) = +135 \text{ MPa}$$

iv. Segurança ao escoamento

a) Elemento 1-2-3

- Tensões principais

$$\sigma_{p1} = \sigma_1 = \frac{135 + 250}{2} + \sqrt{\left(\frac{135 - 250}{2} \right)^2 + 0^2} = +250 \text{ MPa}$$

$$\sigma_{p2} = \sigma_2 = \frac{135 + 250}{2} - \sqrt{\left(\frac{135 - 250}{2} \right)^2 + 0^2} = +135 \text{MPa}$$

$$\sigma_z = \sigma_3 = +135 \text{ MPa}$$

- Critério de Von Mises

$$\sigma^{VM} = \sqrt{\frac{(250 - 135)^2 + (135 - 135)^2 + (135 - 250)^2}{2}}$$

$$\sigma^{VM} = 115 \text{ MPa} \qquad s = \frac{f^Y}{\sigma^{VM}} = \frac{410}{115} = 3{,}6$$

- Critério de Tresca

$$s = \frac{f^Y}{\sigma_1} = \frac{410}{250} = 1{,}6$$

Nota técnica

O elemento EPD, que no problema atual simula uma seção representativa de um sólido de extrusão de seção triangular com espessura unitária t = 1 mm, não atingiu o escoamento com a carga aplicada F = 5 kN para ambos os critérios utilizados.

O critério de Tresca é mais conservador que o critério de Von Mises, sendo este último mais realista e econômico. Considerando-se o coeficiente de segurança mínimo s = 2, tem-se pelo critério de Von Mises uma reserva estrutural que permite o uso de uma liga de alumínio mais econômica, por exemplo, alumínio estrutural 6061-T6, cujo limite de resistência ao escoamento vale $f_y = 255$ MPa.

Diante dessa medida, o coeficiente de segurança pelo critério de Von Mises reduz-se para s = 255/115 = 2,2, que ainda se mantém suficientemente adequado para estruturas convencionais. Por outro lado, pelo critério de Tresca, s = 255/250 = 1,0, e a estrutura está no limiar do escoamento, sendo, portanto, impeditiva essa mudança para um material mais econômico.

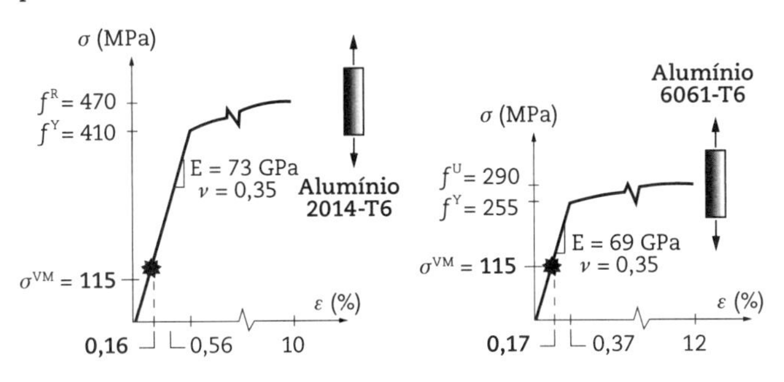

4.10 Elemento EAT

4.10.1 Problema de Aplicação 4.18

Determine o coeficiente de segurança ao escoamento, pelo critério de Von Mises, do sólido de revolução sujeito a carregamento axissimétrico indicado na Fig. 4.55.

Considere o elemento estrutural de liga leve de alumínio 2014-T6, cujas características elásticas e resistentes são: módulo de elasticidade E = 73.000 MPa, coeficiente de Poisson ν = 0,35, limite de resistência ao escoamento f_y = 410 MPa e limite de resistência à tração f_u = 470 MPa. Opere com precisão mínima da ordem de grandeza de 1×10^{-3} m para os deslocamentos, 1×10^{-6} para as deformações e 1 MPa para as tensões. Trabalhe com as unidades consistentes newton (N), milímetro (mm) e megapascal (MPa).

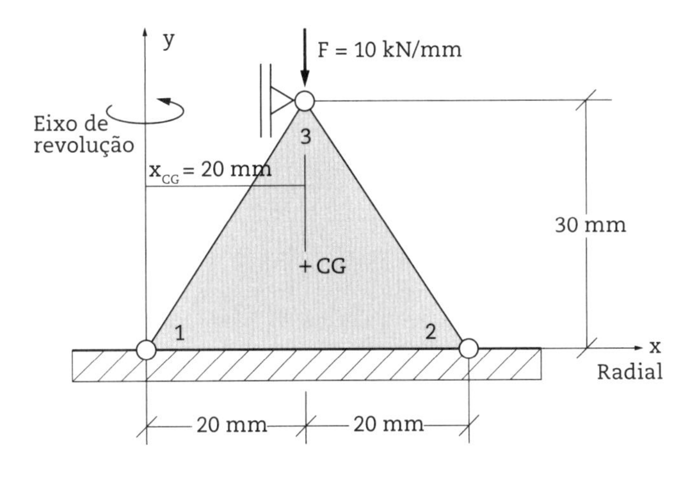

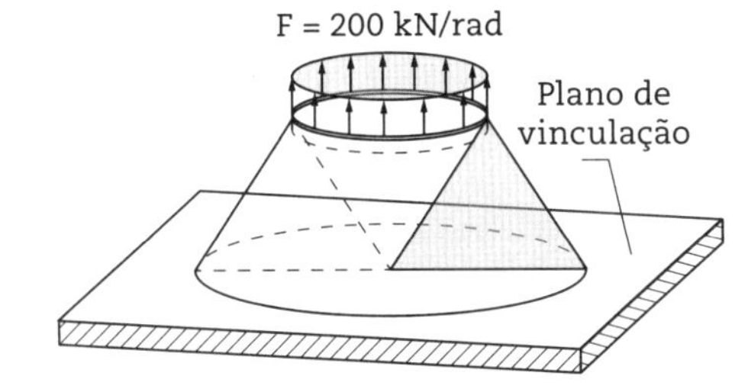

Fig. 4.55 *Sólido de alumínio sob carregamento axissimétrico*

Resolução

i. Deslocamentos nodais

a) Elemento 1-2-3

- Funções de interpolação

Valem as mesmas funções de interpolação obtidas no Problema de Aplicação 4.14, dadas por:

$$\mathbf{N}^T = \left[N_1(x,y) = 1 - \frac{x}{40} - \frac{y}{60} \quad N_2(x,y) = \frac{x}{40} - \frac{y}{60} \quad N_3(y) = \frac{y}{30} \right]$$

- Matriz de compatibilidade

É adaptada do Problema de Aplicação 4.14:

$$\mathbf{B} = \begin{bmatrix} -1/40 & 0 & 1/40 & 0 & 0 & 0 \\ 0 & -1/60 & 0 & -1/60 & 0 & 1/30 \\ 0 & 0 & 0 & 0 & 0 & 0 \\ -1/60 & -1/40 & -1/60 & 1/40 & 1/30 & 0 \end{bmatrix}$$

- Matriz constitutiva

$$\mathbf{D}^{EAT} = \begin{bmatrix} 117.160 & 63.086 & 63.086 & 0 \\ 63.086 & 117.160 & 63.086 & 0 \\ 63.086 & 63.086 & 117.160 & 0 \\ 0 & 0 & 0 & 27.037 \end{bmatrix}$$

- Matriz de rigidez

Lembrando que o volume do sólido de revolução é dado por:

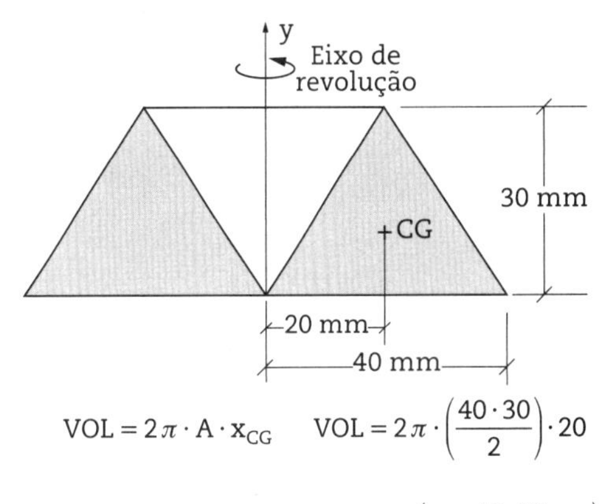

$$VOL = 2\pi \cdot A \cdot x_{CG} \qquad VOL = 2\pi \cdot \left(\frac{40 \cdot 30}{2}\right) \cdot 20$$

$$\mathbf{k}_{123} = \mathbf{B}^T \cdot \mathbf{D} \cdot \mathbf{B} \cdot \int_v dV = \mathbf{B}^T \cdot \mathbf{D} \cdot \mathbf{B} \cdot \left(2\pi \cdot \frac{40 \cdot 30}{2} \cdot 20\right)$$

$$\mathbf{k}_{123} = 2\pi \cdot \begin{bmatrix} \times & \times & \times & \times & \times & \times \\ \times & \times & \times & \times & \times & \times \\ \times & \times & \times & \times & \times & \times \\ \times & \times & \times & \times & \times & \times \\ \times & \times & \times & \times & \times & \times \\ \times & \times & \times & \times & \times & 1.562.140 \end{bmatrix}$$

b) Montagem da matriz K^{UU}

$$\mathbf{K}^{UU} = 2\pi \cdot [1.562.140]$$

c) Resolução do sistema

$$\mathbf{F}^U = \mathbf{K}^{UU} \cdot \mathbf{U}^U$$

$$200.000 \cdot (2\pi) = 1.562.140 \cdot (2\pi) \cdot U_1 \quad \rightarrow \quad U_1 = 128 \times 10^{-3}\ \text{m}$$

ii. Deformações no plano XY e circunferencial

a) Elemento 1-2-3

$$\varepsilon_\theta = \frac{\left(\frac{u_1}{x_1}+\frac{u_2}{x_2}+\frac{u_3}{x_3}\right)}{3} = \frac{\left(\frac{0}{0}+\frac{0}{40}+\frac{0}{20}\right)}{3} = 0$$

$$\varepsilon = \mathbf{B}\cdot\mathbf{u} = \begin{bmatrix} -1/40 & 0 & 1/40 & 0 & 0 & 0 \\ 0 & -1/60 & 0 & -1/60 & 0 & 1/30 \\ 0 & 0 & 0 & 0 & 0 & 0 \\ -1/60 & -1/40 & -1/60 & 1/40 & 1/30 & 0 \end{bmatrix}$$

$$\cdot\begin{bmatrix} 0 \\ 0 \\ 0 \\ 0 \\ 0 \\ 128\times10^{-3} \end{bmatrix} + \begin{bmatrix} 0 \\ 0 \\ 0 \\ 0 \end{bmatrix}$$

$$\varepsilon = \begin{bmatrix} \varepsilon_x \\ \varepsilon_y \\ \varepsilon_\theta \\ \gamma_{xy} \end{bmatrix} = \begin{bmatrix} 0 \\ 4.268\times10^{-6} \\ 0 \\ 0 \end{bmatrix}$$

iii. Tensões no plano XY e circunferencial

a) Elemento 1-2-3

$$\sigma = \mathbf{D}\cdot\varepsilon = \begin{bmatrix} 117.160 & 63.086 & 63.086 & 0 \\ 63.086 & 117.160 & 63.086 & 0 \\ 63.086 & 63.086 & 117.160 & 0 \\ 0 & 0 & 0 & 27.037 \end{bmatrix}\cdot\begin{bmatrix} 0 \\ 4.268\times10^{-6} \\ 0 \\ 0 \end{bmatrix}$$

$$\sigma = \begin{bmatrix} \sigma_x \\ \sigma_y \\ \sigma_\theta \\ \tau_{xy} \end{bmatrix} = \begin{bmatrix} 269 \\ 500 \\ 269 \\ 0 \end{bmatrix}(\text{MPa})$$

iv. Segurança ao escoamento

a) Elemento 1-2-3

- Tensões principais

$$\sigma_{p1} = \sigma_1 = \frac{269+500}{2} + \sqrt{\left(\frac{269-500}{2}\right)^2 + 0^2} = +500\ \text{MPa}$$

$$\sigma_{p2} = \sigma_2 = \frac{269+500}{2} - \sqrt{\left(\frac{269-500}{2}\right)^2 + 0^2} = +269\ \text{MPa}$$

$$\sigma_\theta = \sigma_3 = +269\ \text{MPa}$$

- Critério de Von Mises

$$\sigma^{VM} = \sqrt{\frac{(500-269)^2+(269-269)^2+(269-500)^2}{2}}$$

$$\sigma^{VM} = 231\ \text{MPa} \qquad s = \frac{f^Y}{\sigma^{VM}} = \frac{410}{231} = 1{,}8$$

4.10.2 Problema de Aplicação 4.19

Considere um anel de aço de diâmetro interno D = 2.000 mm, altura da parede h = 10 mm e espessura da parede e = 10 mm, sujeito a uma pressão interna p^{int} = 1 MPa, conforme indicado na Fig. 4.56. Verifique a segurança ao escoamento do elemento 1-2-3 para o EAT pelos critérios de Von Mises e Tresca. São fornecidos os deslocamentos nodais na Tab. 4.2.

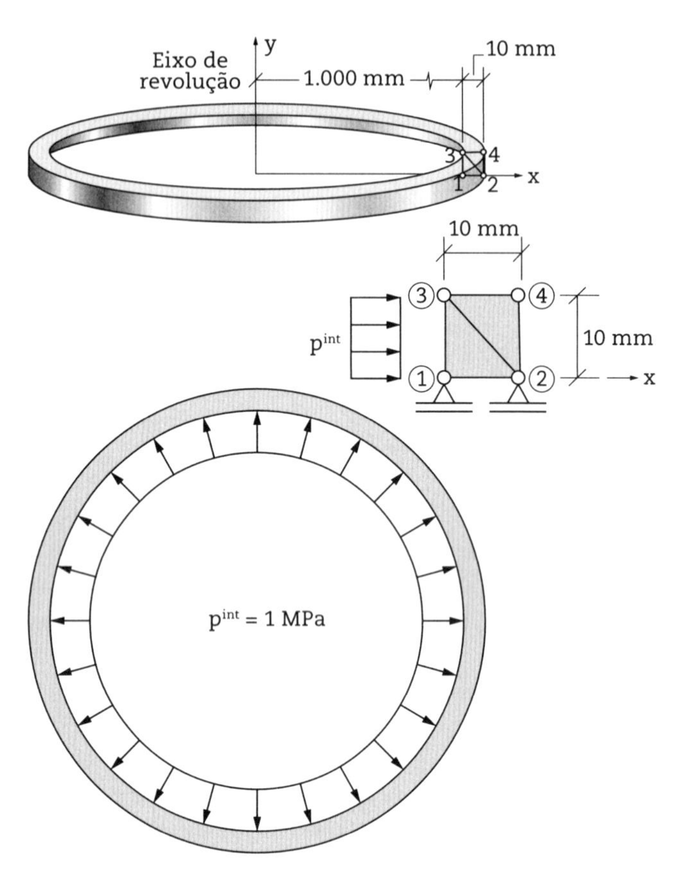

Fig. 4.56 *Anel de aço inox sujeito a pressão interna*

Tab. 4.2 Deslocamentos nodais do elemento 1-2-3

Nó	UX (mm)	UY (mm)
1	0,52224	0,00000
2	0,52071	0,00000
3	0,52224	−0,00149

Adote a liga de aço inoxidável 304 com módulo de elasticidade E = 193.000 MPa, coeficiente de Poisson ν = 0,29, limite de resistência ao escoamento f_y = 215 MPa e limite de resistência à tração f_u = 505 MPa. Opere com precisão mínima da ordem de grandeza de 1 × 10^{-6} m para os deslocamentos, 1 × 10^{-6} para as deformações e 1 MPa para as tensões. Trabalhe com as unidades consistentes newton (N), milímetro (mm) e megapascal (MPa).

Resolução

i. Deformações no plano XY e circunferencial

a) Elemento 1-2-3

- Funções de interpolação

$$\mathbf{g} = [1 \quad x \quad y]$$

$$\mathbf{h} = \begin{bmatrix} 1 & 1.000 & 0 \\ 1 & 1.010 & 0 \\ 1 & 1.000 & 10 \end{bmatrix} \rightarrow \mathbf{h}^{-1} = \begin{bmatrix} 101 & -100 & 0 \\ -0,10 & 0,10 & 0 \\ -0,10 & 0 & 0,10 \end{bmatrix}$$

As funções de interpolação são dadas por:

$$\mathbf{N} = \begin{bmatrix} N_1(x,y) = 101 - 0,10 \cdot x - 0,10 \cdot y \\ N_2(x) = -100 + 0,10 \cdot x \\ N_3(y) = 0,10 \cdot y \end{bmatrix}$$

- Matriz de compatibilidade

$$\mathbf{B} = \begin{bmatrix} -0,10 & 0 & 0,10 & 0 & 0 & 0 \\ 0 & -0,10 & 0 & 0 & 0 & 0,10 \\ 0 & 0 & 0 & 0 & 0 & 0 \\ -0,10 & -0,10 & 0 & 0,10 & 0,10 & 0 \end{bmatrix}$$

$$\varepsilon_\theta = \frac{\left(\frac{u_1}{x_1} + \frac{u_2}{x_2} + \frac{u_3}{x_3}\right)}{3} = \frac{\left(\frac{0,52224}{1.000} + \frac{0,52071}{1.010} + \frac{0,52224}{1.000}\right)}{3} = 520 \times 10^{-6}$$

$$\varepsilon = \mathbf{B} \cdot \mathbf{u} = \begin{bmatrix} -0,10 & 0 & 0,10 & 0 & 0 & 0 \\ 0 & -0,10 & 0 & 0 & 0 & 0,10 \\ 0 & 0 & 0 & 0 & 0 & 0 \\ -0,10 & -0,10 & 0 & 0,10 & 0,10 & 0 \end{bmatrix} \cdot \begin{bmatrix} 0,52224 \\ 0 \\ 0,52071 \\ 0 \\ 0,52224 \\ -0,00149 \end{bmatrix} + \begin{bmatrix} 0 \\ 0 \\ 520 \times 10^{-6} \\ 0 \end{bmatrix}$$

$$\varepsilon = \begin{bmatrix} \varepsilon_x \\ \varepsilon_y \\ \varepsilon_\theta \\ \gamma_{xy} \end{bmatrix} = \begin{bmatrix} -153 \times 10^{-6} \\ -149 \times 10^{-6} \\ 520 \times 10^{-6} \\ 0 \end{bmatrix}$$

ii. Tensões no plano XY e circunferencial

a) Elemento 1-2-3

- Matriz constitutiva

$$\mathbf{D}^{EAT} = \begin{bmatrix} 252.916 & 103.304 & 103.304 & 0 \\ 103.304 & 252.916 & 103.304 & 0 \\ 103.304 & 103.304 & 252.916 & 0 \\ 0 & 0 & 0 & 74.806 \end{bmatrix}$$

$$\sigma = \mathbf{D}^{EAT} \cdot \varepsilon = \begin{bmatrix} 252.916 & 103.304 & 103.304 & 0 \\ 103.304 & 252.916 & 103.304 & 0 \\ 103.304 & 103.304 & 252.916 & 0 \\ 0 & 0 & 0 & 74.806 \end{bmatrix} \cdot \begin{bmatrix} -153 \times 10^{-6} \\ -149 \times 10^{-6} \\ 520 \times 10^{-6} \\ 0 \end{bmatrix}$$

$$\sigma = \begin{bmatrix} \sigma_x \\ \sigma_y \\ \sigma_\theta \\ \tau_{xy} \end{bmatrix} = \begin{bmatrix} 0 \\ 0 \\ 100 \\ 0 \end{bmatrix} \text{(MPa)}$$

iii. Segurança ao escoamento

a) Elemento 1-2-3

- Tensões principais

$$\sigma_{p1} = \sigma_2 = \frac{0+0}{2} + \sqrt{\left(\frac{0-0}{2}\right)^2 + (0)^2} = 0$$

$$\sigma_{p2} = \sigma_3 = \frac{0+0}{2} - \sqrt{\left(\frac{0-0}{2}\right)^2 + (0)^2} = 0$$

$$\sigma_\theta = \sigma_1 = 100 \text{ MPa}$$

- Critério de Von Mises

$$\sigma^{VM} = \sqrt{(100)^2 - (100) \cdot (0) + (0)^2}$$

$$\sigma^{VM} = 100 \text{ MPa} \rightarrow s = \frac{215}{100} = 2,15$$

- Critério de Tresca

$$s = \frac{215}{100} = 2,15$$

Nota técnica

No problema atual, os critérios de Von Mises e Tresca são coincidentes. Geralmente, o critério de Tresca é mais conservador.

4.10.3 Problema de Aplicação 4.20

Considere um silo de concreto para armazenamento de produtos agrícolas com diâmetro interno D = 4,40 m e espessura da parede e = 0,30 m, sujeito ao peso próprio e ao empuxo produzido pelos grãos, conforme indicado na Fig. 4.57. Verifique a segurança à falha do elemento 17-35-18, sujeito ao EAT, segundo os critérios de resistência da NBR 6118 (ABNT, 2023a) e de Willam-Warnke.

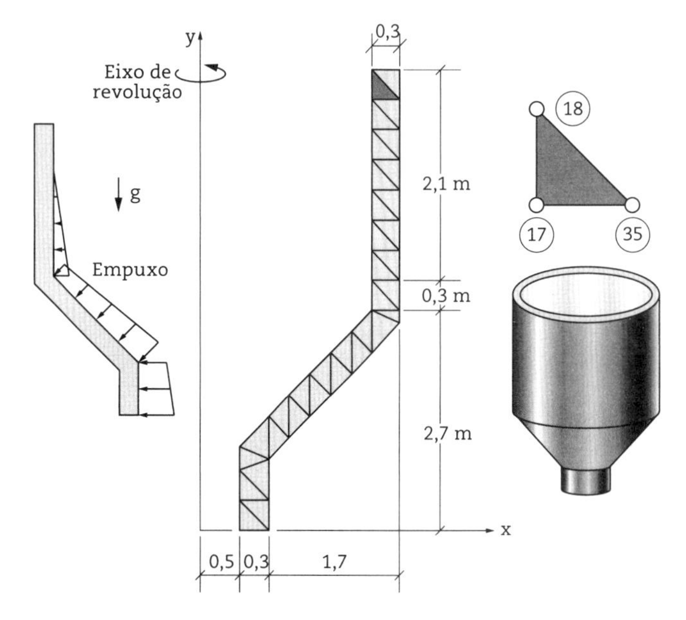

Fig. 4.57 *Modelo de elementos finitos de silo de concreto*

São dados os deslocamentos nodais na Tab. 4.3. Adote módulo de elasticidade E = 27 × 10^6 kPa, coeficiente de

Poisson ν = 0,2, limite de resistência à compressão f_c = 30.000 kPa e limite de resistência à tração f_t = 3.000 kPa. Opere com precisão mínima da ordem de grandeza de 1 × 10^{-6} m para os deslocamentos, 1 × 10^{-6} para as deformações e 1 kPa para as tensões. Trabalhe com as unidades consistentes quilonewton (kN), metro (m) e quilopascal (kPa).

Tab. 4.3 Deslocamentos nodais do elemento 17-35-18

Nó	UX (mm)	UY (mm)
17	0,713	−1,634
35	0,666	−1,301
18	0,336	−1,658

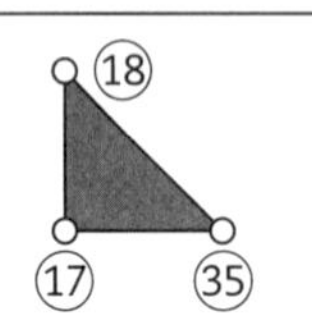

Resolução

i. Deformações no plano XY e circunferencial

a) Elemento 17-35-18

- Funções de interpolação

$$\mathbf{g} = \begin{bmatrix} 1 & x & y \end{bmatrix}$$

$$\mathbf{h} = \begin{bmatrix} 1 & 2,2 & 4,8 \\ 1 & 2,5 & 4,8 \\ 1 & 2,2 & 5,1 \end{bmatrix} \rightarrow \mathbf{h}^{-1} = \frac{1}{3} \cdot \begin{bmatrix} 73 & -22 & -48 \\ -10 & 10 & 0 \\ -10 & 0 & 10 \end{bmatrix}$$

$$\mathbf{N} = \begin{bmatrix} N_1(x,y) = 1/3 \cdot (73 - 10x - 10y) \\ N_2(x) = 1/3 \cdot (-22 + 10x) \\ N_3(y) = 1/3 \cdot (-48 + 10y) \end{bmatrix}$$

- Matriz de compatibilidade

$$\mathbf{B} = \frac{1}{3} \cdot \begin{bmatrix} -10 & 0 & 10 & 0 & 0 & 0 \\ 0 & -10 & 0 & 0 & 0 & 10 \\ 0 & 0 & 0 & 0 & 0 & 0 \\ -10 & -10 & 0 & 10 & 10 & 0 \end{bmatrix}$$

$$\varepsilon_\theta = \frac{\left(\frac{u_{17}}{x_{17}} + \frac{u_{35}}{x_{35}} + \frac{u_{18}}{x_{18}} \right)}{3} = \frac{\left(\frac{0,713 \times 10^{-3}}{2,2} + \frac{0,666 \times 10^{-3}}{2,5} + \frac{0,336 \times 10^{-3}}{2,2} \right)}{3} = 248 \times 10^{-6}$$

$$\varepsilon = \mathbf{B} \cdot \mathbf{u} = \frac{1}{3} \cdot \begin{bmatrix} -10 & 0 & 10 & 0 & 0 & 0 \\ 0 & -10 & 0 & 0 & 0 & 10 \\ 0 & 0 & 0 & 0 & 0 & 0 \\ -10 & -10 & 0 & 10 & 10 & 0 \end{bmatrix} \cdot \begin{bmatrix} 0,713 \times 10^{-3} \\ -1,634 \times 10^{-3} \\ 0,666 \times 10^{-3} \\ -1,301 \times 10^{-3} \\ 0,336 \times 10^{-3} \\ -1,658 \times 10^{-3} \end{bmatrix} + \begin{bmatrix} 0 \\ 0 \\ 248 \times 10^{-6} \\ 0 \end{bmatrix}$$

$$\varepsilon = \begin{bmatrix} \varepsilon_x \\ \varepsilon_y \\ \varepsilon_\theta \\ \gamma_{xy} \end{bmatrix} = \begin{bmatrix} -156 \times 10^{-6} \\ -80 \times 10^{-6} \\ 248 \times 10^{-6} \\ -145 \times 10^{-6} \end{bmatrix}$$

ii. Tensões no plano XY e circunferencial

a) Elemento 17-35-18

- Matriz constitutiva

$$\mathbf{D}^{EAT} = 1 \times 10^6 \cdot \begin{bmatrix} 30 & 7,5 & 7,5 & 0 \\ 7,5 & 30 & 7,5 & 0 \\ 7,5 & 7,5 & 30 & 0 \\ 0 & 0 & 0 & 11,25 \end{bmatrix}$$

$$\sigma = \mathbf{D}^{EAT} \cdot \varepsilon = 1 \times 10^6 \cdot \begin{bmatrix} 30 & 7,5 & 7,5 & 0 \\ 7,5 & 30 & 7,5 & 0 \\ 7,5 & 7,5 & 30 & 0 \\ 0 & 0 & 0 & 11,25 \end{bmatrix} \cdot \begin{bmatrix} -156 \times 10^{-6} \\ -80 \times 10^{-6} \\ 248 \times 10^{-6} \\ -145 \times 10^{-6} \end{bmatrix}$$

$$\sigma = \begin{bmatrix} \sigma_x \\ \sigma_y \\ \sigma_\theta \\ \tau_{xy} \end{bmatrix} = \begin{bmatrix} -3.412 \\ -1.709 \\ 5.666 \\ -1.635 \end{bmatrix} \text{(kPa)}$$

- Tensões principais

$$\sigma_{p1} = \sigma_2 = \frac{-3.412 - 1.709}{2} + \sqrt{\left(\frac{-3.412 + 1.709}{2} \right)^2 + (-1.635)^2}$$
$$= -717 \text{ kPa}$$

$$\sigma_{p2} = \sigma_3 = \frac{-3.412 - 1.709}{2} - \sqrt{\left(\frac{-3.412 + 1.709}{2} \right)^2 + (-1.635)^2}$$
$$= -4.404 \text{ kPa}$$

$$\sigma_\theta = \sigma_1 = 5.666 \text{ kPa}$$

iii. Segurança à ruptura

a) Critério da NBR 6118 (ABNT, 2023a)

$$s < \left| \begin{array}{l} f_t / \sigma_1 = 3 / 5,666 = 0,53 \\ f_c / (|4\sigma_1 - \sigma_3|) = 30 / \left[|4 \cdot 5,666 - (-4,404)| \right] = 1,11 \end{array} \right.$$

$$s = 0,53$$

b) Critério de Willam-Warnke

$$J_2 = \frac{1}{3} \cdot \left[(0,545)^2 - 3 \cdot (-25,858) \right] = 25,957 \text{ MPa}^2$$

$$J_3 = \frac{1}{27} \cdot \left[2 \cdot (0,545)^3 - 9 \cdot (0,545) \cdot (-25,858) + 27 \cdot 17,891 \right]$$
$$= 22,601 \text{ MPa}^3$$

$$3\theta = \arccos\left(\frac{3\sqrt{3}}{2} \cdot \frac{22,601}{(25,957)^{3/2}} \right) \rightarrow \theta = 0,370 \text{ rad} = 21,2^\circ$$

O algoritmo do método da iteração é dado por:

$$\sigma_m = \frac{(5,666k - 0,717k - 4,404k)}{3 \cdot 30} = 6,056 \times 10^{-3} \cdot k$$

$$\rho = \frac{\sqrt{2 \cdot 25{,}957 \cdot k^2}}{30} = 0{,}240k$$

$$0{,}240 \cdot (k_{i+1}) = \frac{A(k_i) + B(k_i) \cdot \sqrt{C(k_i)}}{D(k_i) + E(k_i)^2}$$

e, após três iterações, com valor inicial arbitrário k_0 = 1,00, chega-se a:

$$s = 0{,}52$$

Nota técnica

No problema atual, os critérios de resistência da NBR 6118 (ABNT, 2023a) e de Willam-Warnke são praticamente coincidentes. Geralmente, o critério da NBR 6118 é mais conservador.

4.11 Elemento finito quadrangular de placa

4.11.1 Problema de Aplicação 4.21

Considere uma laje de concreto armado quadrada engastada nas quatro bordas com vão L = 4 m e suportando uma carga concentrada P = 400 kN aplicada em seu centro, conforme indicado nas Figs. 4.58 a 4.61. Levando em conta a dupla simetria da laje, determine a flecha e os esforços reativos.

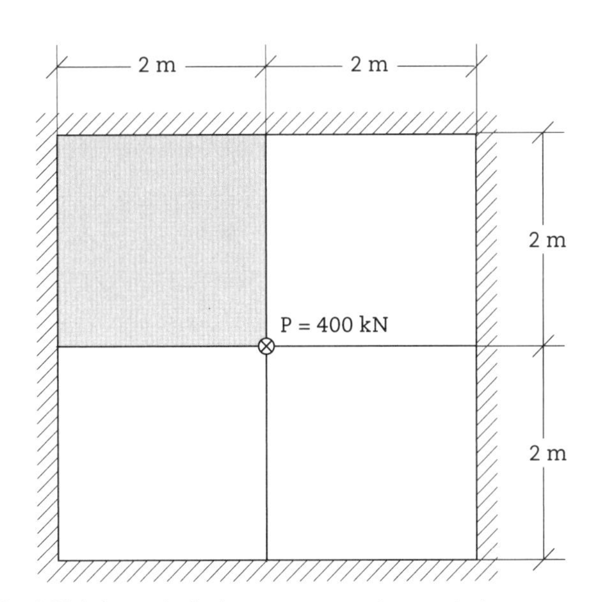

Fig. 4.58 *Laje quadrada de concreto armado engastada com dimensões, condições de contorno e condições de carregamento*

São dados: módulo de elasticidade E = 27 × 10⁶ kN/m², coeficiente de Poisson ν = 0,2, espessura da laje h = 0,10 m e deslocamento-limite L/250 = 16 mm. Opere com precisão mínima da ordem de grandeza de 1 × 10⁻⁴ m para os deslocamentos, 0,1 kN para as forças cortantes e 0,1 kN · m para os momentos fletores. Adote as unidades consistentes quilonewton (kN), metro (m) e quilopascal (kPa).

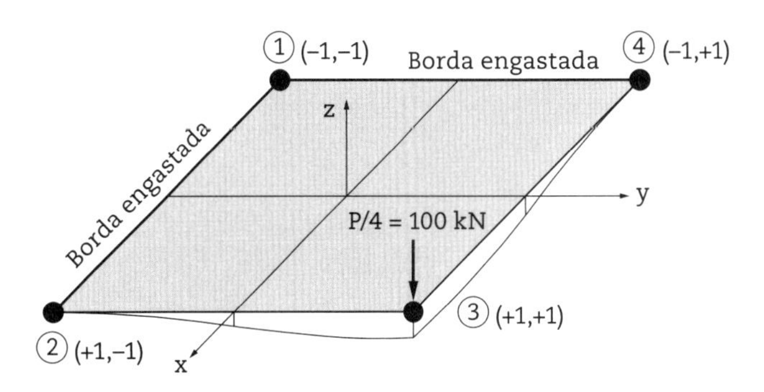

Fig. 4.59 *Modelo de elementos finitos da laje engastada com condições de dupla simetria*

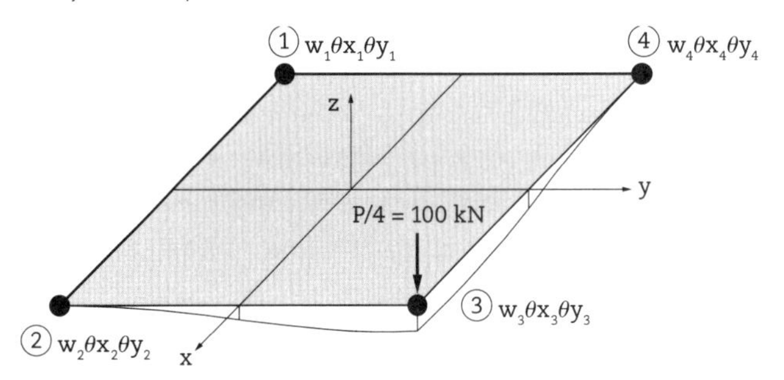

Fig. 4.60 *Graus de liberdade do modelo de elementos finitos*

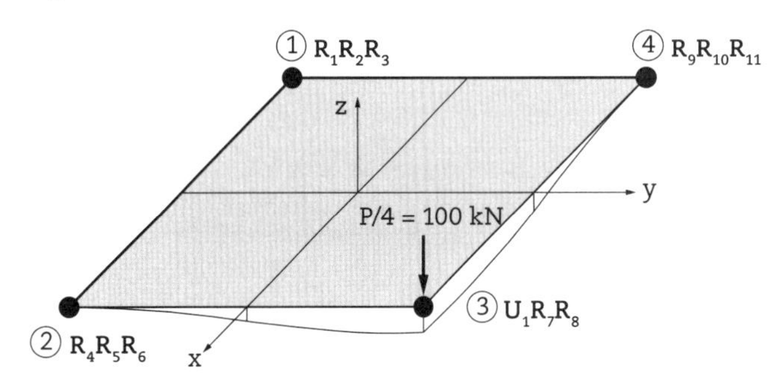

Fig. 4.61 *Incógnitas básicas do modelo de elementos finitos: deslocamentos e reações de apoio (forças e momentos)*

Resolução

i. Deslocamentos nodais

a) Elemento 1-2-3-4

• Funções de interpolação

As funções de interpolação são obtidas a partir das expressões apresentadas na seção 2.15.1. Substituindo-se as variáveis x e y pelas coordenadas nodais na matriz **h**, dada na Eq. 2.208, e em seguida invertendo-a, chega-se a:

$$\mathbf{h}^{-1} = \frac{1}{8} \cdot \begin{bmatrix} 2 & 1 & -1 & 2 & 1 & 1 & 2 & -1 & 1 & 2 & -1 & -1 \\ -3 & -1 & 1 & 3 & 1 & 1 & 3 & -1 & 1 & -3 & 1 & 1 \\ -3 & -1 & 1 & -3 & -1 & -1 & 3 & -1 & 1 & 3 & -1 & -1 \\ 0 & 0 & 1 & 0 & 0 & -1 & 0 & 0 & -1 & 0 & 0 & 1 \\ 4 & 1 & -1 & -4 & -1 & -1 & 4 & -1 & 1 & -4 & 1 & 1 \\ 0 & -1 & 0 & 0 & -1 & 0 & 0 & 1 & 0 & 0 & 1 & 0 \\ 1 & 0 & -1 & -1 & 0 & -1 & -1 & 0 & -1 & 1 & 0 & -1 \\ 0 & 0 & -1 & 0 & 0 & 1 & 0 & 0 & -1 & 0 & 0 & 1 \\ 0 & 1 & 0 & 0 & -1 & 0 & 0 & 1 & 0 & 0 & -1 & 0 \\ 1 & 1 & 0 & 1 & 1 & 0 & -1 & 1 & 0 & -1 & 1 & 0 \\ -1 & 0 & 1 & 1 & 0 & 1 & -1 & 0 & -1 & 1 & 0 & -1 \\ -1 & -1 & 0 & 1 & 1 & 0 & -1 & 1 & 0 & 1 & -1 & 0 \end{bmatrix}$$

- Matriz de compatibilidade

$$\mathbf{B} = \begin{bmatrix} \frac{\partial^2 \mathbf{g}}{\partial x^2} \\ \frac{\partial^2 \mathbf{g}}{\partial y^2} \\ 2\frac{\partial^2 \mathbf{g}}{\partial x \partial y} \end{bmatrix} \cdot \mathbf{h}^{-1} = \begin{bmatrix} 0 & 0 & 0 & 2 & 0 & 0 & 6x & 2y & 0 & 0 & 6xy & 0 \\ 0 & 0 & 0 & 0 & 0 & 2 & 0 & 0 & 2x & 6y & 0 & 6xy \\ 0 & 0 & 0 & 0 & 2 & 0 & 0 & 4x & 4y & 0 & 6x^2 & 6y^2 \end{bmatrix} \cdot \mathbf{h}^{-1}$$

sendo:

$$\mathbf{g} = \begin{bmatrix} 1 & x & y & x^2 & xy & y^2 & x^3 & x^2y & xy^2 & y^3 & x^3y & xy^3 \end{bmatrix}$$

Com a utilização do programa MATLAB (MathWorks, 2020), chega-se aos coeficientes das matrizes de compatibilidade **B**, dados a seguir, que permitem o cálculo da matriz de rigidez **k** do elemento 1-2-3-4.

$$\mathbf{B} = \frac{1}{4} \cdot \begin{bmatrix} 3x-3xy & 0 & 3xy-y-3x+1 & 3xy-3x \\ 3y-3xy & x+3y-3xy-1 & 0 & 3y+3xy \\ -3x^2-3y^2+4 & -3y^2+2y+1 & 3x^2-2x-1 & 3x^2+3y^2-4 \end{bmatrix}$$

$$\begin{matrix} 0 & y-3x+3xy-1 & -3x-3xy & 0 \\ 3y-x+3xy-1 & 0 & -3y-3xy & x+3y+3xy+1 \\ 3y^2-2y-1 & 3x^2+2x-1 & -3x^2-3y^2+4 & 3y^2+2y-1 \end{matrix}$$

$$\begin{matrix} -3x-y-3xy-1 & 3x+3xy & 0 & y-3x-3xy+1 \\ 0 & 3xy-3y & 3y-x-3xy+1 & 0 \\ -3x^2-2x+1 & 3x^2+3y^2-4 & -3y^2-2y+1 & -3x^2+2x+1 \end{matrix}$$

- Matriz constitutiva

$$\mathbf{D}^{EPT} = 1 \times 10^3 \cdot \begin{bmatrix} 28.125 & 5.625 & 0 \\ 5.625 & 28.125 & 0 \\ 0 & 0 & 11.250 \end{bmatrix}$$

- Matriz de rigidez

$$\mathbf{k}_{1234} = \int_{-1}^{+1} \int_{-1}^{+1} \int_{-0,05}^{+0,05} \mathbf{B}^T \cdot \mathbf{D} \cdot \mathbf{B} \, dz\, dy\, dx$$

b) Resolução do sistema

$$\mathbf{F}^U = \mathbf{K}^{UU} \cdot \mathbf{U}^U$$

$$[-100] = [6.230] \cdot [U_1]$$

$$U_1 = -16{,}0 \times 10^{-3} \text{ m}$$

$$\mathbf{k}_{1234} = \begin{bmatrix} \times & \times & \times & \times & \times & \times & -797 & \times & \times & \times & \times & \times \\ \times & \times & \times & \times & \times & \times & -984 & \times & \times & \times & \times & \times \\ \times & \times & \times & \times & \times & \times & 984 & \times & \times & \times & \times & \times \\ \times & \times & \times & \times & \times & \times & -2.720 & \times & \times & \times & \times & \times \\ \times & \times & \times & \times & \times & \times & -2.530 & \times & \times & \times & \times & \times \\ \times & \times & \times & \times & \times & \times & 750 & \times & \times & \times & \times & \times \\ \times & \times & \times & \times & \times & \times & 6.230 & \times & \times & \times & \times & \times \\ \times & \times & \times & \times & \times & \times & -2.770 & \times & \times & \times & \times & \times \\ \times & \times & \times & \times & \times & \times & 2.770 & \times & \times & \times & \times & \times \\ \times & \times & \times & \times & \times & \times & -2.720 & \times & \times & \times & \times & \times \\ \times & \times & \times & \times & \times & \times & -750 & \times & \times & \times & \times & \times \\ \times & \times & \times & \times & \times & \times & 2.530 & \times & \times & \times & \times & \times \end{bmatrix}$$

ii. Reações de apoio

a) Elemento 1-2-3-4

$$\mathbf{F}^R = \mathbf{K}^{RU} \cdot \mathbf{U}^U$$

$$\begin{bmatrix} R_1 \\ R_2 \\ R_3 \\ R_4 \\ R_5 \\ R_6 \\ R_7 \\ R_8 \\ R_9 \\ R_{10} \\ R_{11} \end{bmatrix} = \begin{bmatrix} -797 \\ -984 \\ 984 \\ -2.720 \\ -2.530 \\ 750 \\ -2.770 \\ 2.770 \\ -2.720 \\ -750 \\ 2.530 \end{bmatrix} \cdot \left[-16{,}0 \times 10^{-3}\right] \rightarrow \begin{bmatrix} F_{z1} \\ M_{x1} \\ M_{y1} \\ F_{z2} \\ M_{x2} \\ M_{y2} \\ M_{x3} \\ M_{y3} \\ F_{z4} \\ M_{x4} \\ M_{y4} \end{bmatrix} = \begin{bmatrix} 12{,}8 \text{ kN} \\ 15{,}8 \text{ kN}\cdot\text{m} \\ -15{,}8 \text{ kN}\cdot\text{m} \\ 43{,}6 \text{ kN} \\ 40{,}6 \text{ kN}\cdot\text{m} \\ -12{,}0 \text{ kN}\cdot\text{m} \\ 44{,}4 \text{ kN}\cdot\text{m} \\ -44{,}4 \text{ kN}\cdot\text{m} \\ 43{,}6 \text{ kN} \\ 12{,}0 \text{ kN}\cdot\text{m} \\ -40{,}6 \text{ kN}\cdot\text{m} \end{bmatrix}$$

Nota técnica

Ressalta-se que a flecha f = 16,0 mm ilustrada na Fig. 4.62 não atende a verificação de deslocamentos excessivos da NBR 6118 (ABNT, 2023a), pois deve-se incluir os efeitos da fluência e da fissuração do concreto. Os resultados obtidos são devidos à carga concentrada no centro da laje, e não foram levados em conta o peso próprio e as ações permanentes e variáveis.

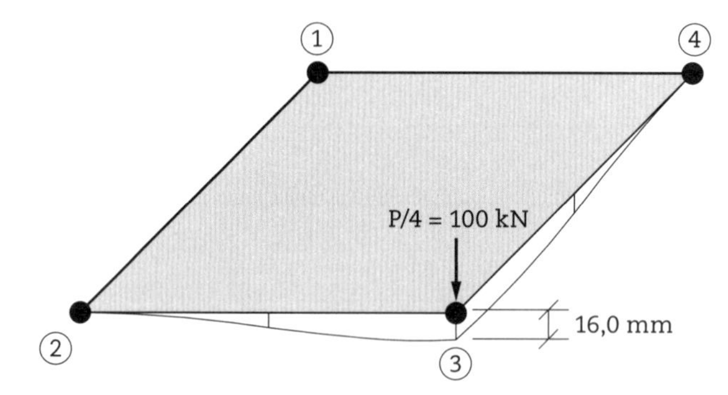

Fig. 4.62 *Flecha devida à carga pontual de 400 kN aplicada no centro da laje*

Observa-se que os resultados encontrados são simplificados, devendo-se utilizar um nível de discretização 4 × 4 com 16 elementos para resultados mais precisos. Vale comentar que, a partir da análise da Fig. 4.63, os esforços obtidos são autoequilibrados. Cabe ainda mencionar que nos programas comerciais são implementados elementos tecnologicamente mais avançados.

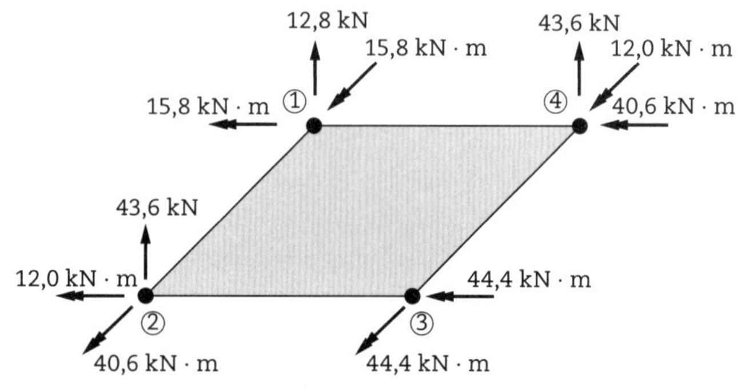

Fig. 4.63 *Esforços reativos devidos à carga pontual de 400 kN aplicada no centro da laje*

5 APLICAÇÕES PRÁTICAS

5.1 Treliça idealizada

5.1.1 Aplicação Prática 5.1

Considere uma viga-parede de concreto armado de 12 m de vão e 0,3 m de espessura, com abertura de 4 × 2 m e variação brusca da altura de 6 m para 3,5 m, sujeita à ação do pilar igual a 2.000 kN, conforme esquematizado na Fig. 5.1.

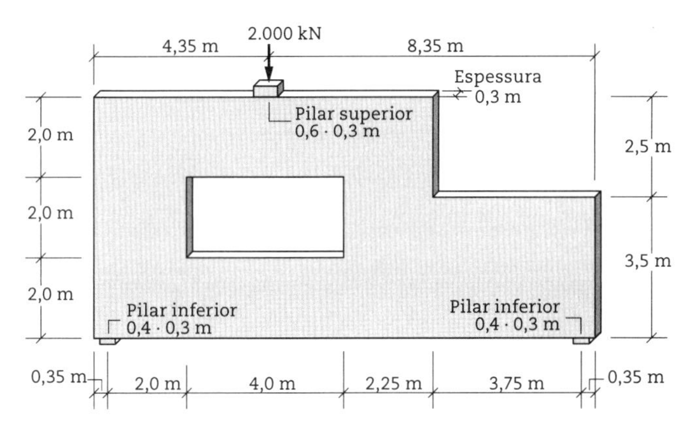

Fig. 5.1 *Viga de transição de concreto armado*
Fonte: ACI (2002).

Assuma que o comportamento da viga-parede, para efeito de cálculo das armaduras principais, seja representado por uma treliça idealizada de nós articulados, concebida a partir da aplicação do método das bielas e tirantes (Fig. 5.2). Com base nas forças nos tirantes, obtidas na análise estática elástica linear da treliça idealizada, dimensione as armaduras principais, representadas pelos feixes de barras T1, T2 e T9 (Fig. 5.2) e dadas pela expressão (ABNT, 2023a, p. 184): $A_{si} = 1{,}4F_{Sd}/f_{yd}$, em que $f_{yd} = 50/1{,}15 = 43{,}5$ kN/cm² é o valor de cálculo da resistência ao escoamento do aço CA-50 para o estado-limite último (ELU) e F_{Sd} é o valor de cálculo da força de tração determinada no tirante (feixe de barras).

Adote, para todas as barras da treliça idealizada, módulo de elasticidade fictício $E = 100$ GPa $= 100 \times 10^6$ kN/m² e seção circular maciça fictícia com diâmetro D = 0,1 m. Despreze o peso próprio da viga-parede. Utilize as unidades consistentes quilonewton (kN), metro (m) e quilopascal (kPa).

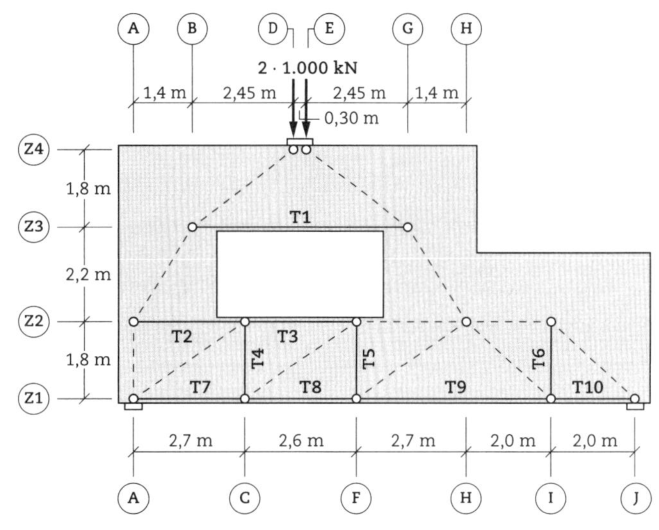

Fig. 5.2 *Treliça idealizada pelo método das bielas e tirantes*
Fonte: ACI (2002).

Resolução

São apresentadas duas alternativas para a concepção do modelo geométrico da treliça idealizada: via programa AutoCAD ou por meio do recurso de modelagem paramétrica no programa SAP2000.

i. Criação do modelo geométrico AutoCAD

Os procedimentos para a construção do modelo geométrico AutoCAD e a posterior importação para o programa SAP2000 são descritos a seguir.

- Inicie o programa AutoCAD.
- Ative o modo ortogonal (F8) e o modo de captura automática de pontos do modelo (F3). Crie uma linha (Line), pressione o botão esquerdo do mouse em um ponto qualquer da interface gráfica (P1) e siga a sequência indicada na Fig. 5.3.
- Selecione o modelo com uma janela de seleção. Mova o modelo (Move) do ponto P1 para a origem do sistema global (#0,0).

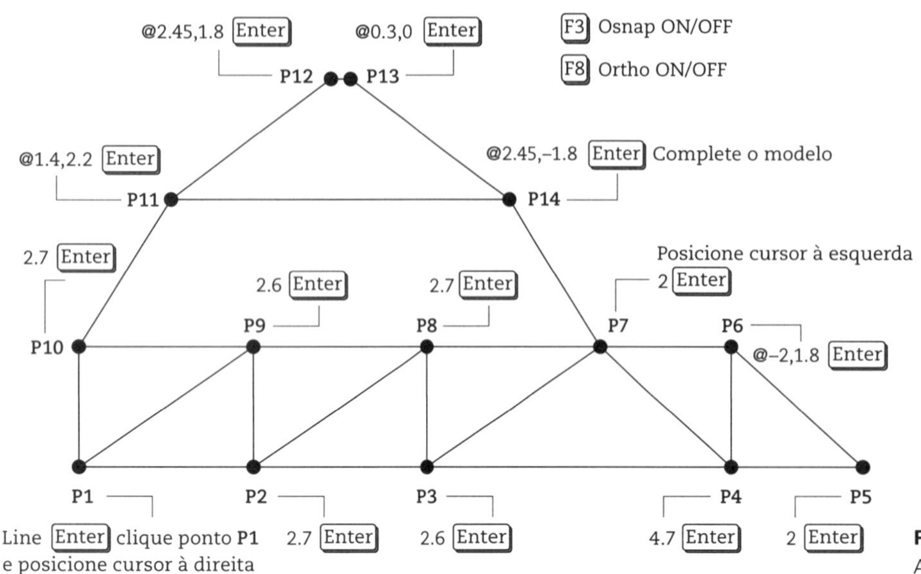

Fig. 5.3 *Criação do modelo geométrico AutoCAD*

- Crie uma camada (Layer > New Layer) chamada Treliça.
- Selecione o modelo com uma janela de seleção, pressione o botão direito do mouse, selecione Properties e insira o modelo no *layer* Treliça.
- Salve o modelo (Save As) com o nome AP-51 e com a extensão AutoCAD 2018 DXF.

ii. Importação do modelo AutoCAD para o SAP2000

- Inicie o programa SAP2000, abra um novo modelo e selecione o sistema de unidades consistentes <kN, m, C>.

Select Template (Blank)

- Abra o arquivo AP-51.DXF.

Global Up Direction

Assign Layers

Frames

- Siga para o item (iv).

iii. Criação do modelo paramétrico SAP2000 (2ª metodologia)

Alternativamente, seguem os procedimentos para a construção do modelo paramétrico SAP2000.

- Inicie o programa SAP2000.

Select Template

2D Truss Type

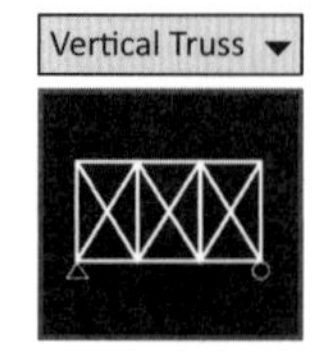

Vertical Truss Dimensions

Number of Divisions: 9; Division Length: 2,7 m (valor arbitrário); Height: 1,8 m (valor arbitrário)

☑ Use Custom Grid Spacing and Locate Origin

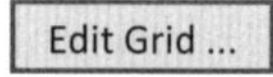

Display Grid as

◉ Ordinates

X Grid Data	
Grid ID	**Ordinate**
A	0
B	1,40
C	2,70
D	3,85
E	4,15
F	5,30
G	6,60
H	8,00
I	10,00
J	12,00

Y Grid Data	
Grid ID	**Ordinate**
1	0

Z Grid Data	
Grid ID	**Ordinate**
Z1	0
Z2	1,80
Z3	4,00
Z4	5,80

- Crie o modelo geométrico em duas etapas, de acordo com a sequência de construção mostrada nas Figs. 5.4 e 5.5.

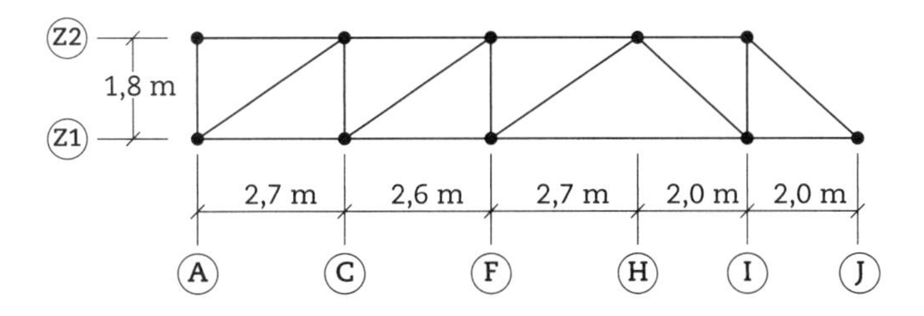

Fig. 5.4 *Primeira fase do lançamento da estrutura*

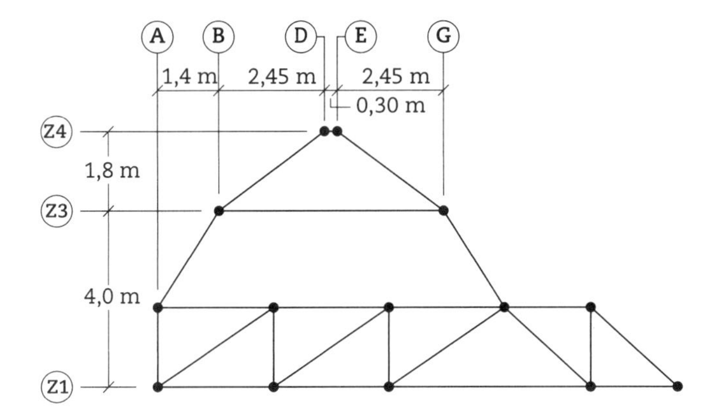

Fig. 5.5 *Segunda fase do lançamento da estrutura*

- Habilite o modo de exibição dos nós.

☑ Set Display Options...

Object Options
Joints

☐ Invisible

- *Draw ... Draw Frame/Cable/Tendon (Alt R+F)*

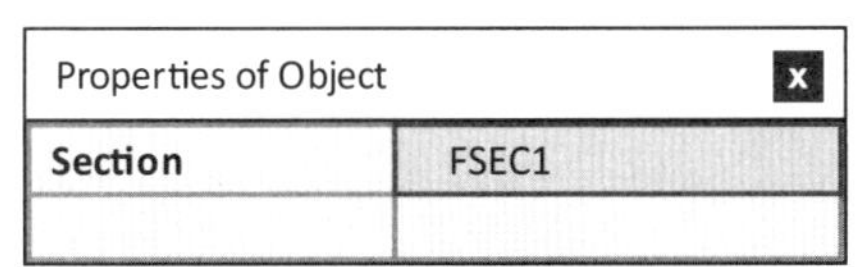

Properties of Object	
Section	FSEC1

- Após a criação do modelo geométrico, desabilite a exibição dos nós.

iv. Redução dos graus de liberdade

Inicialmente, os elementos apresentam todos os graus de liberdade: três translações e três rotações (elemento de pórtico espacial).

- Elimine os graus de liberdade incompatíveis com os deslocamentos no plano XZ (treliça plana).
- *Analyze ... Set Analysis Options (Alt N+S)*

Available DOFs

v. Definição do material

- *Define ... Materials (Alt D+M)*

Add New Material...

Material Type

Other

General Data

Material Name: MAT FICT

Weight and Mass

Weight per Unit Volume: 0

Isotropic Property Data

Modulus of Elasticity: 100e6

vi. Definição da seção transversal

- *Define ... Section Properties ... Frame Section (Alt D+P+F)*

Select Property Type

Frame Section Property Type:

Steel

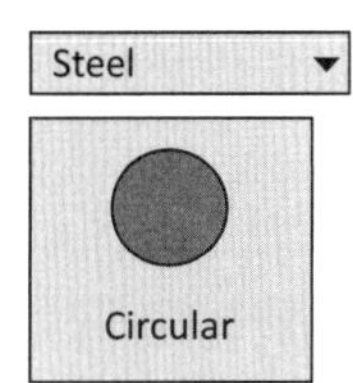

Section Name: SEÇÃO FICT

Dimensions

Diameter (t3): 0,10

Material

vii. Associação dos atributos

- *Assign ... Frame ... Frame Section (Alt A+F+S)*

viii. Definição do caso de carregamento

- *Define ... Load Pattern (Alt D+E)*

Load Patterns

Load Pattern Name: PILAR; Type: Live; Self-Weight Multiplier: 0

ix. Aplicação do carregamento

- Selecione os nós correspondentes aos pontos P12 e P13 (Fig. 5.3) e aplique em cada nó a carga concentrada de 1.000 kN na direção vertical, conforme o esquema estático apresentado na Fig. 5.2.
- *Assign ... Joint Loads ... Forces (Alt A+O+F)*

General

Load Pattern: PILAR; Coordinate System: GLOBAL

Forces

Force Global Z: –1000

Options

◉ Replace Existing Loads [OK]

x. Articulação das extremidades das barras

- Selecione todos os elementos e libere os graus de liberdade de rotação em torno do plano local 12 para ambas as extremidades.
- *Assign ... Frame ... Releases/Partial Fixity (Alt A+F+A)*

	Release Start	Release End	Partial fixity springs Start		Partial fixity springs End	
Torsion	☐	☐				
Moment 22	☐	☐				
Moment 33	☑	☑	0	kN · m/rad	0	kN · m/rad

Nesta última caixa de diálogo, os coeficientes de mola (nulos para ligações articuladas) correspondem aos coeficientes de rigidez das ligações semirrígidas, apresentados na seção 2.8 (p. 43).

xi. Vinculação do modelo

Considere a treliça idealizada simplesmente apoiada (externamente isostática). Para a definição das condições de contorno do modelo de elementos finitos, deve-se levar em conta o sistema local de coordenadas, que, por definição, coincide com o sistema global de coordenadas, ou seja, os eixos locais 1-2-3 confundem-se com os eixos globais X-Y-Z.

- Selecione o nó correspondente ao ponto P1 e restrinja os deslocamentos translacionais horizontal (local 1) e vertical (local 3), como indicado na Fig. 5.6.

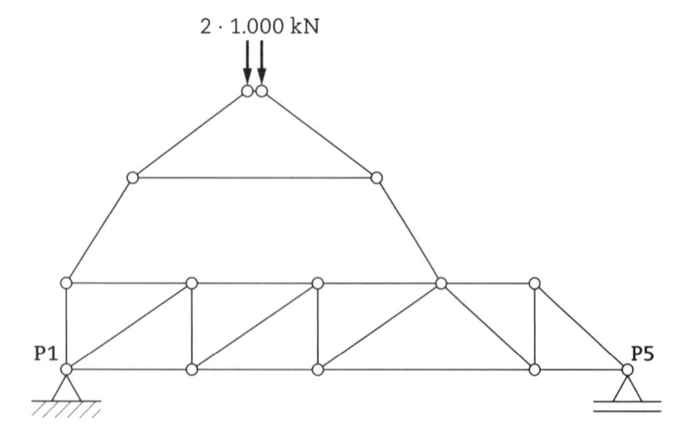

Fig. 5.6 *Treliça idealizada simplesmente apoiada*

- *Assign ... Joint ... Restraints (Alt A+J+R)*

Restraints in Joint Local Direction

☑ Translation 1	☐ Rotation about 1	☐ Translation 1	☐ Rotation about 1
☐ Translation 2	☐ Rotation about 2	☐ Translation 2	☐ Rotation about 2
☑ Translation 3	☐ Rotation about 3	☑ Translation 3	☐ Rotation about 3

- Selecione o nó correspondente ao ponto P5 e restrinja seu deslocamento translacional vertical (local 3), conforme mostrado na Fig. 5.6.

xii. Definição dos tipos de análise

A análise estática elástica linear devida à atuação exclusiva do peso próprio dos elementos estruturais (Dead) e a análise modal (Modal), automaticamente definidas pelo programa SAP2000, não são abordadas. Nesta aplicação prática somente é considerada a análise estática elástica linear devida à ação do pilar.

- Apague as análises Dead e Modal.
- *Define ... Load Cases (Alt D+L)*

Load Case Name	Load Case Type
DEAD	Linear Static
MODAL	Modal

[Delete Load Case] [OK]

xiii. Processamento do modelo

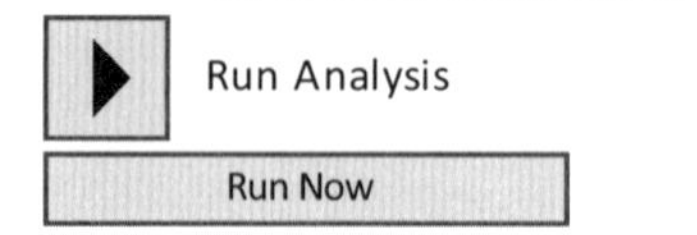

xiv. Diagrama de forças normais

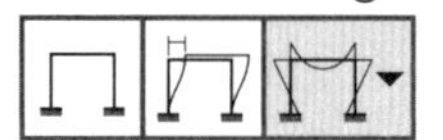

Frames/Cables/Tendons...

Case/Combo

Case/Combo Name: PILAR

Display Type

◉ Force

Component

◉ Axial Force

Options for Diagram

Fill Diagram

- Verifique os esforços normais nos tirantes passando o cursor do mouse sobre as barras (Fig. 5.7).

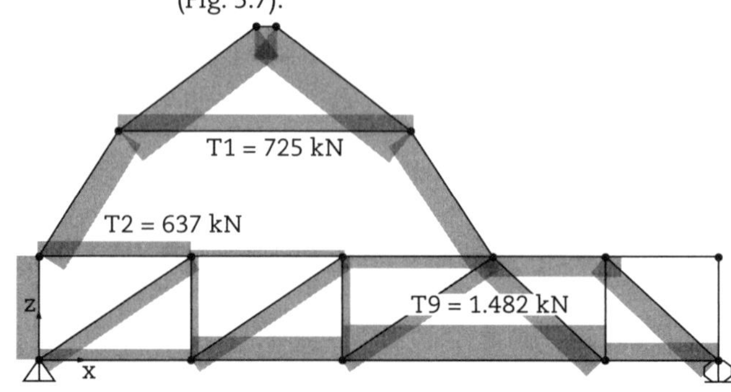

Fig. 5.7 *Forças normais nos tirantes da treliça idealizada*

xv. Dimensionamento das armaduras

$$A_{s1} = \frac{1,4 \cdot T_1}{f_{yd}} = \frac{1,4 \cdot 725}{43,5} = 23,3 \text{ cm}^2$$

Com as bitolas dadas na Tab. 5.1, adota-se: 4 ϕ 32 mm (duas camadas).

Tab. 5.1 Bitolas comerciais do aço CA-50

Bitola (mm)	ϕ25	ϕ32
Área (cm²)	4,91	8,04

xvi. Detalhamento das armaduras

As armaduras dos tirantes são detalhadas na Fig. 5.8.

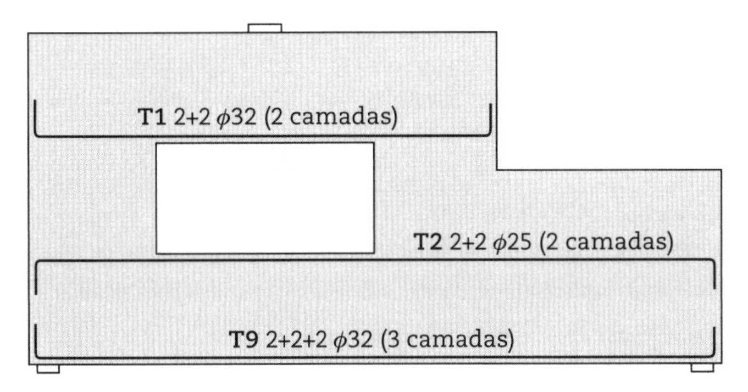

Fig. 5.8 *Detalhamento das armaduras dos tirantes*

Nota técnica

A estrutura analisada é hipostática e o programa emite uma mensagem de erro informando a ocorrência de formação de mecanismo. Os deslocamentos não devem ser observados, pois são muito altos e não podem ser interpretados. Nos modelos de treliça idealizada, baseados no método das bielas e tirantes, subentende-se que os espaços vazios no interior dos quadros hipostáticos são preenchidos por concreto, e somente se aproveitam dessa análise os esforços normais nas barras para a aplicação do método de cálculo.

O detalhamento das armaduras, apresentado na Fig. 5.8, corresponde somente às armaduras principais, representadas pelos tirantes T1, T2 e T9. O detalhamento completo dessa viga-parede é feito no exemplo 4 da publicação SP-208 (ACI, 2002, p. 143).

Para a fixação dos conceitos, prossiga para o Desafio Estrutural 8.1, presente no e-book.

5.2 Estrutura mista atirantada

5.2.1 Aplicação Prática 5.2

Considere a estrutura de concreto esquematizada na Fig. 5.9, projetada para a sustentação das lajes da arquibancada e da cobertura metálica atirantada. A cobertura tem 8 m de vão, apoia-se na estrutura de concreto e é atirantada na haste metálica. Por sua vez, a haste metálica é composta por uma barra redonda de aço trefilado de alta resistência, cujas bitolas disponíveis estão listadas na Tab. 5.2.

A treliça de cobertura, ilustrada na Fig. 5.10, é fabricada com tubos circulares de aço laminado de alta resistência, e a estrutura de concreto armado é moldada *in loco* com seção retangular, exceto o lance da arquibancada, que é uma seção tipo tê, cujas abas são apoios das lajes da arquibancada, constituídas por elementos de concreto pré-moldado.

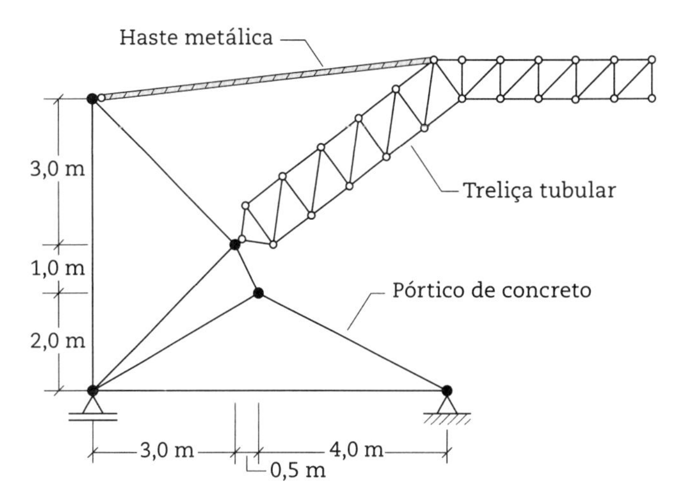

Fig. 5.9 *Estrutura de sustentação das lajes da arquibancada e da cobertura e dimensões do pórtico de concreto armado*

Tab. 5.2 Bitolas comerciais disponíveis para barras redondas fornecidas com comprimento de até 7 m

Bitola (diâmetro, mm)	10	14	16	20	25
	30	35	40	45	50

Fonte: Gerdau (2016b).

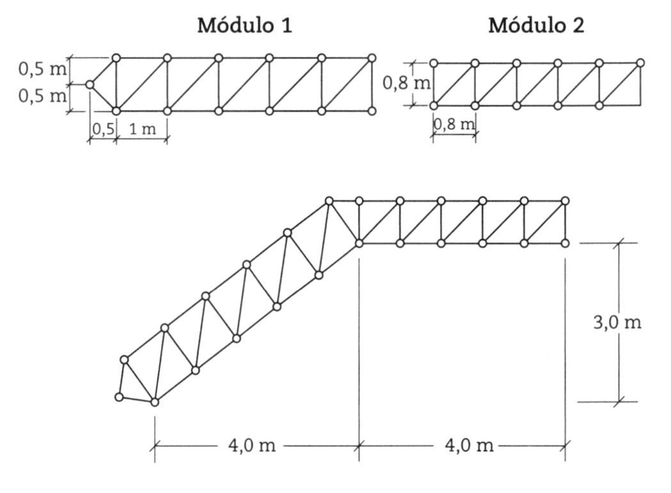

Fig. 5.10 *Treliça de sustentação da cobertura e dimensões dos módulos para fabricação e montagem*

São fornecidos o peso específico das ligas de aço γ = 78,5 kN/m³, o coeficiente de Poisson do aço ν = 0,3, o peso específico do concreto armado γ = 25 kN/m³ e o coeficiente de Poisson do concreto ν = 0,2. Os módulos de elasticidade dos materiais são dados na Fig. 5.15.

Determine o menor diâmetro que deve ser especificado para o tirante, dentre as bitolas disponíveis apresentadas na Tab. 5.2, de modo que sejam atendidos, simultaneamente, o deslocamento-limite na extremidade livre da treliça e a tensão máxima no tirante, conforme esquematizado na Fig. 5.11, para os carregamentos devidos ao peso próprio da estrutura, à ação das lajes e ao vento na direção X (sem majorar), ilustrados na Fig. 5.12. Leve em conta que o vento atuante na cobertura leve é transferido para a treliça como forças concentradas nos nós. O peso próprio da tensoestrutura e o peso dos acessórios de fixação foram desprezados.

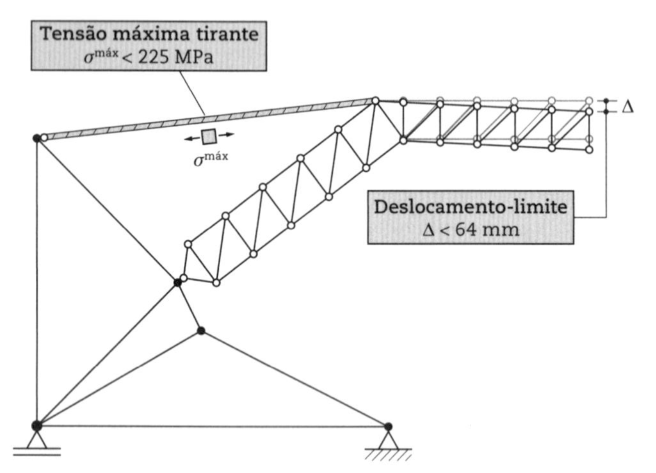

Fig. 5.11 *Deslocamento-limite da treliça e tensão máxima no tirante*

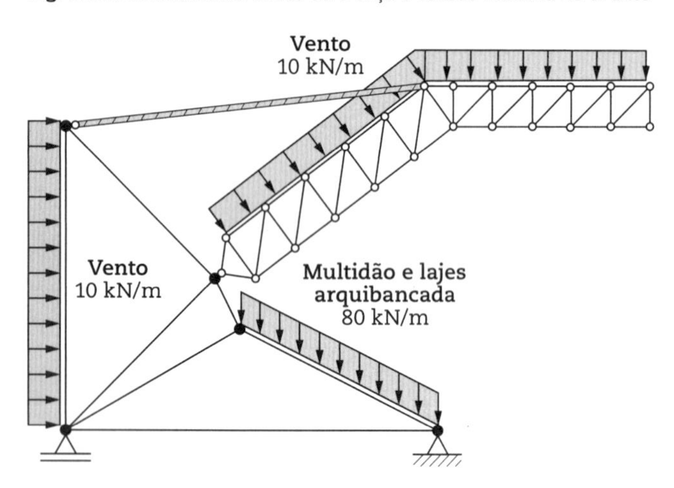

Fig. 5.12 *Carregamentos devidos à reação das lajes da arquibancada e ao vento mais desfavorável*

As propriedades geométricas das seções transversais, os tipos de ligação e os materiais especificados para os elementos estruturais são apresentados nas Figs. 5.13, 5.14 e 5.15, respectivamente. Utilize as unidades consistentes quilonewton (kN), metro (m) e quilopascal (kPa).

Elementos de fechamento no perímetro externo com 6 m de altura, fixados nos pilares da periferia, transferem as cargas de vento à estrutura do pórtico de sustentação. Os carregamentos devidos ao peso próprio de arquibancadas, revestimentos, assentos fixos e multidão de pessoas são aplicados na viga inclinada do pórtico. Todos os valores apresentados foram tomados em relação a uma largura de influência igual a 10 m.

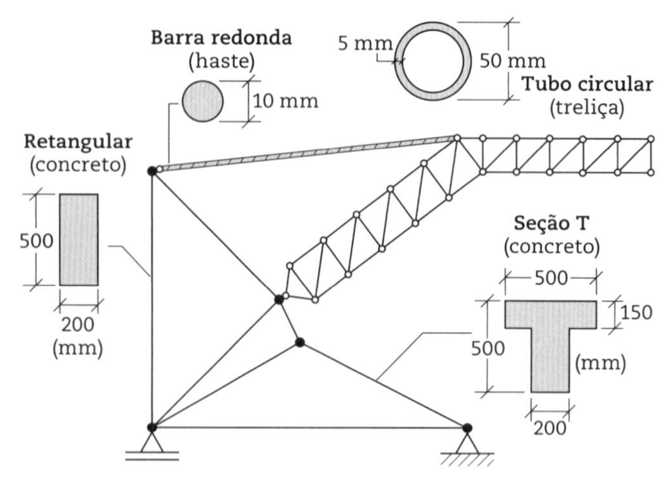

Fig. 5.13 *Tipos e dimensões das seções transversais dos elementos da estrutura mista atirantada*

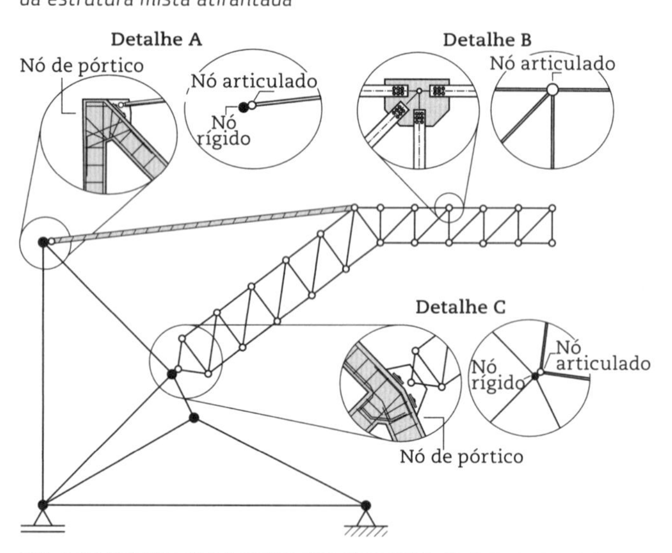

Fig. 5.14 *Detalhe das ligações dos elementos da estrutura mista atirantada*

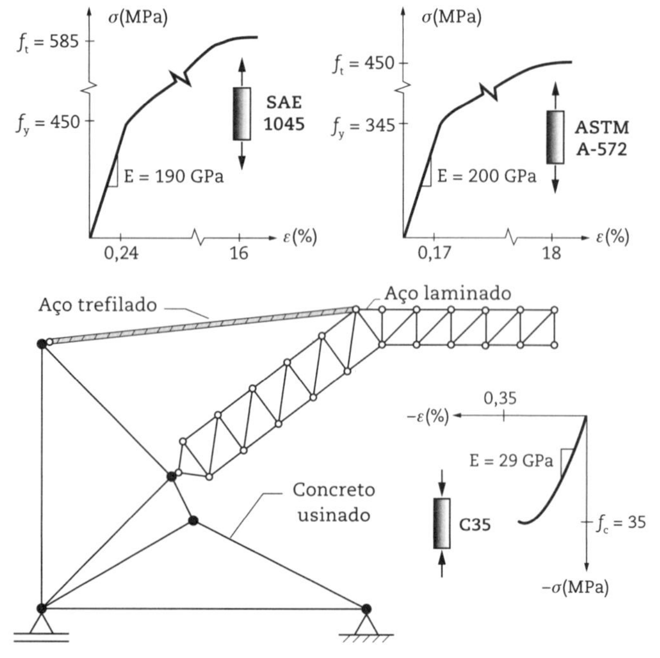

Fig. 5.15 *Tipos e propriedades mecânicas dos materiais utilizados para os elementos estruturais*

Resolução

Recomenda-se que o modelo geométrico da estrutura mista atirantada seja criado no programa AutoCAD e, em seguida, transferido para o programa SAP2000, conforme o procedimento apresentado na Aplicação Prática 5.1.

i. Importação do modelo AutoCAD para o SAP2000
   - Inicie o programa SAP2000 e abra o arquivo AP-52.DXF, como indicado no item (ii) da Aplicação Prática 5.1.

Global Up Direction

Assign Layers

Frames

   - Quebre as barras nos pontos de intersecção.
   - *Edit ... Edit Lines ... Divide Frames (Alt E+N+D)*

Break at intersections...

ii. Redução dos graus de liberdade
   - Elimine os graus de liberdade incompatíveis com o modelo da estrutura plana definido no plano XZ.
   - *Analyze ... Set Analysis Options (Alt N+S)*

Available DOFs

iii. Definição do material
   - *Define ... Materials (Alt D+M)*

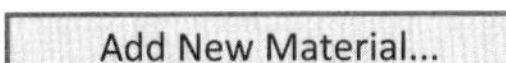

Material Type

Other

General Data

Material Name: SAE 1045

Weight and Mass

Weight per Unit Volume: 78,5

Isotropic Property Data

Modulus of Elasticity: 190e6; Poisson: 0,3

Material Type

Other

General Data

Material Name: ASTM A-572

Weight and Mass

Weight per Unit Volume: 78,5

Isotropic Property Data

Modulus of Elasticity: 200e6; Poisson: 0,3

OK | Add New Material...

Material Type

Other

General Data

Material Name: C35

Weight and Mass

Weight per Unit Volume: 25

Isotropic Property Data

Modulus of Elasticity: 29e6; Poisson: 0,2

iv. Definição da seção transversal
   - *Define ... Section Properties ... Frame Section (Alt D+P+F)*

Select Property Type

Frame Section Property Type:

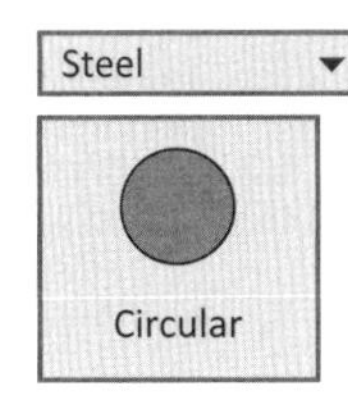

Section Name: BARRA REDONDA; Display Color: RED

Dimensions

Diameter (t3): 0,010

Material

Select Property Type

Frame Section Property Type:

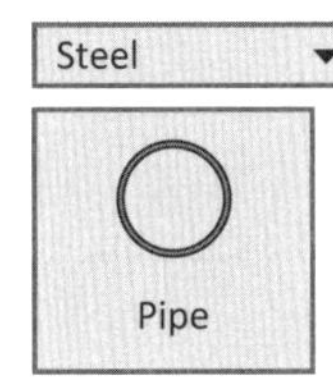

Section Name: TUBO CIRCULAR; Display Color: GREEN

Dimensions

Outside diameter (t3): 0,050; Wall Thickness (tw): 0,005

Material

Select Property Type

Frame Section Property Type:

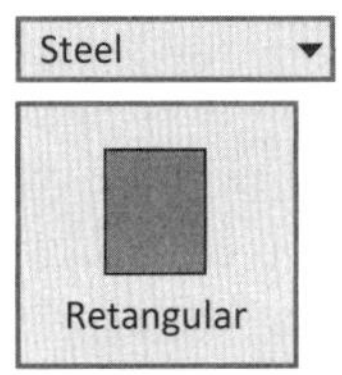

Section Name: RETANGULAR; Display Color: BLUE

Dimensions

Depth (t3): 0,500; Width (t2): 0,200

Material

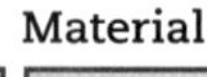

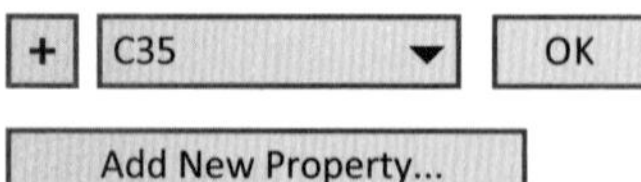

Select Property Type

Frame Section Property Type:

Steel

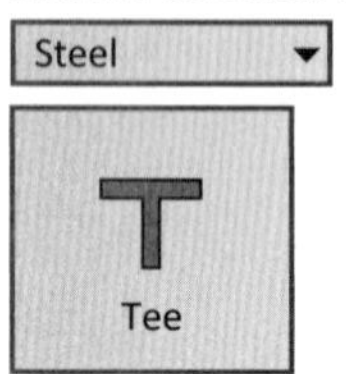

Section Name: SEÇÃO T; Display Color: ORANGE

Dimensions

Outside Stem (t3): 0,500; Outside Flange (t2): 0,500; Flange Thickness (tf): 0,150; Stem Thickness (tw): 0,200; Fillet Radius: 1e-6

Material

Observa-se na Fig. 5.16 que a dimensão t_3 corresponde àquela contida no plano de flexão local 12.

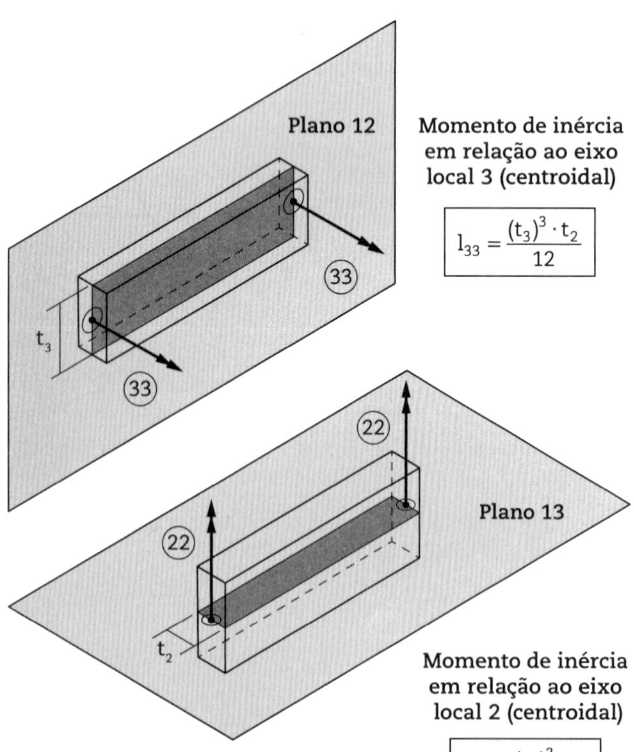

Fig. 5.16 *Eixos principais de inércia (centroidais) da seção retangular*

v. Associação dos atributos

- Selecione a barra da Haste.
- *Assign ... Frame ... Frame Section (Alt A+F+S)*

BARRA REDONDA | Apply

- Selecione todas as barras da treliça com uma janela de seleção da esquerda para a direita (*window selection*).

TUBO CIRCULAR | Apply

- Selecione as barras do pórtico com uma janela de seleção da direita para a esquerda (*crossing selection*), exceto a viga inclinada de sustentação das lajes da arquibancada, e clique sobre as barras desse grupo que não foram selecionadas.

- Selecione a barra da viga inclinada.

vi. Configuração das opções de exibição

- Ative as opções de exibição das propriedades geométricas diferenciadas por cores, da volumetria dos elementos da barra e laminares e do preenchimento de superfícies com nível de transparência alto.
- *View ... Set Display Options (Ctrl W)*

General Options

View by Colors of

Sections

View Type

Extrude

General

Fill Objects

OK

- *Options ... Colors ... Display (Alt O+C+D)*

Transparency

Line: 0,8; Area: 0,8

OK

vii. Definição dos casos de carregamento

- *Define ... Load Patterns (Alt D+E)*

Load Patterns

Load Pattern Name: VENTO; Type: Wind; Self-Weight Multiplier: 0; Auto Lateral Load Pattern: None

Add New Load Pattern

Load Pattern Name: MULT+ARQUIB; Type: Live; Self-Weight Multiplier: 0

viii. Definição dos tipos de análise

Nesta etapa, define-se que será realizada a análise estática elástica linear para os três casos de carregamento:

peso próprio dos elementos estruturais (Dead), vento e reação das lajes da arquibancada. A análise modal (Modal), para verificação de vibrações excessivas e criada automaticamente pelo programa, pode ser excluída, pois não será considerada nesse modelo.

ix. Combinação dos casos de carregamento

Nesta etapa, normalmente são definidos os coeficientes de ponderação e os fatores de combinação e de redução da NBR 8681 (ABNT, 2003) para as verificações das combinações nos estados-limites últimos e nos estados-limites de serviço. A representação de múltiplos cenários de carregamento é essencial para a qualidade do projeto estrutural em termos de segurança e desempenho.

- *Define ... Load Combinations (Alt D+B)*

Add New Combo

Load Combination Name: TOTAL (DEAD+VENTO+MULT+ARQUIB)

Define Combination of Load Case Results

Load Case Name:

Load Case Name:

Load Case Name:

x. Aplicação dos carregamentos

- Aplique as forças resultantes do carregamento de vento na cobertura nos nós da treliça, de acordo com a distribuição apresentada na Fig. 5.17.

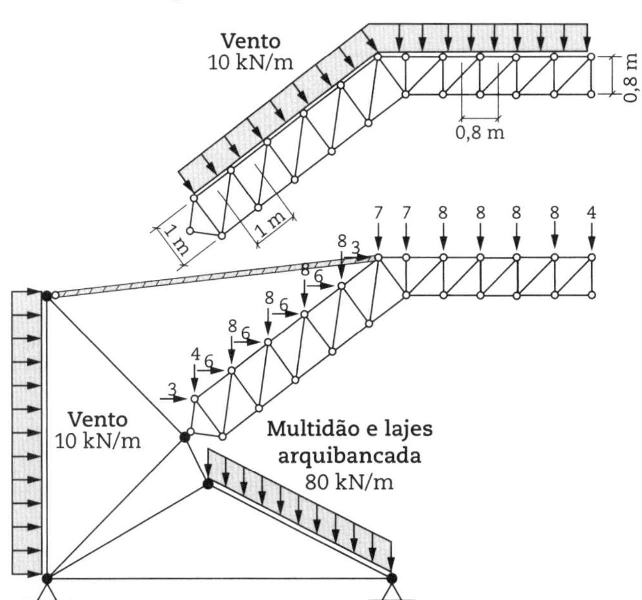

Fig. 5.17 *Forças resultantes devidas ao carregamento de vento na cobertura obtidas por área de influência (kN)*

- Selecione o nó do banzo superior na extremidade livre da treliça.
- *Assign ... Joint Loads ... Forces (Alt A+O+F)*

General

Load Pattern: VENTO; Coordinate System: GLOBAL

Forces

Force Global Z: –4

Options

◉ Replace Existing Loads

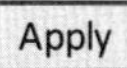

- Repita o procedimento para os demais nós carregados. Aplique os carregamentos uniformemente distribuídos no pilar e na viga inclinada do pórtico, conforme indicado na Fig. 5.17.
- Selecione a barra do pilar do pórtico e aplique o carregamento uniforme de 10 kN/m na direção global X.
- *Assign ... Frame Loads ... Distributed (Alt A+M+D)*

General

Load Pattern: VENTO; Coordinate System: GLOBAL; Load Direction: X; Load Type: Force; Uniform Load: 10

Options

◉ Replace Existing Loads

- Selecione a barra da viga inclinada do pórtico e aplique o carregamento uniforme de 80 kN/m no sentido a favor da gravidade.

General

Load Pattern: MULT+ARQUIB; Coordinate System: GLOBAL; Load Direction: Gravity; Load Type: Force; Uniform Load: 80

Options

◉ Replace Existing Loads OK

xi. Articulação das extremidades das barras

- Selecione as barras da treliça e do tirante e libere os graus de liberdade de rotação em torno do eixo local 3 (perpendicular ao plano 12) para as duas extremidades das barras.
- *Assign ... Frame ... Releases/Partial Fixity (Alt A+F+A)*

	Release		Partial fixity springs	
	Start	End	Start	End
Torsion	☐	☐		
Moment 22	☐	☐		
Moment 33	☑	☑	0 kN · m/rad	0 kN · m/rad

xii. Vinculação do modelo

- Selecione o nó do apoio esquerdo (apoio móvel) e restrinja o deslocamento translacional vertical (local 3), conforme indicado na Fig. 5.17.

- *Assign ... Joint ... Restraints (Alt A+J+R)*

Restraints in Joint Local Direction

☐ Translation 1	☐ Rotation about 1	☑ Translation 1	☐ Rotation about 1
☐ Translation 2	☐ Rotation about 2	☐ Translation 2	☐ Rotation about 2
☑ Translation 3	☐ Rotation about 3	☑ Translation 3	☐ Rotation about 3
Apply		OK	

- Selecione o nó do apoio direito (apoio fixo) e restrinja os deslocamentos translacionais horizontal (local 1) e vertical (local 3), como mostrado na Fig. 5.17.

xiii. Processamento do modelo

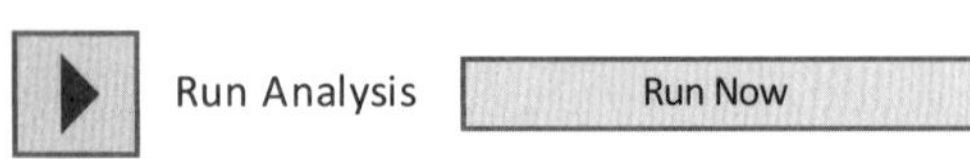

xiv. Deslocamentos verticais

Case/Combo

Case/Combo Name: TOTAL

Contour Options

☑ Draw contours on objects

Contour Component: Uz

OK

De acordo com os resultados, exibidos na Fig. 5.18, a flecha obtida na estrutura treliçada não atende o deslocamento-limite prescrito. A proposta é aumentar o diâmetro do tirante, com base na lista de diâmetros disponíveis apresentada na Tab. 5.2, até que seja atendido o critério de deslocamentos excessivos.

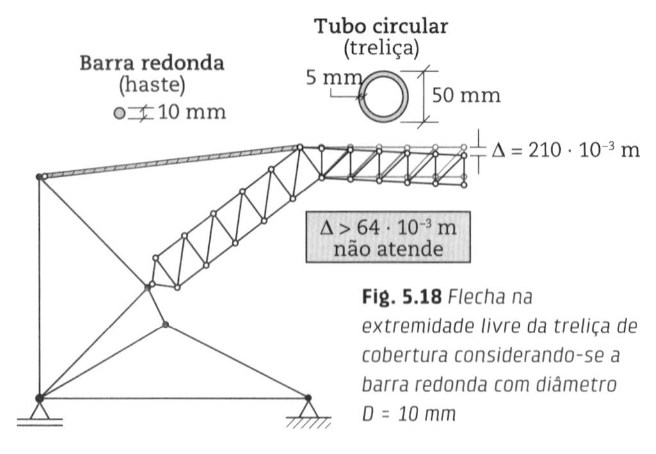

Fig. 5.18 *Flecha na extremidade livre da treliça de cobertura considerando-se a barra redonda com diâmetro D = 10 mm*

- Reanalise a estrutura considerando-se a barra redonda com diâmetro D = 25 mm.

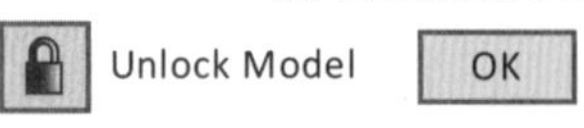

- *Define ... Section Properties ... Frame Section (Alt D+P+F)*

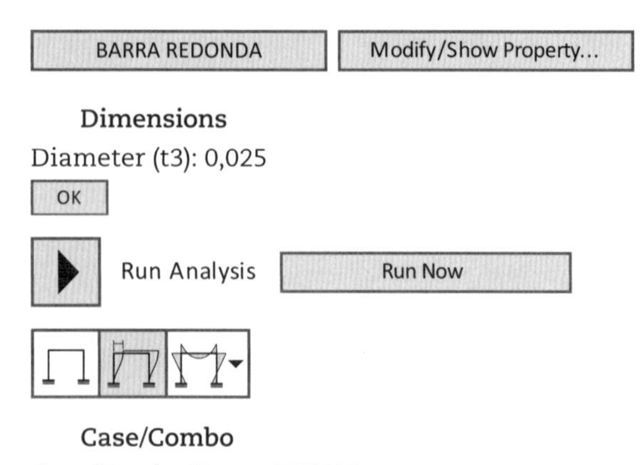

Case/Combo

Case/Combo Name: TOTAL

Contour Options

☑ Draw contours on objects

Contour Component: Uz

OK

O deslocamento-limite de 64 mm foi atendido. O próximo passo é averiguar o nível de tensões na barra do tirante para a verificação do critério das tensões admissíveis.

xv. Tensões normais máximas

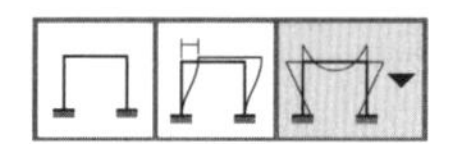

Frames/Cables/Tendons...

Case/Combo

Case/Combo Name: TOTAL

Display Type

◉ Stress

Plot Type

◉ S11 Contour OK

Segundo os resultados obtidos, a tensão normal máxima na barra do tirante, igual a 442 MPa, indicada na Fig. 5.19, não atende a tensão-limite imposta.

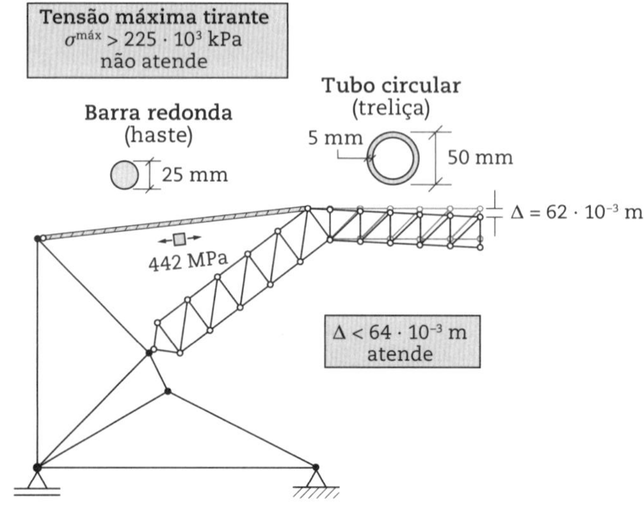

Fig. 5.19 *Flecha na extremidade livre da treliça de cobertura considerando-se a barra redonda com diâmetro D = 25 mm*

A proposta é aumentar o diâmetro do tirante, com base na lista de diâmetros disponíveis apresentada na Tab. 5.2, até que seja atendido o critério das tensões admissíveis.

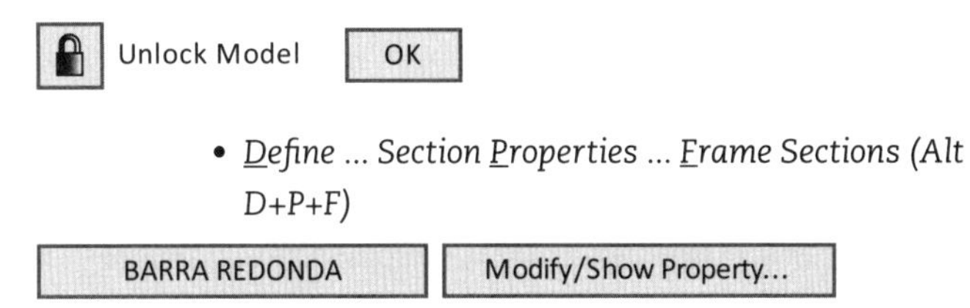

- *Define ... Section Properties ... Frame Sections (Alt D+P+F)*

Dimensions

Diameter (t3): 0,040

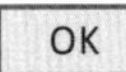

Run Analysis Run Now

De acordo com os resultados encontrados, indicados na Fig. 5.20, os critérios de deslocamentos excessivos e das tensões admissíveis foram simultaneamente atendidos. A flecha na treliça de cobertura obtida nesta última análise é igual a 45 mm, sendo 30% abaixo do deslocamento-limite prescrito. Nesta aplicação prática não foram avaliados os efeitos que produzem sucção da cobertura leve.

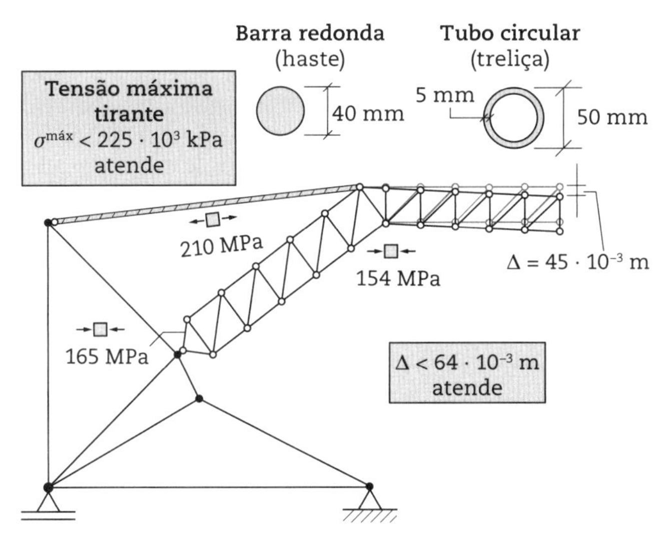

Fig. 5.20 *Tensão normal máxima no tirante e flecha na extremidade livre na treliça de cobertura para a barra redonda com diâmetro D = 40 mm*

Para a fixação dos conceitos, prossiga para o Desafio Estrutural 8.2, presente no e-book.

5.3 Vibrações em arquibancadas

5.3.1 Aplicação Prática 5.3

Seja uma estrutura de sustentação da laje da arquibancada e dos patamares superior e inferior executada em concreto armado, conforme indicado na Fig. 5.21. Defina as seções transversais dos pilares de acordo com as prescrições da norma britânica para o cenário 3 (ISE, 2008), que especifica, para o atendimento do critério de vibrações excessivas, que a menor frequência natural da estrutura seja maior que 6 Hz.

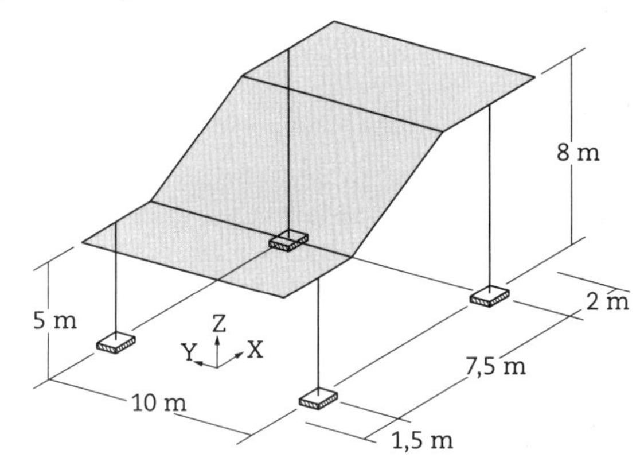

Fig. 5.21 *Modelo geométrico da estrutura de sustentação da laje da arquibancada e dos patamares superior e inferior*

Considere a estrutura monolítica, admitindo que os elementos estruturais são rigidamente interligados e os pilares são engastados na base. Construtivamente, as vigas estão niveladas com as lajes pela face superior e os pilares estão alinhados com as vigas pelos eixos. Adote módulo de elasticidade do concreto $E = 29 \times 10^6$ kN/m², coeficiente de Poisson $\nu = 0{,}2$ e peso específico do concreto armado $\gamma = 25$ kN/m³. Trabalhe com as unidades consistentes quilonewton (kN), metro (m) e quilopascal (kPa).

As propriedades geométricas das seções são dadas na Fig. 5.22.

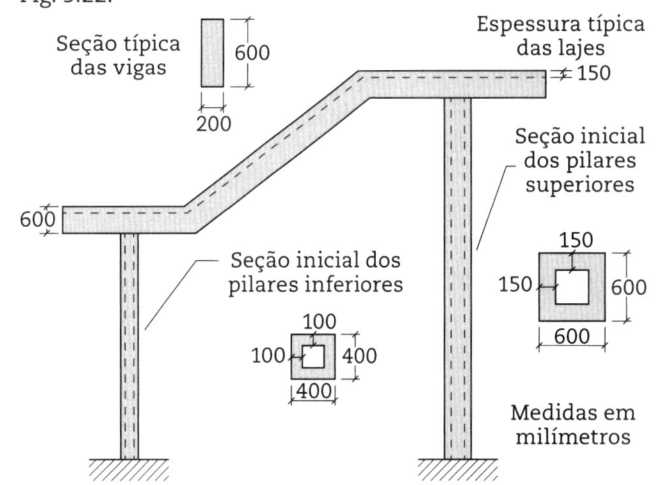

Fig. 5.22 *Seções transversais iniciais dos pilares*

Resolução

A criação do modelo geométrico da estrutura é feita utilizando-se o recurso de modelagem paramétrica do programa SAP2000.

i. Criação do modelo paramétrico SAP2000
   - Inicie o programa SAP2000.
   - *File ... New Model (Alt F+N)*

New Model Initialization

Default Units: kN, m, C

Select Template

3D Frames

3D Frame Type

Beam-Slab

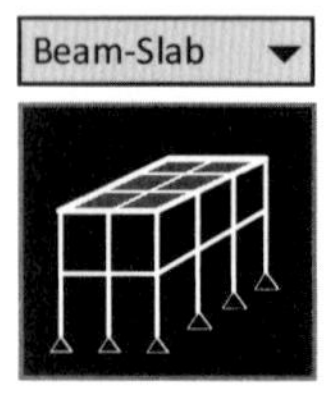

Beam Slab Building Dimensions [*vide* Fig. 5.23]

Number of Stories: 1; Story Height: 5; Number of Bays X: 3; Bay Width X: 3; Number of Bays Y: 1; Bay Width Y: 10; Number of Divisions X: 4; Number of Divisions Y: 4

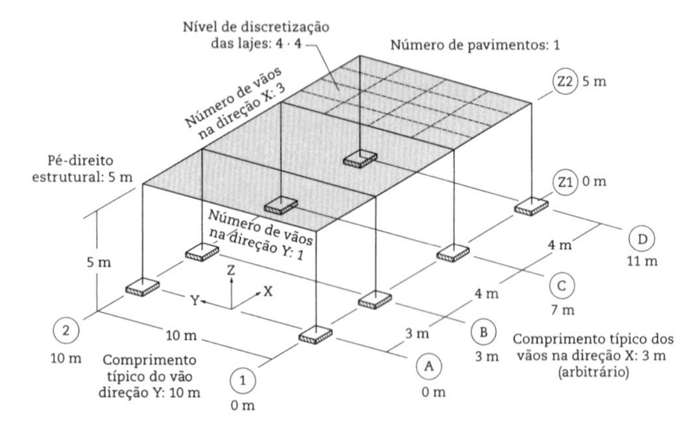

Fig. 5.23 *Modelo paramétrico do pórtico espacial*

☑ Use Custom Grid Spacing and Locate Origin

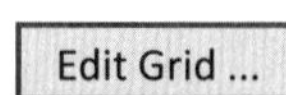

Display Grid as

X Grid Data		Y Grid Data	
Grid ID	Ordinate	Grid ID	Ordinate
A	0	1	0
B	3	2	10
C	7	Z Grid Data	
D	11	Grid ID	Ordinate
		Z1	0
		Z2	5

Section Properties

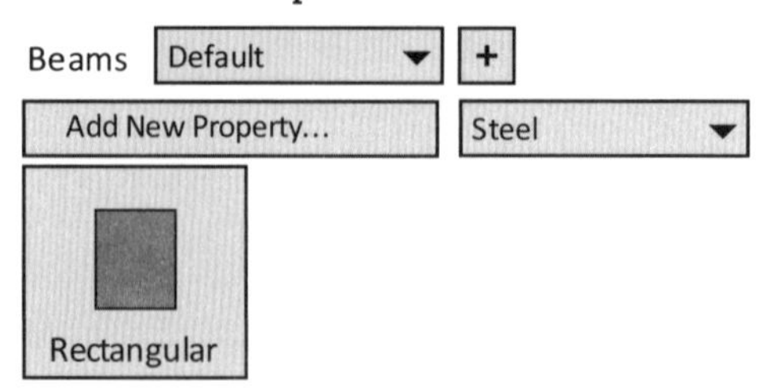

Section Name: VIGA 20/60; Display Color: GREEN

Dimensions

Depth (t3): 0,60; Width (t2): 0,20

Material

Add New Material...

Material Type

Other

General Data

Material Name: C35

Weight and Mass

Weight per Unit Volume: 25

Isotropic Property Data

Modulus of Elasticity: 29e6; Poisson: 0,2

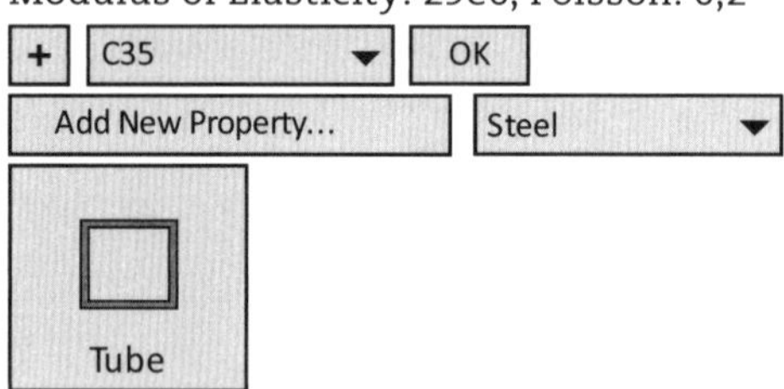

Section Name: PILAR INFERIOR; Display Color: RED

Dimensions

Outside Depth (t3): 0,4; Outside Width (t2): 0,4; Flange Thickness (tf): 0,1; Web Thickness (tw): 0,1; Corner Radius: 1e-6

Material

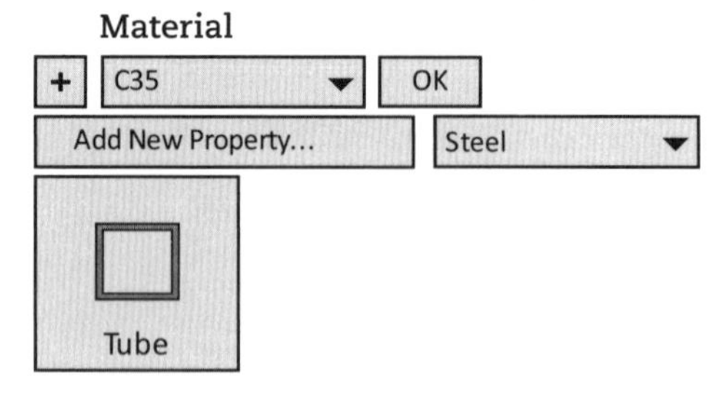

Section Name: PILAR SUPERIOR; Display Color: BLUE

Dimensions

Outside Depth (t3): 0,6; Outside Width (t2): 0,6; Flange Thickness (tf): 0,15; Web Thickness (tw): 0,15; Corner Radius: 1e-6

Material

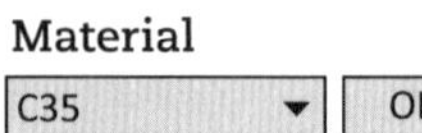

Areas Default

Select Section Type to Add

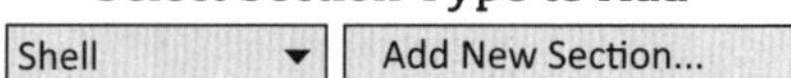

Section Name: LAJE h = 15; Display Color: PURPLE

Type

Shell-thin

Thickness

Membrane: 0,15; Bending: 0,15

Material

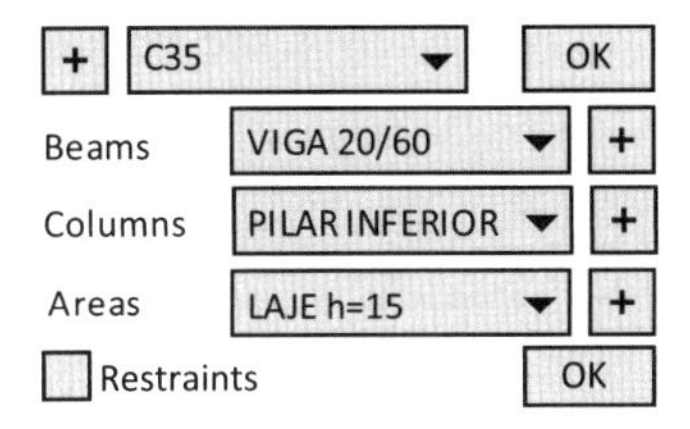

- Feche a janela da direita.

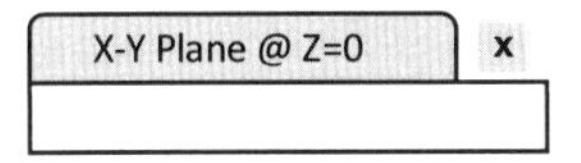

ii. Edição do modelo espacial

- Selecione os quatro pilares dos eixos B e C e apague-os.

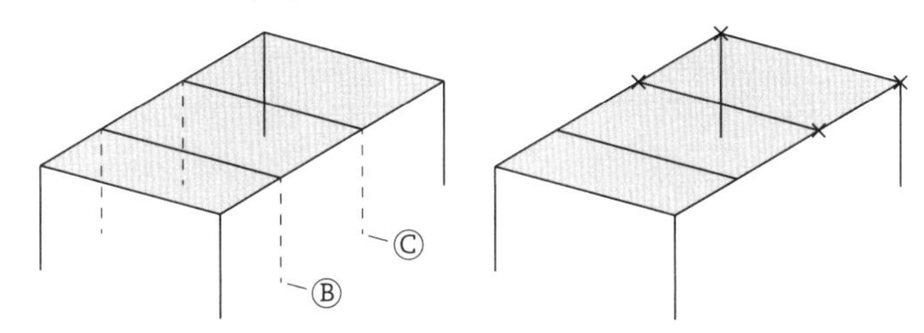

- *Edit ... Delete (Alt E+D)*
- Selecione os quatro pontos dos vértices da laje do patamar superior e mova-os +3 m na direção Z.
- *Edit ... Move (Alt E+M)*

Change Coordinates by

Delta Z: 3

- Selecione os dois pilares inferiores e mova-os +1,5 m na direção X.

Change Coordinates by

Delta X: 1,5

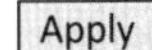

- Selecione os dois pilares superiores e mova-os –2 m na direção X.

Change Coordinates by

Delta X: –2

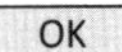

- Selecione os dois pilares superiores e mude a atribuição para Pilar Superior.
- *Assign ... Frame ... Frame Sections (Alt A+F+S)*

PILAR SUPERIOR | OK

iii. Configuração das opções de exibição

- Ative a opção de exibição das atribuições das propriedades geométricas diferenciadas por cores, assim como a opção de exibição da volumetria do elemento de barra e de preenchimento de superfícies, conforme apresentado no item (vi) da resolução da Aplicação Prática 5.2.
- *Options ... Colors ... Display (Alt O+C+D)*

Transparency

Line: 0,8; Area: 0,8

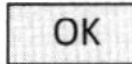

- Desative a exibição do *grid*.
- *View ... Show Grid (Alt V+G)*

iv. Alteração dos pontos de inserção

Este recurso é empregado para nivelar as vigas com as lajes do pavimento. Existem duas maneiras de ajustar o eixo do elemento de barra: (i) em pontos predefinidos pelo programa (*cardinal points*), também chamados de pontos-chave, ou (ii) em pontos definidos pelo usuário (*frame joint offset*). Esses dois ajustes podem ser acionados individualmente ou concomitantemente. Tal recurso altera os eixos de referência do elemento de barra para o cômputo dos momentos de inércia da seção transversal e, consequentemente, modifica a matriz de rigidez do elemento de barra.

Com base na Fig. 5.24, observa-se que a numeração dos pontos-chave é dependente da definição dos eixos locais 2 e 3. Assim, é imprescindível que o usuário tenha ciência da orientação de tais eixos, além de ser recomendado ativar a exibição deles.

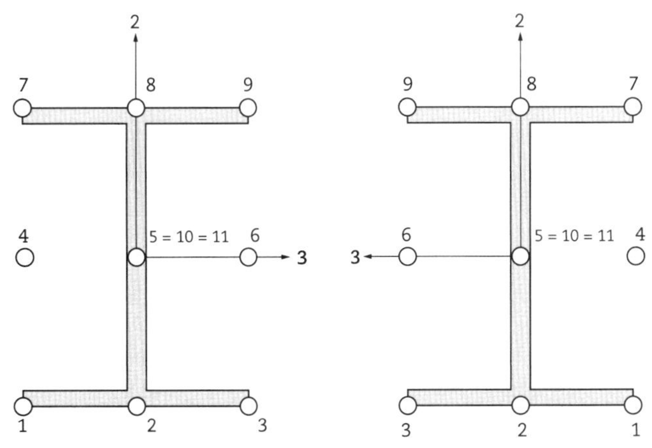

Fig. 5.24 *Pontos-chave* (cardinal points) *predefinidos*

A Fig. 5.25 mostra duas vigas com seção retangular, sendo uma com a origem do eixo de referência no centroide, e a outra, no topo da seção.

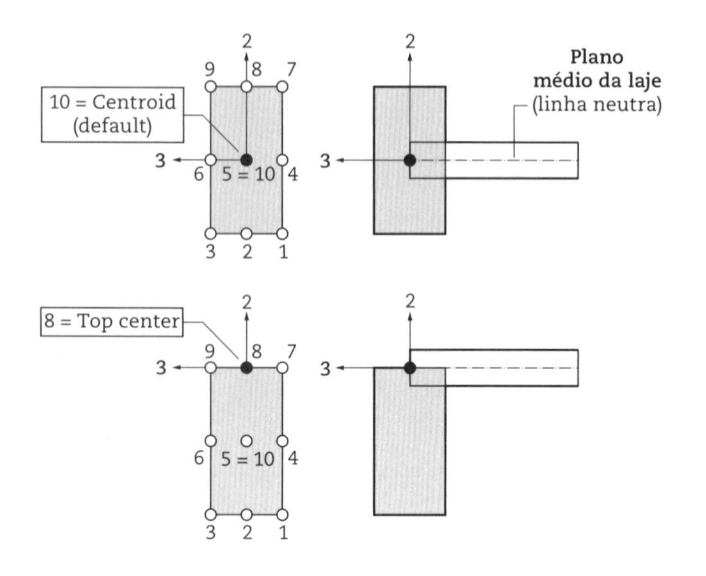

Fig. 5.25 *Pontos de inserção com a opção pontos-chave* (cardinal points)

- Selecione os elementos de viga do modelo.
- *Select ... Select ... Properties ... Frame Sections (Alt S+S+R+F)*

- Nivele as faces superiores das vigas com as faces superiores das lajes conforme o esquema apresentado na Fig. 5.26.
- *Assign ... Frame ... Insertion Point (Alt A+F+I)*

Cardinal Point

Cardinal Point: 10 (Centroid)

Frame Joint Offsets to Cardinal Point

Coordinate System: Local

	End-I	End-J
Local 2:	–(0,60 – 0,15)/2	–(0,60 – 0,15)/2

v. Definição dos tipos de análise

- Apague a análise Dead.

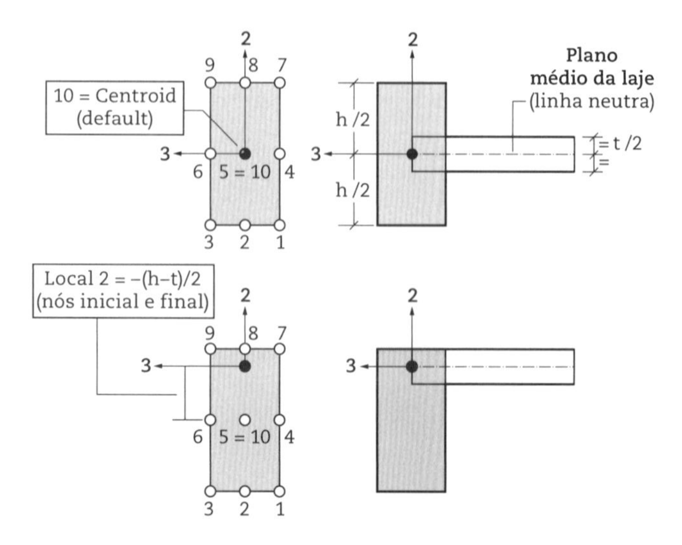

Fig. 5.26 *Pontos de inserção com a opção pontos definidos pelo usuário* (frame joint offset)

- *Define ... Load Cases (Alt D+L)*

Load Case Name	Load Case Type
DEAD	Linear Static

Delete Load Case | OK

vi. Vinculação do modelo

- Selecione os quatro nós da base dos pilares superiores e inferiores e restrinja todos os deslocamentos translacionais e rotacionais.
- *Assign ... Joint ... Restraints (Alt A+J+R)*

Restraints in Joint Local Direction

- [x] Translation 1 — [x] Rotation about 1
- [x] Translation 2 — [x] Rotation about 2
- [x] Translation 3 — [x] Rotation about 3

vii. Processamento do modelo

▶ Run Analysis | Run Now

viii. Frequências naturais e modos de vibração

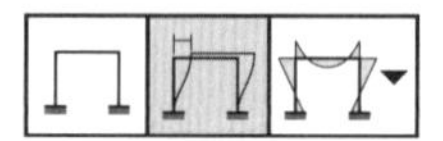

Case/Combo

Case/Combo Name: MODAL

Multivalued Option

◉ Mode number: 1

Deformed Shape (MODAL) - Mode 1: **f = 2,0 Hz**

Start Animation | Stop Animation

A partir da análise modal da estrutura, obteve-se a primeira frequência natural f_1 = 2 Hz, que está abaixo da frequência natural mínima de 6 Hz, preconizada pelo ISE (2008), para atendimento do critério de vibrações excessivas. Para aumentar essa frequência, deve-se enrijecer a estrutura sem agregar, proporcionalmente, massa. Ao verificar o modo de vibração associado a essa frequência (Quadro 5.1), identifica-se um modo de vibração lateral dos pilares superiores e inferiores. Dessa forma, para o aumento da primeira frequência natural, sugere-se ampliar a dimensão dos pilares na direção Y (lateral), adotando-se as dimensões apresentadas no Quadro 5.2, e seguir com esse procedimento até que seja obtida a primeira frequência natural da estrutura acima de 6 Hz.

Como devem ser realizadas diversas análises modais até que seja atendido o critério, aconselha-se ativar o modo de análise interativa (Model Alive), que é mais prático e expedito.

Quadro 5.1 Primeiro modo de vibração

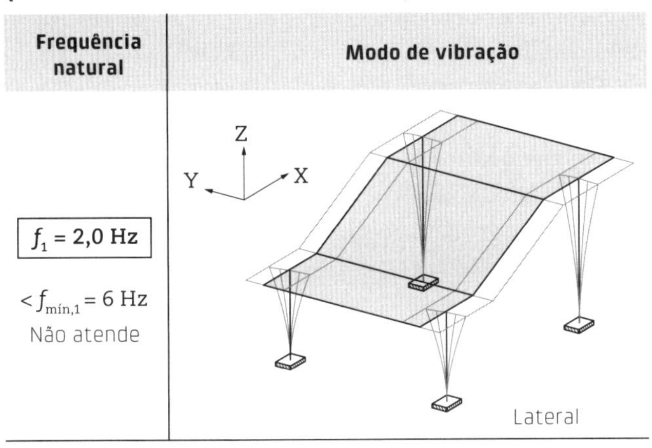

Quadro 5.2 Seções transversais adotadas para os pilares na segunda análise modal

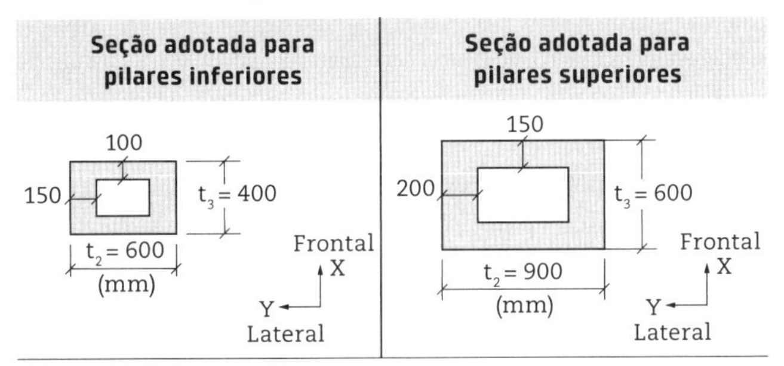

- Destrave o modelo para proceder com as alterações e ative o modo de análise interativa.

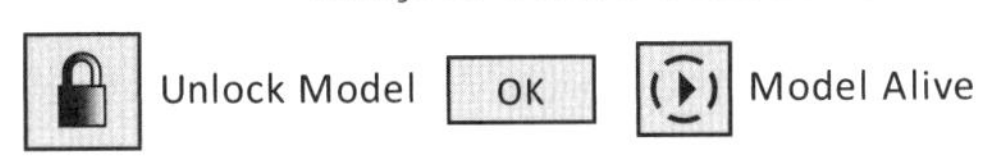

- *Define ... Section Properties ... Frame Sections (Alt D+P+F)*

PILAR INFERIOR | Modify/Show Property...

Dimensions

Outside Depth (t3): 0,4; Outside Width (t2): 0,6; Flange Thickness (tf): 0,1; Web Thickness (tw): 0,15

OK | PILAR SUPERIOR | Modify/Show Property...

Dimensions

Outside Depth (t3): 0,6; Outside Width (t2): 0,9; Flange Thickness (tf): 0,15; Web Thickness (tw): 0,20

Os Quadros 5.3 a 5.7 pormenorizam as análises com a primeira frequência natural igual a 2,9 Hz, 5,3 Hz e, finalmente, 6,0 Hz.

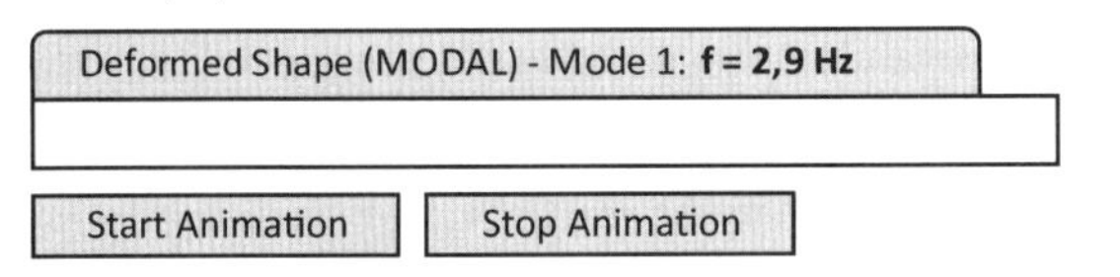

- *Define ... Section Properties ... Frame Sections (Alt D+P+F)*

Quadro 5.3 Primeiro modo de vibração

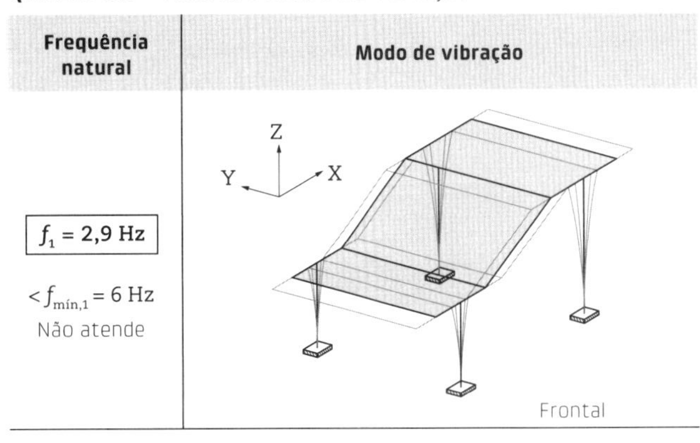

Quadro 5.4 Seções transversais adotadas para os pilares na terceira análise modal

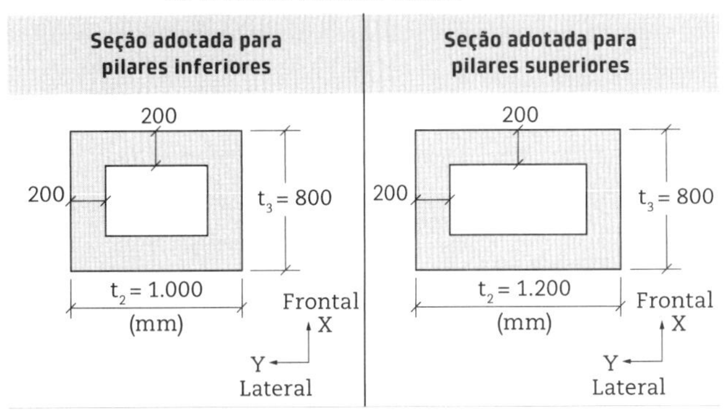

PILAR INFERIOR | Modify/Show Property...

Dimensions

Outside Depth (t3): 0,8; Outside Width (t2): 1; Flange Thickness (tf): 0,2; Web Thickness (tw): 0,2

PILAR SUPERIOR | Modify/Show Property...

Dimensions

Outside Depth (t3): 0,8; Outside Width (t2): 1,2; Flange Thickness (tf): 0,2; Web Thickness (tw): 0,2

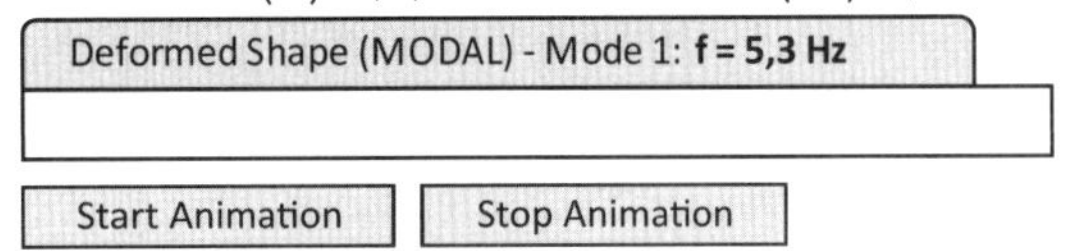

- *Define ... Section Properties ... Frame Sections (Alt D+P+F)*

PILAR INFERIOR | Modify/Show Property...

Dimensions

Outside Depth (t3): 0,9; Outside Width (t2): 1,2; Flange Thickness (tf): 0,2; Web Thickness (tw): 0,2

PILAR SUPERIOR | Modify/Show Property...

Quadro 5.5 Primeiro modo de vibração

Frequência natural	Modo de vibração
$f_1 = 5{,}3$ Hz $< f_{mín,1} = 6$ Hz Não atende	Z Y X Lateral

Quadro 5.6 Seções transversais adotadas para os pilares na quarta análise modal

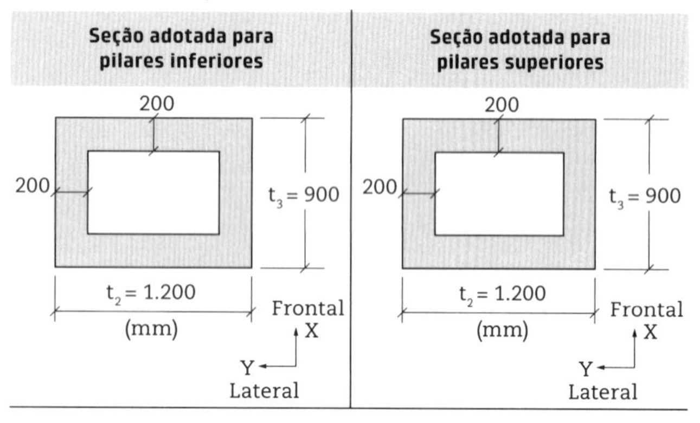

Dimensions

Outside Depth (t3): 0,9; Outside Width (t2): 1,2; Flange Thickness (tf): 0,2; Web Thickness (tw): 0,2

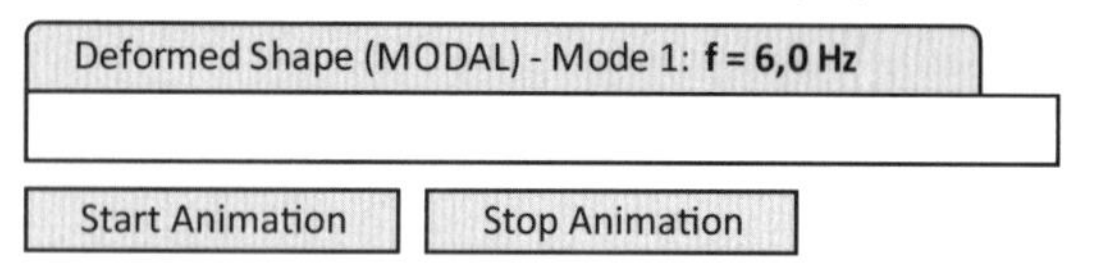

Quadro 5.7 Primeiro modo de vibração

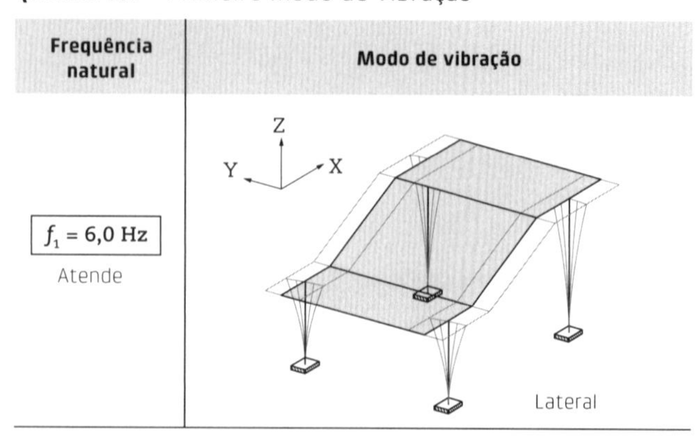

Nota técnica

Embora as seções transversais definidas para os pilares pudessem ser distintas, optou-se pelo critério prático da igualação das seções transversais por razões estéticas e construtivas.

As dimensões especificadas para os pilares superiores e inferiores não comprometem as condições de acessibilidade ao setor das arquibancadas, definidas no projeto arquitetônico, nem interferem nas rotas de fuga e de evacuação, em situações de emergência.

Segundo a norma ISE (2008), para a aceitação da resposta dinâmica da estrutura pode-se utilizar dois procedimentos: (i) o primeiro, baseado na limitação da frequência natural mínima da estrutura igual a 6 Hz para o cenário mais severo, verificada mediante análise modal, e (ii) o segundo, caso não seja atendido o critério anterior, baseado na limitação da aceleração RMS máxima igual a 2,0 m/s² em todos os pontos da arquibancada, obtida na análise dinâmica transiente para o mesmo cenário. Neste tipo de análise é aplicado um carregamento dinâmico, composto por três carregamentos harmônicos, que simula a excitação produzida pelos usuários. O tempo de análise corresponde a um curto período de observação (por exemplo, 10 s em 100 incrementos de tempo), suficiente para capturar a resposta dinâmica da estrutura. Este último procedimento leva a estruturas mais econômicas, sendo que, nesse caso, algumas pessoas podem reclamar por desconforto, mas a maioria do público percebe e tolera vibrações produzidas.

Para um aperfeiçoamento avançado, recomenda-se assistir ao vídeo "Mass and Modal Analysis", elaborado pela empresa Computers and Structures Inc. (CSI), desenvolvedora do programa SAP2000, disponível em https://youtu.be/3ZbKg-oVC5I.

Para a fixação dos conceitos, prossiga para o Desafio Estrutural 8.3, presente no e-book.

5.4 Estabilidade de treliças

5.4.1 Aplicação Prática 5.4

Valide os resultados do Problema de Aplicação 4.4, apresentado no Cap. 4, com os resultados numéricos obtidos com o uso do programa SAP2000 para as seguintes verificações:

a. segurança à flambagem da estrutura original (apresente os três primeiros modos de flambagem);
b. segurança à flambagem da estrutura reforçada com travejamento interno (apresente os três primeiros modos de flambagem) para a viabilização do perfil econômico adotado;
c. segurança ao escoamento, verificada a partir da análise de tensões da estrutura reforçada, para a tensão admissível σ^{adm} = 150 MPa.

São fornecidas as seguintes propriedades físicas e geométricas: módulo de elasticidade E = 205 × 10⁶ kPa, coeficiente de Poisson ν = 0,3, peso específico γ = 78,5 kN/m³, seção transversal tubular de diâmetro externo D = 25 mm e espessura da parede t = 2,5 mm, conforme indicado na Fig. 5.27. Utilize as unidades consistentes quilonewton (kN), metro (m) e quilopascal (kPa).

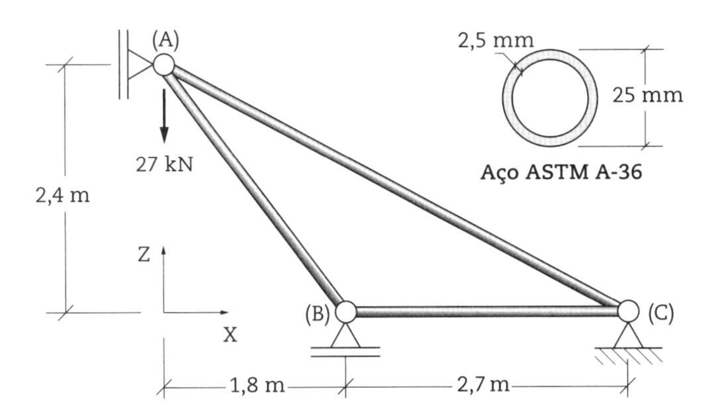

Fig. 5.27 *Treliça de cobertura*

Resolução

A construção do modelo geométrico é feita por meio do recurso de modelagem paramétrica no programa SAP2000.

i. Criação do modelo paramétrico SAP2000
   - *File ... New Model (Alt F+N)*

New Model Initialization

Default Units: kN, m, C

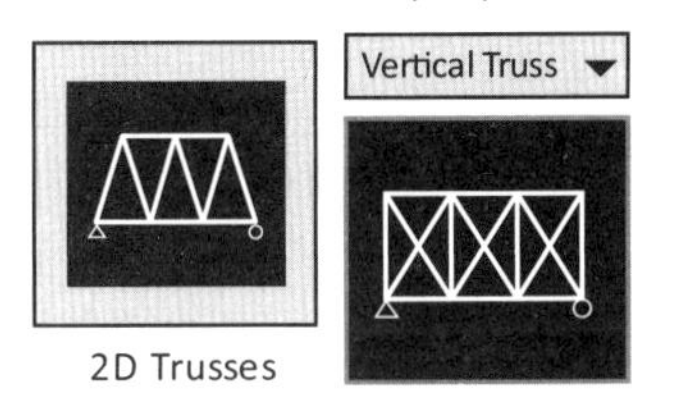

Vertical Truss Dimensions

Number of Divisions: 1; Division Length: 2,7 m; Height: 2,4 m

Section Properties

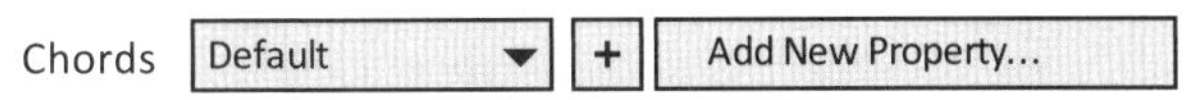

Select Property Type

Frame Section Property Type:

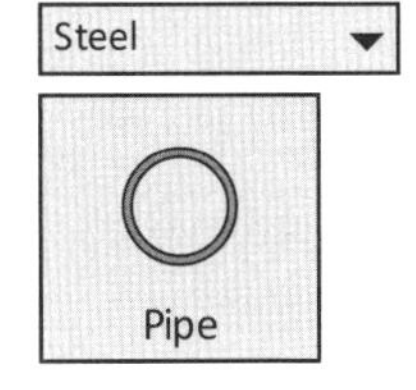

Section Name: TUBO; Display Color: BLUE

Dimensions

Outside Diameter (t3): 0,025; Wall Thickness (tw): 0,0025

Material

Add New Material...

Material Type

Other

General Data

Material Name: ASTM A-36

Weight and Mass

Weight per Unit Volume: 0

Isotropic Property Data

Modulus of Elasticity: 205e6; Poisson: 0,3

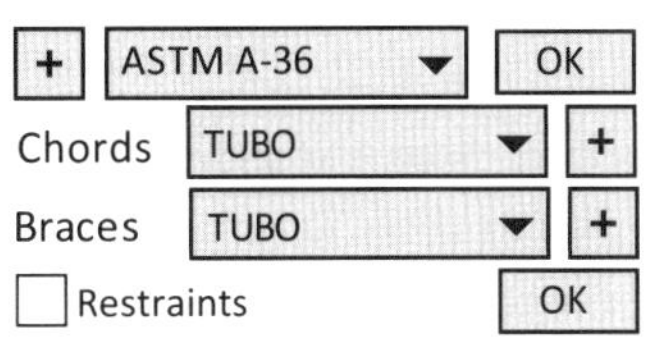

ii. Edição do modelo da treliça plana
   - Cancele a janela da esquerda e trabalhe com a janela X-Z Plane @ Y = 0 no modo tela cheia.
   - Selecione o nó correspondente ao ponto A e mova-o –(1,8 + 2,7/2) m na direção X.
   - *Edit ... Move (Alt E+M)*

Change Coordinates by

Delta X: –(1,8 + 2,7/2)

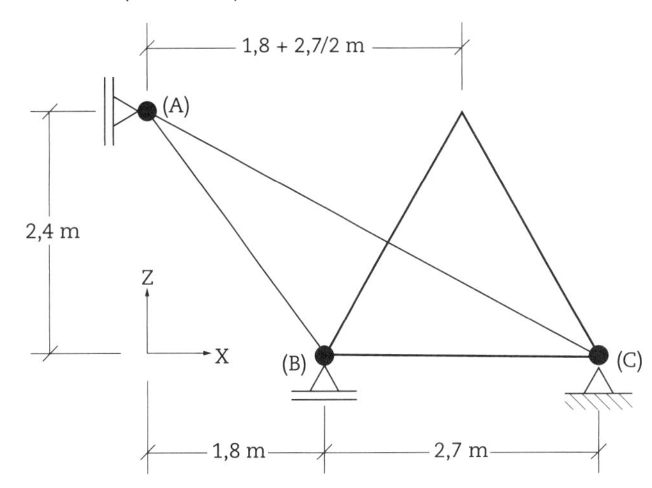

   - Desative a exibição do *grid* e dos eixos globais.
   - *View ... Show Grid (Alt V+G)*
   - *View ... Show Axes (Alt V+X)*

iii. Redução dos graus de liberdade
   - Elimine os graus de liberdade incompatíveis com o modelo da treliça plana definido no plano XZ para evitar flambagem fora do plano.
   - *Analyze ... Set Analysis Options (Alt N+S)*

Available DOFs

iv. Definição do caso de carregamento
   - *Define ... Load Pattern (Alt D+E)*

Load Patterns

Load Pattern Name: CARGA; Type: Live; Self-Weight Multiplier: 0

v. Definição dos tipos de análise

Para realizar uma análise de estabilidade, deve-se resolver a equação de autovalores e autovetores, cuja formulação é apresentada no Cap. 3, dada por:

$$\left(\mathbf{k}^{UU} - \lambda\mathbf{S}\right) \cdot \tilde{\mathbf{U}} = 0$$

A resolução da equação de autovalores e autovetores, governante do problema de estabilidade elástica, é feita em duas fases. Na primeira fase é montada a matriz de rigidez geométrica **S** (*stress stiffening*), considerando-se a teoria dos grandes deslocamentos, cuja resolução do problema geometricamente não linear é dada pelo método P-delta. Conforme visto na seção 3.2, a matriz **S** é função do carregamento aplicado na estrutura. Na segunda fase, resolve-se a equação governante e se obtêm os fatores de carga (autovalores) e os modos de flambagem (autovetores), ordenados do menor para o maior autovalor.

- Apague as análises Dead e Modal.
- *Define ... Load Cases (Alt D+L)*

Load Case Name	**Load Case Type**
DEAD	Linear Static

[Delete Load Case] [OK]

Load Case Name	**Load Case Type**
MODAL	Modal

[Delete Load Case] [OK]

- Defina a análise para a montagem da matriz **S**.

[Add New Load Case...]

Load Case Name

MATRIZ S

Load Case Type

Analysis Type

◉ Nonlinear

Geometric Nonlinearity Parameters

◉ P-Delta plus Large Displacements

Initial Conditions

◉ Zero Initial Conditions

Loads Applied

Load Type: Load Pattern; Load Name: CARGA; Scale Factor: 1

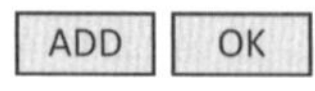

- Defina a análise de flambagem.

[Add New Load Case...]

Load Case Name

FLAMBAGEM

Load Case Type

[Buckling ▾]

Stiffness to Use

◉ Stiffness at End of Nonlinear Case

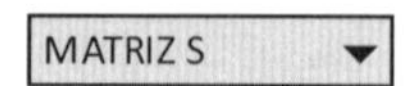

Loads Applied

Load Type: Load Pattern; Load Name: CARGA; Scale Factor: 1

[ADD]

Other Parameters

Number of Buckling Modes: 12

vi. Articulação das extremidades das barras

- Selecione todos os elementos e libere os graus de liberdade de rotação em torno do plano local 12 para ambas as extremidades.
- *Assign ... Frame ... Releases/Partial Fixity (Alt A+F+A)*

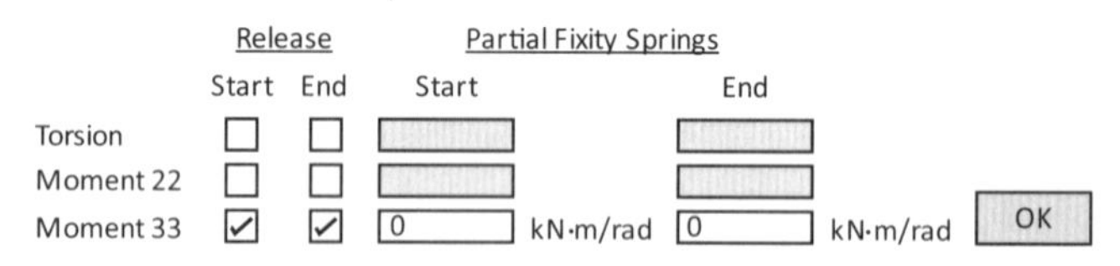

	Release Start	Release End	Partial Fixity Springs Start		Partial Fixity Springs End	
Torsion	☐	☐				
Moment 22	☐	☐				
Moment 33	☑	☑	0	kN·m/rad	0	kN·m/rad

[OK]

vii. Discretização do modelo

Como se trata de uma análise geometricamente não linear para grandes deslocamentos, deve-se aumentar o nível de discretização do modelo de elementos finitos de modo a capturar com precisão a configuração deformada da estrutura.

- Ative a opção de exibição dos nós dos elementos de barra e selecione todos os elementos, então discretize-os com dez divisões por barra.
- *Edit ... Edit Lines ... Divide Frames (Alt E+N+D)*

Divide Options for Selected Straight Frame Objects

◉ Divide into Specified Number of Frames

Number of Frames: 10

viii. Vinculação do modelo

- Selecione o nó correspondente ao ponto A e restrinja seu deslocamento translacional horizontal (local 1).

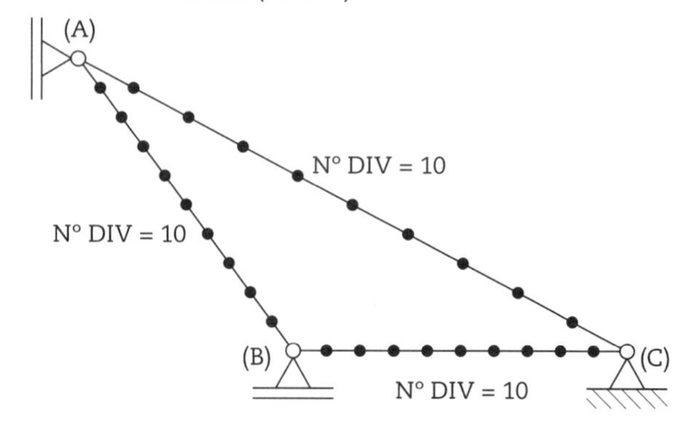

- *Assign ... Joint ... Restraints (Alt A+J+R)*

Restraints in Joint Local Direction

☑ Translation 1 ☐ Rotation about 1
☐ Translation 2 ☐ Rotation about 2
☐ Translation 3 ☐ Rotation about 3

- Selecione o nó correspondente ao ponto B e restrinja seu deslocamento translacional vertical (local 3).
- *Assign ... Joint ... Restraints (Alt A+J+R)*

Restraints in Joint Local Direction

☐ Translation 1 ☐ Rotation about 1
☐ Translation 2 ☐ Rotation about 2
☑ Translation 3 ☐ Rotation about 3

- Selecione o nó correspondente ao ponto C e restrinja os deslocamentos translacionais horizontal (local 1) e vertical (local 3).
- *Assign ... Joint ... Restraints (Alt A+J+R)*

Restraints in Joint Local Direction

☑ Translation 1 ☐ Rotation about 1
☐ Translation 2 ☐ Rotation about 2
☑ Translation 3 ☐ Rotation about 3

ix. Aplicação do carregamento

- Selecione o nó correspondente ao ponto A e aplique a carga concentrada vertical igual a +27 kN na direção Z.
- *Assign ... Joint Loads ... Forces (Alt A+O+F)*

General

Load Pattern: CARGA; Coordinate System: GLOBAL

Forces

Force Global Z: +27

Options

◉ Replace Existing Loads

x. Processamento do modelo

Run Analysis [Run Now]

xi. Cargas críticas e modos de flambagem

- Desative as opções de exibição dos nós e ative a exibição da volumetria dos elementos de barra.

A carga crítica de flambagem da estrutura é obtida a partir do uso da seguinte expressão:

$$P^{cr} = s \cdot \left(\sum_{i=1}^{n} \psi_i \cdot F_i \right) = |1 + \lambda_1| \cdot \left(\sum_{i=1}^{n} \psi_i \cdot F_i \right)$$

em que:

s é o coeficiente de segurança à flambagem;

λ_1 é o 1° autovalor (menor autovalor);

$\Sigma\psi_i \cdot F_i$ corresponde a todos os n carregamentos considerados na análise de flambagem multiplicados pelos respectivos fatores de escala.

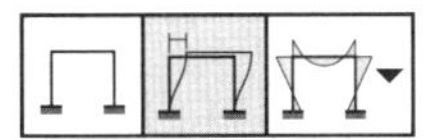

Case/Combo

Case/Combo Name: FLAMBAGEM

Multivalued Option

◉ Mode Number: 1

Contour Options

☑ Draw Contours on Objects

Contour Component: Resultant

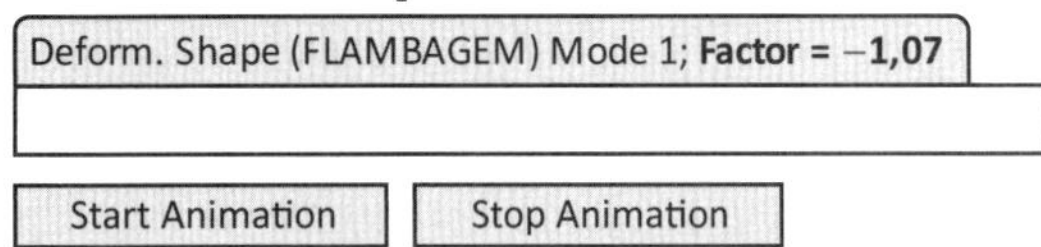

O autovalor com sinal negativo significa que, para a ocorrência desse modo de flambagem, a carga aplicada deve ser revertida. Nesta aplicação prática, pretende-se interpretar os resultados numéricos para os três primeiros modos de flambagem, de forma a validar os resultados teóricos obtidos no Problema de Aplicação 4.4.

A partir da análise de estabilidade, apresenta-se no Quadro 5.8 o primeiro autovalor λ_1 e o coeficiente de segurança que está relacionado com esse modo de flambagem.

Quadro 5.8 Primeiro modo de flambagem

Segurança à flambagem	Modo de flambagem
$\lambda_1 = -1{,}07$ $s = \lvert 1 + \lambda_1 \rvert$ $s = 0{,}07$ Estrutura instável	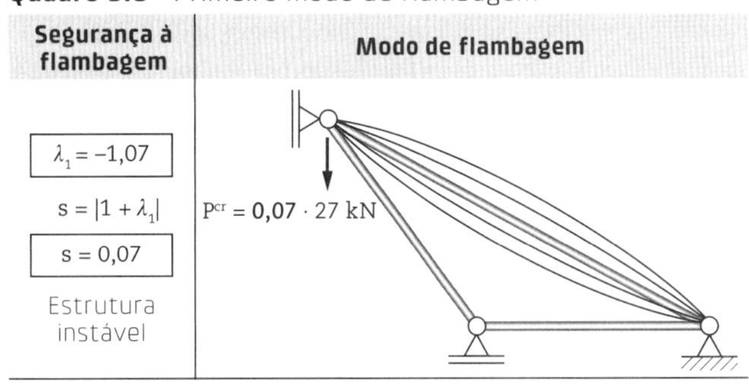 $P^{cr} = 0{,}07 \cdot 27$ kN

- Avance para o segundo e o terceiro modos de flambagem, indicados nos Quadros 5.9 e 5.10, respectivamente.

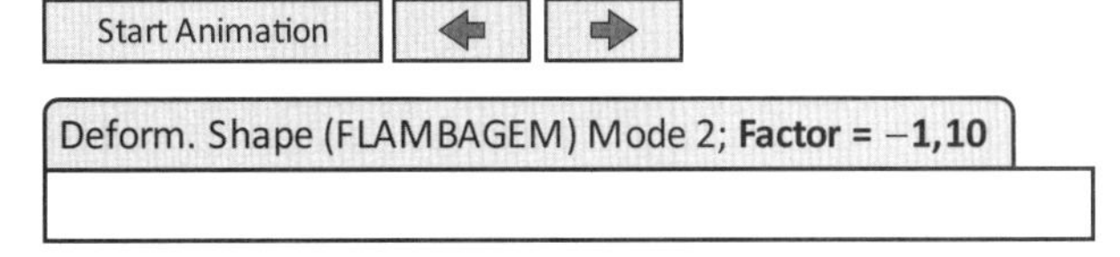

Quadro 5.9 Segundo modo de flambagem

Segurança à flambagem	Modo de flambagem
$\lambda_1 = -1{,}10$ $s = \lvert 1 + \lambda_1 \rvert$ $s = 0{,}10$ Estrutura instável	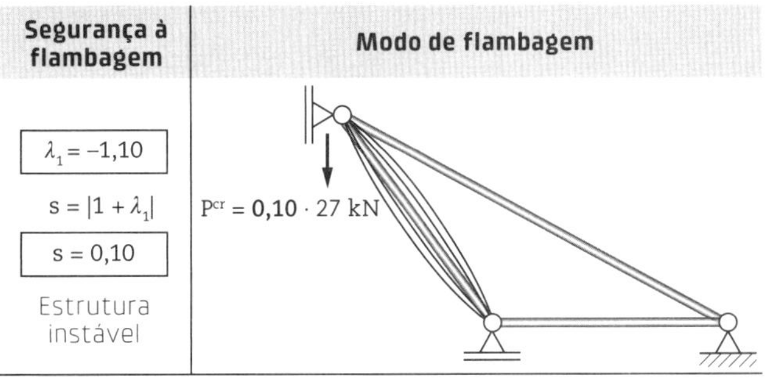 $P^{cr} = 0{,}10 \cdot 27$ kN

Deform. Shape (FLAMBAGEM) Mode 3; **Factor = −1,20**

Quadro 5.10 Terceiro modo de flambagem

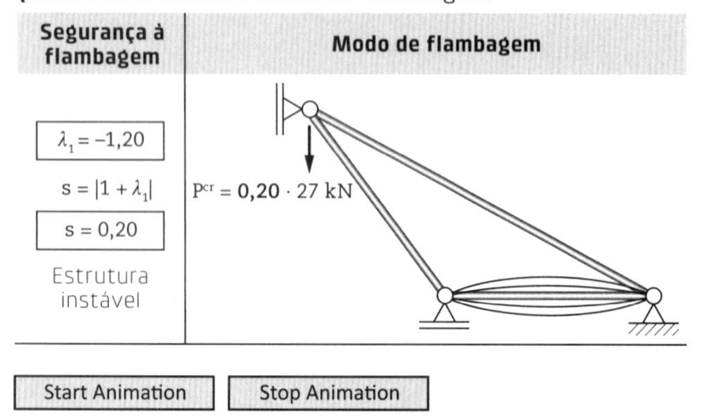

xii. Criação da estrutura reforçada

- Destrave o modelo para reeditá-lo.

 Unlock Model

- Ative a opção de exibição dos nós dos elementos e desative o modo de exibição da volumetria dos elementos de barra.
- Pressione o botão esquerdo do mouse e selecione os dez elementos que constituem a barra AB com janelas de seleção da direita para a esquerda.
- *Edit ... Edit Lines ... Join Frames (Alt E+N+J)*
- Repita o procedimento para a barra BC e para a barra AC.
- Selecione e divida a barra BC em três segmentos, a barra AB em quatro segmentos e a barra AC em cinco segmentos, de acordo com o esquema a seguir.

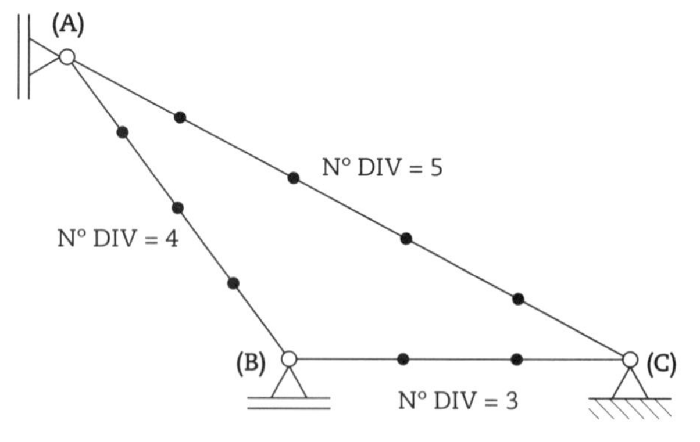

- *Edit ... Edit Lines ... Divide Frames (Alt E+N+D)*

Divide Options for Selected Straight Frame Objects

◉ Divide into Specified Number of Frames

Number of Frames: 3

Apply

Number of Frames: 4

Apply

Number of Frames: 5

OK

- Modele as barras de travejamento conforme esquematizado na Fig. 5.28.
- *Draw ... Draw Frame/Cable/Tendon (Alt R+F)*

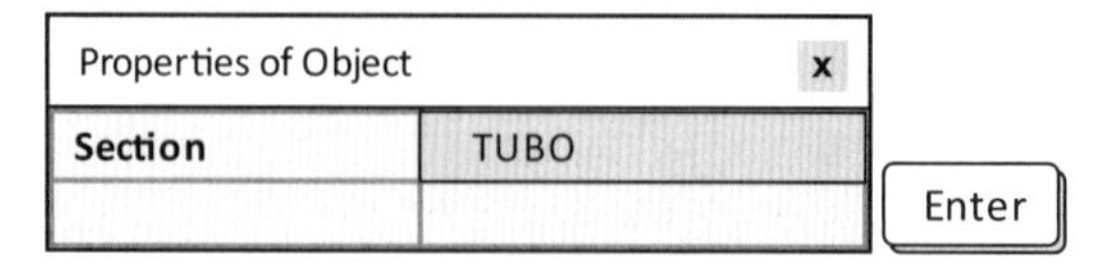

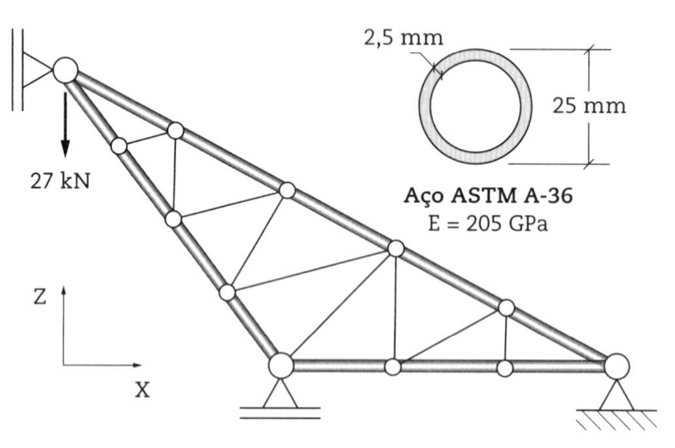

Fig. 5.28 *Treliça de cobertura reforçada com travejamento interno*

xiii. Articulação das extremidades das barras

- Selecione todos os elementos e libere os graus de liberdade de rotação em torno do plano local 12 para ambas as extremidades.
- *Assign ... Frame ... Releases/Partial Fixity (Alt A+F+A)*

	Release Start	Release End	Partial Fixity Springs Start		Partial Fixity Springs End	
Torsion	☐	☐				
Moment 22	☐	☐				
Moment 33	☑	☑	0	kN·m/rad	0	kN·m/rad

OK

xiv. Discretização do modelo

- Selecione todos os elementos externos dos trechos AB, BC e AC e discretize-os com seis divisões por barra.

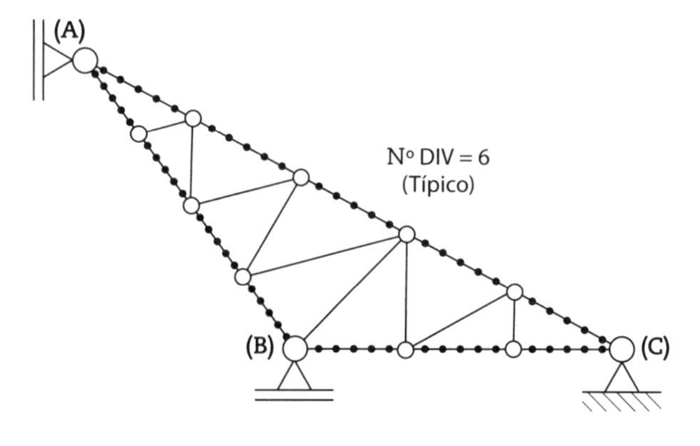

- *Edit ... Edit Lines ... Divide Frames (Alt E+N+D)*

Divide Options for Selected Straight Frame Objects

◉ Divide into Specified Number of Frames

Number of Frames: 6

xv. Reprocessamento do modelo

Run Analysis | Run Now

xvi. Cargas críticas e modos de flambagem

- Desative as opções de exibição dos nós e ative a exibição da volumetria dos elementos de barra.

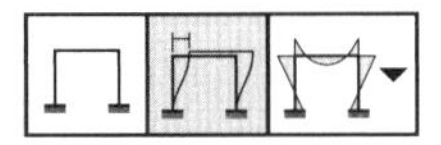

Case/Combo

Case/Combo Name: FLAMBAGEM

Multivalued Option

◉ Mode Number: 1

Contour Options

☑ Draw Contours on Objects

Contour Component: Resultant

Deform. Shape (FLAMBAGEM) Mode 1; **Factor = –2,53**

Start Animation | Stop Animation

Nesta aplicação, pretende-se interpretar os resultados numéricos para os três primeiros modos de flambagem da treliça reforçada, de forma a validar os resultados obtidos no Problema de Aplicação 4.4. A partir da análise de estabilidade, apresenta-se no Quadro 5.11 o primeiro autovalor λ_1 e o coeficiente de segurança associado a esse modo de flambagem. Observe que a carga é assumida na direção contrária àquela prescrita inicialmente.

- Avance para o quinto autovalor (Quadro 5.12).

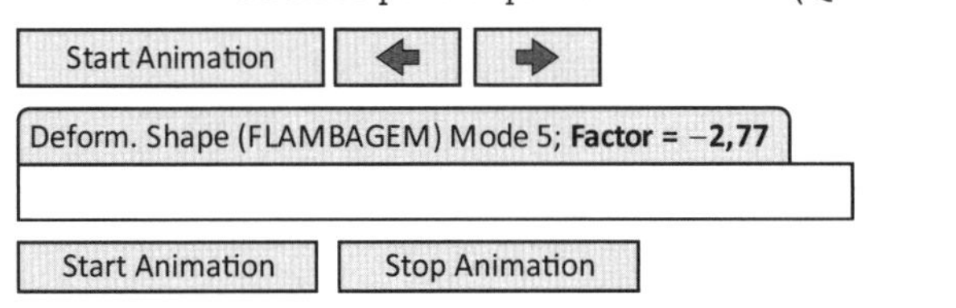

Quadro 5.11 Primeiro modo de flambagem

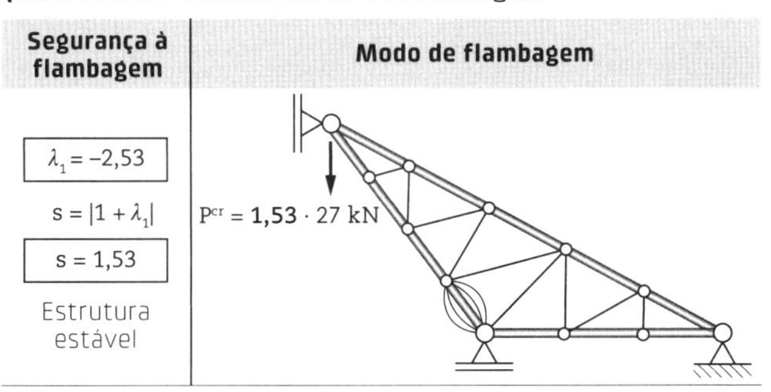

Quadro 5.12 Quinto modo de flambagem

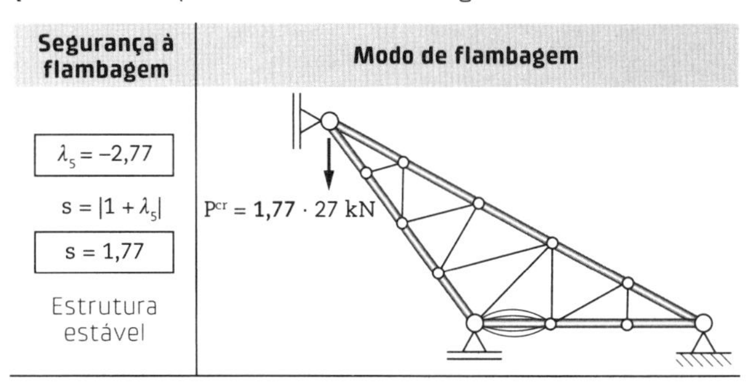

- Avance para o oitavo autovalor (Quadro 5.13).

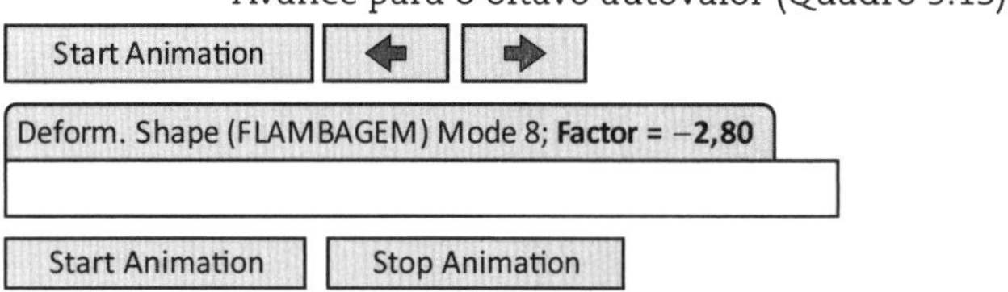

Quadro 5.13 Oitavo modo de flambagem

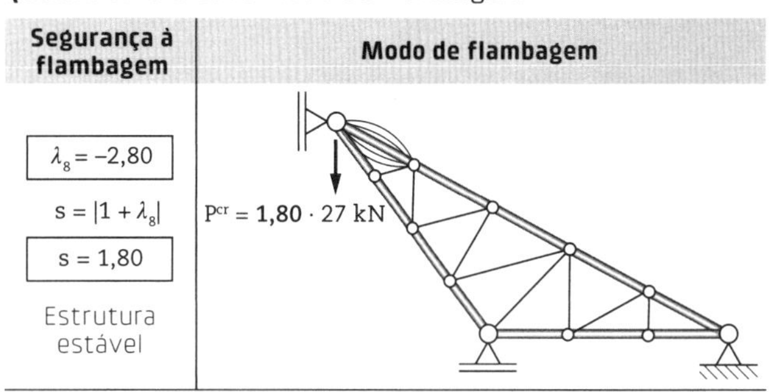

A segurança à flambagem da treliça reforçada é dada pelo menor coeficiente de segurança, que vale 1,53. Observa-se que, para a treliça reforçada, a primeira barra a flambar é a AB, em oposição ao comportamento da estrutura original, em que a barra mais suscetível à flambagem é a AC.

Nota técnica

A carga de serviço foi aplicada, intencionalmente, no sentido contrário ao apresentado no problema original, o que à primeira vista parece um contrassenso, pois ela causa tração em todas as barras e, portanto, a estrutura nunca sofrerá o risco de flambar. O motivo principal pelo qual se optou em aplicar a carga de serviço no sentido positivo do eixo global Z foi o de facilitar a interpretação dos resultados. Ao aplicar a carga no sentido negativo do eixo global Z (para baixo), deve-se selecionar os casos de interesse prático relacionados aos três primeiros modos de flambagem das barras, que nesse caso estão associados ao 12°, ao 11° e ao 9° modos de flambagem correspondentes aos modos 1°, 2° e 3° do problema atual (Quadro 5.14).

Quadro 5.14 Análise comparativa de modos de flambagem

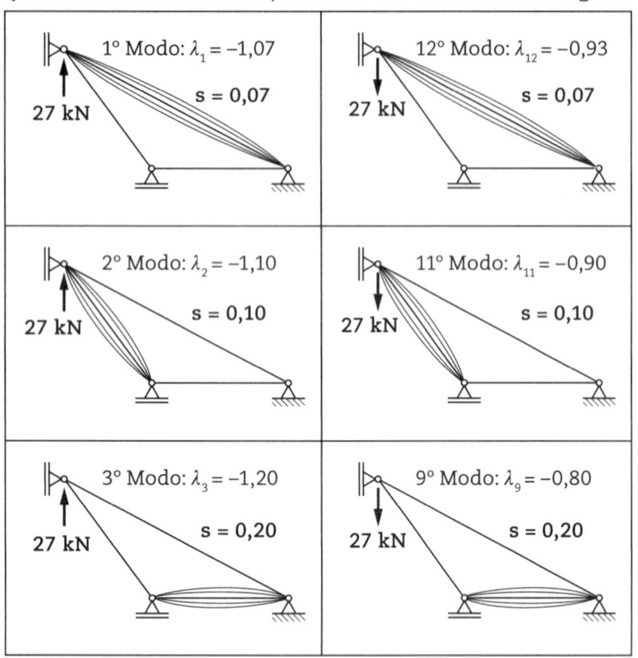

Para a fixação dos conceitos, prossiga para o Desafio Estrutural 8.4, presente no e-book.

5.5 Viga-parede em balanço com aberturas

5.5.1 Aplicação Prática 5.5

Considere uma viga-parede bibalanceada de concreto armado de 7,8 m de comprimento e 0,25 m de espessura, com duas aberturas nos trechos em balanço, que suporta a ação de dois pilares extremos e dois pilares intermediários com cargas de serviço iguais a 800 kN e 1.000 kN, respectivamente, conforme esquematizado nas Figs. 5.29 e 5.30.

São fornecidos o peso específico do concreto armado $\gamma = 25$ kN/m³, o módulo de elasticidade $E = 32 \times 10^6$ kN/m², o coeficiente de Poisson $\nu = 0{,}2$ e a dimensão máxima do lado do elemento finito EPT = 0,15 m.

Com base nos pontos específicos apontados na Fig. 5.31, determine:

a. os deslocamentos verticais no ponto A (extremidade livre do balanço) e no ponto I (meio do vão);

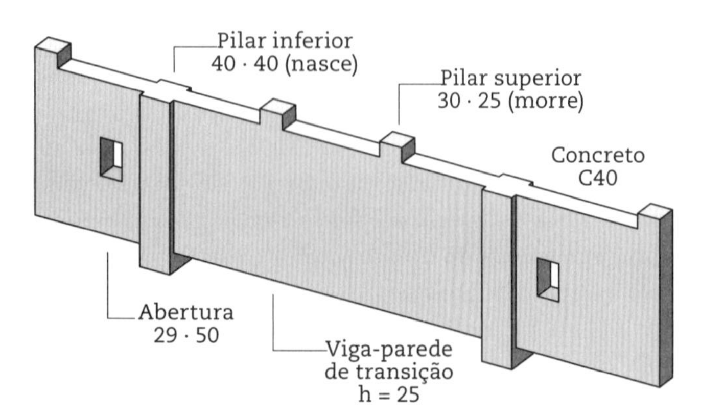

Fig. 5.29 *Viga de transição em balanço com aberturas*

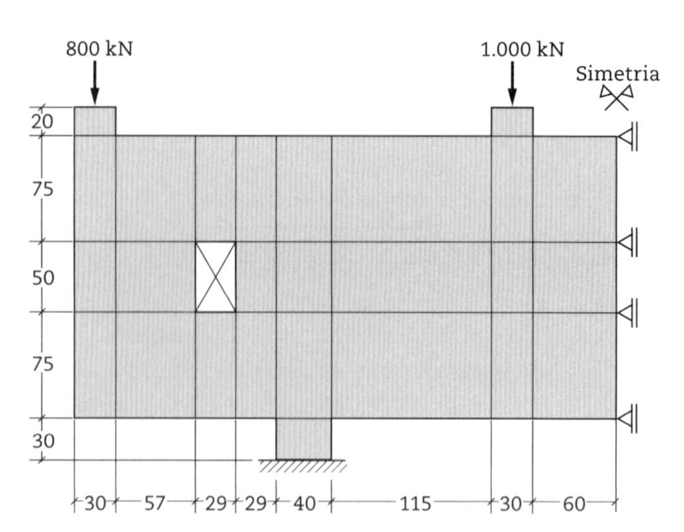

Fig. 5.30 *Modelo geométrico da viga-parede considerando o plano de simetria vertical (cm)*

b. as tensões normais verticais nos pontos B e C, para a validação dos resultados numéricos com base nas tensões aproximadas:

$$\sigma_B = \frac{-800.000}{(300 \cdot 250)} = -10{,}7 \text{ MPa} \quad \text{e} \quad \sigma_C = \frac{-1.000.000}{(300 \cdot 250)} = -13{,}3 \text{ MPa}$$

c. as tensões principais máxima σ_1 e mínima σ_2 nos pontos D a H;

d. os coeficientes de segurança à ruptura nos pontos D a H segundo o critério de resistência para o estado multiaxial de tensões, proposto pela NBR 6118 (ABNT, 2023a), considerando a resistência à tração f_t = 3,5 MPa e à compressão f_c = 40 MPa, dado resumidamente no Quadro A.5 do Apêndice A.

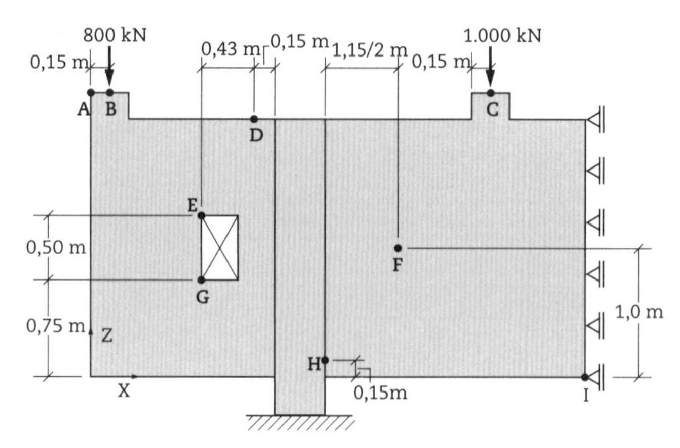

Fig. 5.31 *Pontos de interesse para avaliação dos deslocamentos e das tensões*

Resolução

i. Criação do modelo paramétrico

- *File ... New Model (Alt F+N)*

New Model Initialization

Default Units: kN, m, C

Select Template

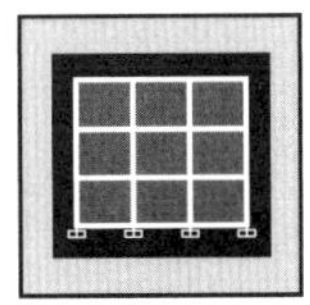

Shear Wall Dimensions

Number of Divisions X: 8; Division Width X: 1 m; Number of Divisions Z: 5; Division Width Z: 1 m

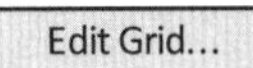

Display Grid as

◉ Spacing

X Grid Data		Y Grid Data	
Grid ID	**Ordinate**	**Grid ID**	**Ordinate**
A	0,30	1	0
B	0,57	**Z Grid Data**	
C	0,29	**Grid ID**	**Ordinate**
D	0,29	Z1	0,30
E	0,40	Z2	0,75
F	1,15	Z3	0,50
G	0,30	Z4	0,75
H	0,60	Z5	0,20
I	0	Z6	0

Section Properties

Select Section Type to Add

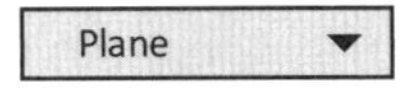

Click to

Section Name: VIGA-PAREDE h = 25; Display Color: BLUE

Type

◉ Plane-Stress

Thickness

Thickness: 0,25

Material

Material Name

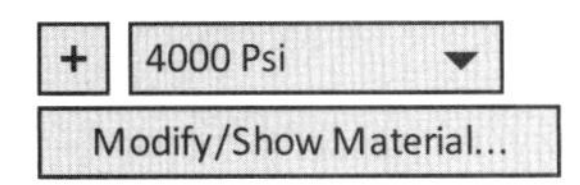

General Data

Material Name: C40; Material Grade: fc = 40 MPa

Weight and Mass

Weight per Unit Volume: 25

Isotropic Property Data

Modulus of Elasticity: 32e6; Poisson: 0,2

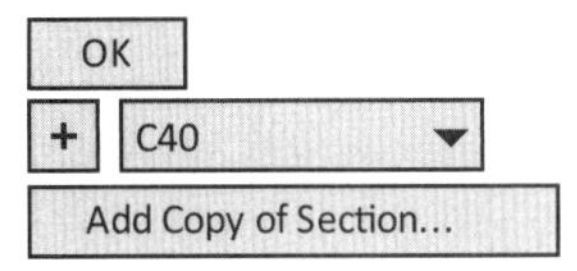

Section Name: PILAR 40 × 40; Display Color: BLUE

Type

◉ Plane-Stress

Material

Material Name

Thickness

Thickness: 0,40

- Pressione o botão esquerdo do mouse na janela esquerda e ative o modo de exibição por cores e elementos com volumetria e preenchimento de área, conforme apresentado no item (iii) da resolução do Problema de Aplicação 5.4.
- Pressione o botão esquerdo do mouse na janela direita.

ii. Edição do modelo plano

- Apague a área entre os eixos C-D e os planos Z3-Z4.
- *Edit ... Delete (Alt E+D)*

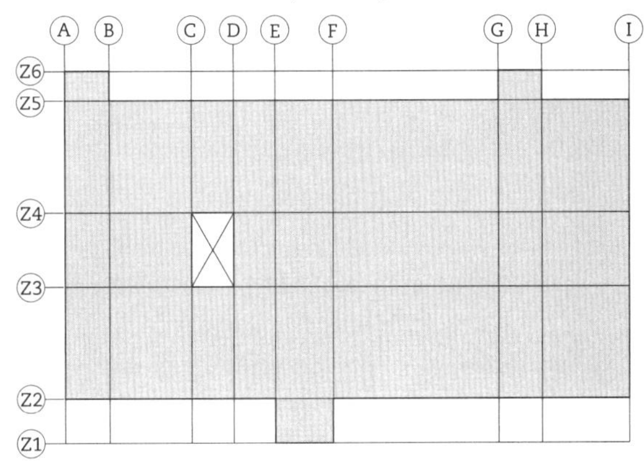

- Selecione as áreas entre os eixos B-G e H-I e os planos Z5-Z6 com uma janela de seleção da esquerda para a direita, envolvendo-as inteiramente, e elimine-as.
- *Edit ... Delete (Alt E+D)*
- Selecione as áreas entre os eixos A-E e F-I e os planos Z1-Z2 com uma janela de seleção da esquerda para a direita, envolvendo-as inteiramente, e elimine-as.
- *Edit ... Delete (Alt E+D)*

iii. Atualização dos atributos do modelo

- Selecione as áreas entre os eixos E-F com uma janela de seleção da direita para a esquerda.
- *Assign ... Area ... Sections (Alt A+A+S)*

PILAR 40x40

iv. Discretização do modelo de elementos finitos

A precisão dos resultados nos problemas da elasticidade plana está diretamente ligada ao nível de discretização adotado para o modelo de elementos finitos.

- Selecione todos os elementos, defina o tamanho máximo dos elementos igual a 0,15 m e discretize o modelo.
- *Edit ... Edit Areas ... Divide Areas (Alt E+A+D)*

Divide Options

◉ Divide Area into Objects of This Maximum Size

Along Edge from Point 1 to 2: 0,15; Along Edge from Point 1 to 3: 0,15

v. Vinculação do modelo de elementos finitos

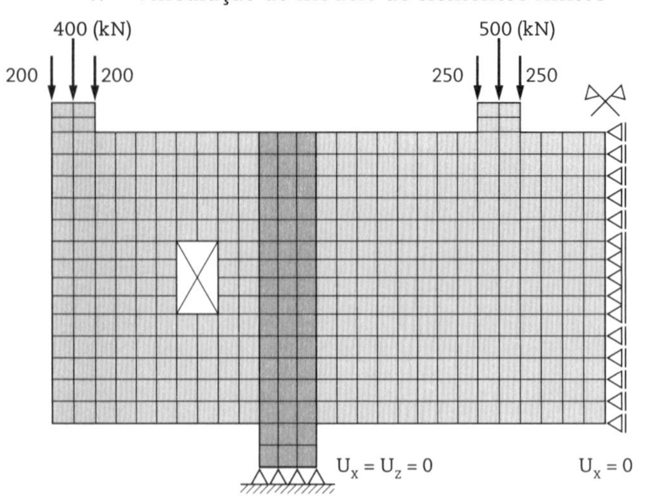

- Selecione os nós sobre o plano Z1 e restrinja os deslocamentos horizontais $U_X = 0$ e verticais $U_Z = 0$. Em seguida, selecione os nós sobre o eixo I e impeça os deslocamentos horizontais $U_X = 0$.

- *Assign ... Joint ... Restraints (Alt A+J+R)*

☑ Translation 1	☐ Rotation about 1	☑ Translation 1	☐ Rotation about 1
☐ Translation 2	☐ Rotation about 2	☐ Translation 2	☐ Rotation about 2
☑ Translation 3	☐ Rotation about 3	☐ Translation 3	☐ Rotation about 3
Apply		OK	

vi. Definição do caso de carregamento

- Defina o caso de carregamento Pilares, relativo às ações dos pilares suportados pela viga-parede.
- *Define ... Load Pattern (Alt D+E)*

Load Patterns

Load Pattern Name: PILARES; Type: LIVE; Self-Weight Multiplier: 0

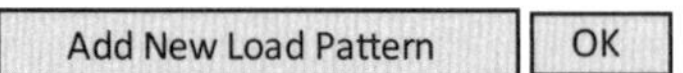
Add New Load Pattern OK

vii. Aplicação das cargas dos pilares

As forças resultantes dos pilares são transformadas em forças nodais equivalentes, obtidas por área de influência.

- Selecione os nós do plano Z6 entre os eixos A-B e aplique, no nó central, a carga 400 kN e, nos nós extremos, a carga 200 kN, no sentido negativo do eixo global Z. Na sequência, selecione os nós do plano Z6 entre os eixos G-H e aplique, no nó central, a carga 500 kN e, nos nós extremos, a carga 250 kN, no sentido negativo do eixo global Z.
- *Assign ... Joint Loads ... Forces (Alt A+O+F)*

General

Load Pattern: PILARES; Coordinate System: GLOBAL

Forces

Force Global Z: –400

Options

◉ Replace Existing Loads  Apply

Forces

Force Global Z: –200

Apply

Forces

Force Global Z: –500

Apply

Forces

Force Global Z: –250

OK

viii. Processamento do modelo

 Run Analysis Run Now

ix. Deslocamentos verticais

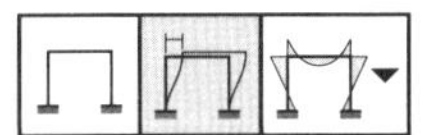

Case/Combo

Case/Combo Name: PILARES

Contour Options

☑ Draw Contours on Objects

Contour Component: Uz

x. Tensões normais verticais

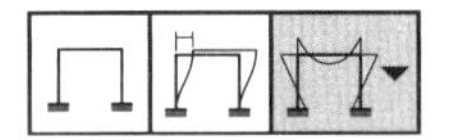

Planes...

Case/Combo

Case/Combo Name: PILARES

Component

 S22

A representação gráfica desses deslocamentos é dada na Fig. 5.32.

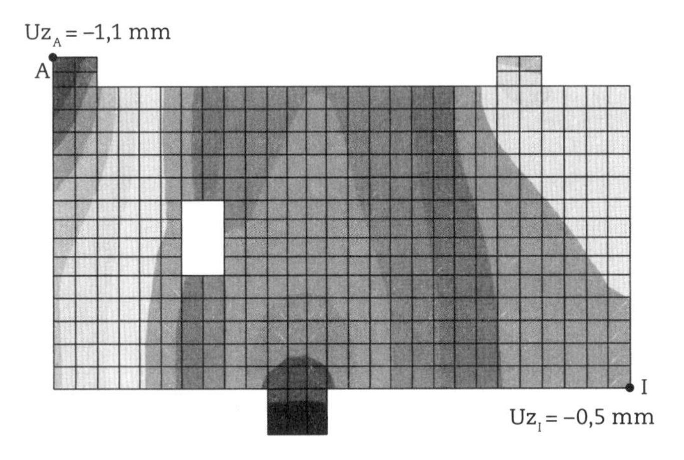

Fig. 5.32 *Deslocamentos verticais devidos aos carregamentos dos pilares do nível superior*

Observa-se, mediante a análise comparativa dos resultados apresentados nas Figs. 5.33 e 5.34, que as tensões normais verticais obtidas no processamento numérico nos pontos de aplicação de carga foram validadas a partir da expressão simplificada para o estado uniaxial de tensões. Tal fato comprova que as forças externas ativas foram introduzidas corretamente no modelo de elementos finitos.

Ao interpretar a Fig. 5.32, conclui-se que a carga aplicada na extremidade do trecho em balanço reduz a deflexão no meio do vão.

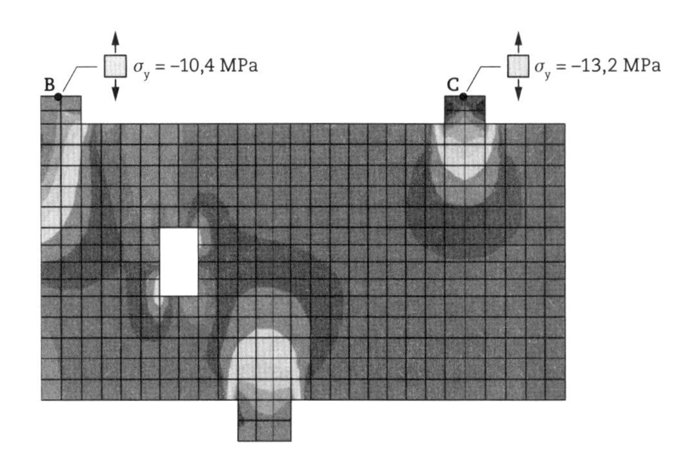

Fig. 5.33 *Tensões normais verticais devidas aos carregamentos dos pilares superiores*

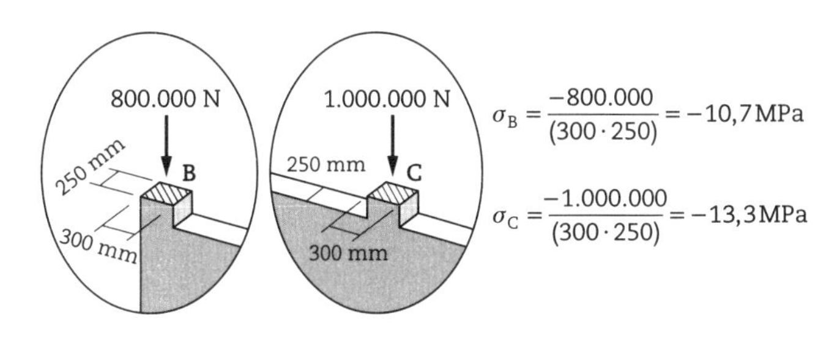

Fig. 5.34 *Tensões normais para o estado uniaxial de tensões*

xi. Tensões principais máximas

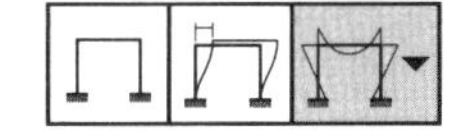

Planes...

Case/Combo

Case/Combo Name: PILARES

Component

 SMax

xii. Tensões principais mínimas

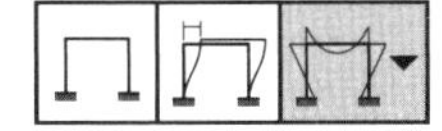

Planes...

Case/Combo

Case/Combo Name: PILARES

Component

 SMin

xiii. Verificação da segurança à ruptura

A verificação da segurança à ruptura é avaliada segundo o critério de resistência para o estado multiaxial de tensões, proposto pela NBR 6118 (ABNT, 2023a), considerando-se a resistência à tração f_t = 3,5 MPa e à compressão f_c = 40 MPa e sobrepondo-se os valores das tensões principais máximas σ_1 (Figs. 5.35) com as tensões principais mínimas σ_2 (Figs. 5.36), resulta no estado de tensões combinadas, exposto na Fig. 5.37.

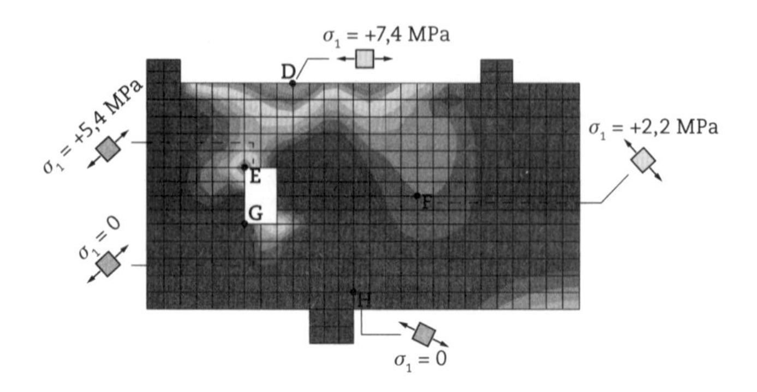

Fig. 5.35 *Tensões principais máximas e mínimas devidas aos carregamentos dos pilares superiores*

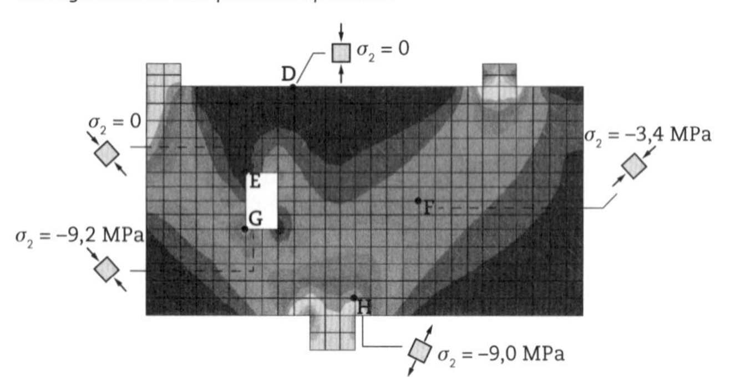

Fig. 5.36 *Tensões principais mínimas σ_2 devidas aos carregamentos dos pilares superiores*

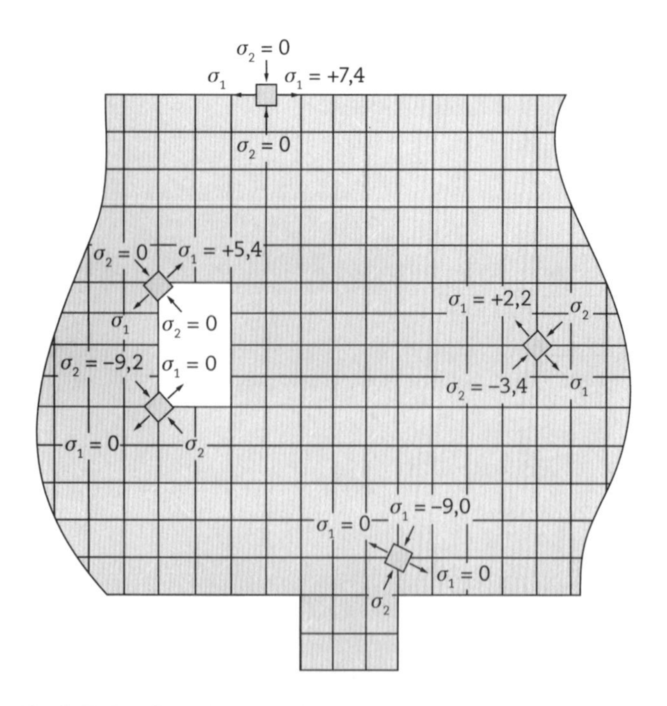

Fig. 5.37 *Tensões principais mínimas σ_3 devidas aos carregamentos dos pilares superiores (MPa)*

- Ponto D

$$s = \frac{f_t}{\sigma_1} = \frac{3,5}{7,4} = 0,5 \text{ (fissurou)}$$

$\sigma_2 = 0$; σ_1; $\sigma_1 = +7,4$; $\sigma_2 = 0$

- Ponto E

$$s = \frac{f_t}{\sigma_1} = \frac{3,5}{5,4} = 0,6 \text{ (fissurou)}$$

$\sigma_2 = 0$; $\sigma_1 = +5,4$; σ_1; $\sigma_2 = 0$

- Ponto F

$$s < \begin{vmatrix} \dfrac{f_t}{\sigma_1} = \dfrac{3,5}{2,2} = 1,6 \\ \dfrac{f_c}{|4\sigma_1 - \sigma_3|} = \dfrac{40}{|4 \cdot 2,2 - (-3,4)|} = 3,3 \end{vmatrix}$$

s = 1,6 (insatisfatório)

$\sigma_1 = +2,2$; σ_2; $\sigma_2 = -3,4$; σ_1

- Ponto G

$$s = \frac{f_c}{|4\sigma_1 - \sigma_3|} = \frac{40}{|4 \cdot 0 - (-9,2)|} = 4,3 \text{ (íntegro)}$$

$\sigma_2 = -9,2$; $\sigma_1 = 0$; $\sigma_1 = 0$; σ_2

- Ponto H

$$s = \frac{f_c}{|4\sigma_1 - \sigma_3|} = \frac{40}{|4 \cdot 0 - (-9,0)|} = 4,4 \text{ (íntegro)}$$

$\sigma_1 = 0$; $\sigma_2 = -9,0$; σ_2; $\sigma_1 = 0$

Observa-se que o concreto está fissurado nos pontos D e E, fato que não compromete a segurança, pois esta deve ser verificada com a presença das barras de aço alinhadas nas direções das tensões σ_1 (Fig. 5.38). O ponto F não apresenta coeficiente de segurança satisfatório (s < 2), devendo-se suprir essa deficiência com um feixe de barras ortogonais.

Nota-se que o concreto C40 tem capacidade resistente adequada para atender a segurança ao esmagamento nos pontos G e H, dando margem para a especificação de um concreto de classe resistente inferior, por exemplo

C25, levando à redução de custo para a aquisição do concreto estrutural.

Para a fixação dos conceitos, prossiga para o Desafio Estrutural 8.6, presente no e-book.

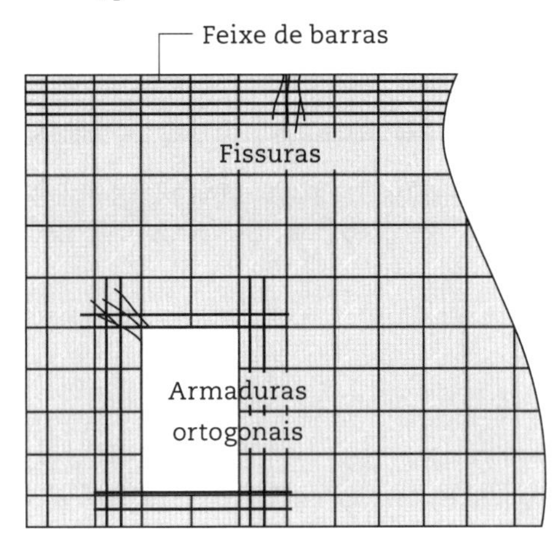

Fig. 5.38 *Barras de aço para atender a segurança e controlar a abertura de fissuras devidas às tensões σ_1 nos pontos D e E*

5.6 Galeria de concreto

5.6.1 Aplicação Prática 5.6

Considere uma galeria de concreto armado apoiada sobre uma fundação do tipo sapata corrida que suporta uma carga uniformemente distribuída de 5.000 kN/m², conforme ilustrado na Fig. 5.39. O modelo geométrico da galeria consiste em um semi-hexágono regular inscrito em uma circunferência de 6 m de raio com abertura semicircular de raio igual a 3 m. Adote as hipóteses do estado plano de deformações (EPD) para o modelo de elementos finitos e leve em conta a simetria do problema.

São fornecidos o peso específico do concreto γ = 25 kN/m³, o módulo de elasticidade E = 24 × 10⁶ kPa e o coeficiente de Poisson ν = 0,2. Despreze o peso próprio da estrutura. Opere com as unidades consistentes quilonewton (kN), metro (m) e quilopascal (kPa).

Considere apenas da carga do terrapleno; com base na Fig. 5.39, pede-se:

a. o deslocamento vertical do ponto II;
b. as tensões normais σ_x ao longo da linha I-II e da linha III-IV;
c. as tensões de cisalhamento τ_{xy} ao longo da linha III-IV;
d. as tensões de confinamento σ_z ao longo da linha III-IV;
e. as tensões normais σ_y ao longo da linha III-IV e da linha V-VI;
f. as tensões principais máxima e mínima no ponto III;
g. o coeficiente de segurança à ruptura do ponto III pelo critério de Willam-Warnke e pelo critério do CEB90 (CEB, 1993), considerando-se a resistência à compressão do concreto f_c = 25 MPa e a resistência à tração f_t = 2,5 MPa.

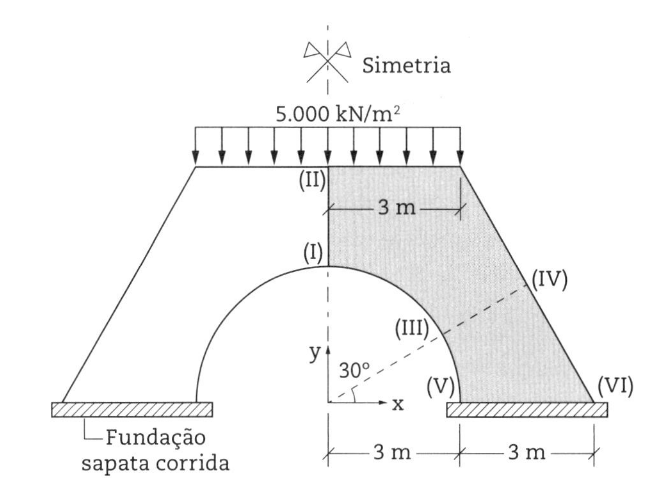

Fig. 5.39 *Galeria de concreto armado*

Fonte: adaptado de Weaver Jr. e Johnston (1984).

Resolução

i. Criação do modelo paramétrico
   - *File ... New Model (Alt F+N)*

New Model Initialization

Default Units: kN, m, C

Select Template

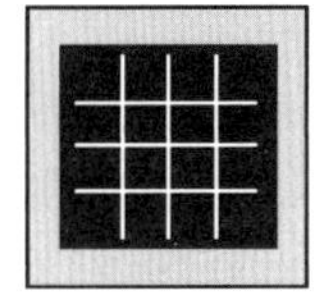

Grid Only

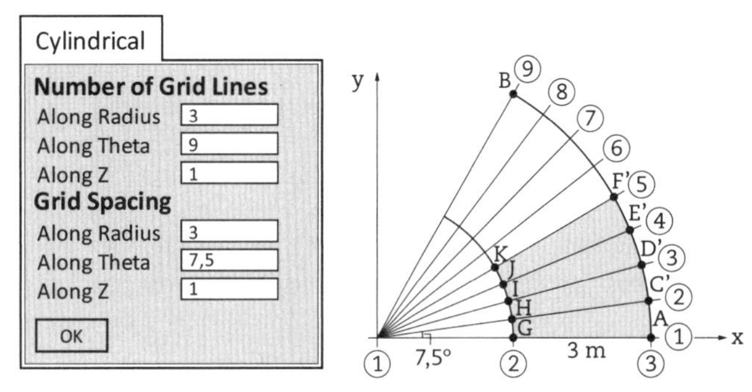

- Feche a janela 3D View.
- Crie a barra AB.
- *Draw ... Draw Frame/Cable/Tendon (Alt R+F)*

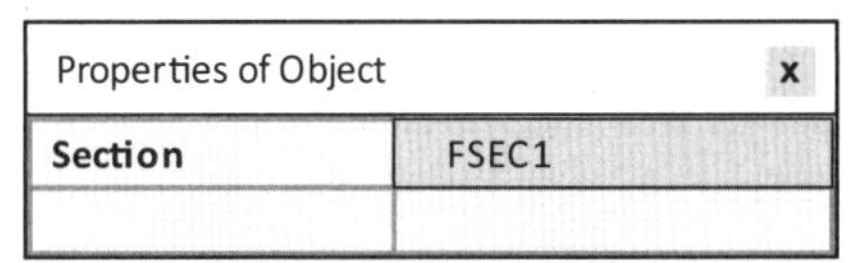

- Selecione a barra AB e discretize-a com oito divisões.

- *Edit ... Edit Lines ... Divide Frames (Alt E+N+D)*

Divide Options for Selected Straight Frame Objects

◉ Divide into Specified Number of Frames

Number of Frames: 8

- Crie a área G-A-C-H, iniciando do ponto G e circuitando no sentido anti-horário, respeitando a sequência dos pontos. Repita o mesmo procedimento para a área H-C-D-I, a área I-D-E-J e a área J-E-F-K.

Ressalta-se que esse cuidado é necessário para compatibilizar todas as áreas criadas, de modo que tenham versor normal saindo da superfície.

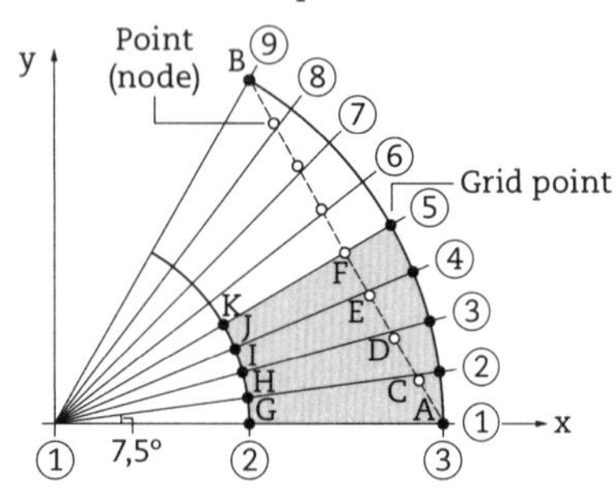

- Selecione os elementos lineares e apague-os.
- *Select ... Select ... Properties ... Frame Sections (Alt S+S+R+F)*

FSEC1 | Select | Close

- *Edit ... Delete (Alt E+D)*
- Selecione as áreas recém-criadas e discretize-as com quatro divisões (borda maior) por uma divisão (borda menor).
- *Edit ... Edit Areas ... Divide Areas (Alt E+A+D)*

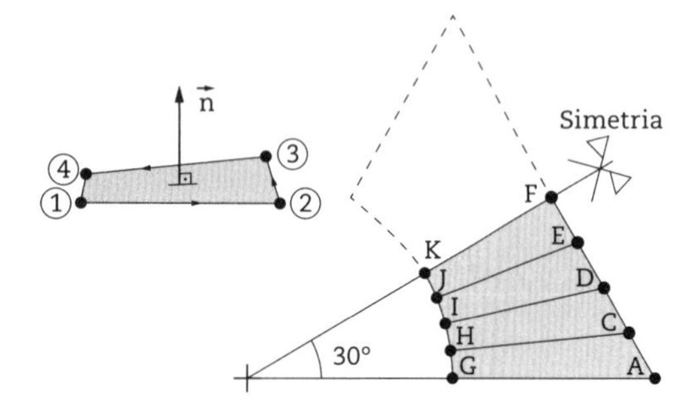

Divide Options

◉ Divide Area into Objects of This Maximum Size

Along Edge from Point 1 to 2: 4; Along Edge from Point 1 to 3: 1

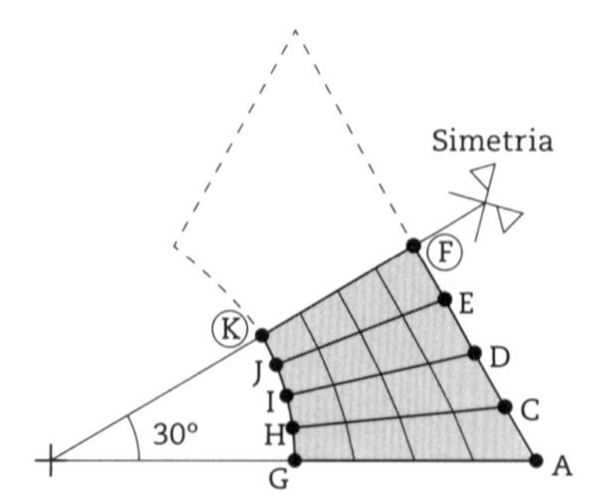

- Selecione os elementos recém-criados e espelhe-os em relação ao plano que passa pelos pontos K e F.
- *Edit ... Replicate (Alt E+E)*

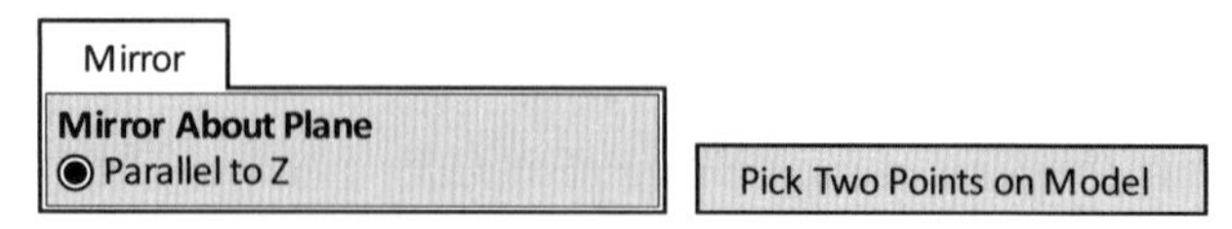

- Selecione os elementos planos compreendidos entre os pontos K-F e A'-G' por uma cerca poligonal passando pelos pontos K-F-A'-G' e espelhe-os em relação ao plano que passa pelos pontos G' e A'.

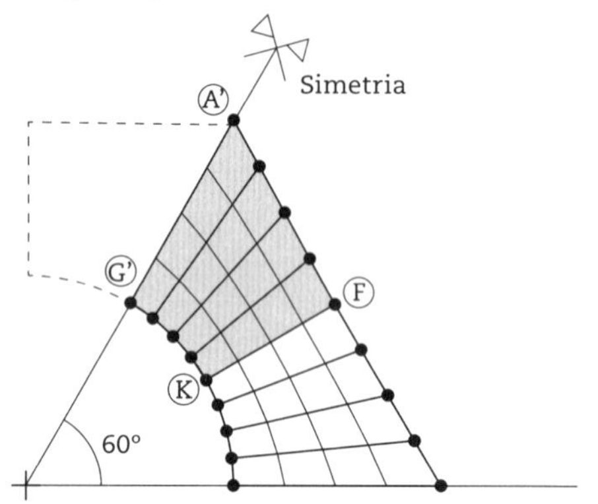

- *Select ... Select ... Poly (Alt S+S+O)*
- *Edit ... Replicate (Alt E+E)*

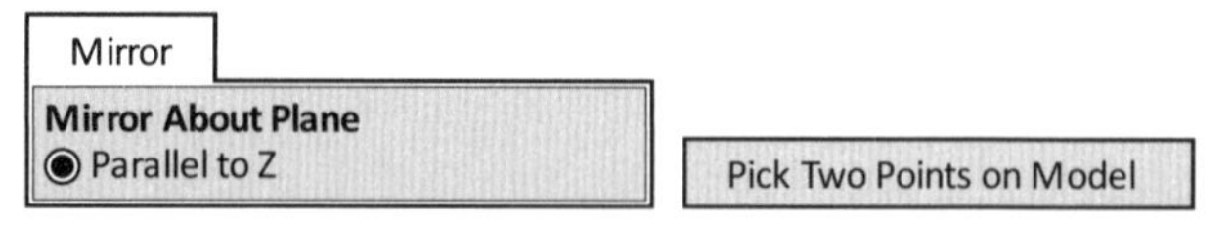

- Selecione os elementos planos compreendidos entre as linhas radiais K-F e G'-A' por uma cerca poligonal passando pelos pontos K-F-A'-G' e inverta a orientação da direção normal.
- *Select ... Select ... Poly (Alt S+S+O)*

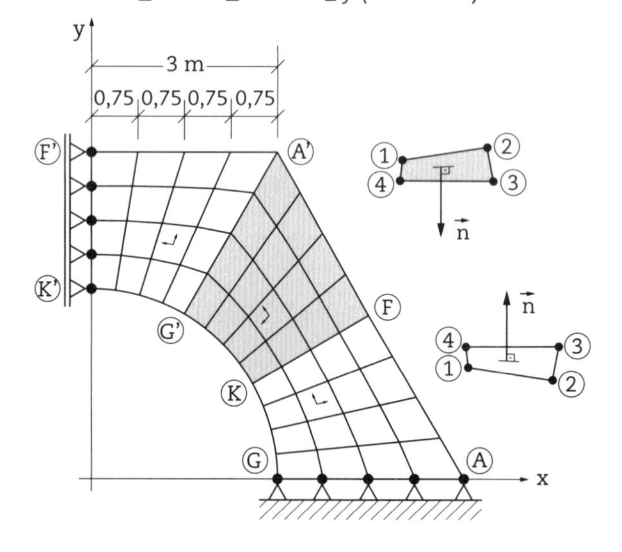

- *Assign ... Area ... Reverse Local 3 (Alt A+A+R)*

Divide Options

◉ Keep Assigns in Same Global Orientation

ii. Definição das propriedades

- *Define ... Section Properties ... Area Sections (Alt D+P+A)*

Select Section Type to Add

Plane ▾ | Add New Section...

Section Name: EPD; Display Color: BLUE

Type

◉ Plane-Strain

Thickness

Thickness: 1

Material

Material Name

+ | 4.000 Psi ▾ | Modify/Show Material...

General Data

Material Name: C25; Material Grade: fc = 25 MPa

Weight and Mass

Weight per Unit Volume: 25

Isotropic Property Data

Modulus of Elasticity: 24e6; Poisson: 0,2

+ | C25 ▾

iii. Atribuição das propriedades físicas e geométricas

- *Assign ... Area ... Sections (Alt A+A+S)*

EPD

iv. Redução dos graus de liberdade

- *Analyze ... Set Analysis Options (Alt N+S)*

Available DOFs

☑ UX ☑ UY ☐ UZ ☐ RX ☐ RY ☐ RZ

v. Vinculação do modelo

- Selecione os nós localizados sobre o plano de simetria que passam pelos pontos K'-F' e impeça os deslocamentos horizontais.
- Selecione os nós localizados sobre a base que passam pelos pontos G-A e impeça os deslocamentos horizontais e verticais.
- *Assign ... Joint ... Restraints (Alt A+J+R)*

☑ Translation 1	☐ Rotation about 1	☑ Translation 1	☐ Rotation about 1
☐ Translation 2	☐ Rotation about 2	☑ Translation 2	☐ Rotation about 2
☐ Translation 3	☐ Rotation about 3	☐ Translation 3	☐ Rotation about 3

vi. Definição do caso de carregamento

- *Define ... Load Pattern (Alt D+E)*

Load Patterns

Load Pattern Name: TERRAPLENO; Type: Live; Self-Weight Multiplier: 0

Add New Load Pattern | OK

vii. Aplicação do carregamento

- Selecione os nós A' e F', localizados na crista da estrutura, e aplique as forças concentradas na direção negativa do eixo Y iguais a 1.875 kN.
- *Assign ... Joint Loads ... Forces (Alt A+O+F)*

General

Load Pattern: TERRAPLENO; Coordinate System: GLOBAL

Forces

Force Global Y: –1875

Options

◉ Replace Existing Loads 

- Selecione os nós C', D' e E', localizados na crista da estrutura, e aplique as forças concentradas na direção negativa do eixo Y iguais a 3.750 kN.
- *Assign ... Joint Loads ... Forces (Alt A+O+F)*

General

Load Pattern: TERRAPLENO; Coordinate System: GLOBAL

Forces

Force Global Y: –3750

Options

◉ Replace Existing Loads | Apply

viii. Processamento do modelo

ix. Deslocamentos verticais (Fig. 5.40)

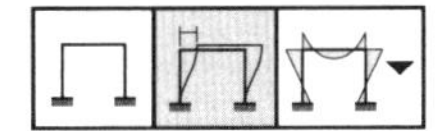

Case/Combo

Case/Combo Name: TERRAPLENO

Contour Options

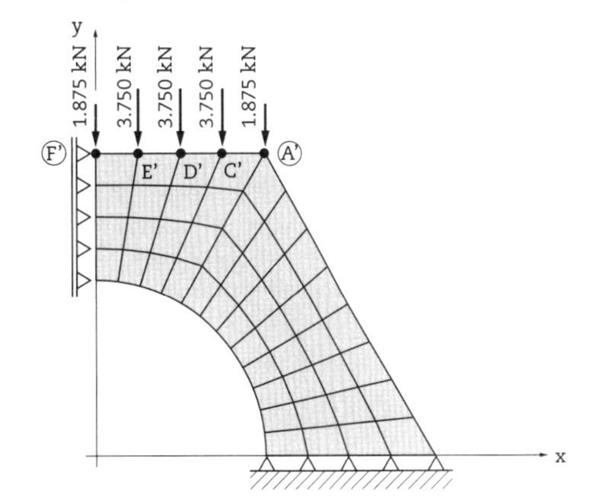

☑ Draw Contours on Objects

Contour Component: Uy

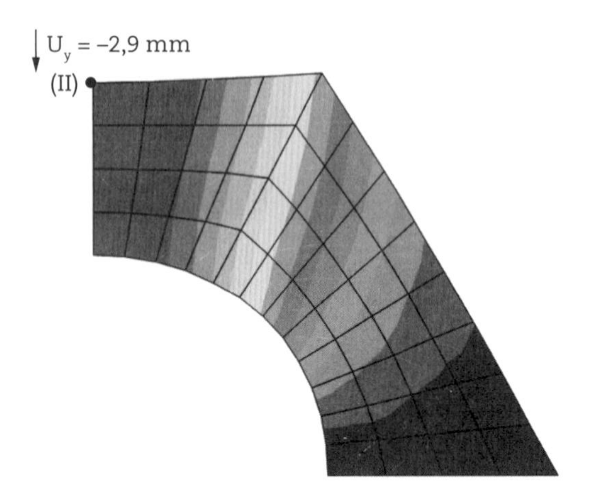

Fig. 5.40 *Deslocamentos verticais devidos à carga do terrapleno*

x. Tensões normais e de cisalhamento

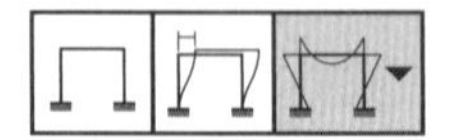

Planes...
Case/Combo
Case/Combo Name: TERRAPLENO
Component

◉ S11

Component

◉ S12

Planes...
Case/Combo
Case/Combo Name: TERRAPLENO
Component

◉ S33

Planes...
Case/Combo
Case/Combo Name: TERRAPLENO
Component

◉ S22

A partir das tensões no ponto III, apresentadas nas Figs. 5.41, 5.42 e 5.44, obtêm-se as tensões principais, sobrepondo-se o estado de confinamento do ponto III, dado pela tensão de confinamento:

$$\sigma_z = \nu \cdot \left(\sigma_x + \sigma_y\right) = 0{,}2 \cdot (-4{,}8 - 13{,}1) = -3{,}6 \text{ MPa}$$

obtida no processamento do modelo (indicada na Fig. 5.43), representando o estado de compressão triaxial.

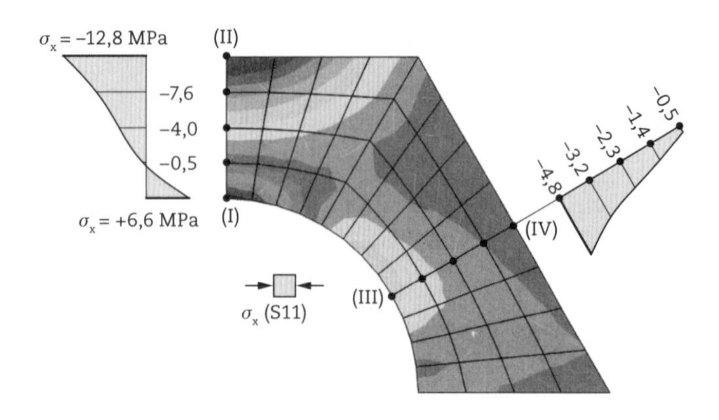

Fig. 5.41 *Distribuição das tensões normais σ_x ao longo da linha I-II e da linha III-IV devidas à carga do terrapleno (MPa)*

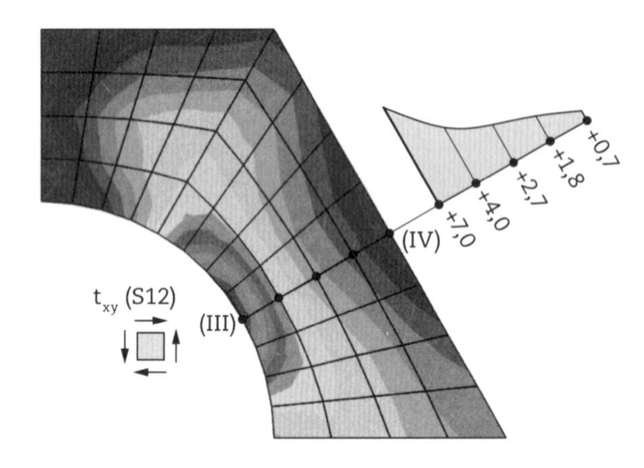

Fig. 5.42 *Distribuição das tensões de cisalhamento τ_{xy} ao longo da linha III-IV devidas à carga do terrapleno (MPa)*

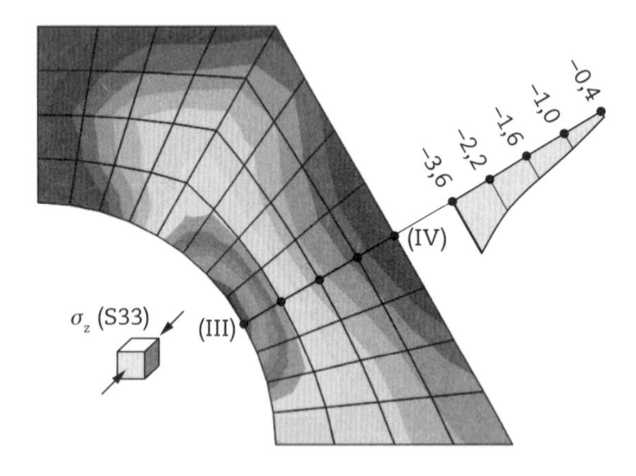

Fig. 5.43 *Distribuição das tensões de confinamento σ_z ao longo da linha III-IV devidas à carga do terrapleno (MPa)*

O critério de Willam-Warnke é o mais indicado para o estado plano de deformações, pois leva em conta o incremento da capacidade resistente com o aumento da tensão de confinamento. Com base nas expressões apresentadas na seção A.7 do Apêndice A, chega-se a:

$$J_2 = \frac{1}{3} \cdot \left[(-21{,}50)^2 - 3 \cdot (78{,}12)\right] = 75{,}96 \text{ MPa}^2$$

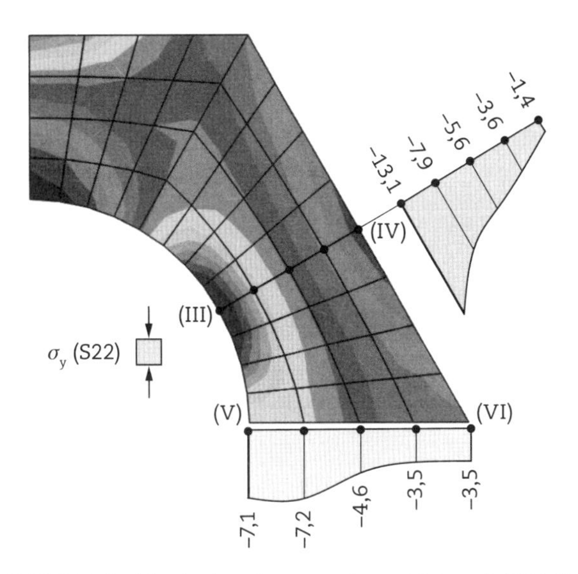

Fig. 5.44 *Distribuição das tensões normais σ_y ao longo da linha III-IV e da linha V-VI devidas à carga do terrapleno (MPa)*

$$J_3 = \frac{1}{27} \cdot \left[2 \cdot (-21{,}5)^3 - 9 \cdot (-21{,}5) \cdot (78{,}12) + 27 \cdot (-49{,}25)\right] = -225{,}56$$

$$3\theta = \arccos\left(\frac{3\sqrt{3}}{2} \cdot \frac{-225{,}26}{(75{,}96)^{3/2}}\right) \rightarrow \theta = 0{,}885 \text{ rad} = 50{,}7^\circ$$

O algoritmo do método da iteração é dado por:

$$\sigma_m = \frac{(-0{,}8k - 3{,}6k - 17{,}1k)}{3 \cdot 25} = -0{,}287k\rho = \frac{\sqrt{2 \cdot 75{,}9k^2}}{25} = 0{,}493k$$

$$0{,}493 \cdot (k_{i+1}) = \frac{A(k_1) + B(k_1) \cdot \sqrt{C(k_1)}}{D(k_1) + E(k_1)^2}$$

e, após 24 iterações, adotando-se o valor inicial k_0 = 1,00, é obtido s = 2,7. Para uma avaliação expedita da segurança ao esmagamento do concreto, pode-se assumir que a tensão principal $\sigma_{p1} \approx 0$ (Fig. 5.45). Ao recalcular pelo critério de Willam-Warnke, para o estado de compressão biaxial (Fig. 5.46), chega-se a s = 1,9. Esse resultado comprova que, nesse caso, a aproximação levou a uma situação mais favorável.

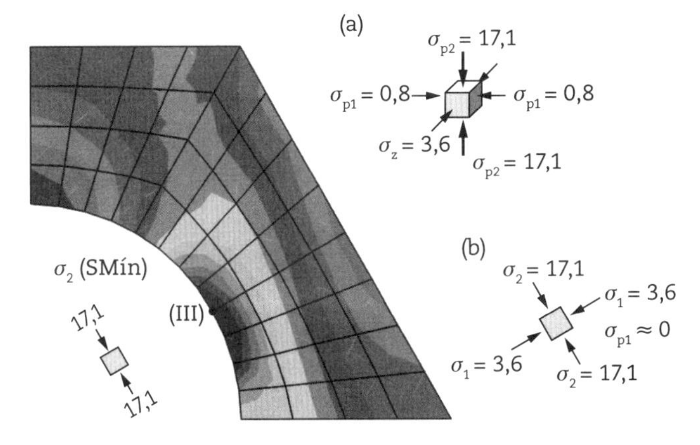

Fig. 5.45 *Tensão principal mínima σ_2 no ponto III devida à carga do terrapleno (MPa)*

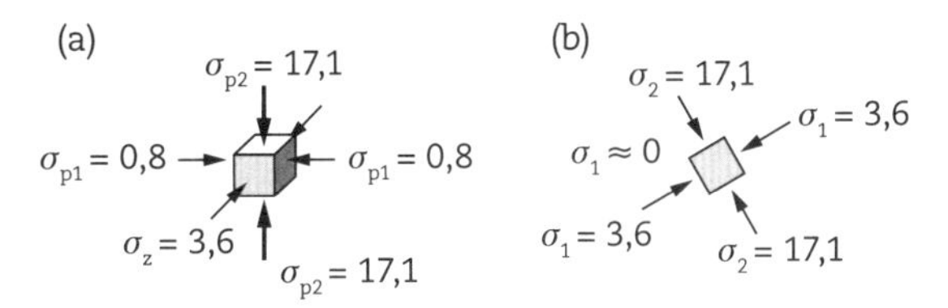

Fig. 5.46 *Tensões principais no ponto III: (a) estado triplo de tensões e (b) estado duplo de tensões*

Pelo critério do CEB90 (CEB, 1993), a segurança ao esmagamento no estado de compressão biaxial é dada por:

$$s = \frac{f_c^{ef}}{|\sigma_2|} = \frac{1{,}23 \cdot (25 + 8)}{|-17{,}1|} = 2{,}4$$

sendo o aumento de resistência efetivo dado por:

$$f_c^{ef} = \frac{1 + 3{,}80a}{(1 + a)^2} \cdot f_{cm} = \frac{1 + 3{,}80 \cdot 0{,}21}{(1 + 0{,}21)^2} \cdot f_{cm} = 1{,}23 f_{cm}$$

em que:

$$a = \frac{\sigma_1}{\sigma_2} = \frac{(-3{,}6)}{(-17{,}1)} = 0{,}21 \text{ e } f_{cm} = f_{ck} + 8 \text{ MPa}$$

Os critérios de resistência apontaram valores favoráveis do coeficiente de segurança ao esmagamento do concreto, o que permite a adoção do concreto classe C25 neste projeto. As regiões tracionadas do modelo não são realistas, pois as barras de aço não foram modeladas.

Nota técnica

Observa-se que a precisão dos resultados é dependente do nível de discretização do modelo de elementos finitos. Quando os resultados são significativamente alterados à medida que se aumenta o nível de discretização do modelo, ou de parte dele, tal modelo não está suficientemente refinado para representar as condições de contorno e de carregamento e para capturar com qualidade os esforços e os deslocamentos. Na prática, deve-se aumentar gradativamente o número de elementos finitos até que os resultados não sejam afetados, dentro da precisão desejada. Uma decisão de engenharia sempre deve ser tomada com base nos resultados de modelos de elementos finitos adequadamente refinados.

Para a fixação dos conceitos, prossiga para o Desafio Estrutural 8.8, presente no e-book.

5.7 Estrutura de contraventamento

5.7.1 Aplicação Prática 5.7

Considere um edifício comercial de seis pavimentos-tipo dispondo de oito unidades por andar com área aproximadamente igual a 1.000 m², conforme esquematizado na Fig. 5.47 (Pappalardo Jr., 2017). O projeto estrutural foi concebido em lajes lisas protendidas com vigas de borda e pilares dispostos na periferia.

Em termos de estabilidade global, no caso de edifícios com lajes planas protendidas, a estrutura de contra-

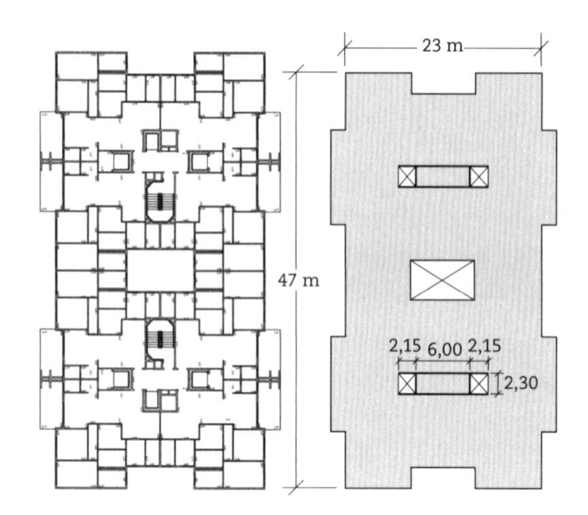

Fig. 5.47 *Planta arquitetônica do pavimento-tipo e estruturas de contraventamento (cm)*

ventamento principal é simplificadamente composta por associações de pilares-parede interligados por vigas, uma vez que os pórticos formados por pilares-parede ligados por lajes planas protendidas têm participação reduzida na estabilidade global da estrutura (Pedreira de Freitas; Ávila; França, 2019).

A título de comparação de resultados, estime o deslocamento horizontal no topo da estrutura de contraventamento do edifício, detalhada na Fig. 5.48, para o vento atuando na direção X considerando as formulações e as técnicas de modelagem por elementos finitos descritas a seguir:

a. modelo I: pórtico plano com elementos finitos pórtico 2D, considerando trechos rígidos nas ligações pilar-viga;
b. modelo II: pórtico espacial com elementos finitos pórtico 3D, considerando barras rígidas nas ligações pilar-viga.

A distância do plano médio das lajes entre pavimentos é de 2,8 m, inclusive no lance do térreo, conforme apontado na Fig. 5.49, e o plano médio das lajes coincide com o eixo das vigas. Adote peso específico do concreto $\gamma = 25$ kN/m³, módulo de elasticidade do concreto $E_{cs} = 29 \times 10^6$ kPa e coeficiente de Poisson $\nu = 0,2$ para todos os elementos estruturais.

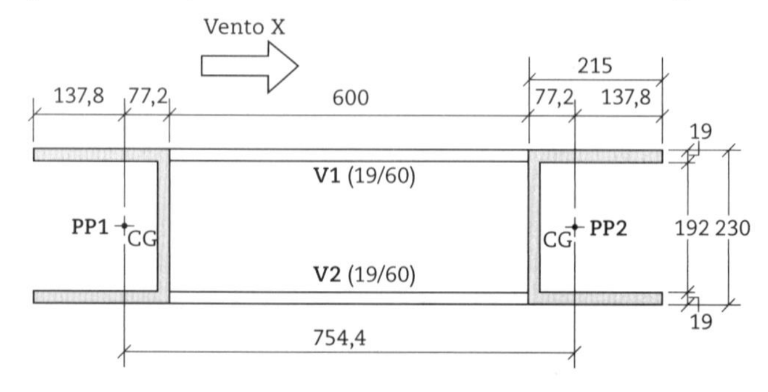

Fig. 5.48 *Características geométricas da estrutura de contraventamento (cm)*

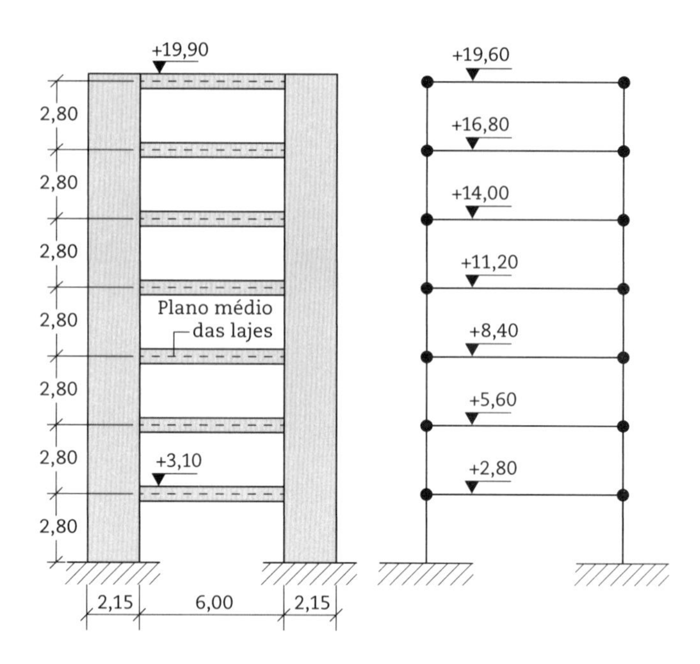

Fig. 5.49 *Níveis das lajes do modelo com elementos da elasticidade plana e do modelo com elementos de pórtico (m)*

Considere o edifício de formato paralelepipédico para efeito de cálculo das forças resultantes devidas à ação do vento, sendo estimada a pressão dinâmica a barlavento igual a 1 kN/m² e, a sotavento, igual a 0,7 kN/m². Aplique forças concentradas nos centros geométricos dos pilares-parede PP1 e PP2 em cada pavimento, obtidas por área de influência. Despreze a existência da estrutura do ático, composta pelas caixas-d'água e pela casa de máquinas, e do subsolo.

Resolução

Modelo I – pórtico plano com trechos rígidos (Figs. 5.50 e 5.51)

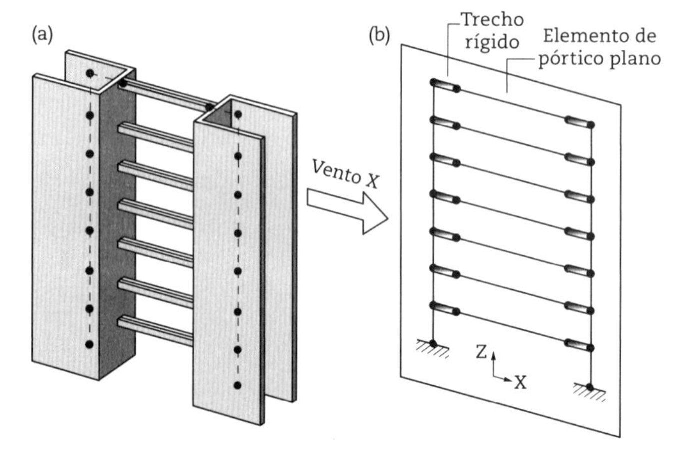

Fig. 5.50 *Concepção do modelo de elementos finitos: (a) idealização e (b) modelo do pórtico 2D com trechos rígidos (fora de escala)*

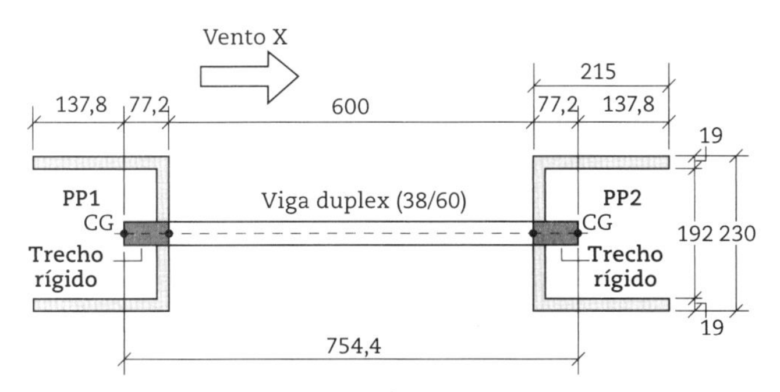

Fig. 5.51 *Características geométricas do modelo do pórtico 2D com trechos rígidos – representação fora de escala (cm)*

i. Criação do modelo paramétrico
- *File ... New Model (Alt F+N)*

New Model Initialization

Default Units: kN, m, C

Select Template

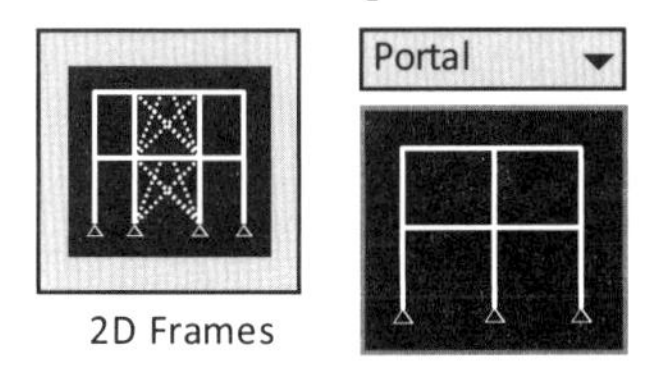

Portal Frame Dimensions

Number of Stories: 1; Story Height: 2,8; Number of Bays: 1; Bay Width: 7,544

Section Properties

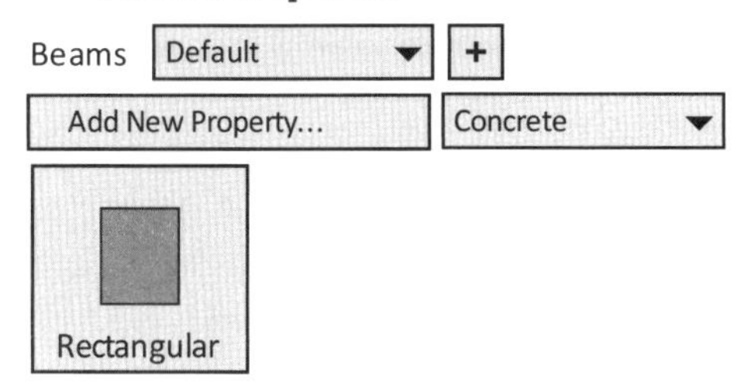

Section Name: VIGA-DUPLEX; Display Color: BLUE

Dimensions

Depth (t3): 0,60; Width (t2): 0,38

Material

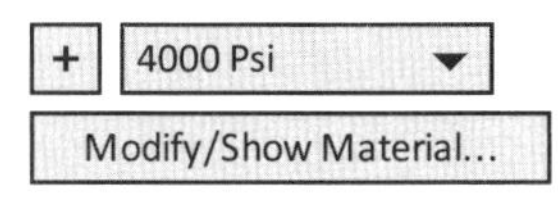

General Data

Material Name: C35

Weight and Mass

Weight per Unit Volume: 25

Isotropic Property Data

Modulus of Elasticity: 29e6; Poisson: 0,2

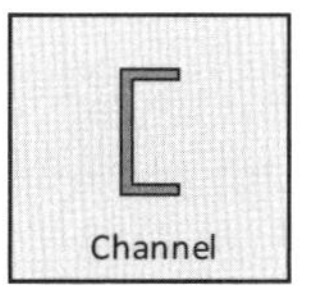

Section Name: PILAR-PAREDE; Display Color: RED

Dimensions

Outside Depth (t3): 2,3; Outside Flange Width (t2): 2,15; Flange Thickness (tf): 0,19; Web Thickness (tw): 0,19

Material

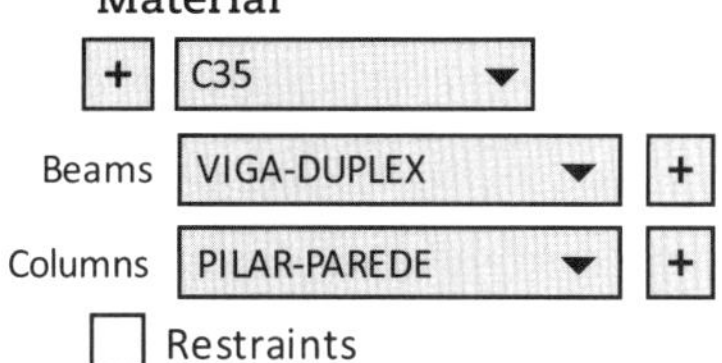

ii. Redução dos graus de liberdade
- Elimine os graus de liberdade incompatíveis com o modelo do pórtico plano definido no plano XZ.
- *Analyze ... Set Analysis Options (Alt N+S)*

Available DOFs

iii. Ajuste da orientação dos pilares-parede
- Pressione o botão esquerdo do mouse na janela esquerda.
- Ative as opções de exibição das propriedades geométricas diferenciadas por cores, exibição da volumetria do elemento de barra e de casca, e preenchimento de superfície , conforme apresentado no item (vi) da resolução da Aplicação Prática 5.2.
- Alterne a perspectiva com ponto de fuga para perspectiva isométrica e posicione o modelo aproximadamente numa vista superior (plano XY) para a visualização da orientação dos pilares-parede.

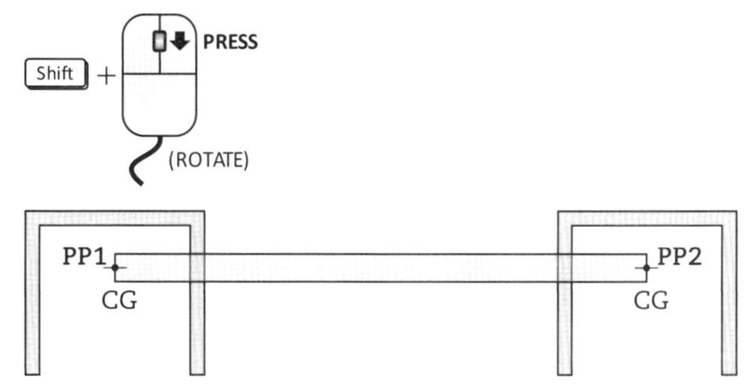

- Selecione o pilar-parede PP1 com uma janela de seleção da esquerda para a direita envolvendo seu centro geométrico e rotacione-o 90° no sentido horário (negativo) em torno de seu próprio eixo.
- *Assign ... Frame ... Local Axes (Alt A+F+X)*

Angle from Default Orientation

Angle: –90

- Selecione o pilar-parede PP2 com uma janela de seleção da esquerda para a direita envolvendo seu centro geométrico e rotacione-o 90° no sentido anti-horário (positivo) em torno de seu próprio eixo.
- *Assign ... Frame ... Local Axes (Alt A+F+X)*

Angle from Default Orientation

Angle: 90

iv. Definição dos trechos rígidos

Considerando-se o pilar-parede com dimensões finitas, o trecho rígido em ambas as extremidades da viga deve ser definido a partir da distância do eixo do pilar-parede até a face da viga.

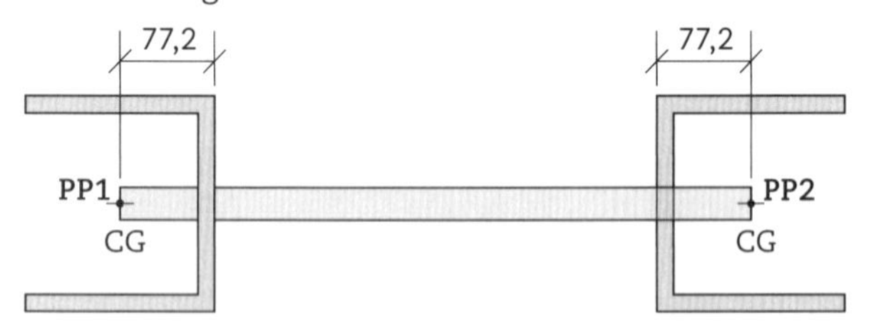

- Selecione a viga pressionando o botão direito em um ponto sobre ela e defina os trechos rígidos em ambas as extremidades.
- *Assign ... Frame ... End (Length) Offsets (Alt A+F+F)*

Options for End Offset Along Length

◉ User Defined Lengths

Parameter

Length Offset at End-I: 0,772; Length Offset at End-J: 0,772; Rigid Zone Factor: 1

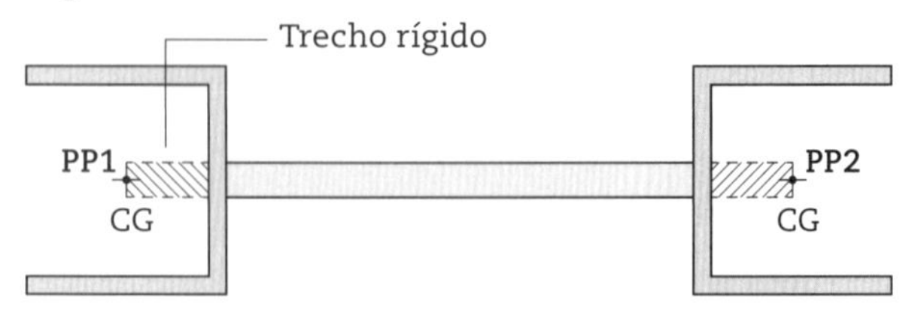

v. Definição do caso de carregamento

- Defina o caso de carregamento Vento X.
- *Define ... Load Pattern (Alt D+E)*

Load Patterns

Load Pattern Name: VENTO X; Type: WIND; Self-Weight Multiplier: 0; Auto Lateral Load Pattern: None

Add New Load Pattern

vi. Aplicação das forças resultantes devidas ao vento

As forças resultantes devidas ao vento são obtidas por área de influência num nó típico do pavimento-tipo, dado na Fig. 5.49.

$1{,}0 \cdot 47/2 \cdot 2{,}8 = 66$ kN (Face exposta ao vento)

$0{,}7 \cdot 47/2 \cdot 2{,}8 = 46$ kN (Face oposta ao vento)

- Posicione o modelo na vista tridimensional e desabilite o *grid*.
- *View ... Show Grid (Alt V+G)*
- Pressione o botão esquerdo do mouse em um ponto qualquer da janela direita e se posicione na vista frontal ao plano XZ.
- *View ... Show Grid (Alt V+G)*
- Selecione o nó esquerdo do primeiro pavimento e aplique a força concentrada na direção X igual a 66 kN.

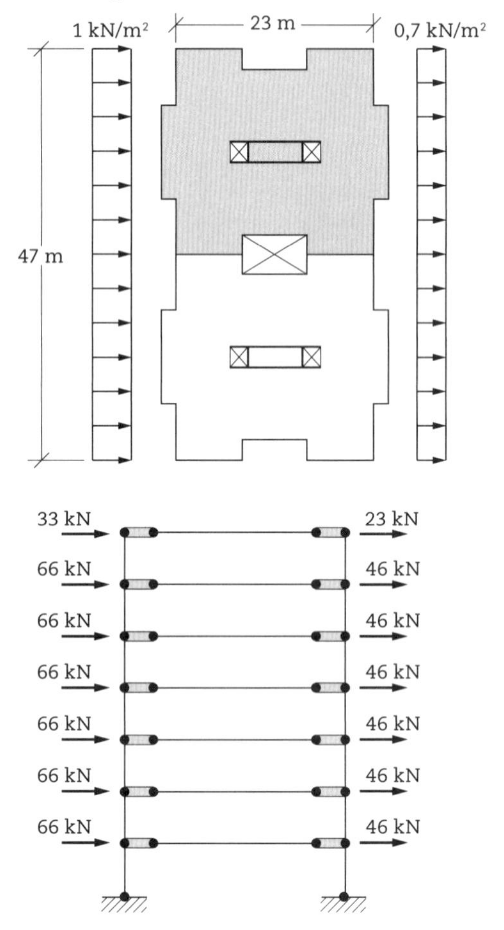

- *Assign ... Joint Loads ... Forces (Alt A+O+F)*

General

Load Pattern: VENTO X; Coordinate System: GLOBAL

Forces

Force Global X: 66

Options

◉ Replace Existing Loads

- Selecione o nó direito do primeiro pavimento e aplique a força concentrada na direção X igual a 46 kN.

Forces

Force Global X: 46

vii. Criação do pórtico de múltiplos pavimentos

- Selecione o pórtico simples com uma janela de seleção da esquerda para a direita e crie seis cópias a cada 2,80 m na direção Z.
- *Edit ... Replicate (Alt E+E)*

Linear

Increments

dz: 2,80

Increment Data

Number: 6

- Selecione o nó esquerdo do último pavimento e atualize a força concentrada na direção X para 33 kN.
- *Assign ... Joint Loads ... Forces (Alt A+O+F)*

General

Load Pattern: VENTO X; Coordinate System: GLOBAL

Forces

Force Global X: 33

Options

◉ Replace Existing Loads 

- Selecione o nó direito do último pavimento e atualize a força concentrada na direção X para 23 kN.

Forces

Force Global X: 23

viii. Vinculação do modelo de elementos finitos

- Selecione todos os nós na cota Z1 = 0 m com uma janela de seleção da esquerda para a direita e impeça as translações nas direções horizontal (local 1) e vertical (local 3) e a rotação em torno do eixo perpendicular ao plano XZ (local 2), representando a condição de engastamento.
- *Assign ... Joint ... Restraints (Alt A+J+R)*

☑ Translation 1 ☐ Rotation about 1

☐ Translation 2 ☑ Rotation about 2

☑ Translation 3 ☐ Rotation about 3

ix. Processamento do modelo

 Run Analysis 

x. Deslocamentos verticais

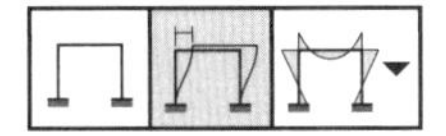

Case/Combo

Case/Combo Name: VENTO

Contour Options

☑ Draw Contours on Objects

Contour Component: Ux

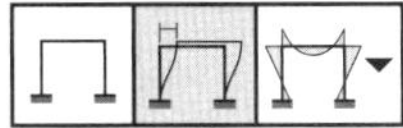

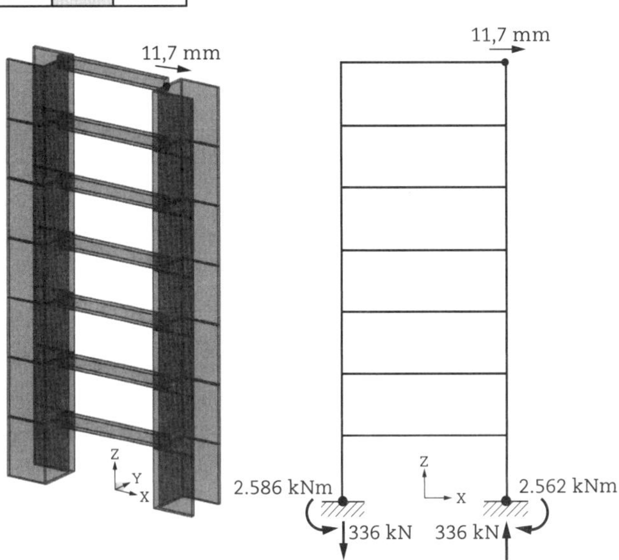

Fig. 5.52 *Deslocamentos na direção X e reações de apoio da estrutura de contraventamento (U^{TOPO} = 11,7 mm)*

Modelo II – pórtico espacial com barras rígidas (Figs. 5.53 e 5.54)

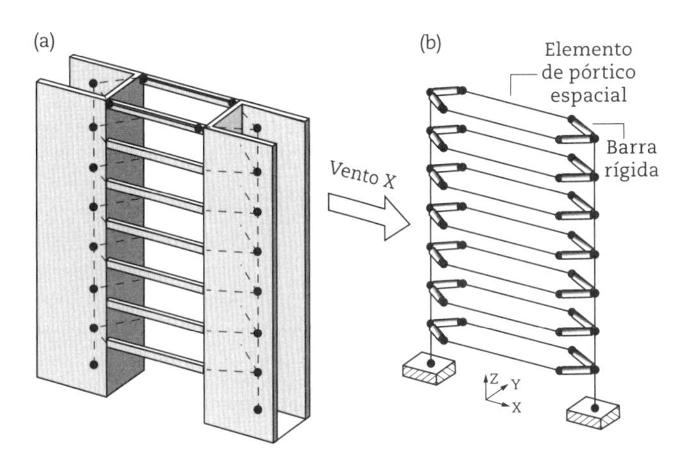

Fig. 5.53 *Concepção do modelo de elementos finitos: (a) idealização e (b) modelo do pórtico 3D com barras rígidas (fora de escala)*

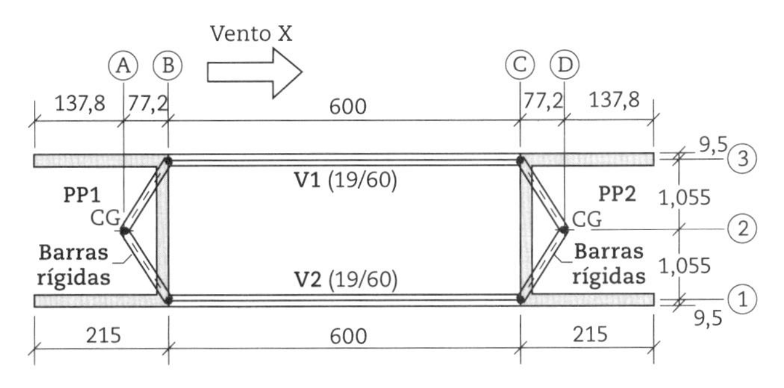

Fig. 5.54 *Características geométricas do modelo do pórtico 3D com barras rígidas – representação fora de escala (cm)*

xi. Criação do modelo paramétrico

- *File ... New Model (Alt F+N)*

New Model Initialization

Default Units: kN, m, C

Select Template

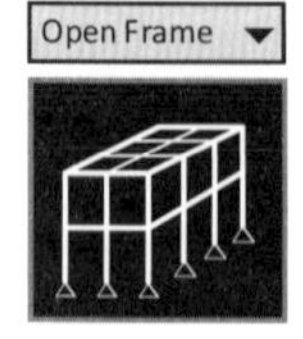

Open Frame Building Dimensions

Number of Stories: 1; Story Height: 2,8; Number of Bays X: 3; Bay Width X: 6; Number of Bays Y: 2; Bay Width Y: 6

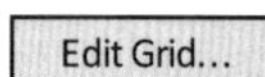

Display Grid as

X Grid Data		Y Grid Data		Z Grid Data	
Grid ID	Ordinate	Grid ID	Ordinate	Grid ID	Ordinate
A	0,772	1	1,055	Z1	2,8
B	6,00	2	1,055	Z2	0
C	0,772	3	0		
D	0				

Section Properties

Beams Default +

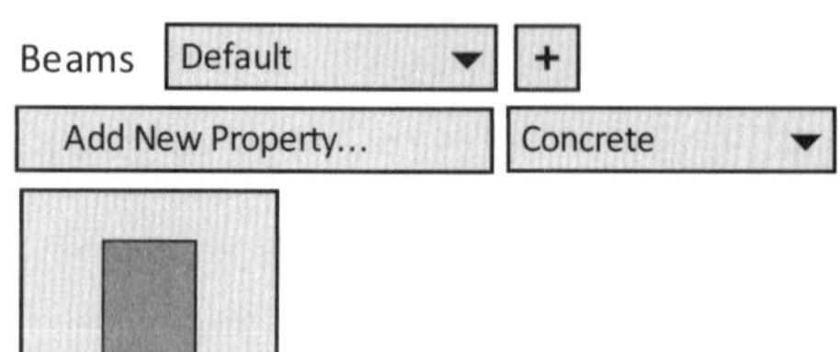

Section Name: VIGA 19 × 60; Display Color: BLUE

Dimensions

Depth (t3): 0,60; Width (t2): 0,19

Material

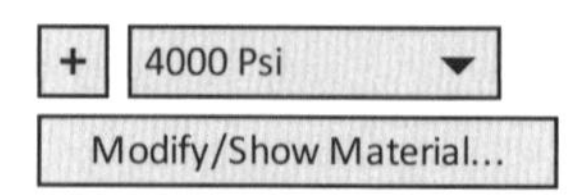

General Data

Material Name: C35

Weight and Mass

Weight per Unit Volume: 25

Isotropic Property Data

Modulus of Elasticity: 29e6; Poisson: 0,2

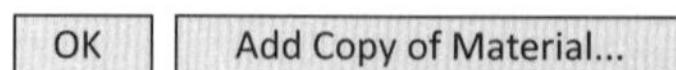

General Data

Material Name: MATERIAL RÍGIDO

Weight and Mass

Weight per Unit Volume: 0

Isotropic Property Data

Modulus of Elasticity: 29e9

Material

Section Name: BARRA RÍGIDA; Display Color: GREEN

Material

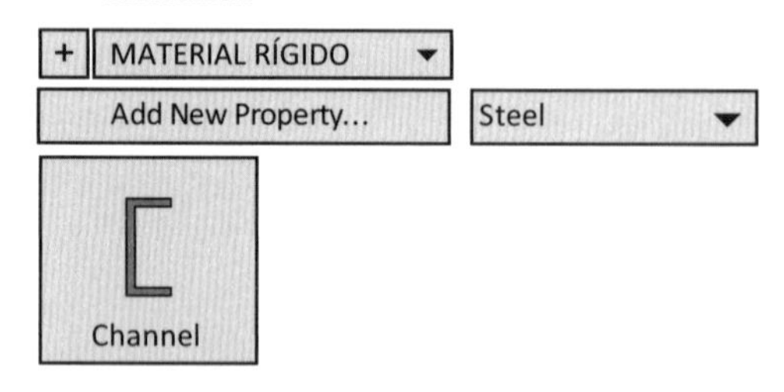

Section Name: PILAR-PAREDE; Display Color: RED

Dimensions

Outside Depth (t3): 2,3; Outside Flange Width (t2): 2,15; Flange Thickness (tf): 0,19; Web Thickness (tw): 0,19

Material

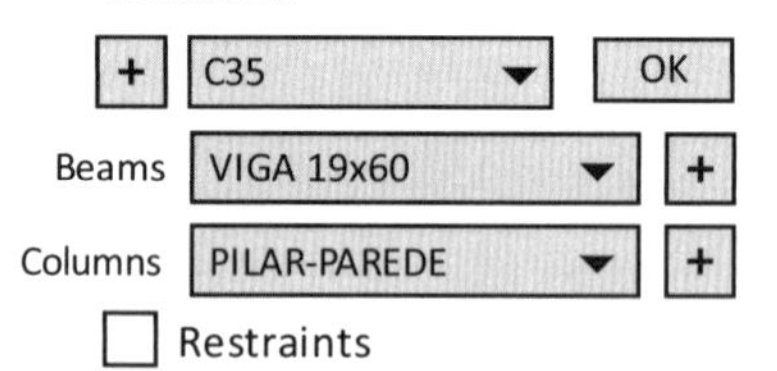

Restraints

xii. Edição do modelo do pórtico espacial

- Pressione o botão esquerdo do mouse na janela esquerda.
- Selecione todos os pilares com uma janela definida da direita para a esquerda, exceto aqueles no cruzamento entre o eixo 2 e os eixos A e D (PP1 e PP2), e apague-os.
- *Edit ... Delete (Alt E+D)*
- Pressione o botão esquerdo do mouse na janela direita.

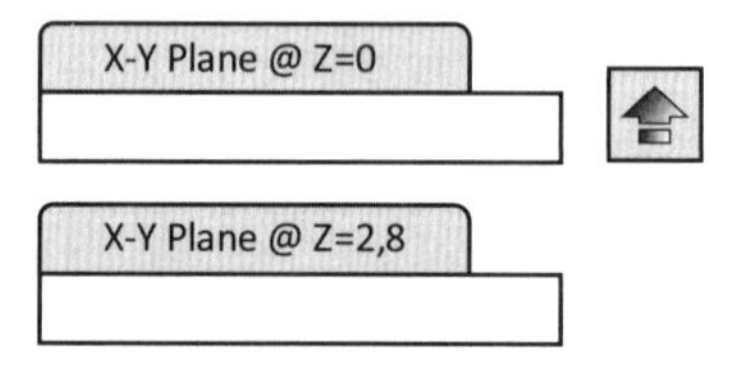

- Selecione as vigas do primeiro pavimento, exceto aquelas sobre os eixos 1 e 3 compreendidas entre os eixos B e C (V1 e V2), e apague-as.
- *Edit ... Delete (Alt E+D)*

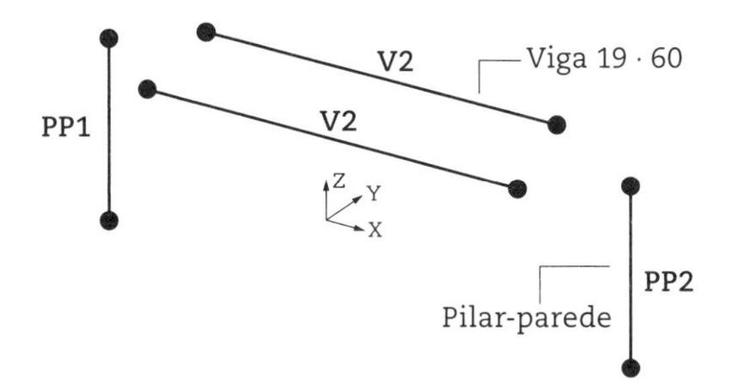

xiii. Criação das barras rígidas

- Crie quatro barras rígidas nas ligações dos pilares-parede com as vigas.
- *Draw ... Draw Frame/Cable/Tendon (Alt R+F)*

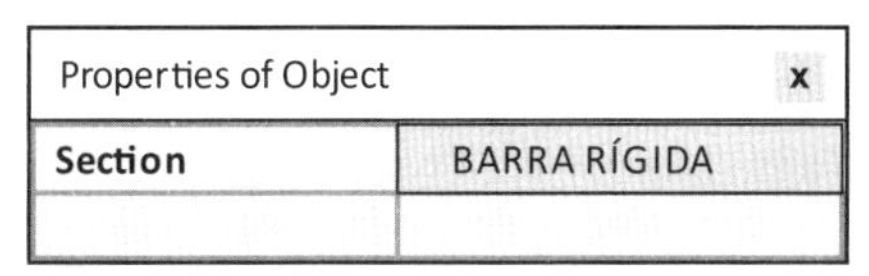

Properties of Object

Section	BARRA RÍGIDA

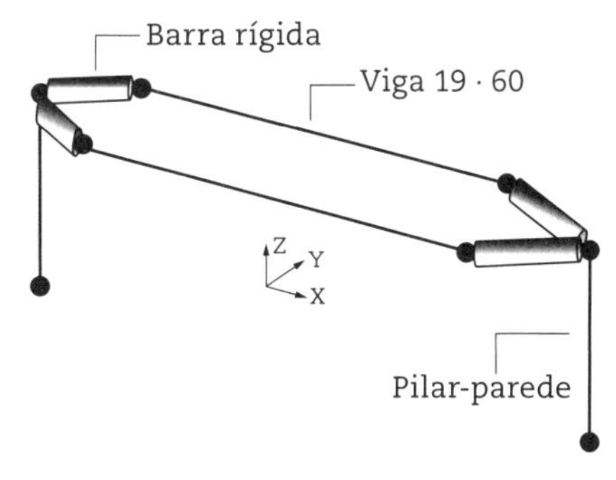

xiv. Ajuste da orientação dos pilares-parede

- Pressione o botão esquerdo do mouse na janela esquerda.
- Ative as opções de exibição das propriedades geométricas diferenciadas por cores, exibição da volumetria do elemento de barra e de casca, e preenchimento de superfície, conforme apresentado no item (vi) da resolução da Aplicação Prática 5.2..
- Alterne a perspectiva com ponto de fuga para perspectiva isométrica e posicione o modelo aproximadamente numa vista superior (plano XY) para a visualização da orientação dos pilares-parede.

- Selecione o pilar-parede PP1 com uma janela de seleção da esquerda para a direita envolvendo seu centro geométrico e rotacione-o 90° no sentido horário (negativo) em torno de seu próprio eixo.
- *Assign ... Frame ... Local Axes (Alt A+F+X)*

Angle from Default Orientation

Angle: –90

- Selecione o pilar-parede PP2 com uma janela de seleção da esquerda para a direita envolvendo seu centro geométrico e rotacione-o 90° no sentido anti-horário (positivo) em torno de seu próprio eixo.
- *Assign ... Frame ... Local Axes (Alt A+F+X)*

Angle from Default Orientation

Angle: 90

xv. Definição do caso de carregamento

- Defina o caso de carregamento Vento X.
- *Define ... Load Pattern (Alt D+E)*

Load Patterns

Load Pattern Name: VENTO X; Type: WIND; Self-Weight Multiplier: 0; Auto Lateral Load Pattern: None

Add New Load Pattern | OK

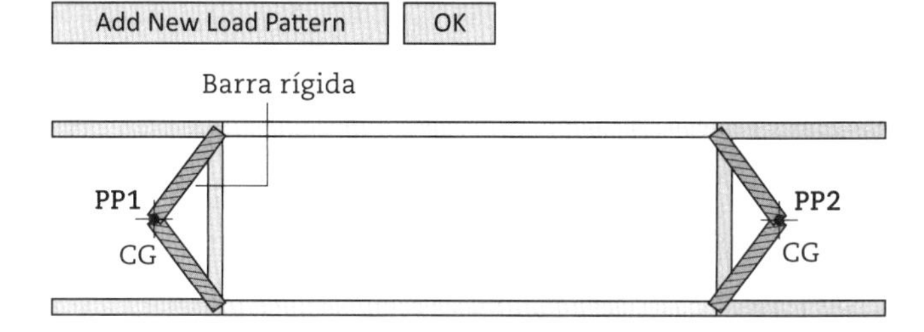

xvi. Aplicação das forças resultantes devidas ao vento

- Posicione o modelo na vista tridimensional e desabilite o *grid*.
- *View ... Show Grid (Alt V+G)*
- Pressione o botão esquerdo do mouse em um ponto qualquer da janela direita, posicione o modelo na vista 3D e desabilite o *grid*.
- Selecione o nó esquerdo do primeiro pavimento e aplique a força concentrada na direção X igual a 66 kN.
- *Assign ... Joint Loads ... Forces (Alt A+O+F)*

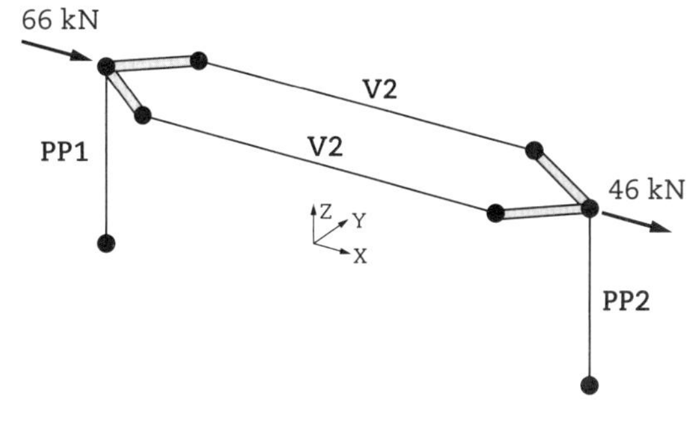

General

Load Pattern: VENTO X; Coordinate System: GLOBAL

Forces

Force Global X: 66

Options

◉ Replace Existing Loads

- Selecione o nó direito do primeiro pavimento e aplique a força concentrada na direção X igual a 46 kN.

Forces

Force Global X: 46

xvii. Criação do pórtico de múltiplos pavimentos

- Selecione o pórtico com uma janela de seleção da esquerda para a direita e crie seis cópias a cada 2,80 m na direção Z.
- *Edit ... Replicate (Alt E+E)*

Linear

Increments

dz: 2,80

Increment Data

Number: 6

- Selecione o nó esquerdo do último pavimento e atualize a força concentrada na direção X para 33 kN.
- *Assign ... Joint Loads ... Forces (Alt A+O+F)*

General

Load Pattern: VENTO X; Coordinate System: GLOBAL

Forces

Force Global X: 33

Options

◉ Replace Existing Loads

- Selecione o nó direito do último pavimento e atualize a força concentrada na direção X para 23 kN.

Forces

Force Global X: 23

xviii. Vinculação do modelo de elementos finitos

- Selecione todos os nós na cota Z1 = 0 m com uma janela de seleção da esquerda para a direita e impeça as três translações e as três rotações, representando a condição de engastamento perfeito.

Assign ... Joint ... Restraints (Alt A+J+R)

☑ Translation 1 ☑ Rotation about 1

☑ Translation 2 ☑ Rotation about 2

☑ Translation 3 ☑ Rotation about 3

xix. Processamento do modelo

xx. Deslocamento lateral (Fig. 5.55)

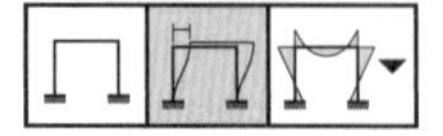

Case/Combo

Case/Combo Name: VENTO

Contour Options

☑ Draw Contours on Objects

Contour Component: Ux

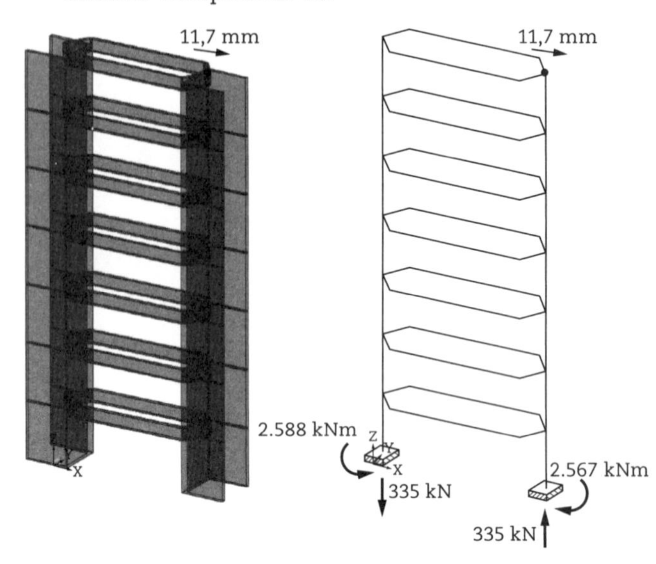

Fig. 5.55 *Deslocamentos na direção X e reações de apoio da estrutura de contraventamento (U^{TOPO} = 11,7 mm)*

Para a fixação dos conceitos, prossiga para o Desafio Estrutural 8.10, presente no e-book.

5.8 Flechas e vibrações de um pavimento

5.8.1 Aplicação Prática 5.8

Para a estrutura de concreto de um edifício comercial com oito pavimentos-tipo, cuja planta de formas é indicada na Fig. 5.56, verifique a flecha na laje L10 levando em conta a fluência e a fissuração do concreto. Caso a flecha não seja atendida para o deslocamento-limite de 32 mm, prescrito no item 13.3 da NBR 6118 (ABNT, 2023a), determine as dimensões dos elementos estruturais do pavimento-tipo (vigas e lajes) de modo que seja satisfeita essa verificação. Com as dimensões atualizadas das vigas e das lajes, realize uma análise modal, obtenha a primeira frequência natural associada à flexão das lajes do pavimento e verifique, na combinação frequente de serviço, o estado-limite de vibrações excessivas (ELS-VIB), sendo a frequência crítica $1{,}2f_{crít}$ = 4,8 Hz para vibrações verticais em salas de escritórios em edifícios comerciais.

Considere g = 9,81 m/s² para a conversão do peso das alvenarias de vedação (dado na Tab. 5.3) em massa específica distribuída ao longo do comprimento das vigas. Da mesma forma, inclua o peso dos elementos construtivos (permanentes) e de outras ações variáveis que permanecem fixas (equipamentos, mobiliários etc.) como massa adicional distribuída na superfície das lajes que os suportam, sendo estas últimas ponderadas pelo fator de redução ψ_1 = 0,4.

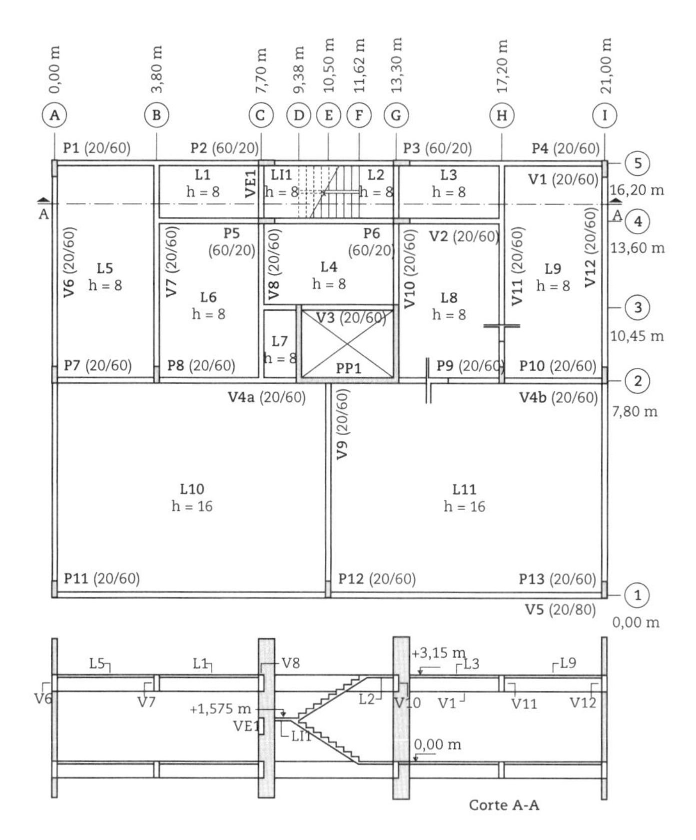

Fig. 5.56 *Planta de formas do pavimento-tipo e corte específico no lance das escadas (cm)*

As dimensões iniciais dos elementos estruturais são: pilares e vigas de seção retangular (20/60), exceto a viga V5(20/80), e lajes com espessura mínima h = 8 cm, de acordo com o item 13.2.4 da NBR 6118 (ABNT, 2023a), exceto as lajes L10 e L11, que têm espessura h = 16 cm, conforme mostrado na planta de formas da Fig. 5.56.

O ático é composto pela casa de máquinas, com pé-direito igual a 2,8 m e nível do piso 1,0 m acima da laje do teto do oitavo pavimento, e por barrilete e caixa--d'água, localizados na projeção da caixa de escada, com alturas de pé-direito iguais a 1,5 m e 2 m, respectivamente. O pé-direito estrutural é igual a 3,15 m. Os elementos estruturais são rigidamente interligados e os pilares são engastados no nível do térreo (sem considerar subsolo).

Construtivamente, todas as lajes e vigas do pavimento-tipo são niveladas pela face superior na cota do pavimento, exceto a laje intermediária L11 do patamar intermediário, que se posiciona na semialtura do lance. Os pilares da caixa de escada têm orientação distinta da dos demais pilares. Detalhes do projeto da caixa de escada são indicados na Fig. 5.57. Todas as faces dos pilares estão alinhadas com as faces laterais das vigas, conforme indicado na Fig. 5.56. Considere trechos rígidos para todas as vigas.

São adotadas as seguintes propriedades: concreto classe C35 com peso específico γ = 25 kN/m³, módulo de elasticidade $E_c = 29 \times 10^6$ kN/m², coeficiente de Poisson ν = 0,2 e momento de fissuração $M_r = 75 f_{ck}^{2/3} \cdot h^2 = 20{,}5$ kN · m/m, disposto no item 17.3.1 da NBR 6118 (ABNT, 2023a), sendo a resistência à compressão f_{ck} = 35 MPa e a espessura da laje h = 0,16 m.

Para a verificação de flechas deve-se, obrigatoriamente, considerar o efeito da fluência do concreto nas lajes e nas vigas do pavimento, com a adoção do valor aproximado do módulo de deformação levando-se em conta a deformação lenta do concreto no tempo infinito igual a $E_{c\infty} = E_c/(1 + \phi)$ e o coeficiente de fluência do concreto ϕ = 1,5, dados no item 17.3.2.1.3 e na Tabela A.1 da NBR 6118 (ABNT, 2023a). Adote os fatores de redução para as ações variáveis iguais a ψ_1 = 0,4 e ψ_2 = 0,3 para as combinações frequente e quase permanente de serviço, respectivamente. Utilize as unidades consistentes quilonewton (kN) e metro (m).

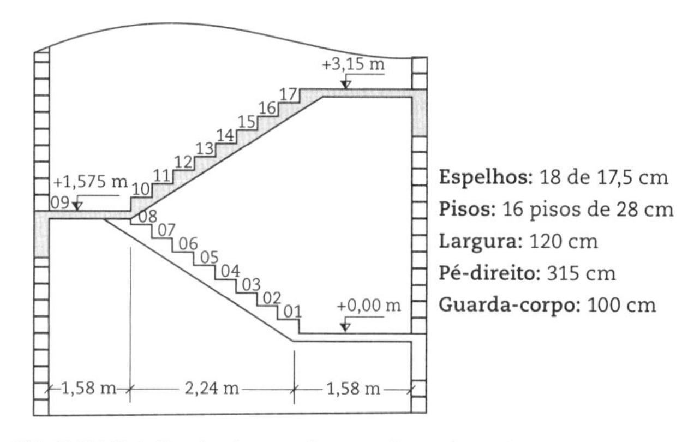

Fig. 5.57 *Detalhe dos lances das escadas e dos patamares*

A Tab. 5.3 apresenta as ações que devem ser consideradas no projeto. As lajes L10 e L11 suportam paredes divisórias em *drywall* que transferem o carregamento de 0,50 kN/m²,

Tab. 5.3 Cargas permanentes e variáveis

Pavimento	Ações permanentes (kN/m²)	Ações variáveis (kN/m²)
1º ao 8º pavimento-tipo (escritórios)	0,15[1]	
	1,00[2]	
	0,15[3]	
	0,30[4]	3,00
9º pavimento (laje de cobertura)	0,15[5]	
	0,50[6]	
	2,25	
Alvenaria de vedação (bloco de concreto 19 cm)	2,20[7,8]	

Observações:
[1] Piso elevado com placas de polipropileno (até 30 cm de altura).
[2] Revestimento 5 cm pisos de edifícios comerciais (γ_{ap} = 20 kN/m³).
[3] Forro de gesso em placas (inclui estrutura de suporte).
[4] Dutos de ar-condicionado (inclui manta de isolamento térmico).
[5] Rede de *sprinkler* (diâmetro nominal até 80 mm).
[6] *Drywall* (montantes, quadro de chapas e isolamento acústico).
[7] Espessura do revestimento 1 cm por face (γ_{rev} = 19 kN/m³).
[8] Carga por metro quadrado de parede (multiplicar altura da parede).

Fonte: ABNT (2019).

totalizando o carregamento permanente de 2,25 kN/m² devido aos elementos construtivos e ao sistema de ar-condicionado central e de proteção contra incêndio. As demais lajes suportam o carregamento permanente de 1,75 kN/m². O carregamento variável adotado é igual a 3 kN/m², referente a edifício comercial. O peso próprio dos elementos estruturais é calculado automaticamente (caso de carregamento Dead). As cargas lineares atuantes sobre as vigas de 60 cm e 80 cm de altura devidas às alvenarias de vedação são iguais a 5,6 kN/m e 5,2 kN/m, respectivamente. Não descontar as aberturas das portas e das janelas.

Resolução

i. Criação do modelo paramétrico
   - *File ... New Model (Alt F+N)*

New Model Initialization

Default Units: kN, m, C

Select Template

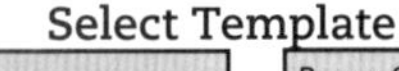

Beam-Slab

3D Frames

Beam Slab Building Dimensions

Number of Stories: 1; Story Height: 3,15; Number of Bays X: 8; Bay Width X: 6 (*default*); Number of Bays Y: 4; Bay Width Y: 6 (*default*); Number of Divisions X: 4; Number of Divisions Y: 4

☑ Use Custom Grid Spacing and Locate Origin   Edit Grid...

Display Grid as

◉ Ordinates

X Grid Data					
Grid ID	Ordinate	G	13,30	3	10,45
A	0	H	17,20	4	13,60
B	3,80	I	21,00	5	16,20
C	7,70	Y Grid Data		Z Grid Data	
D	9,38	Grid ID	Ordinate	Grid ID	Ordinate
E	10,50	1	0	Z1	0
F	11,62	2	7,80	Z2	3,15

Section Properties

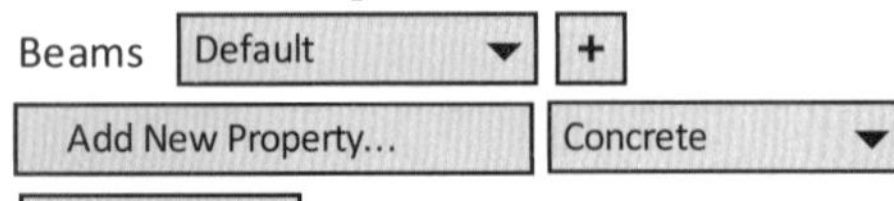

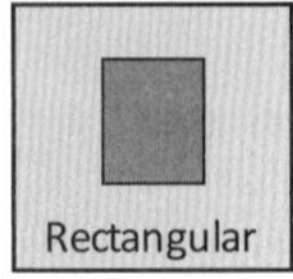

Section Name: VIGA 20 × 60; Display Color: BLUE

Dimensions

Depth (t3): 0,60; Width (t2): 0,20

Material

+ 4000 Psi

Modify/Show Material...

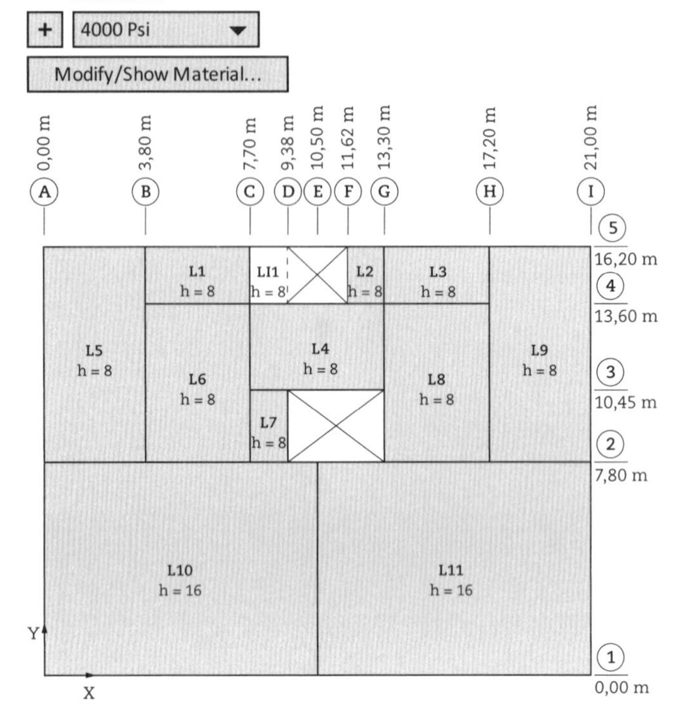

General Data

Material Name: C35

Weight and Mass

Weight per Unit Volume: 25

Isotropic Property Data

Modulus of Elasticity: 29e6; Poisson: 0,2

OK   Add Copy of Material...

General Data

Material Name: C35 FLUÊNCIA

Weight and Mass

Weight per Unit Volume: 25

Isotropic Property Data

Modulus of Elasticity: 12e6; Poisson: 0,2

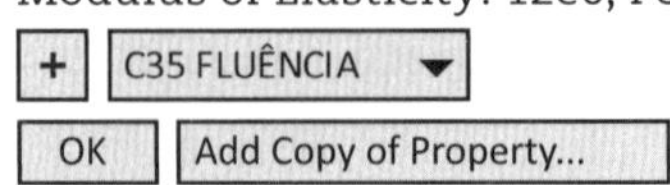

Section Name: VIGA 20 × 80; Display Color: ORANGE

Dimensions

Depth (t3): 0,80; Width (t2): 0,20

Material

Section Name: PILAR 20 × 60; Display Color: GREEN

Dimensions

Depth (t3): 0,60; Width (t2): 0,20

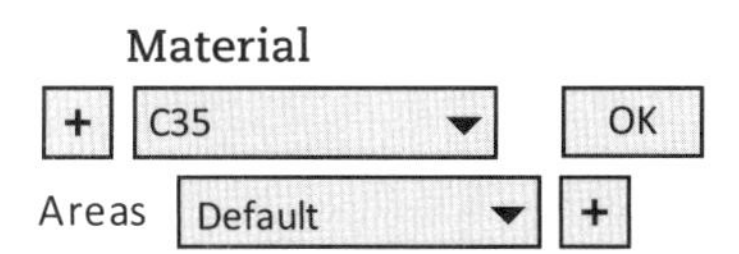

Select Section Type to Add

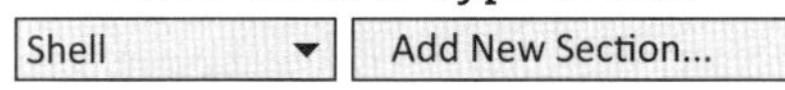

Section Name: LAJE h = 8; Display Color: RED

Type

◉ Shell-Thin

Thickness

Membrane: 0,08; Bending: 0,08

Material

Section Name: LAJE h = 16; Display Color: PURPLE

Type

◉ Shell-Thin

Thickness

Membrane: 0,16; Bending: 0,16

Material

Section Name: PILAR-PAREDE h = 20; Display Color: PINK

Type

◉ Shell-Thin

Thickness

Membrane: 0,20; Bending: 0,20

Material

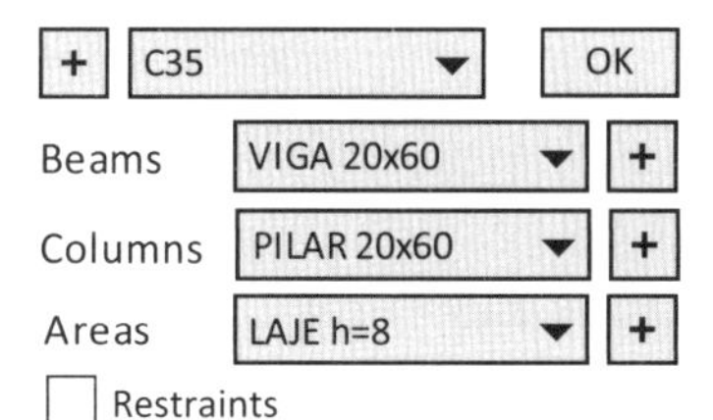

ii. Edição do modelo espacial
- Pressione o botão esquerdo do mouse em um ponto qualquer da janela esquerda.
- Ative as opções de exibição das propriedades geométricas diferenciadas por cores, exibição da volumetria do elemento de barra e de casca, e preenchimento de superfície, conforme apresentado no item (vi) da resolução da Aplicação Prática 5.2..
- Pressione o botão esquerdo do mouse em um ponto qualquer da janela direita.

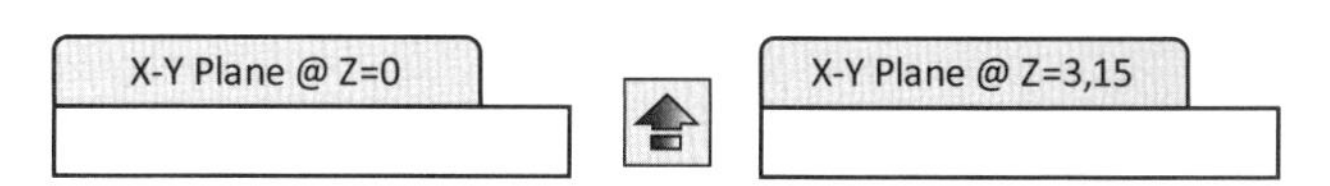

- Apague os trechos das vigas e os panos das lajes inexistentes, de acordo com a planta de formas apresentada na Fig. 5.56.

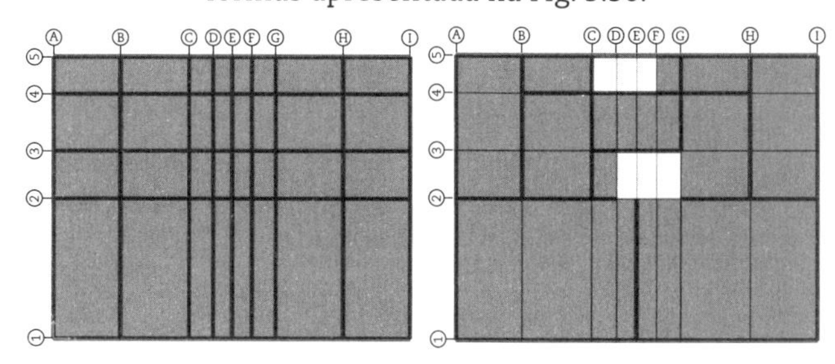

- Elimine os lances dos pilares incorretos, de acordo com a planta de formas apresentada na Fig. 5.56. Posicione-se sobre o eixo 1 (plano XZ).
- Selecione todos os pilares, exceto os posicionados sobre o eixo A (P11), o eixo E (P12) e o eixo I (P13), com uma janela de seleção definida da direita para a esquerda e apague-os.

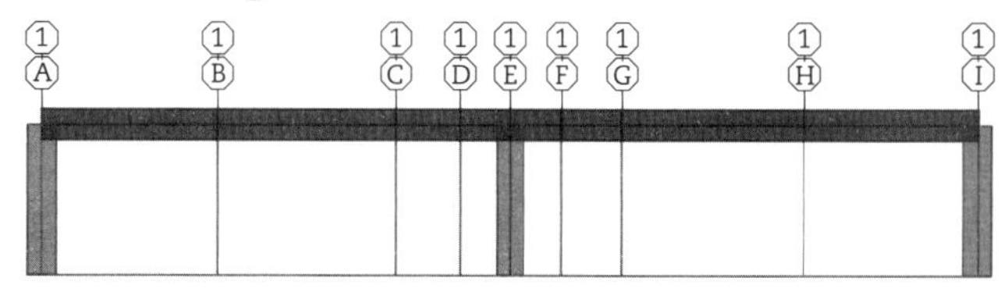

- Posicione-se sobre o eixo 2 (paralelo ao plano XZ).

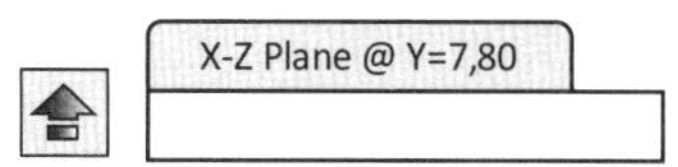

- Selecione todos os pilares, exceto os posicionados sobre o eixo A (P7), o eixo B (P8), o eixo H (P9) e o eixo I (P10), com uma janela de seleção definida da direita para a esquerda e apague-os.
- *Edit ... Delete (Alt E+D)*
- Crie três lâminas do <pilar-parede h = 20> entre o eixo D e o eixo G (PP1) clicando em dois pontos diagonalmente opostos.
- *Draw ... Draw Rectangular Area (Alt R+T)*

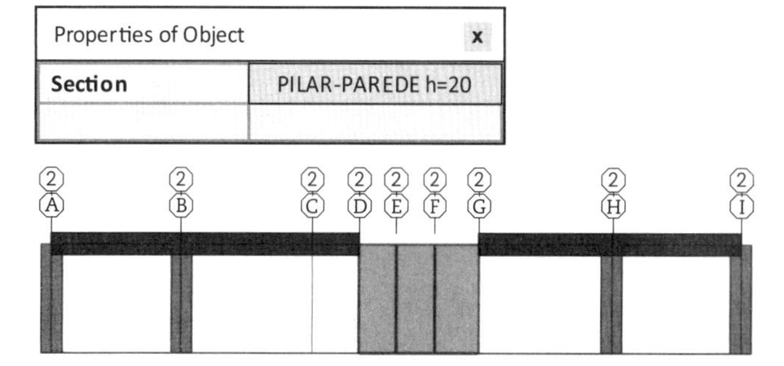

- Posicione-se sobre o eixo 3 (paralelo ao plano XZ).

X-Z Plane @ Y=10,45

- Selecione todos os pilares com uma janela de seleção definida da direita para a esquerda e apague-os.
- *Edit ... Delete (Alt E+D)*

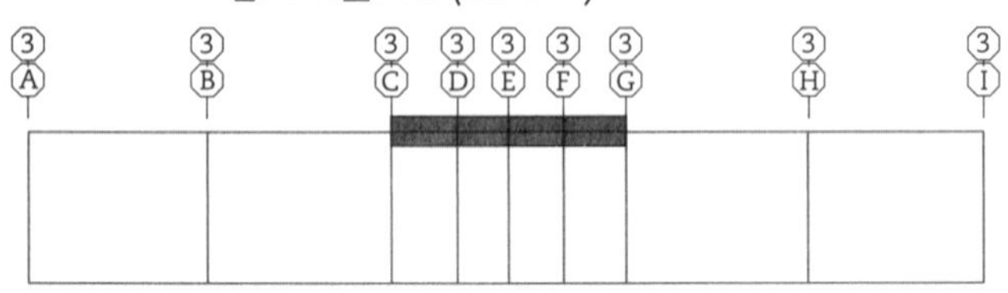

- Posicione-se sobre o eixo 4 (paralelo ao plano XZ).

X-Z Plane @ Y=13,60

- Selecione todos os pilares, exceto os posicionados sobre o eixo C (P5) e o eixo G (P6), com uma janela de seleção definida da direita para a esquerda e apague-os.
- *Edit ... Delete (Alt E+D)*

- Posicione-se sobre o eixo 5 (paralelo ao plano XZ).

X-Z Plane @ Y=16,20

- Selecione todos os pilares, exceto os posicionados sobre o eixo A (P1), o eixo C (P2), o eixo G (P3) e o eixo I (P4), com uma janela de seleção definida da direita para a esquerda e apague-os.
- *Edit ... Delete (Alt E+D)*

- Posicione-se sobre o eixo D (paralelo ao plano YZ).

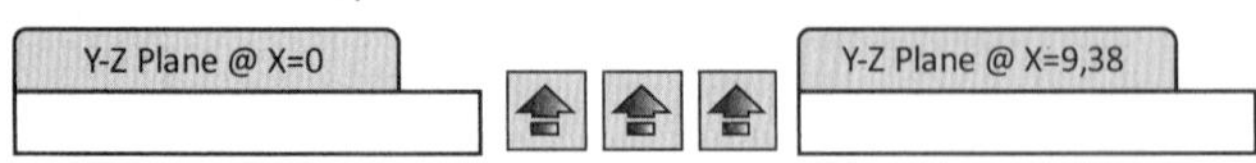

- Crie uma lâmina do <pilar-parede h = 20> entre o eixo 2 e o eixo 3 (PP1) clicando em dois pontos diagonalmente opostos.
- *Draw ... Draw Rectangular Area (Alt R+T)*

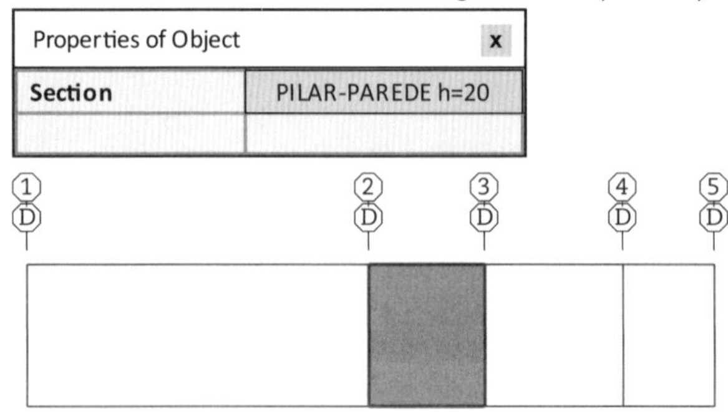

- Posicione-se sobre o eixo G (paralelo ao plano YZ).

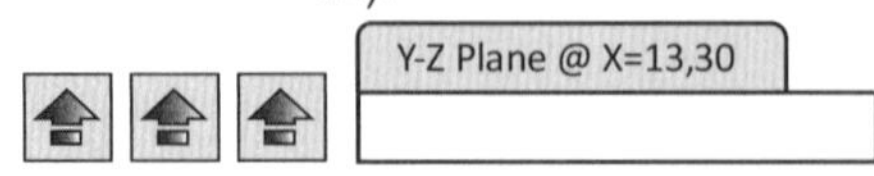

- Crie uma lâmina do <pilar-parede h = 20> entre o eixo 2 e o eixo 3 (PP1) clicando em dois pontos diagonalmente opostos.
- *Draw ... Draw Rectangular Area (Alt R+T)*

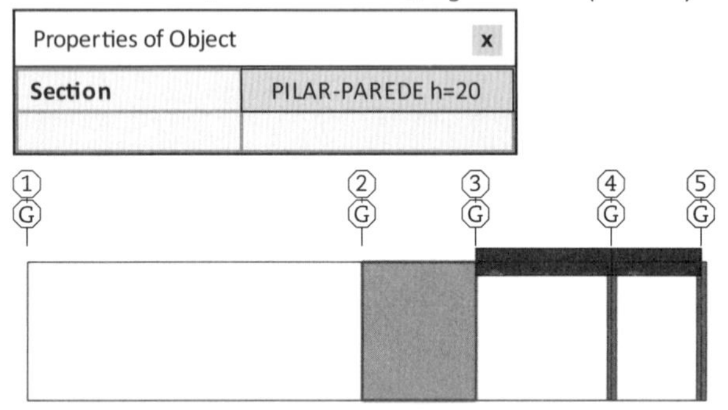

iii. Atualização dos atributos do modelo

- Posicione-se no plano paralelo ao plano XY na cota Z = 3,15.
- Selecione a viga V5 com uma janela de seleção definida da esquerda para a direita, que contenha inteiramente a viga, e altere o atributo para <viga 20 × 80>.
- *Assign ... Frame ... Frame Sections (Alt A+F+S)*

VIGA 20x80

- Selecione as lajes L10 e L11 com uma janela de seleção definida da direita para a esquerda, atravessando as lajes, e altere o atributo para <laje h = 16>.
- *Assign ... Area ... Sections (Alt A+A+S)*

LAJE h=16

iv. Ajuste da orientação dos pilares

- Alterne a perspectiva com ponto de fuga para a perspectiva isométrica e posicione o modelo aproximadamente numa vista de topo ao plano XY para a visualização da orientação dos pilares.

- Selecione todos os pilares e exiba somente aqueles selecionados.
- *Select ... Select ... Properties ... Frame Sections (Alt S+S+R+F)*

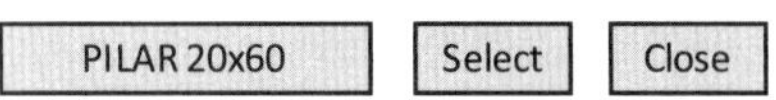

- *View ... Show Selection Only (Alt V+S)*

Excepcionalmente para os pilares, o eixo local 2 é paralelo ao eixo global X. Observe que, com a rotação do pilar de 90° em torno do próprio eixo, o eixo local 2 passa a ser paralelo ao eixo global Y.

- Selecione todos os pilares, exceto os pilares P2, P3, P5 e P6 (relativos à caixa de escada), com uma janela de seleção definida da esquerda para a direita e rotacione-os 90° em relação a seu eixo.
- *Assign ... Frame ... Local Axes (Alt A+F+X)*

Angle from Default Orientation

Angle: 90

- *View ... Show All (Alt V+A)*

v. Ajuste da posição relativa entre pilares e vigas

- Selecione todos os pilares e vigas e exiba somente os elementos selecionados.
- *Select ... Select ... Properties ... Frame Sections (Alt S+S+R+F)*

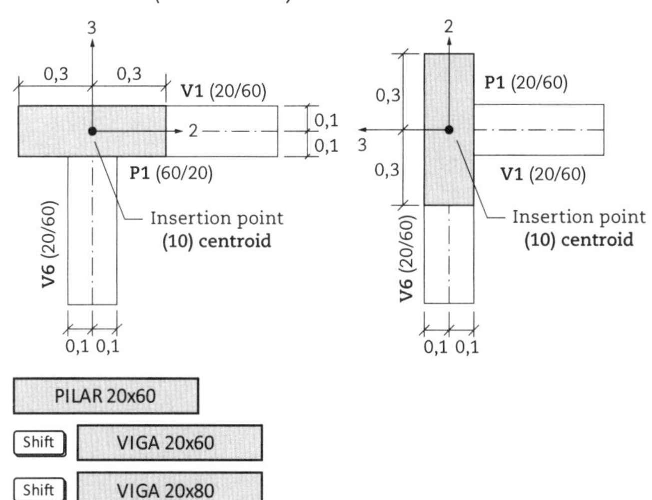

- *View ... Show Selection Only (Alt V+S)*
- Selecione os pilares P1 e P4 e desloque seus eixos do centroide para o ponto superior central (*top center*), de modo a facearem a viga V1.
- *Assign ... Frame ... Insertion Point (Alt A+F+I)*

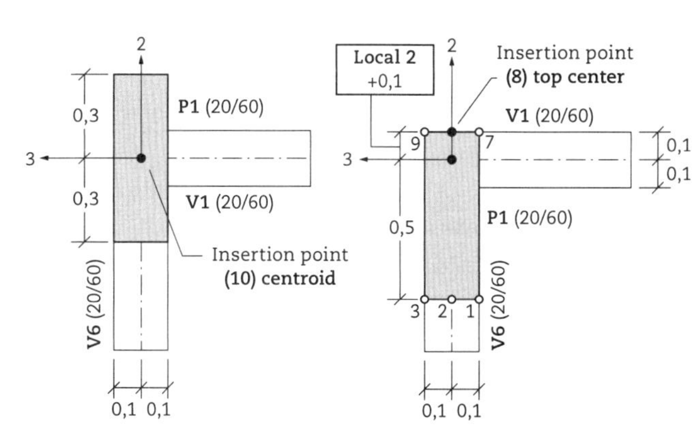

Cardinal Point

Cardinal Point: 8 (Top Center)

Frame Joint Offsets to Cardinal Point

Coordinate System: Local

	End-I	End-J
Local 2:	0,1	0,1

- Selecione os pilares P7 a P13 e desloque seus eixos do centroide para o ponto inferior central (*bottom center*), de modo a facearem as vigas V4a, V4b e V5.
- *Assign ... Frame ... Insertion Point (Alt A+F+I)*

Cardinal Point

Cardinal Point: 2 (Bottom Center)

Frame Joint Offsets to Cardinal Point

Coordinate System: Local

	End-I	End-J
Local 2:	−0,1	−0,1

- Selecione os pilares P2, P3, P5 e P6 (caixa de escada) e desloque a origem do sistema de eixos locais do centroide para o ponto inferior central (*bottom center*), de modo a facearem as vigas V8 e V10.

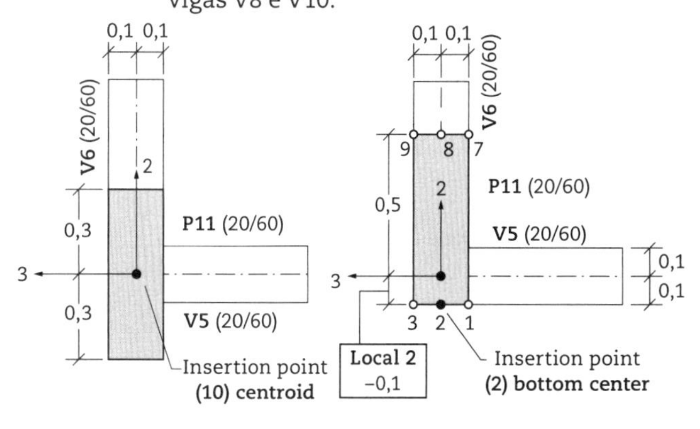

- *Assign ... Frame ... Insertion Point (Alt A+F+I)*

Cardinal Point

Cardinal Point: 2 (Bottom Center)

Frame Joint Offsets to Cardinal Point

Coordinate System: Local

	End-I	End-J
Local 2:	−0,1	− 0,1

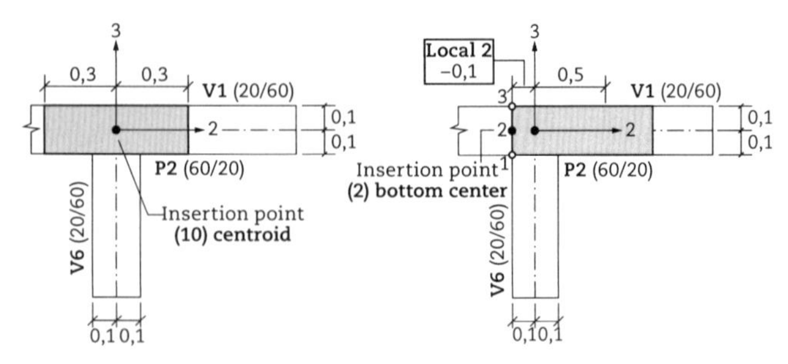

vi. Nivelamento das lajes e das vigas do pavimento

- Selecione todas as vigas do pavimento-tipo e desloque seus eixos do centroide para o ponto superior central (*top center*), de modo que estejam niveladas com o plano médio das lajes.
- *Select ... Select ... Properties ... Frame Sections (Alt S+S+R+F)*

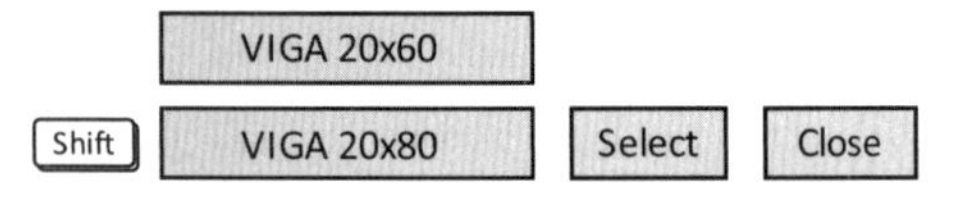

- *Assign ... Frame ... Insertion Point (Alt A+F+I)*

Cardinal Point

Cardinal Point: 8 (Top Center)

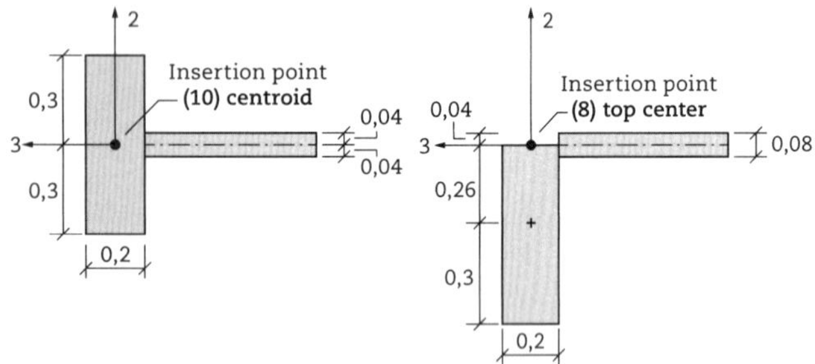

- Selecione todas as lajes do pavimento-tipo, exceto as lajes L10 e L11, e desloque o sistema local dos elementos de casca (quatro nós) do plano médio para o plano superior, de modo que estejam niveladas com as vigas.
- *Select ... Select ... Properties ... Area Sections (Alt S+S+R+R)*

LAJE h=8 | Select

- *Assign ... Area ... Area Thickness Overwrites (Alt A+A+K)*

Area Object Joint Offsets in Thickness Direction

◉ User Defined Joint Offsets Specified by Points

Point Number: 1; Joint Offset: –0,04 m

Apply

Point Number: 2; Joint Offset: –0,04 m

Apply

Point Number: 3; Joint Offset: –0,04 m

Apply

Point Number: 4; Joint Offset: –0,04 m

- Selecione as lajes L10 e L11 e desloque o sistema local dos elementos de casca (quatro nós) do plano médio para o plano superior, de modo que fiquem niveladas com as vigas conforme o projeto estrutural.

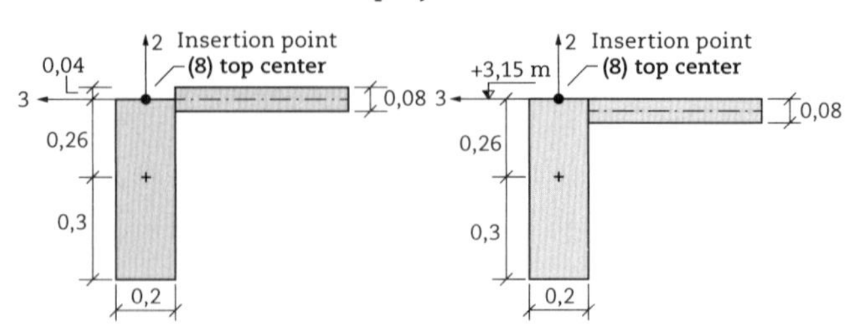

- *Select ... Select ... Properties ... Area Sections (Alt S+S+R+R)*

- *Assign ... Area ... Area Thickness Overwrites (Alt A+A+K)*

Area Object Joint Offsets in Thickness Direction

◉ User Defined Joint Offsets Specified by Points

Point Number: 1; Joint Offset: –0,08 m

Apply

Point Number: 2; Joint Offset: –0,08 m

Apply

Point Number: 3; Joint Offset: –0,08 m

Apply

Point Number: 4; Joint Offset: –0,08 m

vii. Discretização do pilar-parede

- Selecione as áreas relativas ao <pilar-parede h = 20>.
- *Select ... Select ... Properties ... Area Sections (Alt S+S+R+R)*

- Defina a malha paramétrica 4 × 4, consistente com o nível de discretização das lajes definido nos dados de entrada do modelo.
- *Edit ... Edit Areas ... Divide Areas (Alt E+A+D)*

Divide Options

◉ Divide Area into This Number of Objects

Along Edge from Point 1 to 2: 4; Along Edge from Point 1 to 3: 4

viii. Definição dos trechos rígidos

Pode-se afirmar que nas estruturas de concreto este recurso é mais evidente que nas estruturas metálicas, conforme apontado no item 14.6.2.1 da NBR 6118 (ABNT, 2023a).

- Selecione todas as vigas do pavimento-tipo, exceto os trechos BC e FG das vigas V1 e V2, e crie automaticamente os trechos rígidos nos encontros pilar-viga.
- *Select ... Select ... Properties ... Frame Sections (Alt S+S+R+F)*

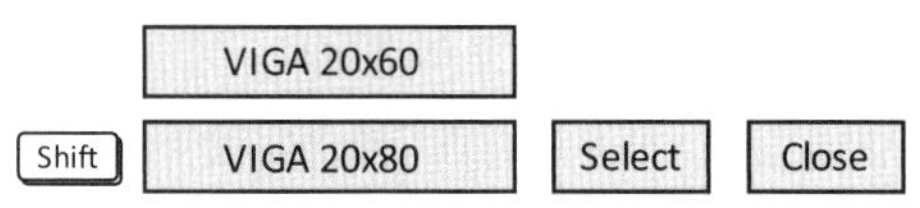

- *Assign ... Frame ... End (Length) Offsets (Alt A+F+F)*

Options for End Offset Along Length

◉ Automatic from Connectivity

Parameter

Rigid Zone Factor: 1

- Selecione o trecho 12 das vigas V6 e V12 e crie os trechos rígidos somente nos encontros com os pilares P11 e P13, respectivamente.
- *Assign ... Frame ... End (Length) Offsets (Alt A+F+F)*

Options for End Offset Along Length

◉ User Defined Lengths

Parameter

Length Offset at End-I: 0,3; Length Offset at End-J: 0,1; Rigid Zone Factor: 1

ix. Definição dos casos de carregamento

- Defina o caso de carregamento Perm.
- *Define ... Load Pattern (Alt D+E)*

Load Patterns

Load Pattern Name: PERM; Type: Other; Self-Weight Multiplier: 0

[Add New Load Pattern]

Load Pattern Name: VAR; Type: Other; Self-Weight Multiplier: 0

[Add New Load Pattern]

x. Definição da combinação quase permanente de serviço

- *Define ... Load Combinations (Alt D+B)*

[Add New Combo]

Load Combination Name: ELS-DEF

Define Combination of Load Case Results

Load Case Name:

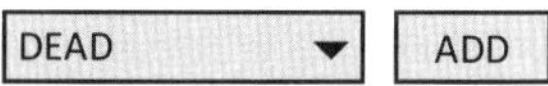

Scale Factor: 1,0

Load Case Name:

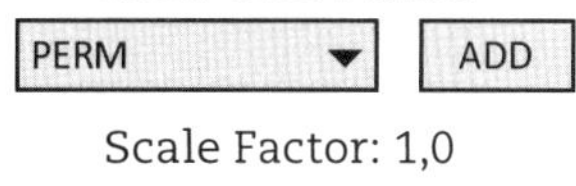

Scale Factor: 1,0

Load Case Name:

[VAR ▼] [ADD]

Scale Factor: 0,3

xi. Aplicação das cargas nas vigas devidas às alvenarias

- Selecione os elementos de barra do tipo vigas 20 × 60 e aplique o carregamento uniformemente distribuído de 5,6 kN/m para o caso de carregamento Perm.
- *Select ... Select ... Properties ... Frame Sections (Alt S+S+R+F)*

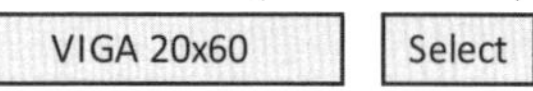

- *Assign ... Frame Loads ... Distributed (Alt A+M+D)*

General

Load Pattern: PERM; Coordinate System: GLOBAL; Load Direction: Gravity; Load Type: Force; Uniform Load: 5,6 kN/m

Options

◉ Replace Existing Loads [Apply]

- Em seguida, selecione os elementos de barra do tipo vigas 20 × 80 e aplique o carregamento uniformemente distribuído de 5,2 kN/m para o caso de carregamento Perm.

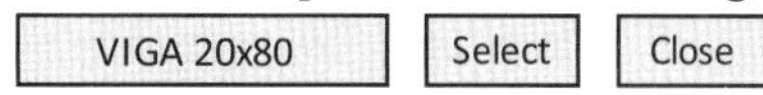

General

Load Pattern: PERM; Coordinate System: GLOBAL; Load Direction: Gravity; Load Type: Force; Uniform Load: 5,2 kN/m

Options

◉ Replace Existing Loads

- Confira as cargas aplicadas nas vigas do pavimento-tipo no caso de carregamento Perm devidas à ação das paredes de alvenaria.
- *Display ... Show Object Load Assigns ... Frame (Alt P+L+F)*

Load Pattern Name

PERM

- Desative o modo de exibição com volumetria.

xii. Aplicação dos carregamentos nas lajes

- Selecione os elementos laminares do tipo laje h = 8 e aplique os carregamentos uniformemente distribuídos de 1,75 kN/m² para o caso de carregamento Perm e 3,0 kN/m² para o caso de carregamento Var.
- *Select ... Select ... Properties ... Area Sections (Alt S+S+R+R)*

- *Assign ... Area Loads ... Uniform Shell (Alt A+E+U)*

General

Load Pattern: PERM; Coordinate System: GLOBAL; Load Direction: Gravity; Uniform Load: 1,75 kN/m²

Options

◉ Replace Existing Loads

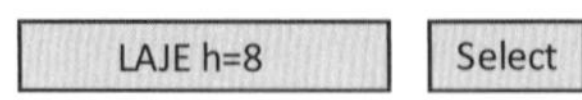

General

Load Pattern: VAR; Coordinate System: GLOBAL; Load Direction: Gravity; Uniform Load: 3,0 kN/m²

Options

◉ Replace Existing Loads

- Em seguida, selecione os elementos laminares do tipo laje h = 16 e aplique os carregamentos uniformemente distribuídos de 2,25 kN/m² para o caso de carregamento Perm e 3,0 kN/m² para o caso de carregamento Var.

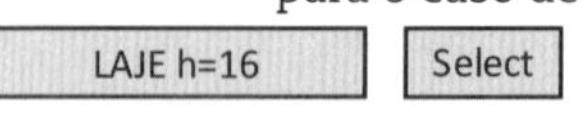

General

Load Pattern: PERM; Coordinate System: GLOBAL; Load Direction: Gravity; Uniform Load: 2,25 kN/m²

Options

◉ Replace Existing Loads

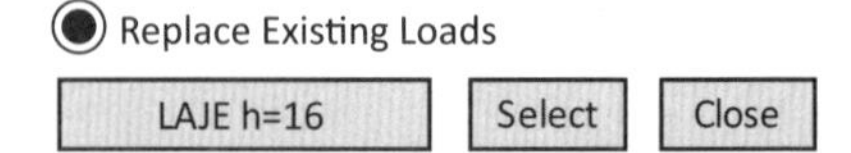

General

Load Pattern: VAR; Coordinate System: GLOBAL; Load Direction: Gravity; Uniform Load: 3,0 kN/m²

Options

◉ Replace Existing Loads

- Confira as cargas aplicadas nas lajes do pavimento-tipo nos casos de carregamento Perm e Var.
- *Display ... Show Object Load Assigns ... Area (Alt P+L+A)*

Load Pattern Name

PERM

- *Display ... Show Object Load Assigns ... Area (Alt P+L+A)*

Load Pattern Name

VAR

- Retorne ao modo de exibição dos elementos com volumetria.

xiii. Vinculação do modelo de elementos finitos

- Selecione todos os nós na cota Z1 = 0 (nível das fundações) e restrinja os seis graus de liberdade (translacionais e rotacionais), representando a condição de engastamento perfeito.
- *Select ... Select ... Coord. Specif. ... Specif. Coord. Range (Alt S+S+C+R)*

Z Coordinate Limits

◉ At a Single Value

= 0

Select | Close

- *Assign ... Joint ... Restraints (Alt A+J+R)*

☑ Translation 1 ☑ Rotation about 1

☑ Translation 2 ☑ Rotation about 2

☑ Translation 3 ☑ Rotation about 3

xiv. Processamento do modelo

▶ Run Analysis | Run Now

xv. Deslocamentos verticais

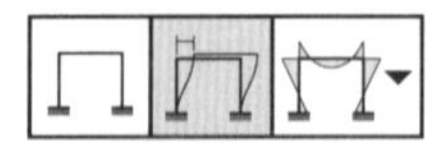

Case/Combo

Case/Combo Name: ELS-DEF

Contour Options

☑ Draw Contours on Objects

Contour Component: Uz

Tais deslocamentos verticais são exibidos na Fig. 5.58.

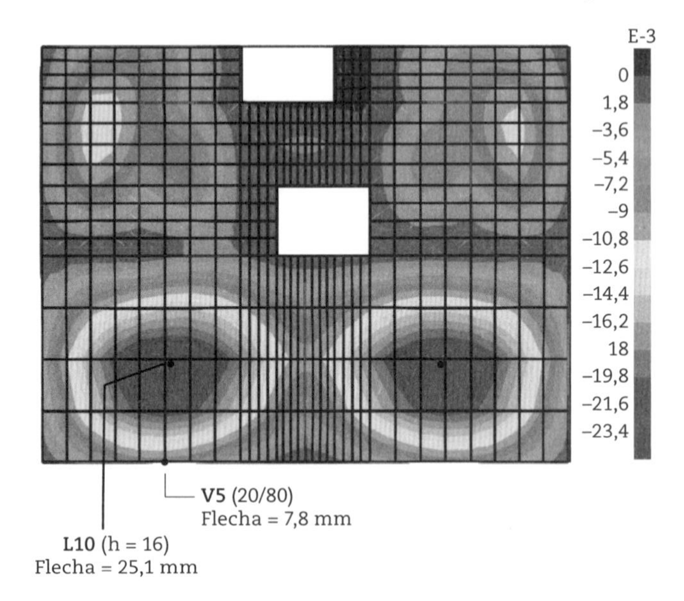

Fig. 5.58 *Deslocamentos verticais dos elementos do pavimento-tipo*

xvi. Frequência natural e modo de vibração

Para a verificação de vibrações excessivas, não se deve incluir o efeito da fluência do concreto.

- Defina o módulo de elasticidade secante do concreto E = 29 × 10⁶ kN/m² (sem fluência) para todos os elementos estruturais.

- *Define ... Section Properties ... Frame Sections (Alt D+P+F)*

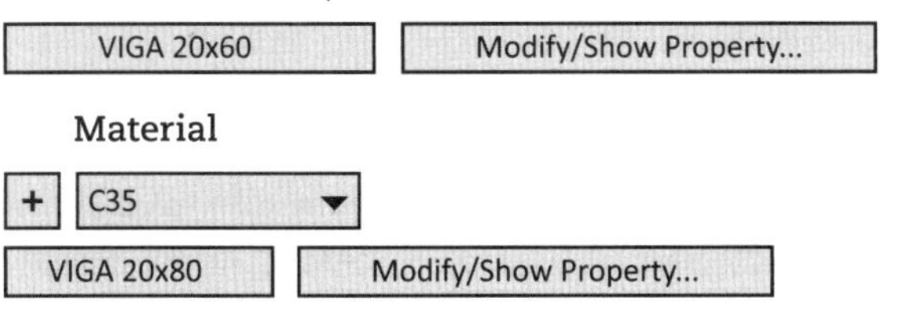

Material

- *Define ... Section Properties ... Area Sections (Alt D+P+A)*

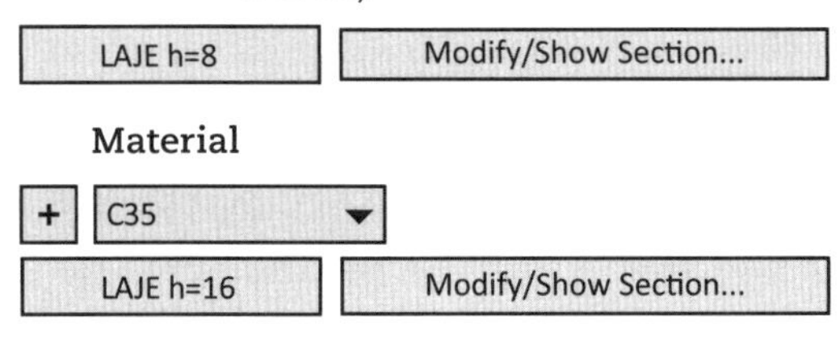

Material

- Converta o peso dos elementos construtivos em massa adicional considerada nas vigas e nas lajes.
- *Select ... Select ... Properties ... Frame Sections (Alt S+S+R+F)*

VIGA 20x60

- *Assign ... Frame ... Line Mass (Alt A+F+M)*

Mass

Mass per Unit Length: (5,6/9,81) t/m

Options

◉ Replace Existing Masses

- *Select ... Select ... Properties ... Frame Sections (Alt S+S+R+F)*

VIGA 20x80

- *Assign ... Frame ... Line Mass (Alt A+F+M)*

Mass

Mass per Unit Length: (5,2/9,81) t/m

Options

◉ Replace Existing Masses

- *Select ... Select ... Properties ... Area Sections (Alt S+S+R+R)*

LAJE h=8

- *Assign ... Area ... Area Mass (Alt A+A+M)*

Mass

Mass per Unit Area: (1,75+0,4*3,00)/9,81 t/m²

Options

◉ Replace Existing Masses

- *Select ... Select ... Properties ... Area Sections (Alt S+S+R+R)*

LAJE h=16

- *Assign ... Area ... Area Mass (Alt A+A+M)*

Mass

Mass per Unit Area: (2,25+0,4*3,00)/9,81 t/m²

Options

◉ Replace Existing Masses

OK

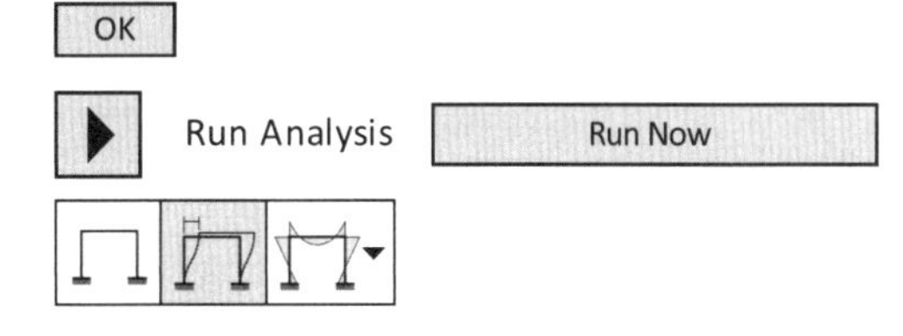

Case/Combo

Case/Combo Name: MODAL

Multivalued Options

◉ Mode Number: 1 [Fig. 5.59]

Contour Options

☑ Draw Contours on Objects

Contour Component: Uz

Deformed Shape (MODAL) - Mode 1: **f = 5,28 Hz**

Fig. 5.59 *Primeiro modo de vibração do pavimento-tipo, associado à frequência natural* f_1 = 5,28 Hz

xvii. Momentos fletores nas lajes

- Selecione todas as lajes do pavimento-tipo e exiba apenas os elementos selecionados.
- *Select ... Select ... Properties ... Area Sections (Alt S+S+R+R)*

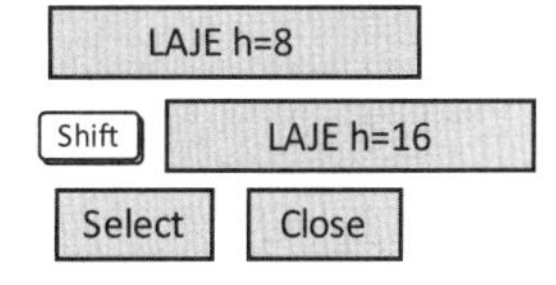

- *View ... Show Selection Only (Alt V+S)*
- Exiba as curvas de isovalores de momentos fletores na direção X (Fig. 5.60).

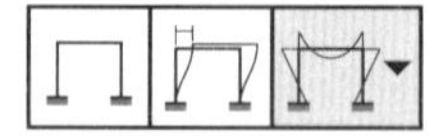

Shells...
Case/Combo
Case/Combo Name: ELS-DEF
Component
◉ M11

- Exiba as curvas de isovalores de momentos fletores na direção Y (Fig. 5.61).

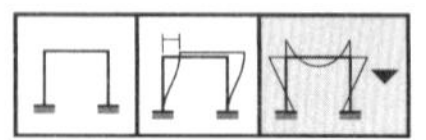

Shells...
Case/Combo
Case/Combo Name: ELS-DEF
Component
◉ M22

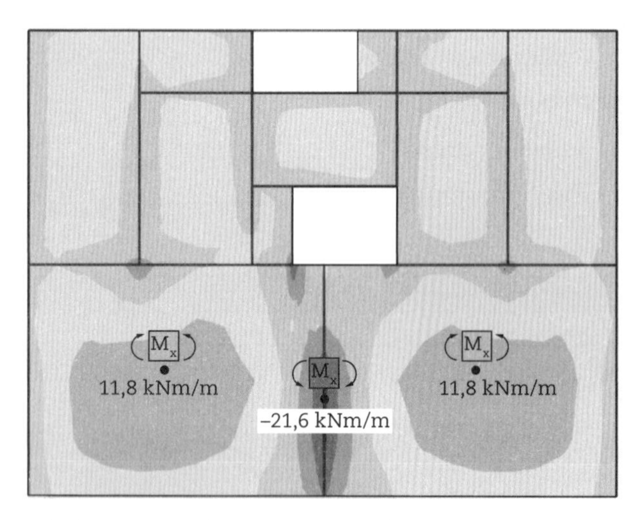

Fig. 5.60 *Momentos fletores na direção X*

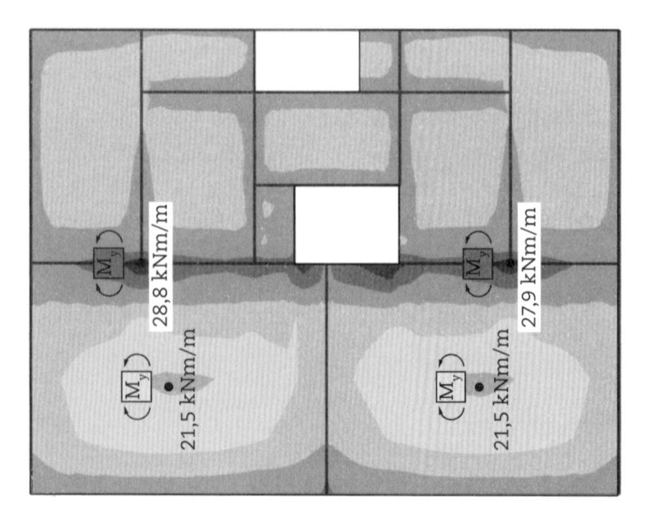

Fig. 5.61 *Momentos fletores na direção Y*

Nota técnica

Observa-se que os elementos foram devidamente posicionados (orientação, posição relativa nas ligações entre elementos, trecho rígido) de modo a aproximar o modelo matemático aos detalhes construtivos descritos no projeto estrutural. Caso essa aproximação não tivesse sido feita, os resultados poderiam indicar erroneamente a necessidade de aumento da espessura das lajes L10 e L11.

Em relação ao grau de fissuração do concreto, pode-se afirmar que as lajes L10 e L11 permanecem íntegras nas regiões de momentos fletores positivos para a combinação considerada, pois esses esforços são menores que o momento de fissuração M_r = 20,5 kN · m/m. Entretanto, os momentos negativos na direção Y sobre os dois trechos da viga V4 causam fissuração da laje, pois são maiores que o momento de fissuração M_r = 5,1 kN · m/m (considerando-se nessa interface a menor espessura igual a 8 cm). De modo a se considerar a perda de rigidez em função do grau de fissuração do concreto, a NBR 6118 (ABNT, 2023a) apresenta no item 17.3.2.1.1 a fórmula de Branson para a avaliação aproximada da flecha em lajes e vigas levando em conta o grau de fissuração do concreto e a presença da armadura devida à flexão. Ao dimensionar a armadura negativa disposta na direção vertical na interface entre as lajes L10-L5-L6 no estado-limite último (ELU), observa-se a necessidade de aumento da espessura das lajes L5-L6 para h = 12 cm, e, nesse caso, obtém-se a armadura negativa e o momento de fissuração iguais a A_s = 10,25 cm^2 e M_r = 11,6 kN · m/m, respectivamente.

A primeira frequência natural de vibração da estrutura do pavimento-tipo f_1 = 5,28 Hz é maior que a frequência crítica de excitação majorada em 20% igual a $f_{crít}$ = 4,8 Hz, conforme o item 23.3 da NBR 6118 (ABNT, 2023a). Desse modo, conclui-se que não serão sentidas vibrações excessivas nas lajes do pavimento-tipo pelos usuários da estrutura.

Para a fixação dos conceitos, prossiga para o Desafio Estrutural 8.11, presente no e-book.

5.9 Helicóptero em situação de pouso normal

5.9.1 Aplicação Prática 5.9

Seja uma plataforma para pouso e decolagem de um heliponto formada por chapas de aço 1.000 mm × 1.000 mm × 16 mm justapostas e simplesmente apoiadas em vigas metálicas e enrijecidas nas bordas com cantoneiras simples, conforme exposto na Fig. 5.62.

Considere as ações devidas ao peso próprio da chapa e ao pouso normal de um helicóptero com peso bruto total de 60 kN, representado por um par de cargas concentradas P = 30 kN com distância entre rodas (esqui) de 3 m, posicionadas no centro da chapa de forma a produzir

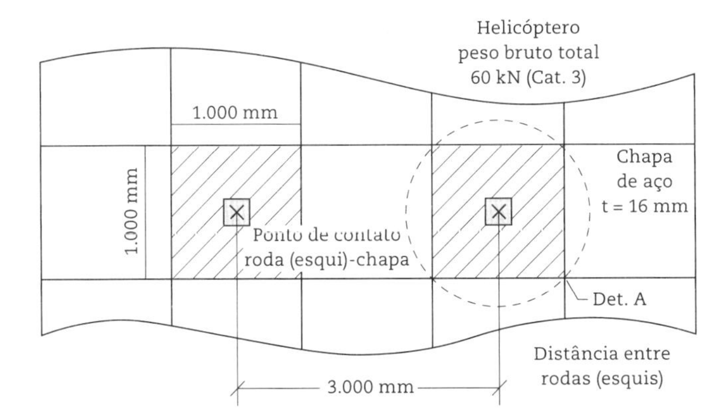

Fig. 5.62 *Modelo geométrico da chapa de aço e posição das cargas*

os esforços solicitantes mais críticos, em conformidade com o item 6.7 da NBR 6120 (ABNT, 2019). Com base no modelo da chapa simplesmente apoiada nas bordas indicado na Fig. 5.63, pede-se:

a. o valor da deflexão no centro da chapa δ^{EST} devida ao peso próprio e à carga concentrada P = 30 × 10³ N, obtida na análise estática;
b. a primeira frequência natural da chapa f_1, obtida na análise modal, considerando-se a densidade da chapa e a massa adicional do helicóptero M = (30 × 10³/*g*) kg concentrada no centro da chapa;
c. a deflexão δ^{DIN} e a tensão normal na fibra inferior σ_x^{DIN} no centro da chapa, obtidas na análise dinâmica transiente, considerando-se a massa concentrada M = (30 × 10³/*g*) kg lançada à altura h (*gap*) em queda livre com velocidade inicial nula, de modo a produzir a energia de deformação equivalente à energia cinética com taxa de descida constante de 1,8 m/s (Anac, 2018, p. 17).

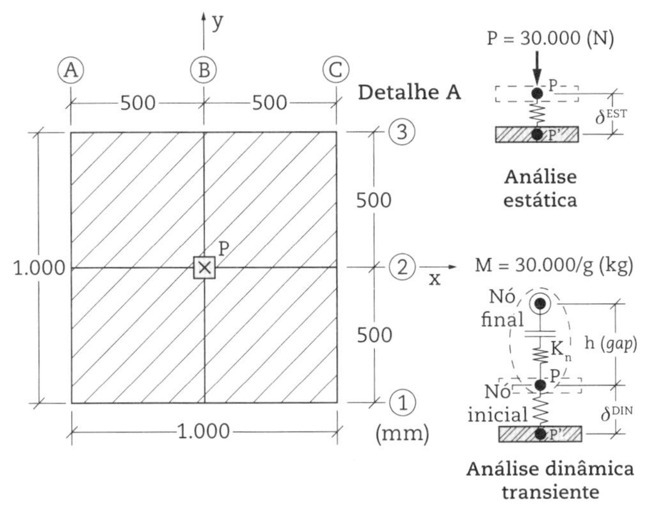

Fig. 5.63 *Detalhe da chapa, tipos de análise e elemento de contato*

Adote os seguintes parâmetros para a análise dinâmica não linear: incremento de tempo Δt ≈ T_1/10 para aplicação do método de integração direta (Hilber-Hughes-Taylor), sendo T_1 o primeiro período de vibração natural obtido no item (b), taxa de amortecimento ξ = 0,004, rigidez de contato $K_n \approx 1.000k^{EST} \approx 1.000 \cdot (P/\delta^{EST})$ e tempo total de análise t = 1 s.

Dados complementares: chapa de aço ASTM A-242 com 16 mm de espessura, módulo de elasticidade E = 200 × 10⁹ N/m², coeficiente de Poisson ν = 0,3, peso específico γ = 78.500 N/m³, aceleração da gravidade g = 9,80665 m/s², limite de resistência ao escoamento f_y = 345 × 10⁶ Pa e resistência à ruptura à tração f_u = 450 × 10⁶ Pa. Adote a dimensão do lado do elemento finito de casca igual a 0,125 m. Utilize obrigatoriamente as unidades consistentes newton (N), metro (m), newton por metro quadrado (N/m²), quilograma (kg) e segundo (s).

Resolução

i. Criação do modelo paramétrico
   - *File ... New Model (Alt F+N)*

New Model Initialization

Default Units: N, m, C

Beam Slab Building Dimensions

Number of Stories: 1; Story Height: 0,001 (arbitrário); Number of Bays X: 2; Bay Width X: 0,5; Number of Bays Y: 2; Bay Width Y: 0,5; Number of Divisions X: 4; Number of Divisions Y: 4

Section Properties

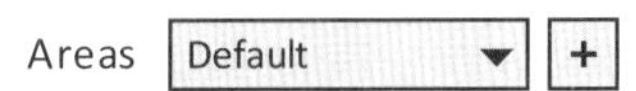

Select Section Type to Add

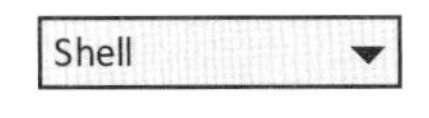

Click to

Add New Section...

Section Name: CHAPA 16 mm; Display Color: BLUE

Type

Shell-Thin

Thickness

Membrane: 0,016; Bending: 0,016

Material

Material Name

Modify/Show Material...

General Data

Material Name: ASTM A242

Weight and Mass

Weight per Unit Volume: 78500

Isotropic Property Data

Modulus of Elasticity: 200e9; Poisson: 0,3; Coefficient of Thermal Expansion: 0

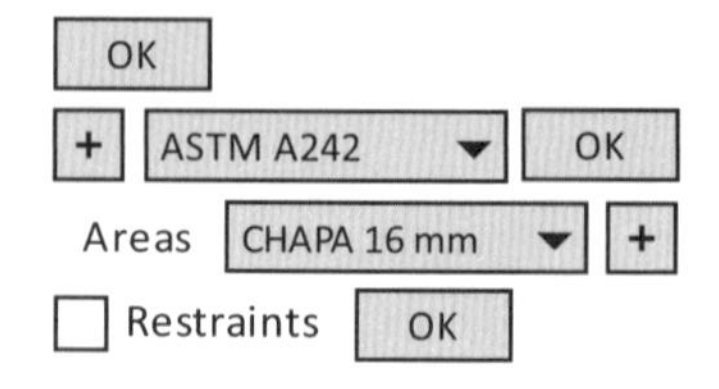

ii. Edição do modelo espacial
- Selecione e apague todos os elementos do pórtico espacial (FSEC1).
- *Select ... Select ... Properties ... Frame Sections (Alt S+S+R+F)*

- *Edit ... Delete (Alt E+D)*
- Ative as opções de exibição da volumetria dos elementos, dos atributos dos elementos diferenciados por cores e do sólido com 80% de transparência.

iii. Discretização do modelo
- Selecione todas as áreas e gere uma malha de elementos finitos quadrados com 0,125 m de lado.
- *Edit ... Edit Areas ... Divide Areas (Alt E+A+D)*

Divide Options

◉ Divide Area into This Number of Objects

Along Edge from Point 1 to 2: 0,125 m; Along Edge from Point 1 to 3: 0,125 m

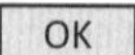

iv. Definição do caso de carregamento
- Defina o caso de carregamento Heli, relativo à operação de pouso do helicóptero.
- *Define ... Load Pattern (Alt D+E)*

Load Patterns

Load Pattern Name: HELI; Type: Live; Self-Weight Multiplier: 1 (inclui peso próprio Dead)

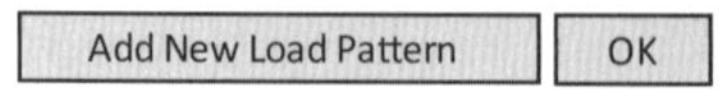

v. Aplicação do carregamento do helicóptero
- Selecione o nó central, situado na origem do sistema global de coordenadas, e aplique a carga concentrada P = 30.000 N no sentido Z-negativo para o caso de carregamento Heli.
- *Assign ... Joint Loads ... Forces (Alt A+O+F)*

General

Load Pattern: HELI; Coordinate System: GLOBAL

Forces

Force Global Z: –30000

Options

◉ Replace Existing Loads

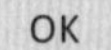

vi. Vinculação do modelo
- Selecione os nós situados nas bordas da chapa e impeça os três deslocamentos translacionais.
- *Assign ... Joint ... Restraints (Alt A+J+R)*

☑ Translation 1 ☐ Rotation about 1
☑ Translation 2 ☐ Rotation about 2
☑ Translation 3 ☐ Rotation about 3

vii. Processamento do modelo

▶ Run Analysis | Run Now

viii. Deslocamentos verticais

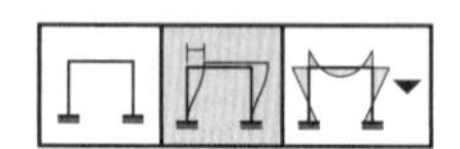

Case/Combo

Case/Combo Name: HELI

Contour Options

☑ Draw Contours on Objects

Contour Component: Uz

Tais deslocamentos verticais são ilustrados na Fig. 5.64.

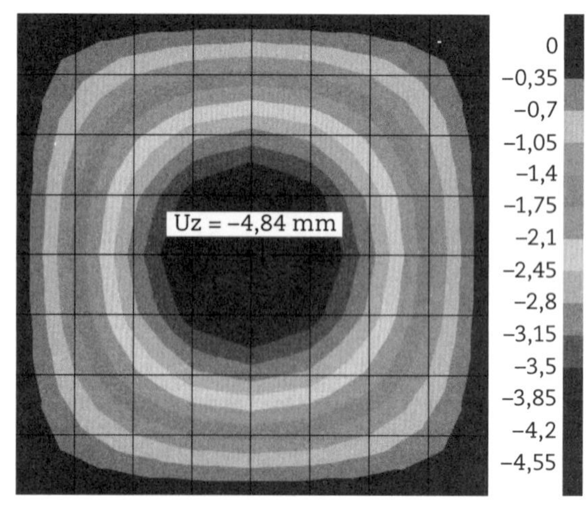

Fig. 5.64 *Deslocamentos verticais na chapa devidos ao peso próprio e ao peso do helicóptero (δ^{EST} = –4,84 mm)*

ix. Tensões normais na direção X

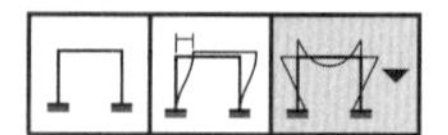

Shells...

Case/Combo

Case/Combo Name: HELI

Component Type

◉ Shell Stresses

Output Type

◉ Bottom

Component

◉ S11 [OK]

- Salve o modelo de análise estática.
- *File ... Save As (Alt F+A)*

AP-59_ESTÁTICA

[Salvar]

As tensões normais na direção X são apresentadas na Fig. 5.65.

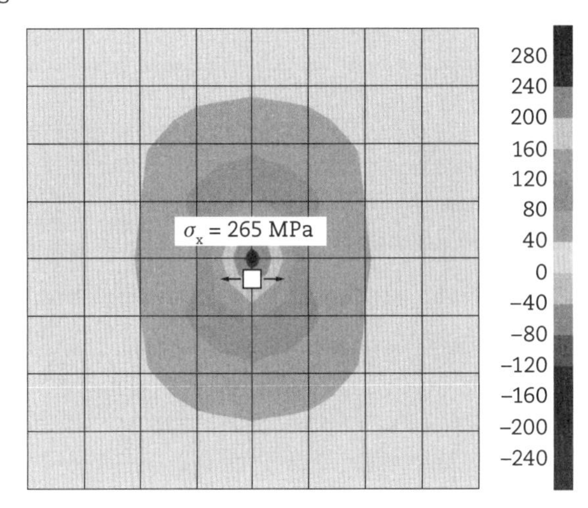

Fig. 5.65 *Tensões normais na direção X junto à fibra inferior devidas ao peso próprio e ao peso do helicóptero (σ_x^{EST} = 265 MPa)*

x. Aplicação da massa do helicóptero
- Selecione o nó central, situado na origem (X = Y = 0), e aplique a massa concentrada M = (30.000/*g*) kg na direção Z.
- *Assign ... Joint ... Masses (Alt A+J+M)*

Specify Joint Mass

◉ As Mass

Mass Coordinate System

Direction: GLOBAL

Mass

Translation Global Z: 30000/9,80665 kg

Options

◉ Replace Existing Loads

- Selecione o nó central e apague a carga concentrada P = 30.000 N do caso de carregamento Heli.
- *Assign ... Joint Loads ... Forces (Alt A+O+F)*

General

Load Pattern: HELI

Options

◉ Delete Existing Loads

xi. Processamento do modelo

 Run Analysis [Run Now]

xii. Frequência natural e modo de vibração

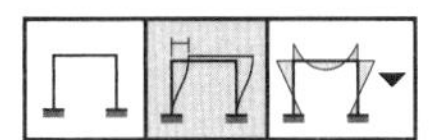

Case/Combo

Case/Combo Name: MODAL

Multivalued Options

◉ Mode number: 1

Contour Options

☑ Draw Contours on Objects

Contour Component: Uz

[OK]

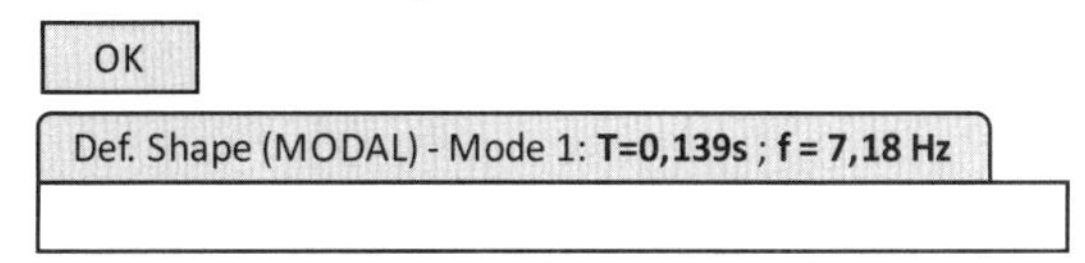

- Salve o modelo de análise modal.
- *File ... Save As (Alt F+A)*

AP-59_MODAL

[Salvar]

xiii. Definição dos parâmetros do elemento de contato

A rigidez de contato é um parâmetro que controla a interpenetração entre os nós inicial e final do elemento de contato (*gap*). Se o valor da rigidez de contato for alto em relação ao valor dito "ideal", ocorrerão dificuldades de convergência no processo iterativo, e, caso contrário, haverá interpenetração, ocasionando perda de qualidade dos resultados. Uma regra prática, como primeira estimativa da rigidez de contato, é adotar a expressão:

$$K_n \approx 1.000k^{EST} = 1.000 \cdot (P/\delta^{EST}) = 1.000 \cdot (30.000/4,84 \times 10^{-3}) = 6,2 \times 10^9 \text{ N/m}$$

sendo δ^{EST} o deslocamento estático obtido no item (a).

A folga (*gap*) é estimada a partir da aplicação do princípio da conservação de energia, considerando-se um choque inelástico. A deflexão máxima causada pelo impacto de um corpo lançado em queda livre a uma altura h e velocidade inicial nula é dada por (Young, 1989):

$$\delta^{DIN} = \delta^{EST} \cdot \left(1 + \sqrt{1 + 2 \cdot \frac{h}{|\delta^{EST}|}}\right) \quad \textbf{(5.1)}$$

Por outro lado, o deslocamento máximo causado pelo impacto de um corpo deslocando-se a uma velocidade constante v = 1,8 m/s é calculado por (Young, 1989, p. 713):

$$\delta^{DIN} = \delta^{EST} \cdot \left(\sqrt{\frac{v^2}{g \cdot |\delta^{EST}|}}\right) \quad \textbf{(5.2)}$$

Ao igualar as Eqs. 5.1 e 5.2 e considerar a deflexão máxima $\delta^{EST} = 4,84 \times 10^{-3}$ m, obtida no item (viii), tem-se:

$$\left(1+\sqrt{1+2\cdot\frac{h}{4{,}84\times10^{-3}}}\right)=\left(\sqrt{\frac{1{,}8^2}{9{,}80665\cdot4{,}84\times10^{-3}}}\right)$$

e, após algumas iterações, chega-se a $h \approx 0{,}122$ m.

- Defina o elemento de contato.
- *Define ... Section Properties ... Link/Support Properties (Alt D+P+K)*

Click to

Add New Property...

Link/Support Type: Gap; Property Name: GAP-1

Directional Properties

Direction

☑ U1

Nonlinear

☑

Modify/Show for U1...

Properties Used for Nonlinear Analysis Cases

Stiffness: 6,2e9 N/m; Open: 0,12 m (arredondar para baixo)

OK

xiv. Definição dos tipos de análise

Para a análise de impacto, são realizadas três análises incrementais sequenciais pelo método de integração direta no domínio do tempo:

i. Cond. Iniciais, para a imposição das condições iniciais (velocidade inicial $v_0 = 0$ m/s e deslocamento inicial $x_0 = 0$ m);

ii. Queda Livre, para a simulação da queda livre, com o uso das equações do movimento retilíneo uniformemente variável (MRUV), com tempo de duração e velocidade final:

$$x = x_0 + v_0 \cdot t + g \cdot t^2/2 \rightarrow 0{,}122\ \text{m} = g \cdot t^2/2$$

$$t=\sqrt{\frac{2h}{g}}=\sqrt{\frac{2\cdot0{,}122}{9{,}80665}}=0{,}1577\ \text{s}$$

$$v = g \cdot t = 9{,}80665 \cdot 0{,}1577 = 1{,}547\ \text{m/s}$$

iii. Impacto, para a avaliação do efeito do impacto do helicóptero em situação normal de pouso na chapa para o tempo de análise de 1 s.

Para a imposição das condições cinemáticas iniciais do problema, dadas pela posição inicial $x_0 = 0$ m e pela velocidade inicial $v_0 = 0$ m/s, deve-se definir uma análise dinâmica não linear transiente considerando um único incremento de tempo $\Delta t = 1 \times 10^{-6}$ s (infinitesimal).

- Defina a análise dinâmica transiente Cond. Iniciais.
- *Define ... Load Cases (Alt D+L)*

Add New Load Case

Load Case Name

COND. INICIAIS

Load Case Type

Time History

Analysis Type

◉ Nonlinear

Solution Type

◉ Direct Integration

Geometric Nonlinearity Parameters

◉ None

History Type

◉ Transient

Initial Conditions

◉ Zero Initial Conditions

Loads Applied

Load Type: Accel; Load Name: U3; Function: UNIFTH; Scale Factor: 9,80665

ADD

Time Step Data

Number of Output Time Steps: 1; Output Time Step Size: 1e-6

OK

- Defina a análise dinâmica transiente Queda Livre.
- *Define ... Load Cases (Alt D+L)*

Add New Load Case

Load Case Name

QUEDA LIVRE

Load Case Type

Time History

Analysis Type

◉ Nonlinear

Solution Type

◉ Direct Integration

Geometric Nonlinearity Parameters

◉ None

History Type

◉ Transient

Initial Conditions

◉ Continue from State at End of Nonlinear Case

COND. INICIAIS ▾

Loads Applied

Load Type: Accel; Load Name: U3; Function: UNIFTH; Scale Factor: 9,80665

ADD

Time Step Data

Number of Output Time Steps: 1; Output Time Step Size: 0,1577

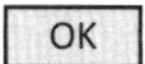

Para uma representação suficientemente precisa da resposta dinâmica transiente, costuma-se adotar um incremento de tempo de cerca de um décimo do período natural de vibração T_1 (dez pontos por ciclo), dado aproximadamente por:

$$\Delta t \approx T_1/10 = 0{,}139/10 \approx 0{,}01 \text{ s}$$

sendo T_1 o período natural de vibração associado ao primeiro modo de vibração flexional da placa, obtido na análise modal realizada no item (xii). O número total de incrementos de tempo é dado pela relação entre o tempo total de análise, 1 s, e o incremento de tempo adotado, $\Delta t = 0{,}01$ s, ou seja, 1 s/0,01 s = 100 incrementos de tempo.

- Defina a análise dinâmica transiente Impacto.
- *Define ... Load Cases (Alt D+L)*

Add New Load Case

Load Case Name

IMPACTO

Load Case Type

Time History

Analysis Type

◉ Nonlinear

Solution Type

◉ Direct Integration

Geometric Nonlinearity Parameters

◉ None

History Type

◉ Transient

Initial Conditions

◉ Continue from State at End of Nonlinear Case

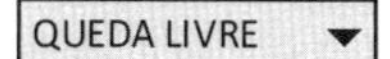

Loads Applied

Load Type: Accel; Load Name: U3; Function: UNIFTH; Scale Factor: 9,80665

Time Step Data

Number of Output Time Steps: 100; Output Time Step Size: 0,01

Other Parameters

Damping

Modify/Show...

Viscous Proportional Damping

◉ Specify Damping by Frequency

Frequency: 1 Hz → Damping: 0,004; Frequency: 10 Hz → Damping: 0,004

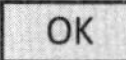

Time Integration

Modify/Show...

 Hilber-Hughes-Taylor

Alpha: 0; Beta: 0,25; Gamma: 0,5

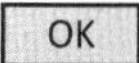

Nonlinear Parameters

Modify/Show...

Solution Control

Maximum Newton-Raphson Iter. per Step: 40; Iteration Convergence Tolerance: 1e-4

iv. Criação do elemento de contato

- Selecione o nó central e copie-o a 0,123 m (arredondar para cima) de distância no sentido positivo do eixo Z.
- *Edit ... Replicate (Alt E+E)*

Linear

Increments

dz: 0,123

Increment Data

Number: 1

OK

- Crie o elemento de contato por dois pontos, na ordem obrigatória do *nó inicial para o nó final (recém-criado).*
- *Draw ... Draw 2 Joint Link (Alt R+2)*
- Pressione o botão direito do mouse sobre o elemento de contato recém-criado e obtenha os números dos nós inicial e final.

Location

Start Joint (I): 23; End Joint (J): 100

- Pressione o botão direito do mouse sobre um dos elementos de casca da região central e obtenha o número do elemento.

Identification

Label: 20

v. Aplicação da massa do helicóptero

- Selecione o nó final (no caso atual, Joint 100) e atribua a ele a massa concentrada M = (30.000/9,80665) kg na direção Z (eixo gravitacional).
- *Assign ... Joint ... Masses (Alt A+J+M)*

Specify Joint Mass

◉ As Mass

Mass Coordinate System

Direction: GLOBAL

Mass

Translation Global Z: 30000/9,80665 kg

Options

◉ Replace Existing Loads 

- Selecione o nó inicial do elemento de contato (no caso atual, Joint 23) e apague a massa concentrada M = (30.000/9,80665) kg, definida anteriormente na análise modal.
- *Assign ... Joint ... Masses (Alt A+J+M)*

Options

◉ Delete Existing Loads 

vi. Processamento do modelo

Run Analysis

- Desative as análises estáticas (Dead/Heli) e a análise modal (Modal).

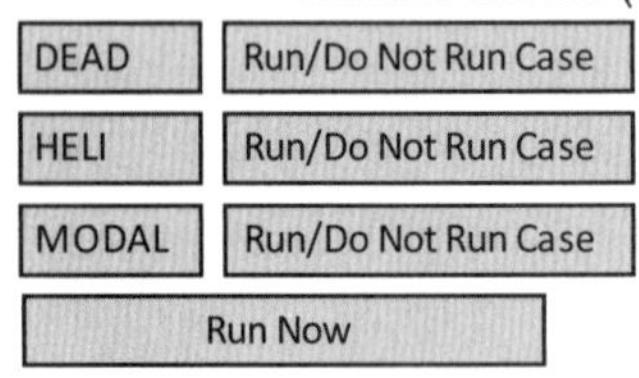

Run Now

vii. Histórico dos deslocamentos verticais

- *Display ... Show Plot Functions (Alt P+P)*

Load Case (Multi-stepped Cases)

IMPACTO ▾

Choose Plot Functions

Define Plot Functions...

Choose Function Type to Add

Joint Disps/Forces ▾

Click to

Add Plot Function...

Joint ID: 23

Vector Type

◉ Displ

Component

◉ UZ

List of Functions

Joint100

Add ->

Line Color: BLUE

Display...

O histórico dos deslocamentos verticais do nó central é exibido na Fig. 5.66, enquanto o deslocamento máximo no centro da chapa proveniente do impacto do helicóptero é ilustrado na Fig. 5.67.

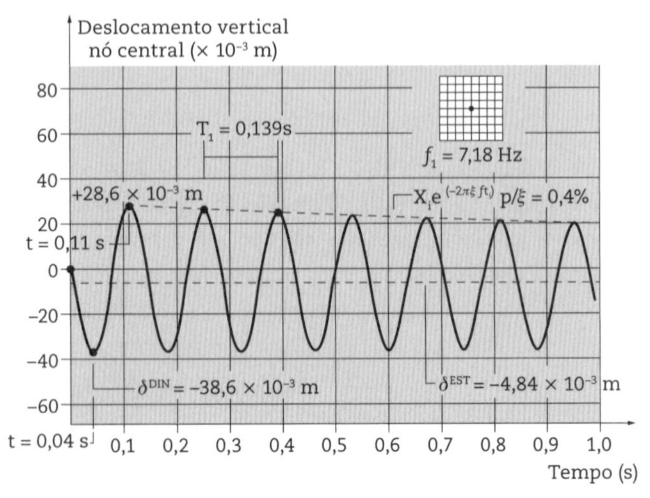

Fig. 5.66 *Histórico dos deslocamentos verticais do nó central (Joint 23) para o carregamento dinâmico*

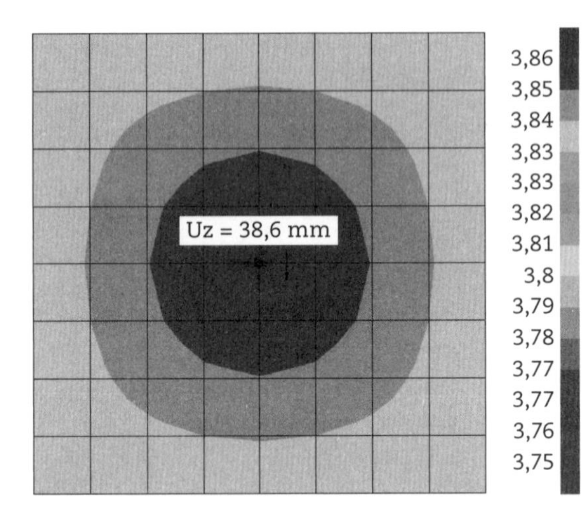

Fig. 5.67 *Deslocamento de pico no centro da chapa devido ao impacto do helicóptero no tempo t = 0,4 s (δ^{DIN} = −38,6 mm)*

viii. Histórico das tensões normais na fibra inferior

Choose Plot Functions

Define Plot Functions...

Choose Function Type to Add

Shell Forces/Stresses/Strains ▾

Click to

Add Plot Function...

Element ID: 20

Type

◉ Streeses Bottom

Component

◉ S11

Output Location Reference Point

◉ Reference to Selected Joint [23 ▼]

List of Functions

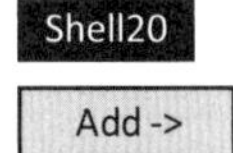

Vertical Functions

Joint23

<- Remove

Line Color: RED

Display...

Na Fig. 5.68 tem-se o histórico das tensões normais na direção X junto à fibra inferior do nó central. Já na Fig. 5.69 é apresentada a tensão de pico no centro da chapa devida ao impacto do helicóptero.

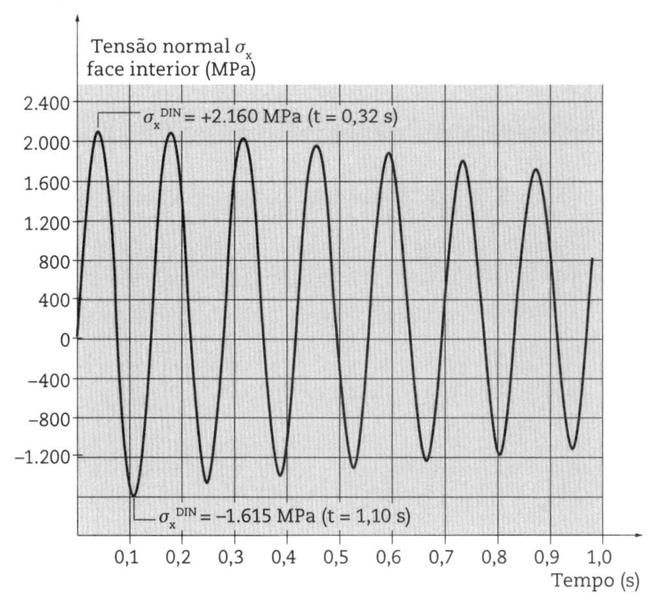

Fig. 5.68 *Histórico das tensões normais na direção X junto à fibra inferior do nó central (Joint 23) para o carregamento dinâmico*

ix. Histórico das velocidades

Load Case (Multi-stepped Cases)

QUEDA LIVRE ▼

Choose Plot Functions

Define Plot Functions...

Choose Function Type to Add

Joint Disps/Forces ▼

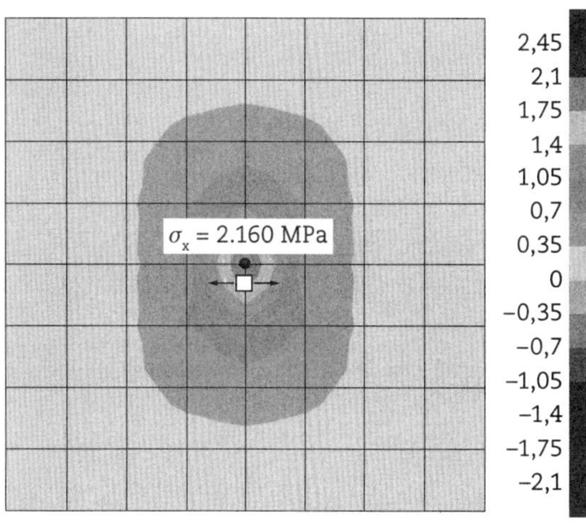

Fig. 5.69 *Tensão de pico no centro da chapa devida ao impacto do helicóptero no tempo t = 0,32 s (σ^{DIN} = 2.160 MPa)*

Click to

Add Plot Function...

Joint ID: 100

Vector Type

◉ Vel

Component

◉ UZ

List of Functions

Joint100

Add ->

Vertical Functions

Shell20

<- Remove

Line Color: GREEN

Display...

O histórico das velocidades verticais do nó de contato é mostrado na Fig. 5.70.

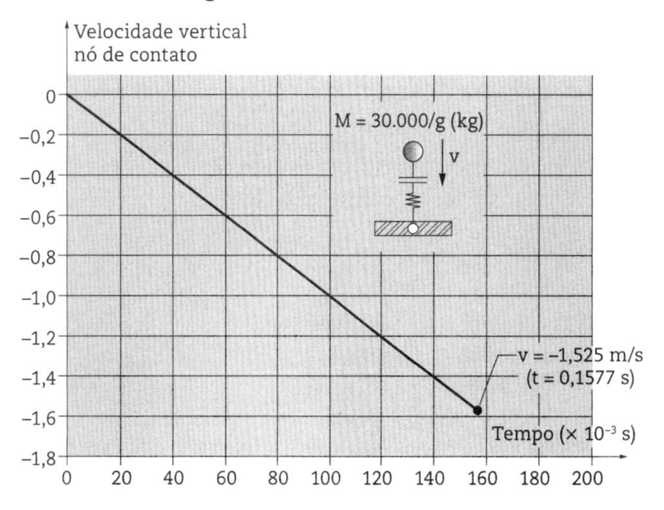

Fig. 5.70 *Histórico das velocidades verticais do nó de contato (Joint 100) durante a queda livre*

x. Envoltória de deslocamentos verticais

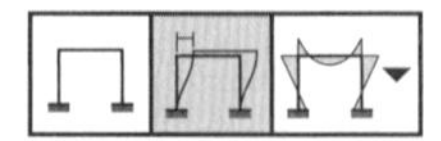

Case/Combo

Case/Combo Name: IMPACTO; Time History Display Type: Relative Displacement

Multivalued Options

◉ Envelope (Max or Min)

Contour Options

☑ Draw Contours on Objects

Contour Component: Uz

Tal envoltória de deslocamentos é ilustrada na Fig. 5.71.

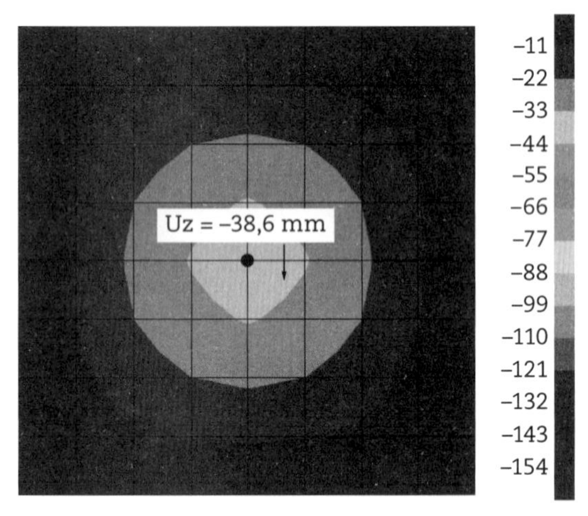

Fig. 5.71 *Envoltória de deslocamentos na chapa devidos ao impacto do helicóptero (δ^{DIN} = –38,6 mm)*

xi. Envoltória de tensões normais na fibra inferior

Shells...

Case/Combo

Case/Combo Name: IMPACTO

Multivalued Options

◉ Envelope Max

Stress Averaging

◉ At All Joints

Component Type

◉ Shell Stresses

Output Type

◉ Bottom face

Component

◉ S11 OK

- Salve o modelo de análise dinâmica.
- *File ... Save As (Alt F+A)*

AP-59_DINÂMICA

Salvar

Na Fig. 5.72 exibe-se essa envoltória de tensões normais.

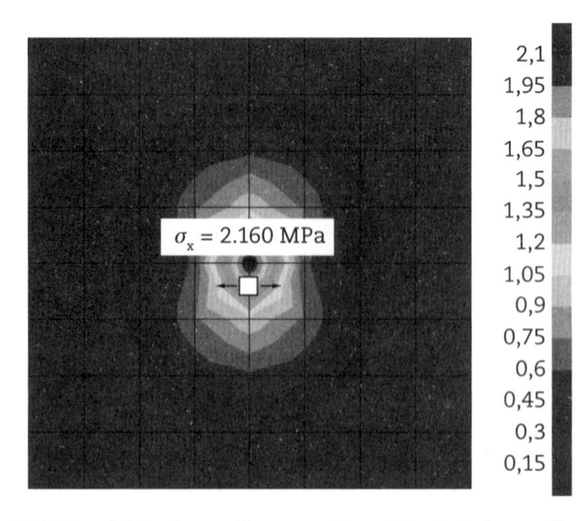

Fig. 5.72 *Envoltória de tensões normais na fibra inferior na direção X devidas ao impacto do helicóptero (σ^{DIN} = 2.160 MPa)*

xii. Validação dos resultados

O fator de impacto *n*, que expressa a amplificação dinâmica dos esforços e dos deslocamentos, é dado por (Young, 1989, p. 713):

$$n = \frac{\delta^{DIN}}{\delta^{EST}} = \frac{\sigma^{DIN}}{\sigma^{EST}} = 1 + \sqrt{1 + 2 \cdot \frac{h \cdot \eta}{\delta^{EST}}}$$

sendo η a eficiência da conversão da energia cinética em energia de deformação, tomada igual a 1 para problemas conservativos.

Para o problema atual, sendo h = 0,122 m e $\delta^{EST} = 4{,}84 \times 10^{-3}$ m, chega-se a:

$$n = 1 + \sqrt{1 + 2 \cdot \frac{0{,}122 \cdot 1}{4{,}84 \times 10^{-3}}} = 8{,}17$$

que conduz ao resultado analítico:

$$\delta^{DIN} = 8{,}17\delta^{EST} = 8{,}17 \cdot 4{,}84 \times 10^{-3}$$
$$\delta^{DIN} = 39{,}5 \times 10^{-3} \text{ m}$$

que permite validar o deslocamento de pico apresentado na Fig. 5.66, obtido numericamente, com erro de 2,4%. Da mesma maneira, a tensão normal de pico mostrada na Fig. 5.65, multiplicada pelo fator de impacto:

$$\sigma_x^{DIN} = 8{,}17\sigma_x^{EST} = 8{,}26 \cdot 265$$
$$\sigma_x^{DIN} = 2.165 \text{ MPa}$$

possibilita validar a tensão normal de pico obtida no processamento do modelo dinâmico, exibida na Fig. 5.68, com erro de 0,2%.

Em termos de balanço energético de um problema conservativo, pode-se verificar a validade dos resultados encontrados a partir da análise da Fig. 5.73, com erro de arredondamento em torno de 2,5%.

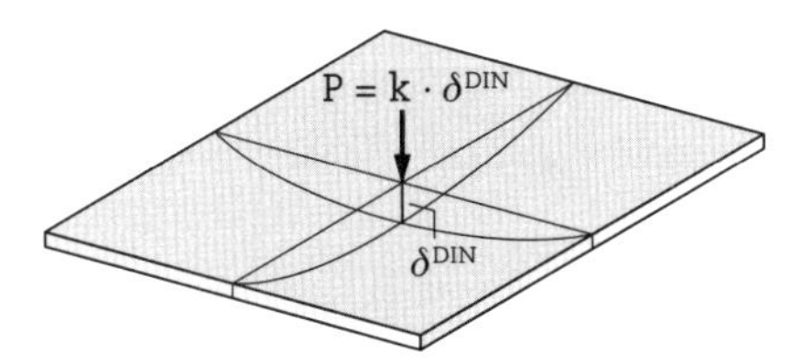

Energia de deformação

$$U = \frac{1}{2} \cdot P \cdot \delta^{DIN} = \frac{1}{2} \cdot k \cdot (\delta^{DIN})^2 = \boxed{4835\,J}\ (I)$$

Sendo k a rigidez da chapa no ponto central na direção do impacto, dada pela relação $k = P/\delta^{EST} = 30.000/4{,}84 \times 10^{-3}$ N/m e $\delta^{DIN} = 39{,}5 \times 10^{-3}$ m.

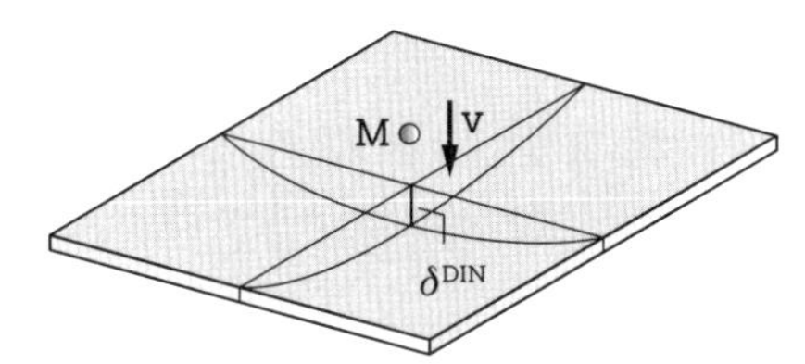

Energia cinética

$$E_c = \frac{mv^2}{2} = \frac{(P/g) \cdot v^2}{2}$$

$$E_c = \frac{(30.000/9{,}80665) \cdot 1{,}8^2}{2} = \boxed{4956\,J}\ (II)$$

Fig. 5.73 *Validação dos resultados pelo princípio da conservação de energia*

Nota técnica

A tensão normal dinâmica máxima igual a 2.160 MPa não é realista pelo fato de a carga de impacto ser considerada concentrada em um ponto e o material ser admitido como de comportamento elástico linear, limitando o entendimento da propagação da zona de plastificação. Caso seja considerado um material elastoplástico com encruamento, pode-se identificar a zona de plastificação e, por conseguinte, verificar se a chapa de 16 mm atende a condição de segurança mínima exigida pelos instrumentos normativos.

Um aumento significativo da espessura da chapa reflete num aumento proporcional do custo do aço, podendo tornar o projeto antieconômico. Ao utilizar as chapas de 16 mm, é possível eventualmente substituir as chapas danificadas em decorrência de um pouso de emergência, viabilizando economicamente o projeto estrutural.

Para a fixação dos conceitos, prossiga para o Desafio Estrutural 8.15, presente no e-book.

APÊNDICE
CRITÉRIOS DE RESISTÊNCIA

Neste apêndice são abordados os principais critérios de falha dos materiais de Engenharia. De modo geral, a falha de um material é classificada como dúctil ou frágil de acordo com o tipo de material, o estado de tensão, o histórico de carregamento e a temperatura. Os critérios apresentados, que retratam o início da ocorrência de falha do material, levam em consideração exclusivamente o estado de tensão (biaxial e triaxial), definido a partir da análise de tensões pelo método dos elementos finitos.

No caso de materiais dúcteis (metálicos em geral), são empregados os critérios de Von Mises, Tresca, Johnson-Cook e Wilkins, baseados em critérios de plasticidade, que permitem prever o início do escoamento do material analisado. As superfícies de escoamento relativas aos critérios de Von Mises e Tresca são completamente definidas por um único parâmetro, obtido a partir do ensaio de tração axial.

Por outro lado, para materiais frágeis (granulares em geral), são utilizados os critérios de Mohr-Coulomb, Drucker-Prager, Ottosen e Willam-Warnke, entre outros (Chen; Han, 1988), que caracterizam a superfície de ruptura desses materiais. As superfícies de ruptura relativas aos modelos matemáticos utilizados para materiais frágeis – ou não resistentes à tração – são obtidas por meio de dois (Mohr-Coulomb), três (Drucker-Prager), quatro (Chen, Ottosen) ou cinco parâmetros (Willam-Warnke). O número de parâmetros está diretamente relacionado às evidências experimentais. Quanto mais tipos de ensaios mecânicos forem realizados para a representação da superfície de ruptura do material frágil, mais precisa será sua descrição. Inicialmente, deve-se obter as tensões principais associadas a um ponto para a aplicação dos critérios de falha apresentados neste apêndice.

A.1 Tensões principais

As tensões principais em um ponto material podem ser encontradas mediante duas metodologias: (i) graficamente, pela utilização do círculo de Mohr, com o estado de tensão de um ponto representado por uma reta diametral, podendo-se realizar transformações tensoriais e representar o mesmo estado de tensão em múltiplos planos, sendo de maior interesse prático a base dos eixos principais, ou (ii) analiticamente, com a resolução da equação de autovalores e autovetores:

$$(\mathbf{T} - \sigma \cdot \mathbf{I}) \cdot \alpha = 0 \tag{A.1}$$

em que:
T é o tensor das tensões;
σ são os autovalores;
α são os autovetores (cossenos diretores do vetor normal dos planos principais);
I é a matriz identidade.

Explicitamente, o tensor das tensões para o estado triplo de tensões é definido por:

$$\mathbf{T} = \begin{bmatrix} \sigma_x & \tau_{xy} & \tau_{xz} \\ \tau_{yx} & \sigma_y & \tau_{yz} \\ \tau_{zx} & \tau_{zy} & \sigma_z \end{bmatrix} = \begin{bmatrix} \sigma_1 & 0 & 0 \\ 0 & \sigma_2 & 0 \\ 0 & 0 & \sigma_3 \end{bmatrix} \tag{A.2}$$

sendo σ_1, σ_2 e σ_3 as tensões principais.

Particularizando-se para o estado plano de deformações (EPD) e o estado axissimétrico de tensões (EAT), o tensor das tensões é dado por:

$$\mathbf{T} = \begin{bmatrix} \sigma_x & \tau_{xy} & 0 \\ \tau_{yx} & \sigma_y & 0 \\ 0 & 0 & \sigma_z \end{bmatrix} = \begin{bmatrix} \sigma_1 & 0 & 0 \\ 0 & \sigma_2 & 0 \\ 0 & 0 & \sigma_3 \end{bmatrix} \tag{A.3}$$

e, neste caso, a solução do problema de autovalores e autovetores recai no cálculo do determinante:

$$\begin{vmatrix} \sigma_x - \sigma & \tau_{xy} & 0 \\ \tau_{xy} & \sigma_y - \sigma & 0 \\ 0 & 0 & \sigma_z - \sigma \end{vmatrix} = 0 \tag{A.4}$$

que leva às tensões principais:

$$\sigma_{p1,p2} = \left(\frac{\sigma_x + \sigma_y}{2}\right) \pm \sqrt{\left(\frac{\sigma_x - \sigma_y}{2}\right)^2 + \tau_{xy}^2} \quad \text{e} \quad \sigma_{p3} = \sigma_z$$
$$\sigma_1 = \text{máx.}(\sigma_{pi}) \text{ e } \sigma_3 = \text{mín.}(\sigma_{pi}) \tag{A.5}$$

Por outro lado, particularizando-se para o estado plano de tensões (EPT), o tensor das tensões é escrito na forma:

$$\mathbf{T} = \begin{bmatrix} \sigma_x & \tau_{xy} \\ \tau_{xy} & \sigma_y \end{bmatrix} = \begin{bmatrix} \sigma_1 & 0 \\ 0 & \sigma_2 \end{bmatrix} \quad \textbf{(A.6)}$$

cuja solução do problema de autovalores e autovetores incide no cálculo do determinante:

$$\begin{vmatrix} \sigma_x - \sigma & \tau_{xy} \\ \tau_{xy} & \sigma_y - \sigma \end{vmatrix} = 0 \quad \textbf{(A.7)}$$

do qual se obtêm as tensões principais:

$$\sigma_{1,2} = \left(\frac{\sigma_x + \sigma_y}{2} \right) \pm \sqrt{\left(\frac{\sigma_x - \sigma_y}{2} \right)^2 + \tau_{xy}^2} \quad \textbf{(A.8)}$$

A.2 Critério de Von Mises

O critério de Von Mises leva em conta o conceito de energia de distorção máxima de um dado material, relacionada à mudança de forma de um sólido submetido a um carregamento que promova o estado multiaxial de tensões. Esse critério é definido a partir da energia de distorção num ponto de um determinado componente estrutural. A energia de distorção está associada às deformações angulares produzidas pelas tensões de cisalhamento.

Os materiais metálicos em geral apresentam uma resistência ao cisalhamento de cerca de 50% a 60% da resistência à tração, razão pela qual o critério de Von Mises é adequado para tais materiais (ligas de aço, alumínio e titânio, dentre outras).

Nas Figs. A.1 e A.2 são exibidos diagramas tensão-deformação para o aço ASTM A-36 e a liga de alumínio 2014-T6, respectivamente.

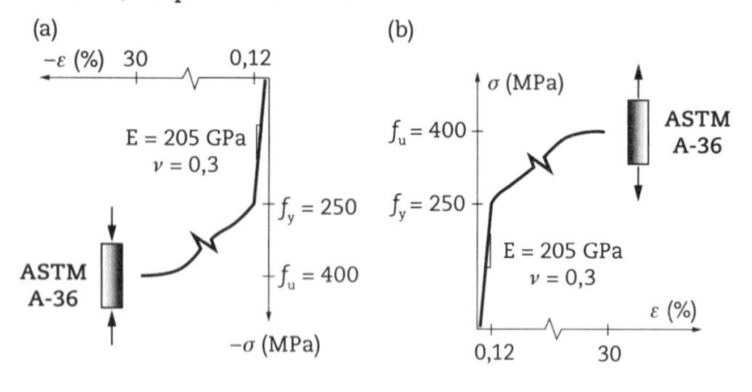

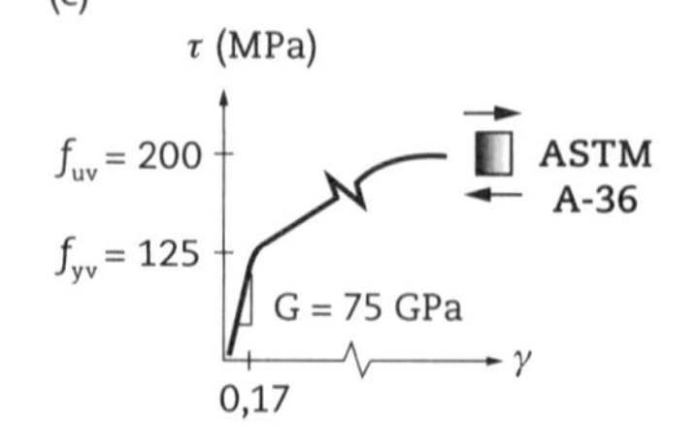

Fig. A.1 *Diagramas tensão-deformação para o aço ASTM A-36: (a) compressão axial, (b) tração axial e (c) cisalhamento*

No estado triplo de tensões, a energia de distorção por unidade de volume (Fig. A.3c), escrita em função das tensões principais, é calculada pela expressão (Beer *et al.*, 2015):

$$u_d = \frac{1}{12G} \cdot \left[(\sigma_1 - \sigma_2)^2 + (\sigma_2 - \sigma_3)^2 + (\sigma_3 - \sigma_1)^2 \right] \quad \textbf{(A.9)}$$

sendo G o módulo de elasticidade transversal e $\bar{\sigma} = (\sigma_1 + \sigma_2 + \sigma_3)/3$.

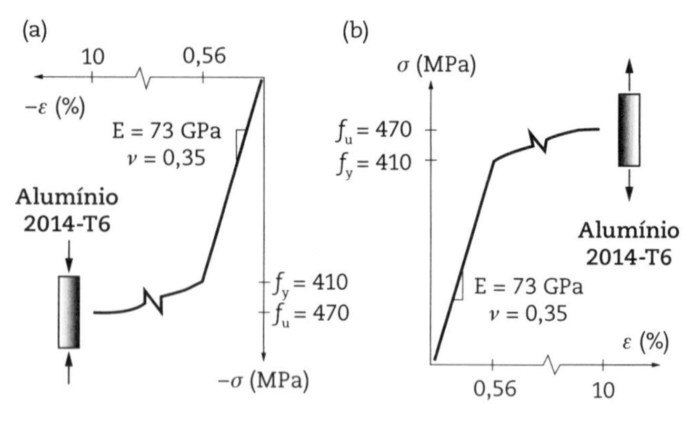

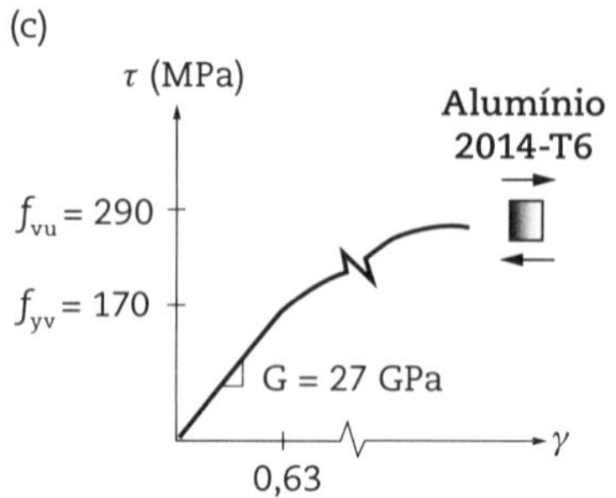

Fig. A.2 *Diagramas tensão-deformação para a liga de alumínio 2014-T6: (a) compressão axial, (b) tração axial e (c) cisalhamento*

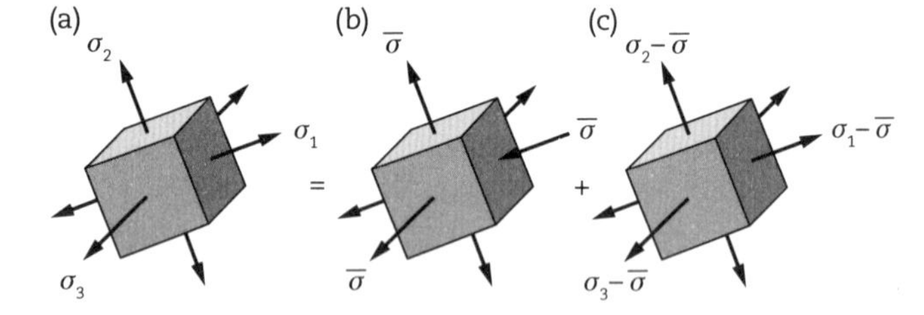

Fig. A.3 *Estado triplo de tensões: (a) estado genérico, (b) média das tensões principais e (c) tensões desviatórias responsáveis pela mudança de forma*

Particularizando-se para o estado uniaxial de tensão, a energia de distorção por unidade de volume é dada pela igualdade:

$$u_d = \frac{1}{6G} \cdot (\sigma_1)^2 = \frac{1}{6G} \cdot \left(\sigma^{VM}\right)^2 \quad \textbf{(A.10)}$$

Ao igualar as Eqs. A.9 e A.10, obtém-se a tensão equivalente de Von Mises para o EPD e o EAT:

$$\sigma^{VM} = \sqrt{\frac{(\sigma_1 - \sigma_2)^2 + (\sigma_2 - \sigma_3)^2 + (\sigma_3 - \sigma_1)^2}{2}} \quad \textbf{(A.11)}$$

A segurança ao escoamento segundo o critério de Von Mises é calculada pela expressão:

$$s = \frac{f_y}{\sigma^{VM}} = \frac{f_y}{\sqrt{\frac{(\sigma_1 - \sigma_2)^2 + (\sigma_2 - \sigma_3)^2 + (\sigma_3 - \sigma_1)^2}{2}}} \quad \textbf{(A.12)}$$

sendo f_y o limite de resistência ao escoamento do material considerado, obtido no ensaio de tração uniaxial.

Observa-se que a eminência do escoamento de um ponto sob o estado multiaxial de tensões é atingida quando a tensão de Von Mises se iguala à tensão de escoamento do material, ou seja, s = 1. Nesse caso, a superfície de plastificação do critério de Von Mises, no espaço das tensões principais, corresponde matematicamente à superfície de um cilindro cujo eixo tem orientação igual ao da tensão hidrostática, conforme ilustrado na Fig. A.4.

Particularizando-se para o EPT, em que a tensão σ_3 é nula, a energia de distorção por unidade de volume é calculada por:

$$u_d = \frac{1}{6G} \cdot \left(\sigma_1^2 - \sigma_1 \cdot \sigma_2 + \sigma_2^2 \right) \quad \textbf{(A.13)}$$

A verificação da segurança ao escoamento para o estado triaxial de tensões segundo o critério de Von Mises é exibida no Quadro A.1.

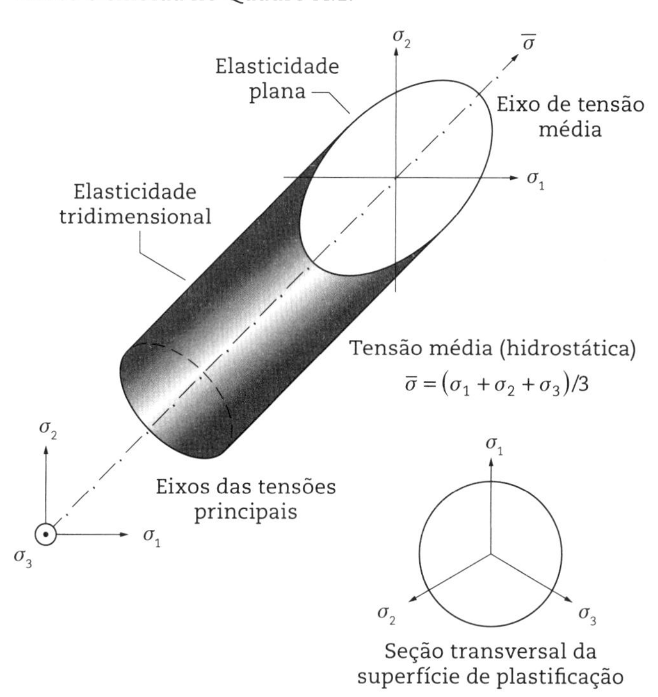

Fig. A.4 *Representação gráfica da superfície de plastificação do critério de Von Mises para o estado triplo de tensões*

Quadro A.1 Verificação da segurança ao escoamento pelo critério de Von Mises para o estado triaxial de tensões

Tipo de ensaio	Segurança ao escoamento	Superfície de plastificação
Estado triaxial de tensões $\sigma_1 \geq \sigma_2 \geq \sigma_3$	$s = \frac{f_y}{\sigma^{VM}}$ $\sigma^{VM} = \sqrt{\left[(\sigma_1 - \sigma_2)^2 + (\sigma_2 - \sigma_3)^2 + (\sigma_3 - \sigma_1)^2\right]/2}$	

Fonte: Beer *et al.* (2015).

Da mesma forma feita anteriormente, a tensão equivalente de Von Mises e o coeficiente de segurança ao escoamento para o EPT são dados pelas seguintes expressões:

$$\sigma^{VM} = \sqrt{\sigma_1^2 - \sigma_1 \cdot \sigma_2 + \sigma_2^2} \quad \textbf{(A.14)}$$

$$s = \frac{f_y}{\sigma^{VM}} = \frac{f_y}{\sqrt{\sigma_1^2 - \sigma_1 \cdot \sigma_2 + \sigma_2^2}} \quad \textbf{(A.15)}$$

Nesse caso, o critério de Von Mises é definido por uma elipse que corresponde à intersecção entre a superfície de plastificação e o plano das tensões principais σ_1 e σ_2, de acordo com a Fig. A.5.

$$s = \frac{f_y}{\sigma^{VM}} \quad \begin{cases} s > 1 \rightarrow \sigma^{VM} < f_y \\ s = 1 \rightarrow \sigma^{VM} = f_y \\ s < 1 \rightarrow \sigma^{VM} > f_y \end{cases}$$

A definição da elipse resistente que governa o critério de Von Mises é obtida a partir do limite de resistência ao escoamento na tração f_y, considerando que esse limite na compressão seja o mesmo. Sua construção é feita marcando-se os pontos $-f_y$ e $+f_y$ sobre os eixos das tensões principais σ_1 e σ_2, em seguida unindo-se os pontos no segundo e no quarto quadrantes e, por fim, traçando-se duas retas ortogonais no primeiro e no terceiro quadrantes, tração-tração e compressão-compressão, respectivamente. Estes últimos passam pelo eixo maior da elipse. A partir desses seis pontos que definem um hexágono irregular, indicados na Fig. A.5, interpola-se a elipse. A Fig. A.6 apresenta os seis ensaios mecânicos que representam esses pontos, portanto o limite de resistência ao escoamento na tração f_y é o único parâmetro para a aplicação desse critério.

De modo prático, interpreta-se a segurança ao escoamento da seguinte forma: se o estado de tensão recair no interior da elipse, não ocorre escoamento; entretanto, se recair fora da elipse, acontece escoamento do ponto material analisado.

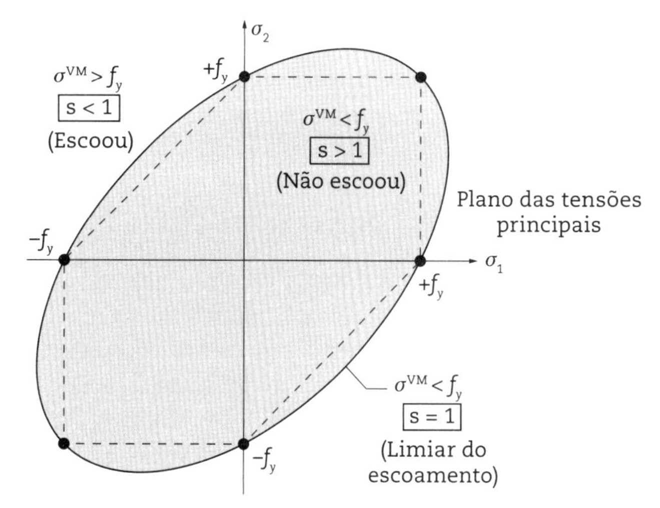

Fig. A.5 *Representação gráfica do critério de Von Mises para o estado duplo de tensões*

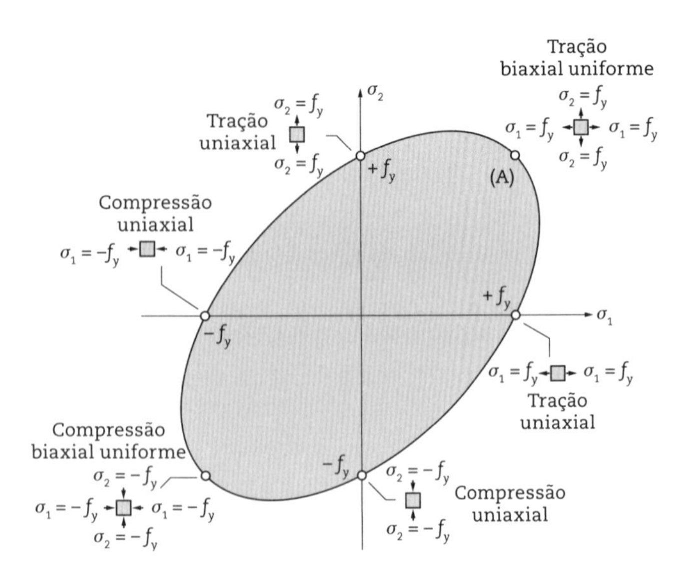

Fig. A.6 *Ensaios-padrão para a construção da superfície de plastificação de Von Mises para o estado duplo de tensões*

Para o estado de tensão genérico σ* de tração biaxial uniforme, pertencente à reta que liga a origem ao ponto A (Fig. A.6), as tensões principais valem, respectivamente:

$$\begin{vmatrix} \sigma_1 = \sigma^* \\ \sigma_2 = \sigma^* \end{vmatrix}$$

e a tensão equivalente de Von Mises vale:

$$\sigma^{VM} = \sqrt{\sigma_1^2 - \sigma_1 \cdot \sigma_2 + \sigma_2^2}$$
$$\sigma^{VM} = \sqrt{(\sigma^*)^2 - (\sigma^*)\cdot(\sigma^*) + (\sigma^*)^2}$$
$$\sigma^{VM} = \sigma^*$$

Ao impor o coeficiente de segurança ao escoamento s = 1 (ponto sobre a envoltória resistente), chega-se a:

$$s = \frac{f_y}{\sigma^{VM}} = \frac{f_y}{\sigma^*} = 1 \quad \therefore \quad \sigma^* = f_y$$

logo:

$$\begin{vmatrix} \sigma_1 = f_y \\ \sigma_2 = f_y \end{vmatrix}$$

Para o estado de tensão genérico σ* de tração-compressão uniformes, pertencente à reta que liga a origem ao ponto B (Fig. A.7), as tensões principais valem, respectivamente:

$$\begin{vmatrix} \sigma_1 = \sigma^* \\ \sigma_2 = -\sigma^* \end{vmatrix}$$

e a tensão equivalente de Von Mises vale:

$$\sigma^{VM} = \sqrt{(\sigma^*)^2 - (\sigma^*)\cdot(-\sigma^*) + (-\sigma^*)^2}$$
$$\sigma^{VM} = \sqrt{3}\cdot\sigma^*$$

Ao impor o coeficiente de segurança ao escoamento s = 1 (ponto sobre a envoltória resistente), chega-se a:

$$s = \frac{f_y}{\sigma^{VM}} = \frac{f_y}{\sqrt{3}\sigma^*} = 1 \quad \therefore \quad \sigma^* = 0{,}577 f_y$$

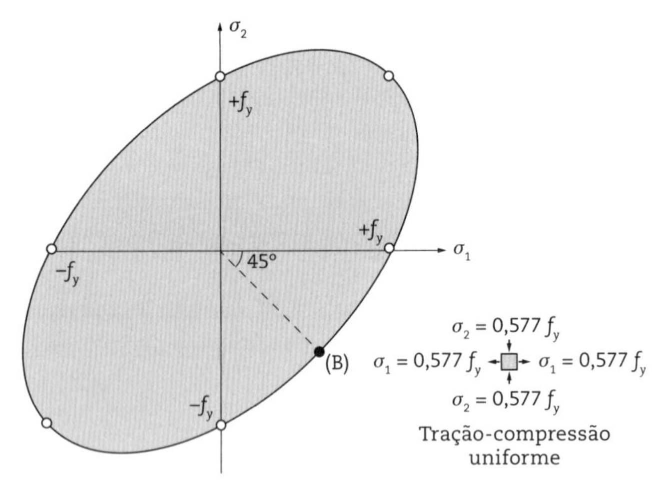

Fig. A.7 *Ensaio biaxial tração-compressão uniformes*

logo:

$$\begin{vmatrix} \sigma_1 = 0{,}577 f_y \\ \sigma_2 = -0{,}577 f_y \end{vmatrix}$$

Vale observar que o material apresenta diminuição significativa da capacidade resistente para tensões biaxiais de origens distintas (tração-compressão), com queda de cerca de 40% da capacidade resistente em relação à tração-tração ou à compressão-compressão.

A capacidade resistente ao escoamento pode ser verificada experimentalmente para qualquer estado de tensão biaxial com máquinas específicas.

Os resultados encontrados a partir do critério de Von Mises, apresentam aderência satisfatória com os resultados experimentais obtidos em máquinas de ensaios biaxiais para inúmeras combinações de tensões principais.

A verificação da segurança ao escoamento para o estado biaxial de tensões segundo o critério de Von Mises é apresentada no Quadro A.2.

A.3 Critério de Tresca

O critério de Tresca, ou critério da tensão de cisalhamento máxima, é baseado no fato de que o escoamento de materiais dúcteis decorre do deslizamento relativo entre planos oblíquos provocado por tensões de cisalhamento. Esse critério, utilizado para materiais metálicos, é representado matematicamente por um sólido de seção transversal hexagonal (Fig. A.9) inscrita na superfície cilíndrica do critério de Von Mises, como mostrado na Fig. A.10.

Da mesma forma vista anteriormente, o estado de tensão de um elemento infinitesimal, representado por um ponto no plano das tensões principais, é considerado seguro se esse ponto recair no interior da área hexagonal,

Quadro A.2 Verificação da segurança ao escoamento pelo critério de Von Mises para o estado biaxial de tensões

Tipo de ensaio	Segurança ao escoamento	Superfície de plastificação
σ_2, σ_1, σ_1, σ_2 Tração biaxial $\sigma_1 \geq \sigma_2 \geq 0$		
σ_2, σ_1, σ_1, σ_2 Compressão biaxial $0 > \sigma_1 \geq \sigma_2$	$s = \dfrac{f_y}{\sigma^{VM}}$ $\sigma^{VM} = \sqrt{\sigma_1^2 - \sigma_1 \cdot \sigma_2 + \sigma_2^2}$	σ_2, f_y, $-f_y$, σ_1, f_y, $-f_y$
σ_2, σ_1, σ_1, σ_2 Tração-compressão $\sigma_1 > 0, \sigma_2 < 0$		

Fonte: Beer *et al.* (2015).

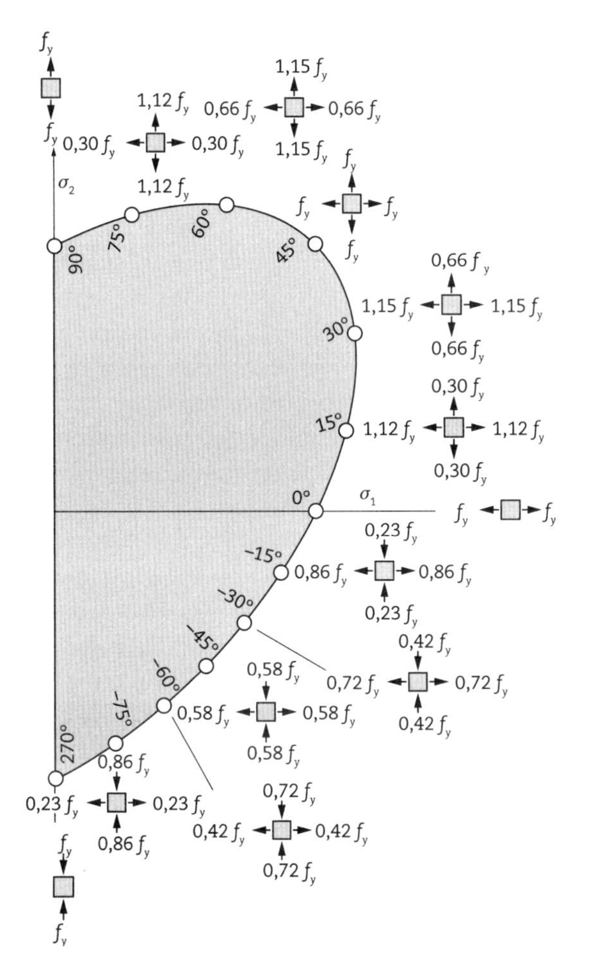

Fig. A.8 *Envoltória da superfície de plastificação do critério de Von Mises para o estado duplo de tensões*

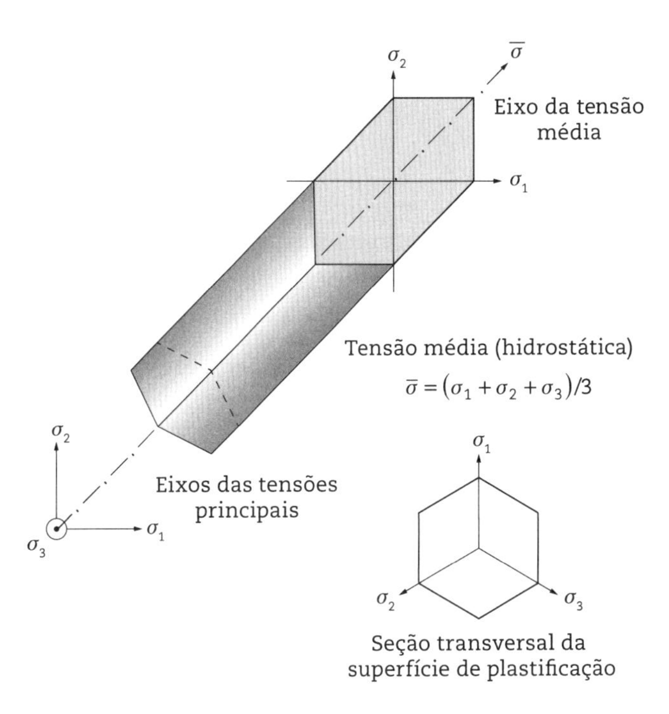

Fig. A.9 *Representação gráfica da superfície de plastificação do critério de Tresca para o estado multiaxial de tensões*

ilustrada na Fig. A.10. Por outro lado, se o ponto recair fora dessa área, o estado de tensão é considerado inseguro por escoamento do elemento infinitesimal.

A Fig. A.10 permite a comparação entre os critérios apresentados. Com base nela, observa-se que, nos vértices do hexágono de Tresca, os critérios apontam os mesmos resultados. Para qualquer outro estado de tensão, o critério de Tresca é mais conservador que o de Von Mises, e a maior diferença entre os critérios, de cerca de 13%, dá-se no estado de tração-compressão uniformes (pontos B e C das Figs. A.7 e A.10, respectivamente).

Com a adaptação do estudo realizado para o critério de Mohr-Coulomb, apresentado na seção A.4, as

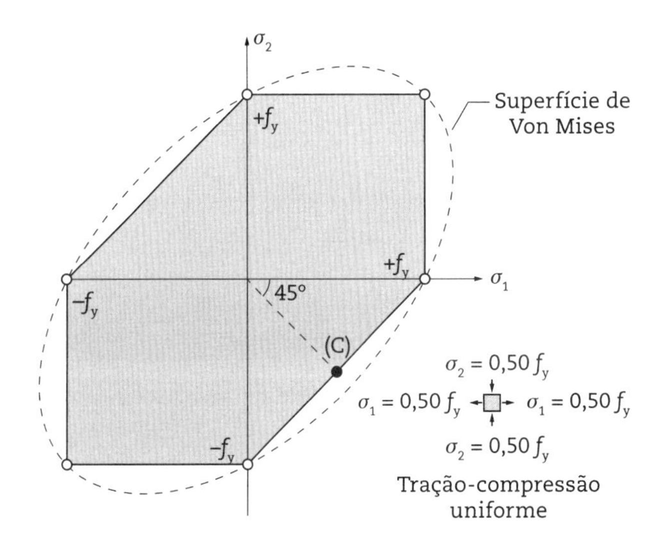

Fig. A.10 *Representação gráfica do critério de Tresca para o estado duplo de tensões*

Eqs. A.20, A.21 e A.22 são reescritas para o critério de Tresca, para o estado compressão-compressão biaxial, na forma:

$$s = \frac{f_y}{|\sigma_2|} \quad \text{(A.16)}$$

e, para o estado de tração-tração biaxial:

$$s = \frac{f_y}{\sigma_1} \quad \text{(A.17)}$$

e, finalmente, para o estado de tração-compressão biaxial:

$$s = \frac{f_y}{\sigma_1 + |\sigma_2|} \quad \text{(A.18)}$$

A título de exemplo, para o estado de tensão do ponto C, mostrado na Fig. A.10, considerando $\sigma_1 = 0{,}50f_y$ e $|\sigma_2| = 0{,}50f_y$ e introduzindo-os na Eq. A.18, chega-se a s = 1. Tal resultado indica que esse estado de tensão leva ao escoamento pelo critério de Tresca.

Comparativamente, ao calcular o coeficiente de segurança ao escoamento pelo critério de Von Mises para o mesmo ponto por meio da Eq. A.15, obtém-se o valor s = 1,15. Esse resultado confirma que o critério de Von Mises é mais econômico, pois constata-se que o ponto C ainda apresenta reserva da capacidade resistente em relação ao critério de Tresca.

A verificação da segurança ao escoamento para o estado biaxial de tensões segundo o critério de Tresca é exibida no Quadro A.3.

Quadro A.3 Verificação da segurança ao escoamento pelo critério de Tresca para o estado biaxial de tensões

Tipo de ensaio	Segurança ao escoamento	Superfície de plastificação
Tração biaxial $\sigma_1 \geq \sigma_2 \geq 0$	$s = \frac{f_y}{\sigma_1}$	σ_2, $+f_y$, σ_1, $-f_y$, $+f_y$, $-f_y$
Compressão biaxial $0 > \sigma_1 \geq \sigma_2$	$s = \frac{f_y}{\lvert\sigma_2\rvert}$	
Tração-compressão $\sigma_1 > 0, \sigma_2 < 0$	$s = \frac{f_y}{\sigma_1 + \lvert\sigma_2\rvert}$	

Fonte: Beer *et al.* (2015).

A.4 Critério de Mohr-Coulomb

O critério de Mohr-Coulomb é empregado para materiais granulares, tais como rocha, solo, concreto, argamassa e cerâmica, ou qualquer outro material em que a resistência à ruptura na tração é significativamente menor que na compressão. Para a utilização desse critério, são necessários os parâmetros de resistência à tração f_t e resistência à compressão f_c, obtidos experimentalmente por meio dos ensaios de tração axial e compressão axial (Fig. A.11).

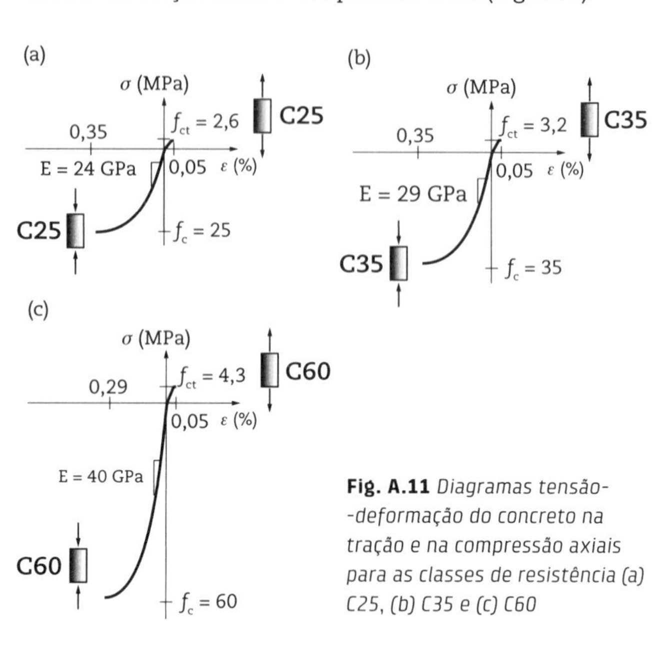

Fig. A.11 *Diagramas tensão-deformação do concreto na tração e na compressão axiais para as classes de resistência (a) C25, (b) C35 e (c) C60*

Particularmente para o concreto estrutural, devido à dificuldade de realização do ensaio de resistência à tração direta, é possível determinar a resistência à tração de forma indireta por meio dos ensaios de compressão diametral ou de tração na flexão. Na falta desses ensaios, pode-se utilizar expressões empíricas baseadas unicamente na resistência à compressão axial f_c.

O critério de Mohr-Coulomb é representado matematicamente no espaço das tensões principais por um sólido de superfície poliédrica com seção transversal hexagonal irregular, cujo eixo tem orientação igual ao das tensões principais médias (tensões hidrostáticas) para o estado triplo de tensões, conforme mostrado na Fig. A.12, e por uma forma hexagonal irregular para o estado duplo de tensões, de acordo com a Fig. A.13. Por conta da notável diferença entre as resistências à tração e à compressão, destaca-se que a superfície de ruptura no plano das tensões principais é deslocada em relação aos eixos principais.

Além disso, à medida que a tensão de confinamento aumenta, sendo o ponto material essencialmente comprimido em todas as direções para o estado triplo de tensões, observa-se experimentalmente um aumento substancial de sua capacidade resistente. Tal fenômeno não é flagrado pelo critério de Mohr-Coulomb, que, portanto, não será utilizado na avaliação da segurança para o estado triplo de tensões. Numa vista de topo do plano das tensões desviadoras (Fig. A.12), nota-se que os meridianos da superfície de ruptura de Mohr-Coulomb são curvos.

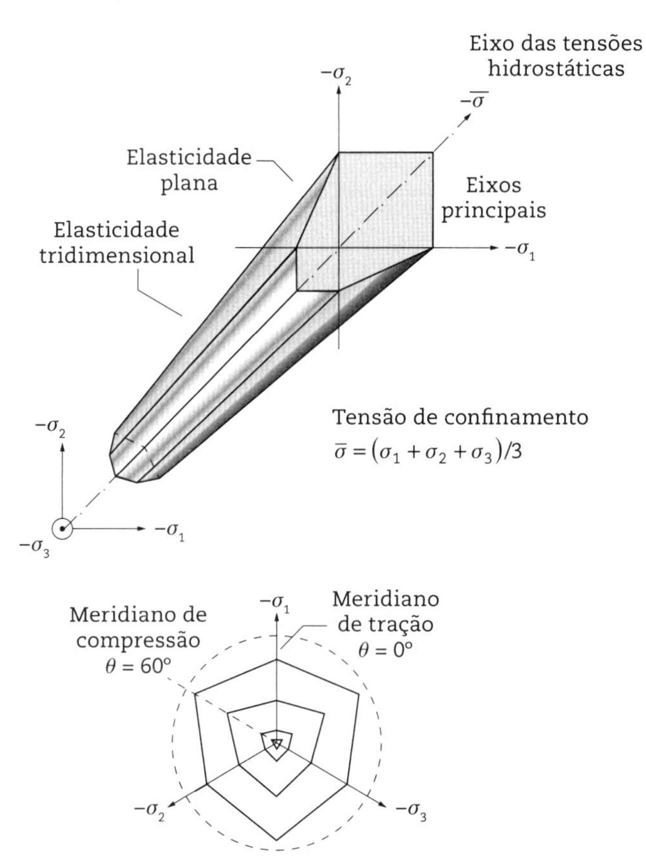

Fig. A.12 *Representação gráfica da superfície de ruptura do critério de Mohr-Coulomb para o estado duplo de tensões*

Para a interpretação da Fig. A.13 em relação à segurança à ruptura para um estado de tensão que equivale a um ponto no plano principal, valem as mesmas considerações feitas anteriormente.

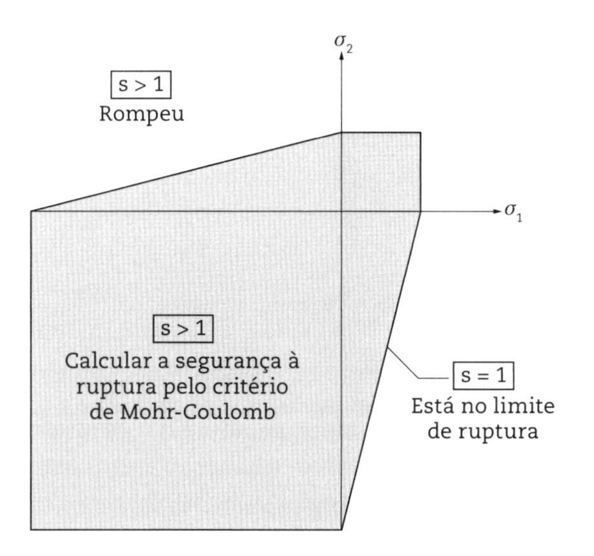

Fig. A.13 *Representação gráfica do critério de Mohr-Coulomb para o estado biaxial de tensões*

É possível abster-se da realização dos ensaios apontados na Fig. A.14, assumindo-se que a resistência à tração uniaxial f_t corresponde aproximadamente a 10% da resistência à compressão axial f_c.

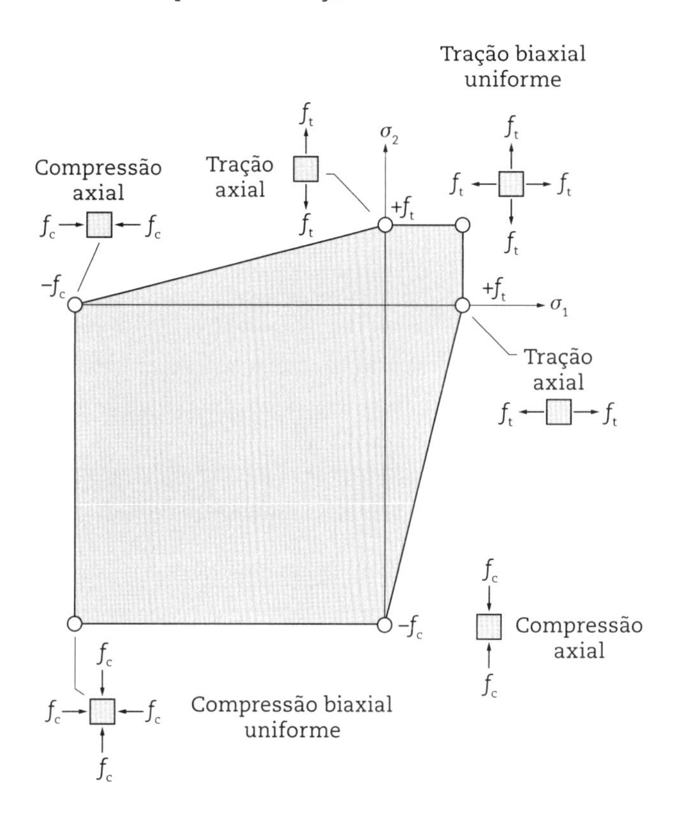

Fig. A.14 *Ensaios requeridos para a construção gráfica do critério de Mohr-Coulomb para o estado duplo de tensões*

Alternativamente, pode-se considerar o item 8.2.5 da NBR 6118 (ABNT, 2023a), em que se apresenta a fórmula para a definição da resistência à tração axial média para concretos com $f_{ck} \leq 50$ MPa:

$$f_{ct,m} = 0{,}3 \cdot f_{ck}^{2/3} \quad \textbf{(A.19)}$$

Para determinar a segurança à ruptura no estado de *compressão-compressão biaxial*, considera-se um estado genérico de tensão (σ_a, σ_b), sendo $\sigma_a > \sigma_b$. Ao aumentar proporcionalmente o nível de tensão até que se atinja a ruptura e escalar a tensão σ_2 pelo fator s, visto na Fig. A.15, chega-se à expressão:

$$s = \frac{f_c}{|\sigma_2|} \quad \textbf{(A.20)}$$

Ao proceder da mesma forma, com base na análise da Fig. A.16, para o estado de *tração-tração biaxial*, obtém-se o coeficiente de segurança:

$$s = \frac{f_t}{\sigma_1} \quad \textbf{(A.21)}$$

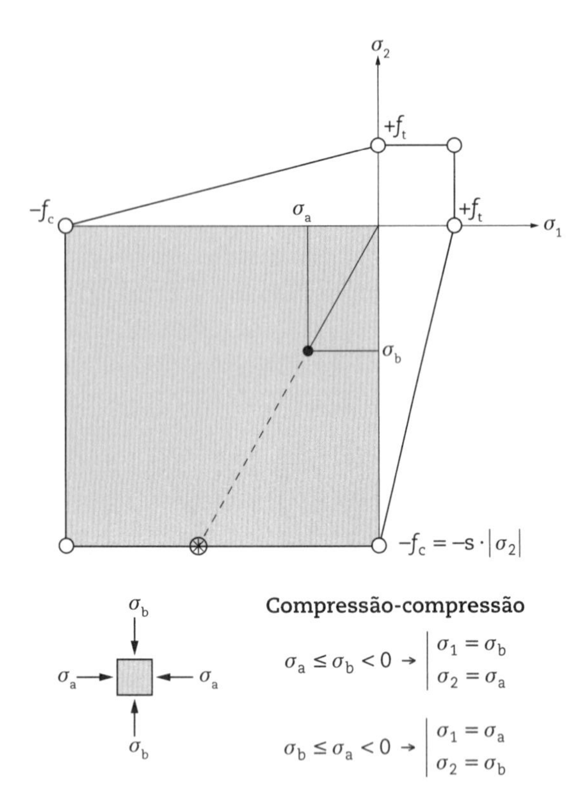

Fig. A.15 *Segurança à ruptura para o critério de Mohr-Coulomb no estado de compressão-compressão biaxial*

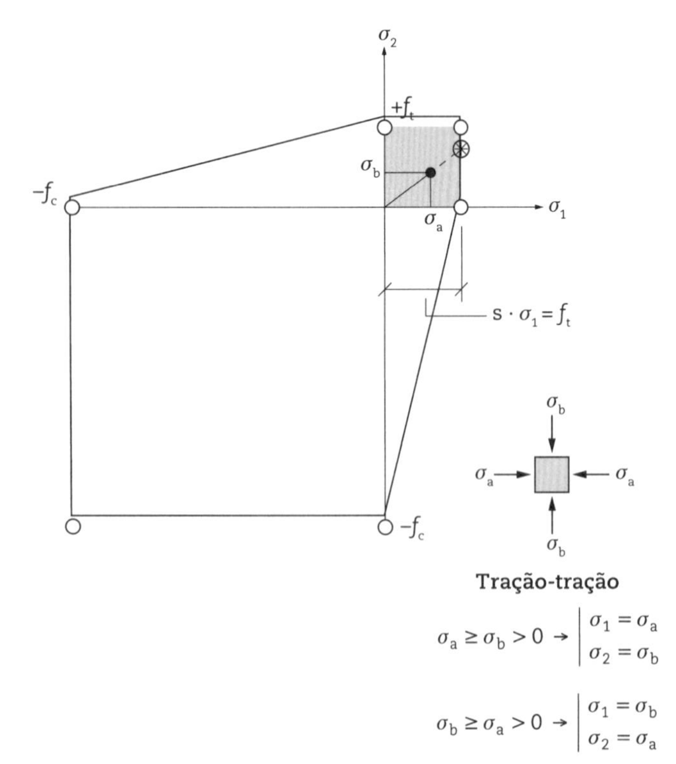

Fig. A.16 *Segurança à ruptura para o critério de Mohr-Coulomb no estado de tração-tração biaxial*

Por outro lado, para o estado de *tração-compressão biaxial*, são destacadas as duas formas triangulares mostradas na Fig. A.17, cujas dimensões dos lados são apresentadas na Fig. A.18. Assim, por semelhança de triângulos, chega-se à expressão:

$$s = \frac{f_t \cdot f_c}{\sigma_1 \cdot f_c + |\sigma_2| \cdot f_t} \tag{A.22}$$

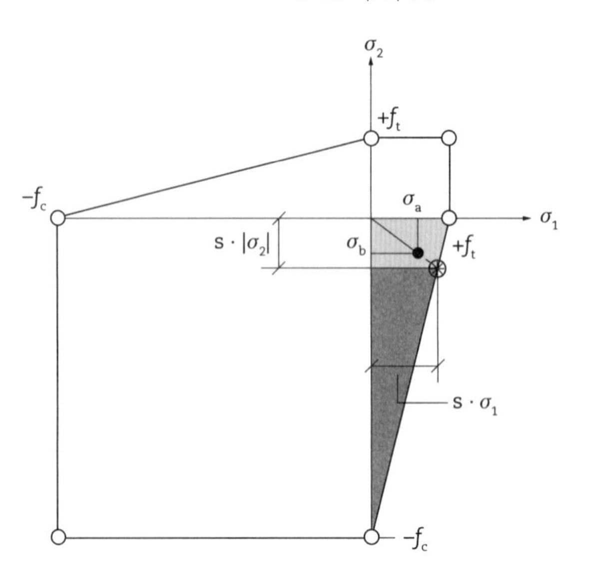

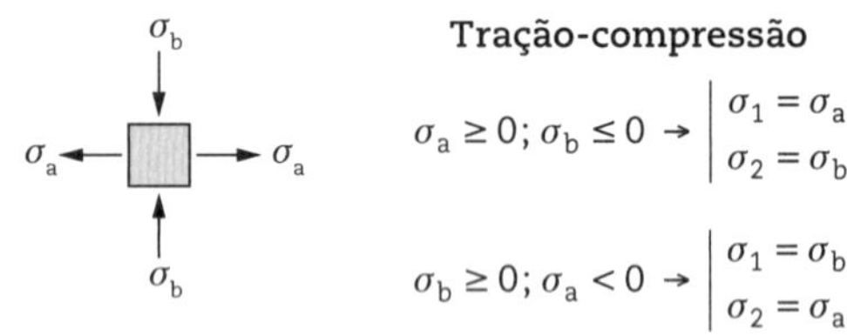

Fig. A.17 *Segurança à ruptura para o critério de Mohr-Coulomb no estado de tração-compressão biaxial*

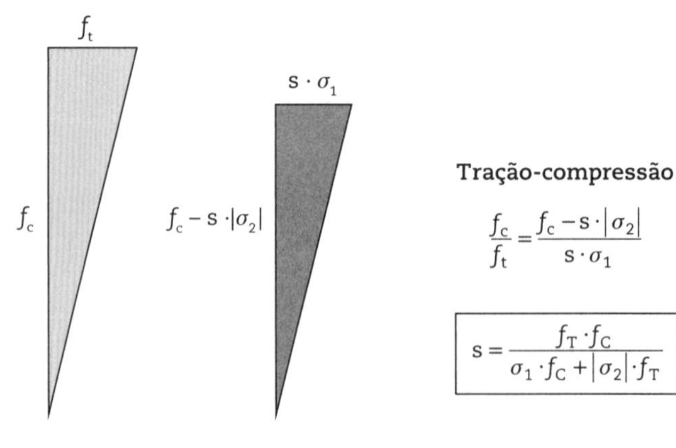

Fig. A.18 *Semelhança de triângulos*

O Quadro A.4 exibe a verificação da segurança à ruptura para o estado biaxial de tensões conforme o critério de Mohr-Coulomb.

A.5 Critério da NBR 6118

O critério da NBR 6118 (ABNT, 2023a) é utilizado para materiais cimentícios, tais como concreto e argamassa

Quadro A.4 Verificação da segurança à ruptura pelo critério de Mohr-Coulomb para o estado biaxial de tensões

Tipo de ensaio	Segurança ao escoamento	Superfície de plastificação
Tração biaxial $\sigma_1 \geq \sigma_2 \geq 0$	$s = \dfrac{f_t}{\sigma_1}$	σ_2; $+f_t$; σ_1; $-f_c$; $+f_t$; $-f_c$
Compressão biaxial $0 > \sigma_1 \geq \sigma_2$	$s = \dfrac{f_c}{\lvert\sigma_2\rvert}$	
Tração-compressão $\sigma_1 > 0, \sigma_2 < 0$	$s = \dfrac{f_t \cdot f_c}{\sigma_1 \cdot f_c + \lvert\sigma_2\rvert \cdot f_t}$	

Fonte: Chen e Han (1988).

de alta resistência. A verificação da segurança à ruptura para o estado biaxial de tensões segundo esse critério é apresentada na Fig. A.19 e no Quadro A.5.

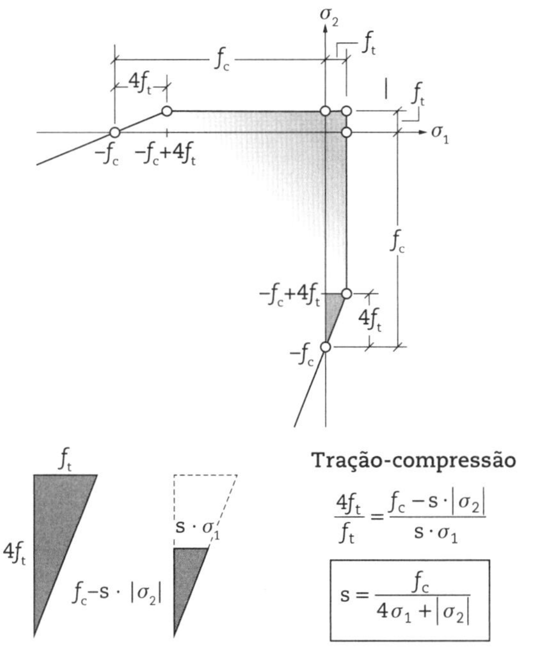

Fig. A.19 *Segurança à ruptura para o critério da NBR 6118 (ABNT, 2023a)*

A.6 Critério de Ottosen

O critério de Ottosen (1977) é empregado para materiais granulares, tais como rocha, solo, concreto, argamassa e

Quadro A.5 Verificação da segurança à ruptura pelo critério da NBR 6118 para o estado biaxial de tensões

Tipo de ensaio	Segurança ao escoamento	Superfície de plastificação
Tração biaxial $\sigma_1 \geq \sigma_2 \geq 0$	$s = \dfrac{f_t}{\sigma_1}$	σ_2; f_t; σ_1; $-f_c$; $-f_c+4f_t$; f_t; $-f_c+4f_t$; $-f_c$; Kupfer $(-1{,}15f_c; -1{,}15f_c)$
Compressão biaxial $0 > \sigma_1 \geq \sigma_2$	$s = f_c / (\lvert 4\sigma_1 - \sigma_2 \rvert)$ sendo: $4\sigma_1 > \sigma_2$	
Tração-compressão $\sigma_1 > 0, \sigma_2 < 0$	$s < \begin{vmatrix} f_t / \sigma_1 \\ f_c / (\lvert 4\sigma_1 - \sigma_2 \rvert) \end{vmatrix}$	

Fonte: adaptado de NBR 6118 (ABNT, 2023a).

cerâmica. O Quadro A.6 lista os ensaios mecânicos utilizados por esse critério para a descrição da superfície de ruptura para o estado triaxial de tensões.

Quadro A.6 Ensaios mecânicos para descrição da superfície de ruptura do critério de Ottosen (quatro parâmetros) para o estado triaxial de tensões

Tipo de ensaio	Esquema do ensaio	Meridiano e superfície de ruptura
Resistência à compressão uniaxial $\sigma_1 = \sigma_2 = 0, \sigma_3 < 0$	① f_c; f_c	
Resistência à tração uniaxial $\sigma_1 > 0, \sigma_2 = \sigma_3 = 0$	② f_t; f_t	ρ; $(-2{,}89f_c, 4f_c)$; Meridiano de compressão $\theta = 60°$; ④; ①; ③; Meridiano de tração $\theta = 0°$; $-\sigma_m$; ②
Resistência à compressão biaxial $\sigma_1 = 0, \sigma_2 = \sigma_3 < 0$	③ f_{bc}; f_{bc}; f_{bc}; f_{bc}; f_{bc}; f_{bc}	σ_2; ① $f_t = 0{,}1 f_c$; $-f_c$; f_t; σ_1; ③; Kupfer $f_{bc} = 1{,}15f_c$; $-f_c$; ②
Resistência à tração com confinamento prescrito $\sigma_1 > 0, \sigma_2 = \sigma_3 < 0$	④ f_t; σ_c; σ_c; f_t; σ_c; σ_c; σ_c; σ_c	

Fonte: Chen e Han (1988).

A.7 Critério de Chen

O critério de Chen (1975) é adotado para materiais granulares, tais como rocha, solo, concreto, argamassa e cerâmica. O Quadro A.7 exibe os ensaios mecânicos para a descrição da superfície de ruptura para o estado triaxial de tensões de acordo com tal critério.

Quadro A.7 Ensaios mecânicos para descrição da superfície de ruptura do critério de Chen (quatro parâmetros) para o estado triaxial de tensões

Tipo de ensaio	Esquema do ensaio	Meridiano e superfície de ruptura
Resistência à compressão uniaxial $\sigma_1 = \sigma_2 = 0, \sigma_3 < 0$	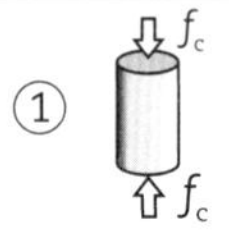 ① f_c f_c	
Resistência à tração uniaxial $\sigma_1 > 0, \sigma_2 = \sigma_3 = 0$	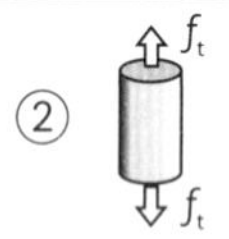 ② f_t f_t	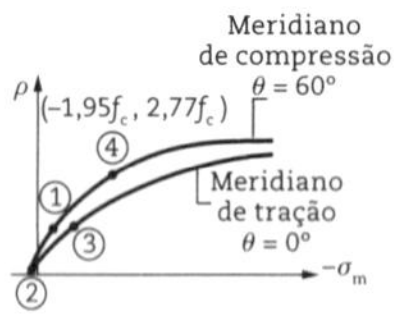 Meridiano de compressão $\theta = 60°$; ρ; $(-1{,}95f_c, 2{,}77f_c)$; ④ ① ③ ②; Meridiano de tração $\theta = 0°$; $-\sigma_m$
Resistência à compressão biaxial $\sigma_1 = 0, \sigma_2 = \sigma_3 < 0$	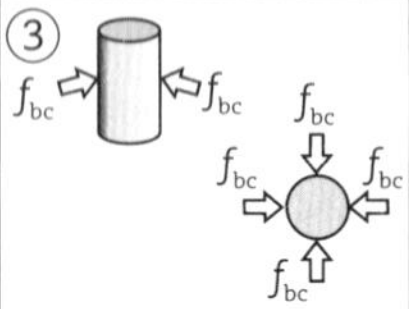 ③ f_{bc} f_{bc} f_{bc} f_{bc} f_{bc} f_{bc}	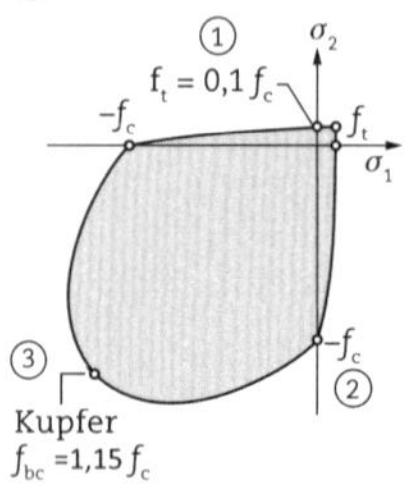 ① σ_2; $f_t = 0{,}1f_c$; $-f_c$; f_t; σ_1
Resistência à compressão axial superposta ao estado hidrostático $0 > \sigma_1 = \sigma_2 > \sigma_3$	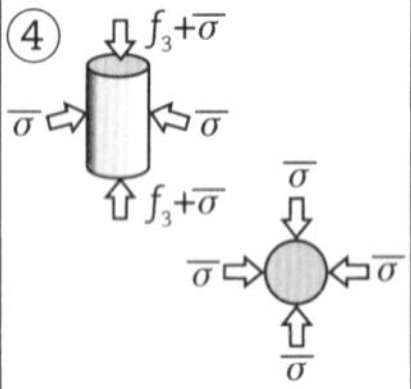 ④ $f_3+\overline{\sigma}$ $\overline{\sigma}$ $\overline{\sigma}$ $f_3+\overline{\sigma}$ $\overline{\sigma}$ $\overline{\sigma}$ $\overline{\sigma}$ $\overline{\sigma}$	③ Kupfer $f_{bc} = 1{,}15f_c$; $-f_c$ ②

Fonte: Chen e Han (1988).

A.8 Critério do CEB90

O critério de resistência apresentado no CEB-FIP Model Code 1990 (CEB, 1993) para o concreto sob estado biaxial de tensões é dado por:

- Compressão-compressão

$$f_c^{ef} = \frac{1+3{,}80a}{(1+a)^2} \cdot f_{cm}$$

sendo:

$$a = \frac{\sigma_1}{\sigma_2} \text{ e } f_{cm} = f_{ck} + 8 \text{ MPa}$$

- Segurança à ruptura

$$s = \frac{f_c^{ef}}{|\sigma_2|}$$

A verificação da segurança à ruptura para a compressão biaxial segundo o critério do CEB90 é mostrada no Quadro A.8.

Quadro A.8 Verificação da segurança à ruptura pelo critério do CEB90 para compressão biaxial

Tipo de ensaio	Esquema do ensaio	Meridiano e superfície de ruptura
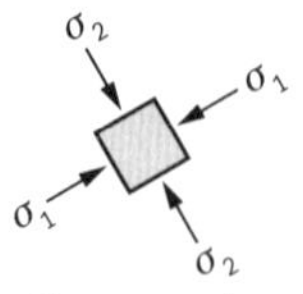 σ_2 σ_1 σ_1 σ_2 Compressão biaxial $0 > \sigma_1 \geq \sigma_2$	$s = \frac{f_c^{ef}}{\lvert\sigma_2\rvert}$ $\sigma_2 < -0{,}96f_c$ $f_c^{ef} = \frac{1+3{,}80a}{(1+a)^2} \cdot f_{cm}$ sendo: $f_{cm} = f_{ck} + 8$ MPa	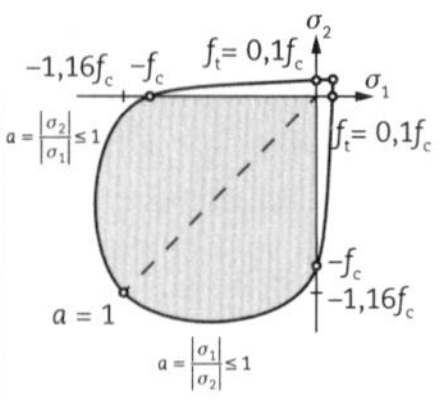 σ_2; $-1{,}16f_c$; $-f_c$; $f_t = 0{,}1f_c$; σ_1; $a = \lvert\sigma_2/\sigma_1\rvert \leq 1$; $f_t = 0{,}1f_c$; $a = 1$; $-f_c$; $-1{,}16f_c$; $a = \lvert\sigma_1/\sigma_2\rvert \leq 1$

Fonte: CEB (1993).

A.9 Critério de Willam-Warnke

O critério de Willam-Warnke, de 1975, é utilizado para materiais granulares, tais como rocha, solo, argamassa, cerâmica e, principalmente, concreto. O Quadro A.9 lista os ensaios mecânicos utilizados por esse critério para a descrição da superfície de ruptura para o estado triaxial de tensões.

As invariantes do tensor das tensões são dadas por:

$$I_1 = \sigma_1 + \sigma_2 + \sigma_3$$

$$I_2 = \sigma_1 \cdot \sigma_2 + \sigma_2 \cdot \sigma_3 + \sigma_3 \cdot \sigma_1$$

$$I_3 = \sigma_1 \cdot \sigma_2 \cdot \sigma_3$$

Já as invariantes do tensor das tensões desviadoras são as seguintes:

$$J_1 = 0$$

$$J_2 = \frac{1}{3} \cdot \left(I_1^2 - 3I_2\right)$$

$$J_3 = \frac{1}{27} \cdot \left(2I_1^3 - 9I_1 \cdot I_2 + 27I_3\right)$$

O ângulo de similaridade é igual a:

$$\cos 3\theta = \frac{3\sqrt{3}}{2} \cdot \frac{J_3}{J_2^{3/2}} \rightarrow 3\theta = \arccos\left(\frac{3\sqrt{3}}{2} \cdot \frac{J_3}{J_2^{3/2}}\right)$$

A tensão média adimensional é obtida por:

$$\sigma_m' = \frac{\sigma_m}{f_c} = \frac{(\sigma_1 + \sigma_2 + \sigma_3)}{3 \cdot f_c}$$

Por sua vez, a tensão desviadora adimensional é dada por:

$$\rho' = \frac{\rho}{f_c} = \frac{\sqrt{2J_2}}{f_c}$$

- Meridiano de tração

$$\sigma_m = a_0 + a_1 \cdot \rho_t + a_2 \cdot \rho_t^2$$

$$\sigma_m = 0{,}10251 - 0{,}83974\rho_t - 0{,}09151\rho_t^2$$

Quadro A.9 Ensaios mecânicos para descrição da superfície de ruptura do critério de Willam-Warnke (cinco parâmetros) para o estado triaxial de tensões

Tipo de ensaio	Esquema do ensaio	Meridiano e superfície de ruptura
Resistência à compressão uniaxial $\sigma_1 = \sigma_2 = 0,\ \sigma_3 < 0$	① f_c	
Resistência à tração uniaxial $\sigma_1 > 0,\ \sigma_2 = \sigma_3 = 0$	② f_t	
Resistência à compressão biaxial $\sigma_1 = 0,\ \sigma_2 = \sigma_3 < 0$	③ f_{bc}	
Resistência à compressão axial superposta ao estado hidrostático $0 > \sigma_1 = \sigma_2 > \sigma_3$	④ $f_3 + \overline{\sigma}$, $\overline{\sigma}$	
Resistência à compressão biaxial superposta ao estado hidrostático $0 > \sigma_1 > \sigma_2 = \sigma_3$	⑤ $f_2 + \overline{\sigma}$, $\overline{\sigma}$	

Fonte: Chen e Han (1988).

A representação gráfica da superfície de ruptura do concreto segundo o critério de Willam-Warnke é apresentada na Fig. A.20.

A distância do eixo hidrostático ao meridiano de tração medida no plano antiesférico é calculada por:

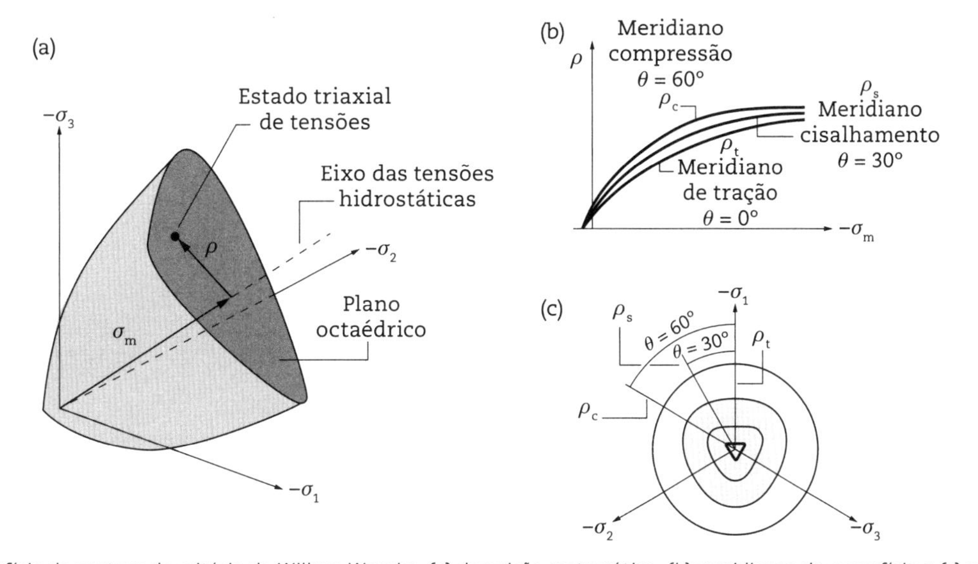

Fig. A.20 *Superfície da ruptura do critério de Willam-Warnke: (a) descrição matemática, (b) meridianos da superfície e (c) seções transversais da superfície de ruptura no plano das tensões desviadoras*
Fonte: Chen e Han (1988).

$$\frac{\rho_t}{f_c} = -\frac{1}{2\cdot(-0{,}09151)} \cdot\left[-0{,}83974+\sqrt{(-0{,}83974)^2-4\cdot(-0{,}09151)\cdot(0{,}10251-\sigma_m)}\right]$$

- Meridiano de compressão

$$\sigma_m = b_0 + b_1\cdot\rho_t + b_2\cdot\rho_t^2$$

$$\sigma_m = 0{,}10251 - 0{,}45062\rho_c - 0{,}10185\rho_c^2$$

A distância do eixo hidrostático ao meridiano de compressão medida no plano antiesférico é obtida por:

$$\rho_c = -\frac{1}{2\cdot(-0{,}10185)} \cdot\left[-0{,}45062+\sqrt{(-0{,}45062)^2-4\cdot(-0{,}10185)\cdot(0{,}10251-\sigma_m)}\right]$$

- Distância do eixo hidrostático à superfície de ruptura

$$\rho(\theta) = \left[2\rho_c\cdot(\rho_c^2-\rho_t^2)\cdot\cos\theta+\rho_c\cdot(2\rho_t-\rho_c)\cdot\sqrt{4\cdot(\rho_c^2-\rho_t^2)\cdot\cos^2\theta+5\rho_t^2-4\rho_c\cdot\rho_t}\right] / 4\cdot(\rho_c^2-\rho_t^2)\cdot\cos^2\theta+(\rho_c-2\rho_t)^2$$

$$\rho(\theta) = \frac{A+B\cdot\sqrt{C}}{D+E^2}$$

em que:

$$A = 2\rho_c\cdot(\rho_c^2-\rho_t^2)\cdot\cos\theta$$

$$B = \rho_c\cdot(2\rho_t-\rho_c)$$

$$C = 4\cdot(\rho_c^2-\rho_t^2)\cdot\cos^2\theta+5\rho_t^2-4\rho_c\cdot\rho$$

$$D = 4\cdot(\rho_c^2-\rho_t^2)\cdot\cos^2\theta$$

$$E = \rho_c - 2\rho_t$$

- Ângulo de similaridade (independente de *k*)

$$\theta = \frac{1}{3}\cdot\arccos\left(\frac{3\sqrt{3}}{2}\cdot\frac{J_3}{J_2^{3/2}}\right)$$

$$\theta = \frac{1}{3}\cdot\arccos\left(\frac{1}{2}\cdot\frac{\left(2I_1^3-9I_1\cdot I_2+27I_3\right)}{\left(I_1^2-3I_2\right)^{3/2}}\right)$$

- Critério de ruptura

$$\rho = \rho(\theta)$$

sendo:

$$\rho = k_i\cdot\frac{\sqrt{2J_2}}{f_c}$$

A interpolação da superfície de ruptura do concreto no plano antiesférico é feita a partir da descrição dos meridianos de compressão e de tração (Fig. A.21).

- Algoritmo do método da iteração (Zamboni; Monezi; Pamboukian, 2018)

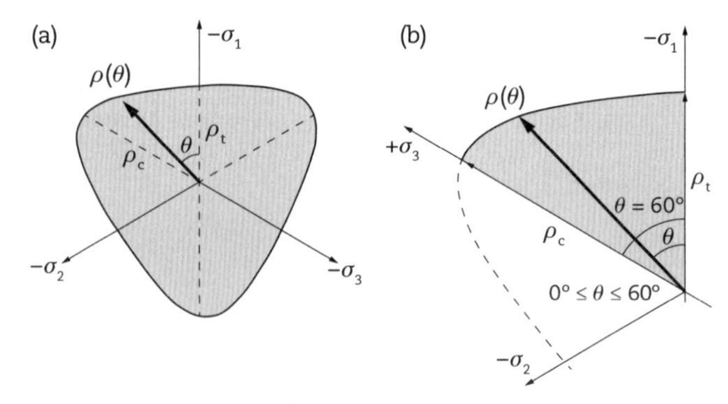

Fig. A.21 *Interpolação da função elíptica para a descrição dos meridianos da superfície de ruptura de Willam-Warnke*

$$k_{i+1}\cdot\frac{\sqrt{2J_2}}{f_c} = \frac{2\rho_c\cdot(\rho_c^2-\rho_t^2)\cdot\cos\theta+\rho_c\cdot(2\rho_t-\rho_c)\cdot\sqrt{4\cdot(\rho_c^2-\rho_t^2)\cdot\cos^2\theta+5\rho_t^2-4\rho_c\cdot\rho_t}}{4\cdot(\rho_c^2-\rho_t^2)\cdot\cos^2\theta+(\rho_c-2\rho_t)^2}$$

O meridiano de tração é calculado por meio de:

$$\rho_t = -\frac{1}{2\cdot(-0{,}09151)}\cdot\left\{-0{,}83974+\sqrt{(-0{,}83974)^2-4\cdot(-0{,}09151)\cdot\left[0{,}10251-k_i\cdot(\sigma_1+\sigma_2+\sigma_3)/3\right]}\right\}$$

Já o meridiano de compressão é obtido por:

$$\rho_c = -\frac{1}{2\cdot(-0{,}10185)}\cdot\left\{-0{,}45062+\sqrt{(-0{,}45062)^2-4\cdot(-0{,}10185)\cdot\left[0{,}10251-k_i\times(\sigma_1+\sigma_2+\sigma_3)/3\right]}\right\}$$

O ângulo de similaridade (independente de *k*) é o seguinte:

$$\theta = \frac{1}{3}\cdot\arccos\left\{\frac{1}{2}\cdot\frac{\left[2\cdot(\sigma_1+\sigma_2+\sigma_3)^3-9\cdot(\sigma_1+\sigma_2+\sigma_3)\cdot(\sigma_1\cdot\sigma_2+\sigma_2\cdot\sigma_3+\sigma_3\cdot\sigma_1)+27\cdot(\sigma_1\cdot\sigma_2\cdot\sigma_3)\right]}{\left[(\sigma_1+\sigma_2+\sigma_3)^2-3\cdot(\sigma_1\cdot\sigma_2+\sigma_2\cdot\sigma_3+\sigma_3\cdot\sigma_1)\right]^{3/2}}\right\}$$

A representação gráfica do algoritmo sugerido é apresentada nas Figs. A.22 e A.23.

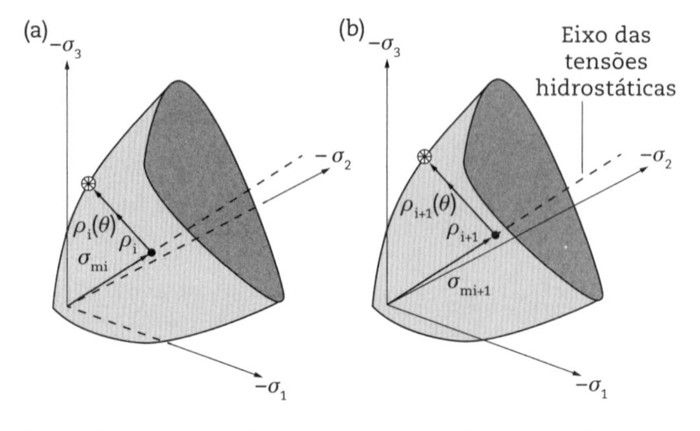

Fig. A.22 *Esquema do algoritmo para a obtenção do ponto da superfície de ruptura de Willam-Warnke*

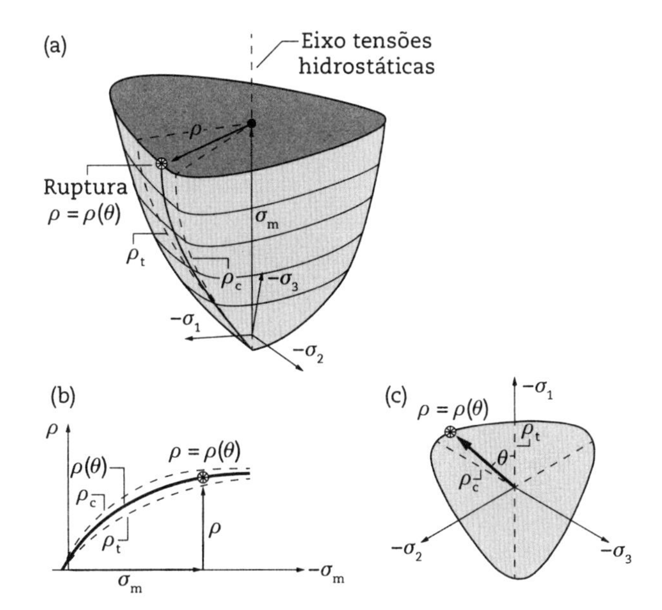

Fig. A.23 *Convergência do algoritmo de solução*

A Fig. A.24 sumariza a comparação entre os critérios de resistência anteriormente abordados no estado biaxial de tensões para o concreto estrutural.

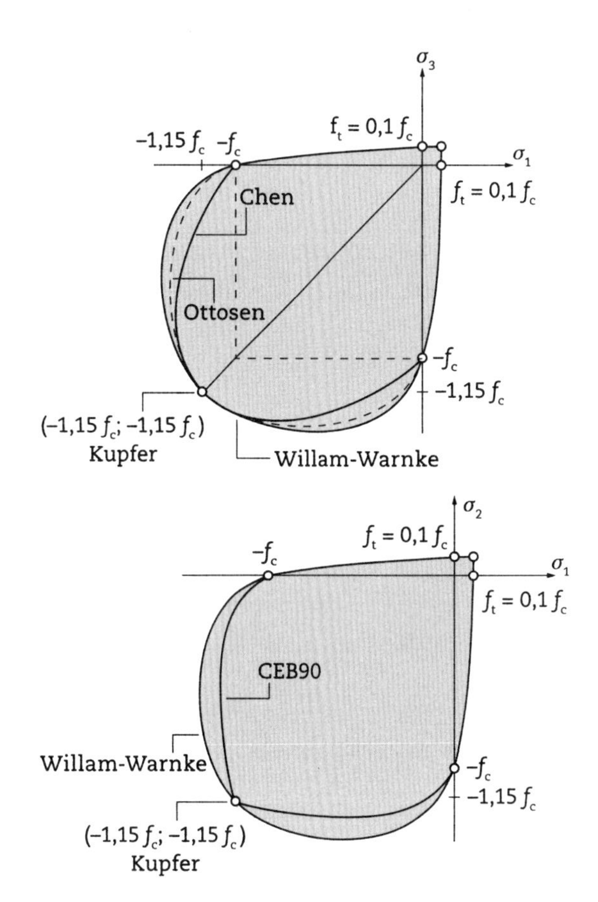

Fig. A.24 *Comparação dos critérios de ruptura de Ottosen, Chen, Willam-Warnke e CEB90 para concreto estrutural*

ANEXO

PROPRIEDADES GEOMÉTRICAS

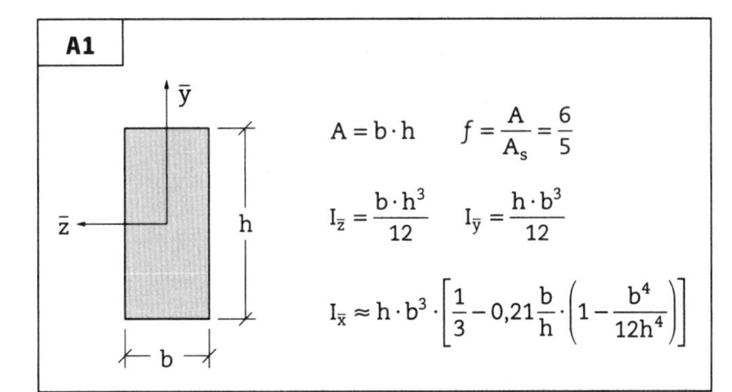

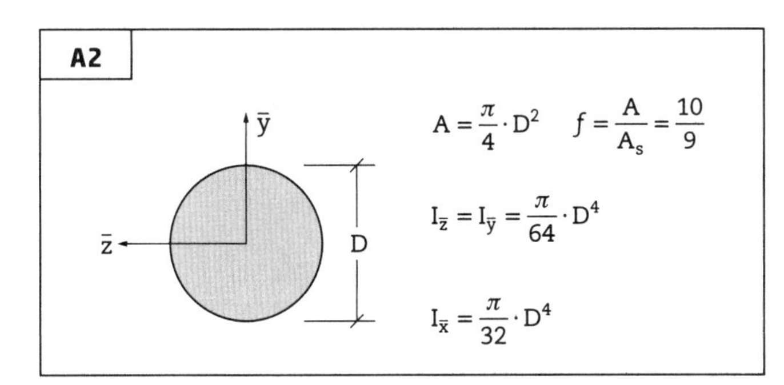

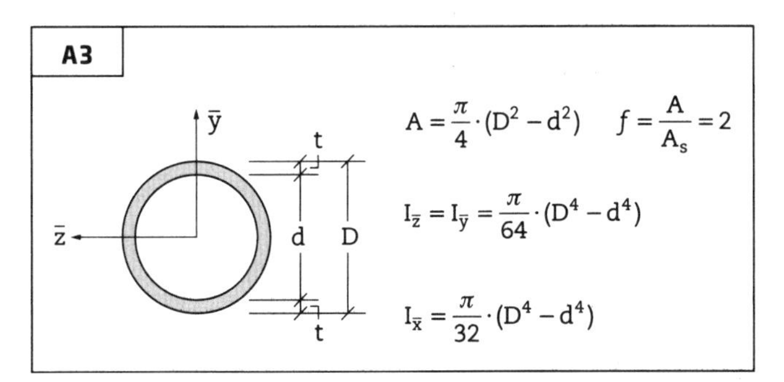

em que:
A é a área da seção transversal;
f é o fator de correção da deformação por cisalhamento por cortante;
$I_{\bar{z}}$ é o momento de inércia à flexão no eixo centroidal horizontal (local z);
$I_{\bar{y}}$ é o momento de inércia à flexão no eixo centroidal vertical (local y);
$I_{\bar{x}}$ é o momento de inércia à torção.

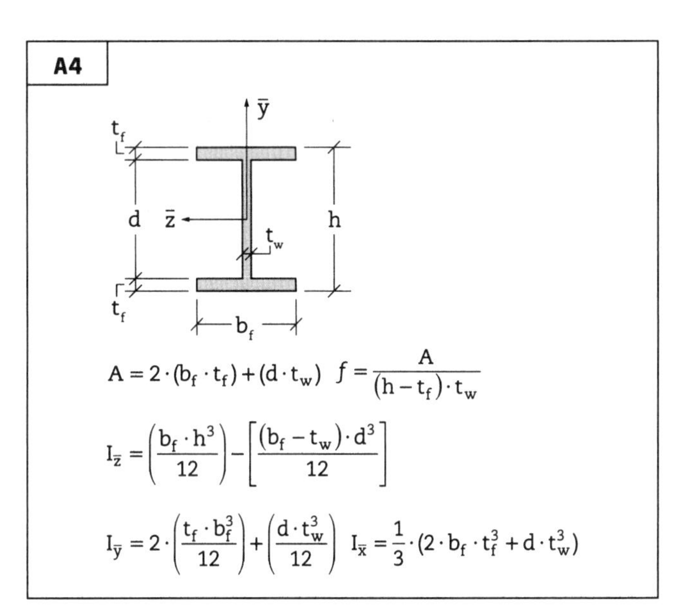

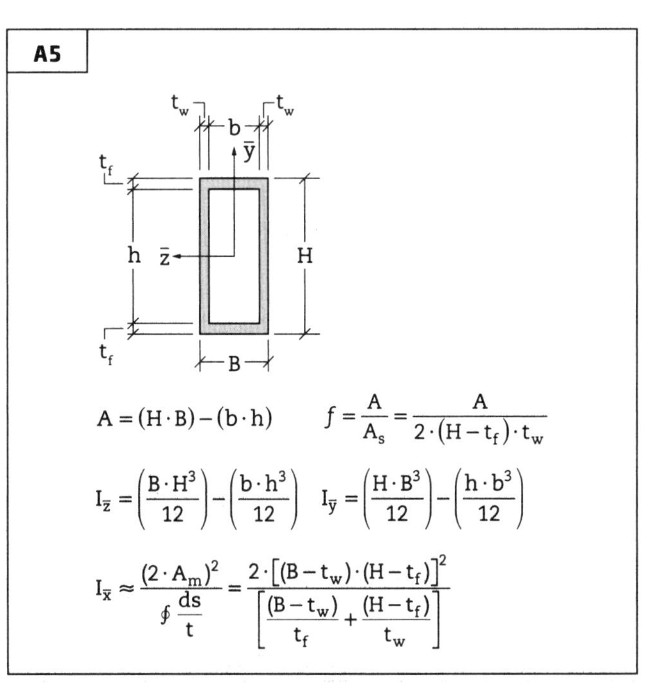

Fonte: Gross *et al.* (2011), Young (1989) e Gere e Weaver Jr. (1981).

ANEXO B

DESLOCAMENTOS E ESFORÇOS EM VIGAS SIMPLES

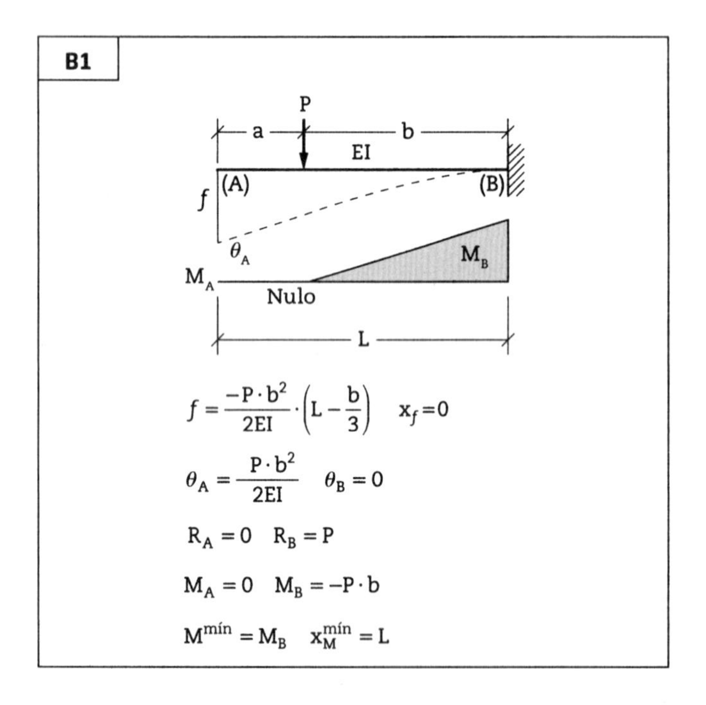

$$f = \frac{-P \cdot b^2}{2EI} \cdot \left(L - \frac{b}{3}\right) \quad x_f = 0$$

$$\theta_A = \frac{P \cdot b^2}{2EI} \quad \theta_B = 0$$

$$R_A = 0 \quad R_B = P$$

$$M_A = 0 \quad M_B = -P \cdot b$$

$$M^{mín} = M_B \quad x_M^{mín} = L$$

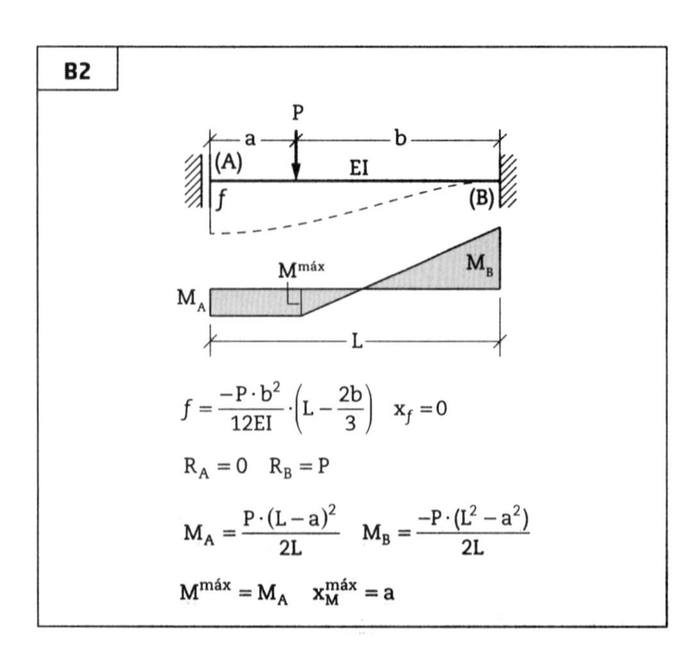

$$f = \frac{-P \cdot b^2}{12EI} \cdot \left(L - \frac{2b}{3}\right) \quad x_f = 0$$

$$R_A = 0 \quad R_B = P$$

$$M_A = \frac{P \cdot (L-a)^2}{2L} \quad M_B = \frac{-P \cdot (L^2 - a^2)}{2L}$$

$$M^{máx} = M_A \quad x_M^{máx} = a$$

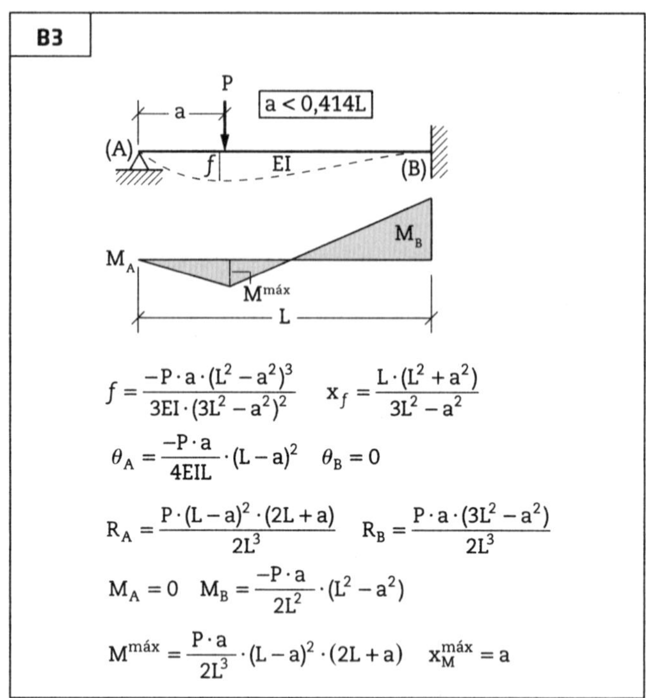

$$f = \frac{-P \cdot a \cdot (L^2 - a^2)^3}{3EI \cdot (3L^2 - a^2)^2} \quad x_f = \frac{L \cdot (L^2 + a^2)}{3L^2 - a^2}$$

$$\theta_A = \frac{-P \cdot a}{4EIL} \cdot (L-a)^2 \quad \theta_B = 0$$

$$R_A = \frac{P \cdot (L-a)^2 \cdot (2L+a)}{2L^3} \quad R_B = \frac{P \cdot a \cdot (3L^2 - a^2)}{2L^3}$$

$$M_A = 0 \quad M_B = \frac{-P \cdot a}{2L^2} \cdot (L^2 - a^2)$$

$$M^{máx} = \frac{P \cdot a}{2L^3} \cdot (L-a)^2 \cdot (2L+a) \quad x_M^{máx} = a$$

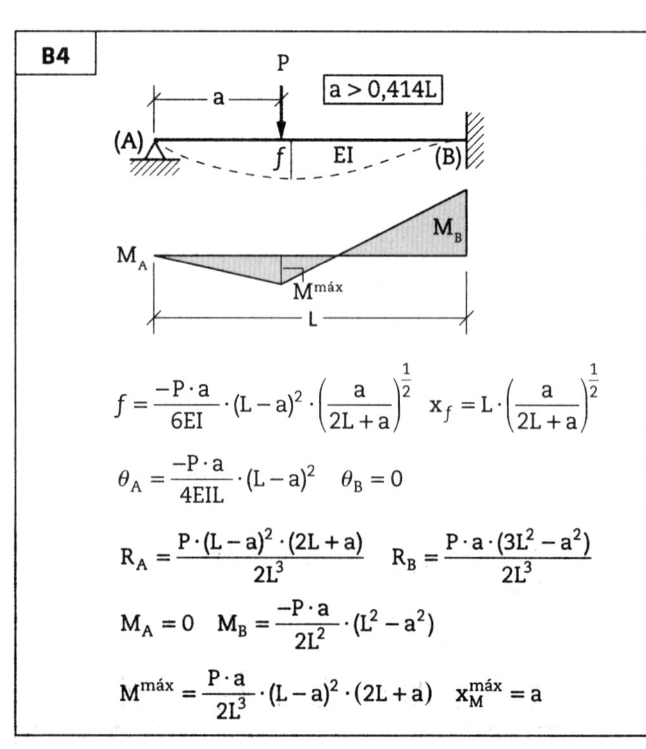

$$f = \frac{-P \cdot a}{6EI} \cdot (L-a)^2 \cdot \left(\frac{a}{2L+a}\right)^{\frac{1}{2}} \quad x_f = L \cdot \left(\frac{a}{2L+a}\right)^{\frac{1}{2}}$$

$$\theta_A = \frac{-P \cdot a}{4EIL} \cdot (L-a)^2 \quad \theta_B = 0$$

$$R_A = \frac{P \cdot (L-a)^2 \cdot (2L+a)}{2L^3} \quad R_B = \frac{P \cdot a \cdot (3L^2 - a^2)}{2L^3}$$

$$M_A = 0 \quad M_B = \frac{-P \cdot a}{2L^2} \cdot (L^2 - a^2)$$

$$M^{máx} = \frac{P \cdot a}{2L^3} \cdot (L-a)^2 \cdot (2L+a) \quad x_M^{máx} = a$$

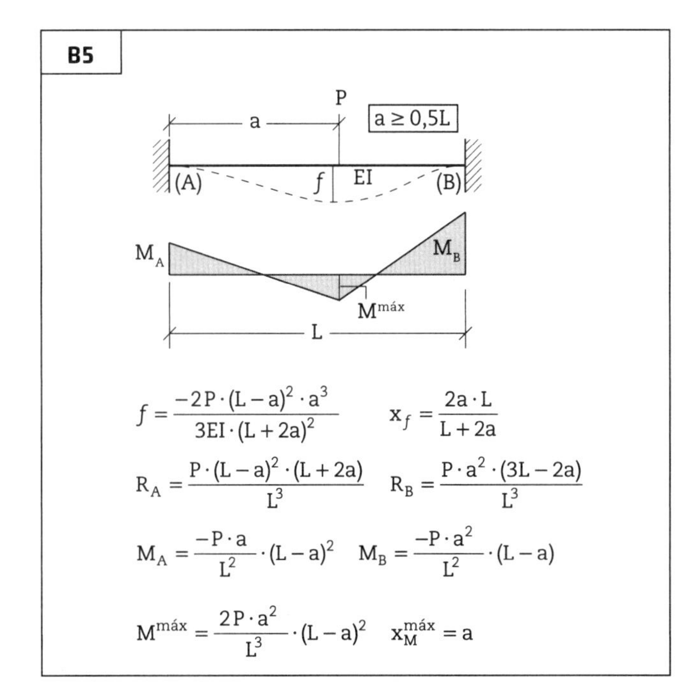

$$f = \frac{-2P \cdot (L-a)^2 \cdot a^3}{3EI \cdot (L+2a)^2} \qquad x_f = \frac{2a \cdot L}{L+2a}$$

$$R_A = \frac{P \cdot (L-a)^2 \cdot (L+2a)}{L^3} \qquad R_B = \frac{P \cdot a^2 \cdot (3L-2a)}{L^3}$$

$$M_A = \frac{-P \cdot a}{L^2} \cdot (L-a)^2 \qquad M_B = \frac{-P \cdot a^2}{L^2} \cdot (L-a)$$

$$M^{máx} = \frac{2P \cdot a^2}{L^3} \cdot (L-a)^2 \qquad x_M^{máx} = a$$

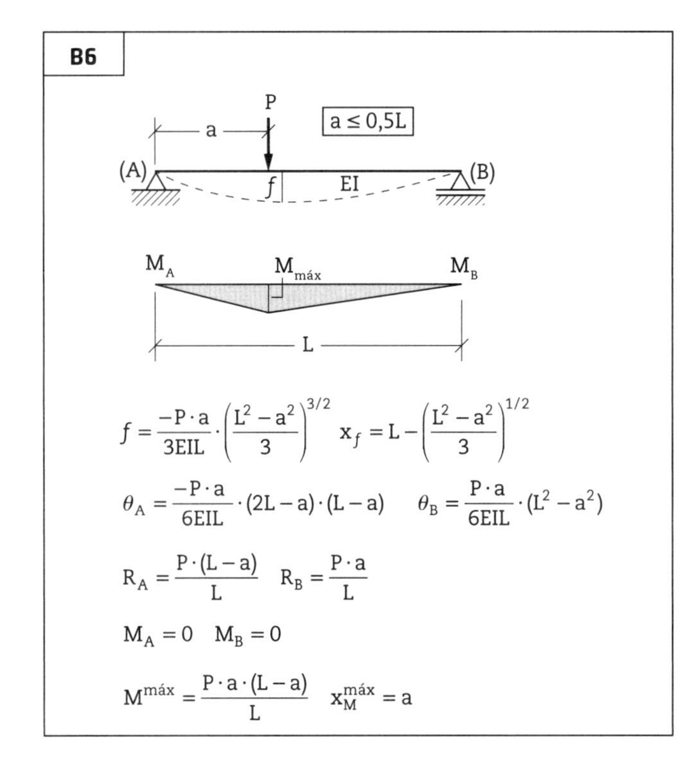

$$f = \frac{-P \cdot a}{3EIL} \cdot \left(\frac{L^2 - a^2}{3}\right)^{3/2} \qquad x_f = L - \left(\frac{L^2 - a^2}{3}\right)^{1/2}$$

$$\theta_A = \frac{-P \cdot a}{6EIL} \cdot (2L-a) \cdot (L-a) \qquad \theta_B = \frac{P \cdot a}{6EIL} \cdot (L^2 - a^2)$$

$$R_A = \frac{P \cdot (L-a)}{L} \qquad R_B = \frac{P \cdot a}{L}$$

$$M_A = 0 \qquad M_B = 0$$

$$M^{máx} = \frac{P \cdot a \cdot (L-a)}{L} \qquad x_M^{máx} = a$$

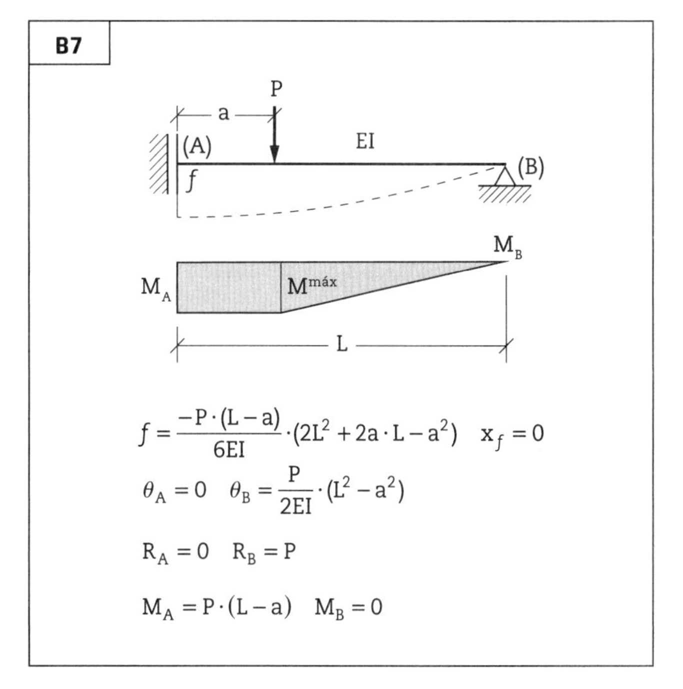

$$f = \frac{-P \cdot (L-a)}{6EI} \cdot (2L^2 + 2a \cdot L - a^2) \qquad x_f = 0$$

$$\theta_A = 0 \qquad \theta_B = \frac{P}{2EI} \cdot (L^2 - a^2)$$

$$R_A = 0 \qquad R_B = P$$

$$M_A = P \cdot (L-a) \qquad M_B = 0$$

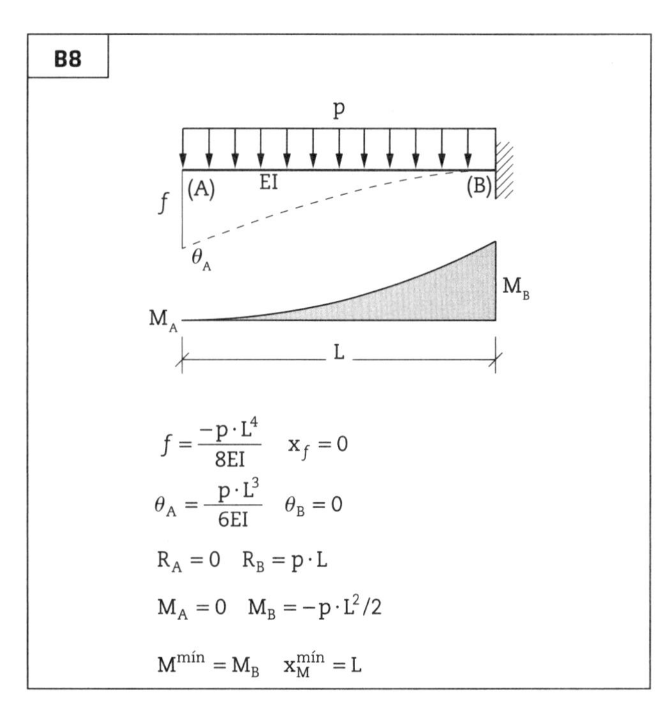

$$f = \frac{-p \cdot L^4}{8EI} \qquad x_f = 0$$

$$\theta_A = \frac{p \cdot L^3}{6EI} \qquad \theta_B = 0$$

$$R_A = 0 \qquad R_B = p \cdot L$$

$$M_A = 0 \qquad M_B = -p \cdot L^2/2$$

$$M^{mín} = M_B \qquad x_M^{mín} = L$$

B9

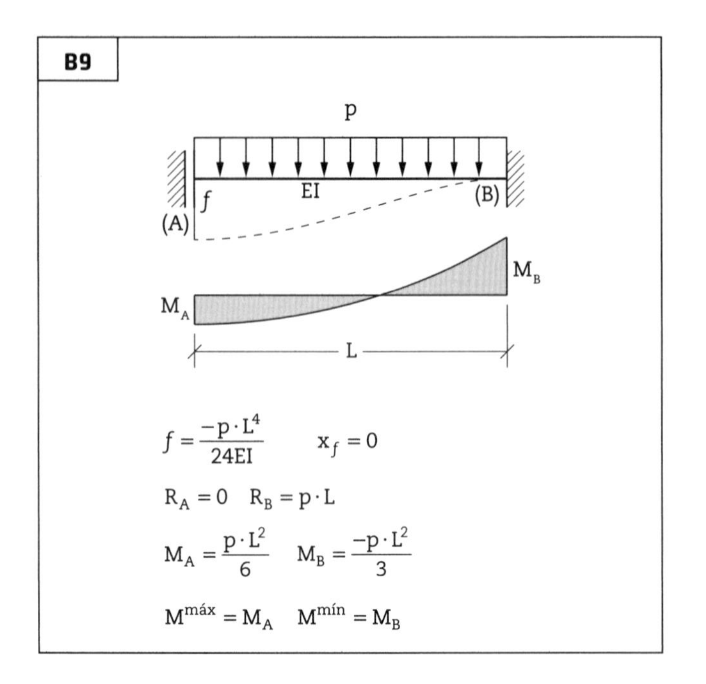

$$f = \frac{-p \cdot L^4}{24EI} \qquad x_f = 0$$

$$R_A = 0 \quad R_B = p \cdot L$$

$$M_A = \frac{p \cdot L^2}{6} \quad M_B = \frac{-p \cdot L^2}{3}$$

$$M^{máx} = M_A \quad M^{mín} = M_B$$

B10

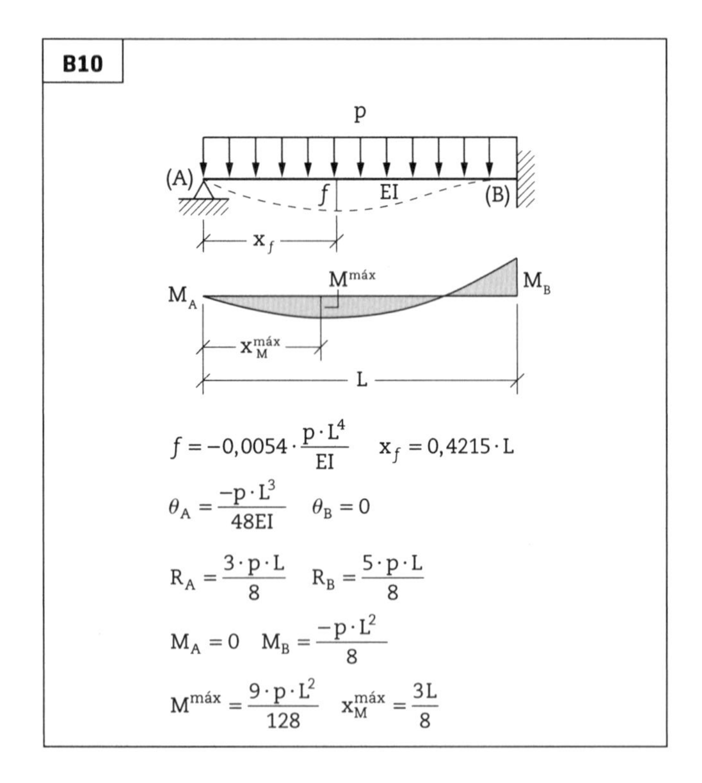

$$f = -0{,}0054 \cdot \frac{p \cdot L^4}{EI} \qquad x_f = 0{,}4215 \cdot L$$

$$\theta_A = \frac{-p \cdot L^3}{48EI} \quad \theta_B = 0$$

$$R_A = \frac{3 \cdot p \cdot L}{8} \quad R_B = \frac{5 \cdot p \cdot L}{8}$$

$$M_A = 0 \quad M_B = \frac{-p \cdot L^2}{8}$$

$$M^{máx} = \frac{9 \cdot p \cdot L^2}{128} \quad x_M^{máx} = \frac{3L}{8}$$

B11

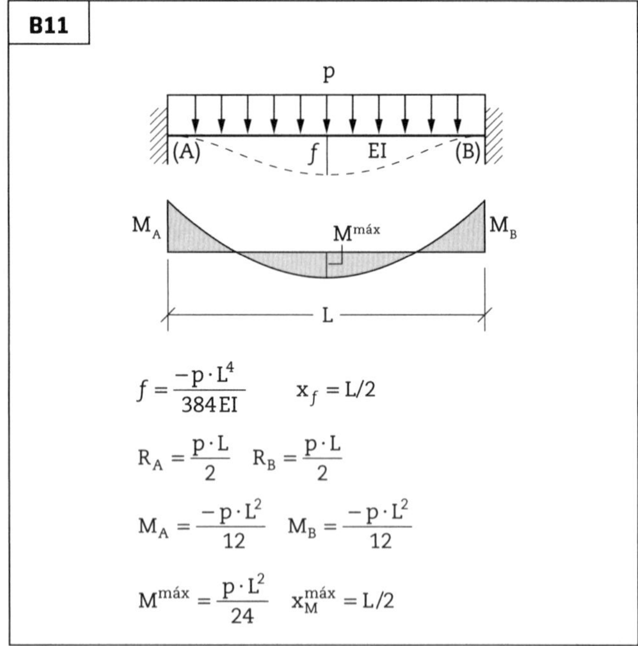

$$f = \frac{-p \cdot L^4}{384EI} \qquad x_f = L/2$$

$$R_A = \frac{p \cdot L}{2} \quad R_B = \frac{p \cdot L}{2}$$

$$M_A = \frac{-p \cdot L^2}{12} \quad M_B = \frac{-p \cdot L^2}{12}$$

$$M^{máx} = \frac{p \cdot L^2}{24} \quad x_M^{máx} = L/2$$

B12

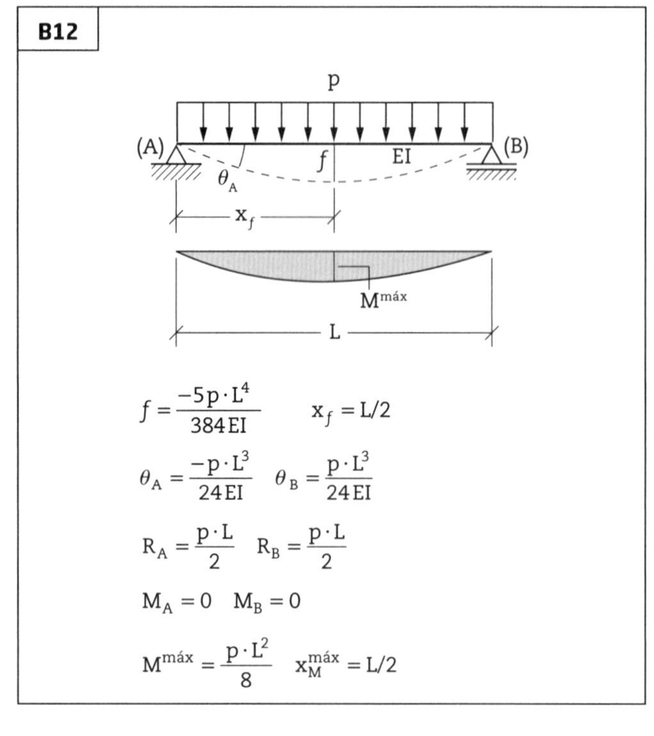

$$f = \frac{-5p \cdot L^4}{384EI} \qquad x_f = L/2$$

$$\theta_A = \frac{-p \cdot L^3}{24EI} \quad \theta_B = \frac{p \cdot L^3}{24EI}$$

$$R_A = \frac{p \cdot L}{2} \quad R_B = \frac{p \cdot L}{2}$$

$$M_A = 0 \quad M_B = 0$$

$$M^{máx} = \frac{p \cdot L^2}{8} \quad x_M^{máx} = L/2$$

B13

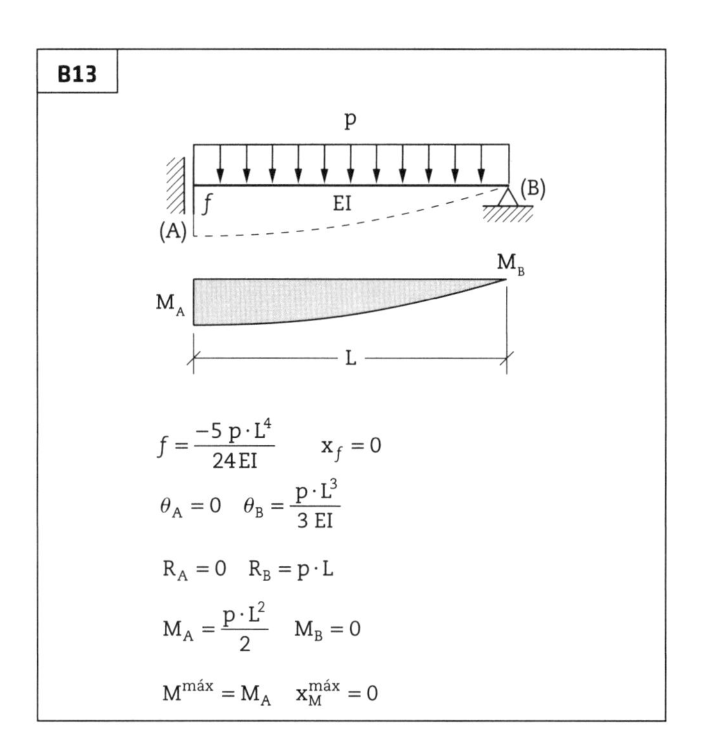

$$f = \frac{-5\,p \cdot L^4}{24\,EI} \qquad x_f = 0$$

$$\theta_A = 0 \quad \theta_B = \frac{p \cdot L^3}{3\,EI}$$

$$R_A = 0 \quad R_B = p \cdot L$$

$$M_A = \frac{p \cdot L^2}{2} \quad M_B = 0$$

$$M^{máx} = M_A \quad x_M^{máx} = 0$$

B14

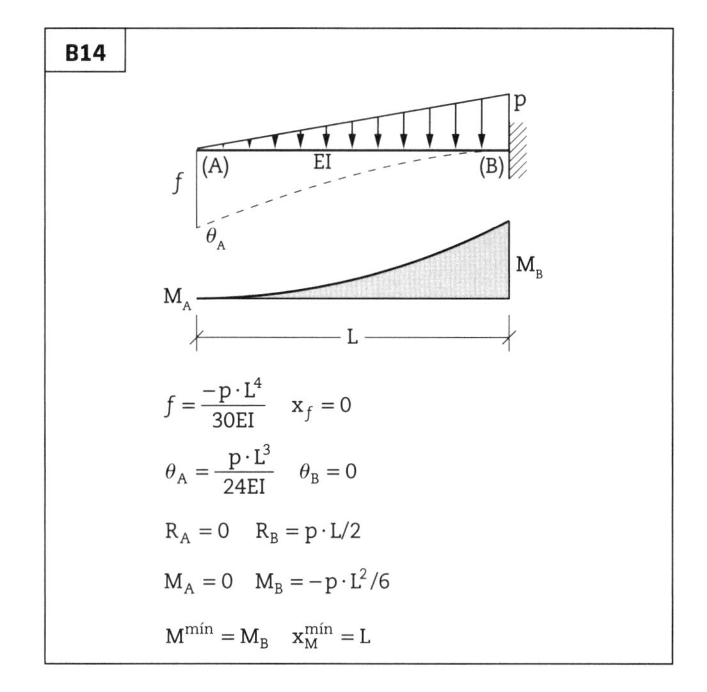

$$f = \frac{-p \cdot L^4}{30EI} \qquad x_f = 0$$

$$\theta_A = \frac{p \cdot L^3}{24EI} \qquad \theta_B = 0$$

$$R_A = 0 \quad R_B = p \cdot L/2$$

$$M_A = 0 \quad M_B = -p \cdot L^2/6$$

$$M^{mín} = M_B \quad x_M^{mín} = L$$

B15

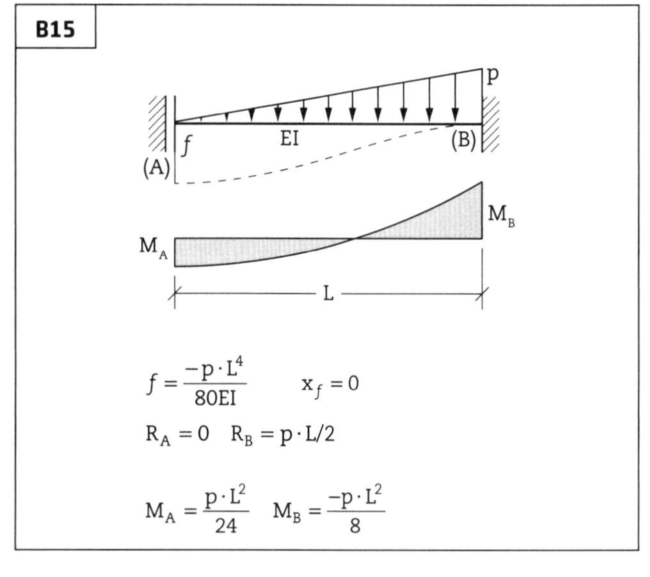

$$f = \frac{-p \cdot L^4}{80EI} \qquad x_f = 0$$

$$R_A = 0 \quad R_B = p \cdot L/2$$

$$M_A = \frac{p \cdot L^2}{24} \quad M_B = \frac{-p \cdot L^2}{8}$$

B16

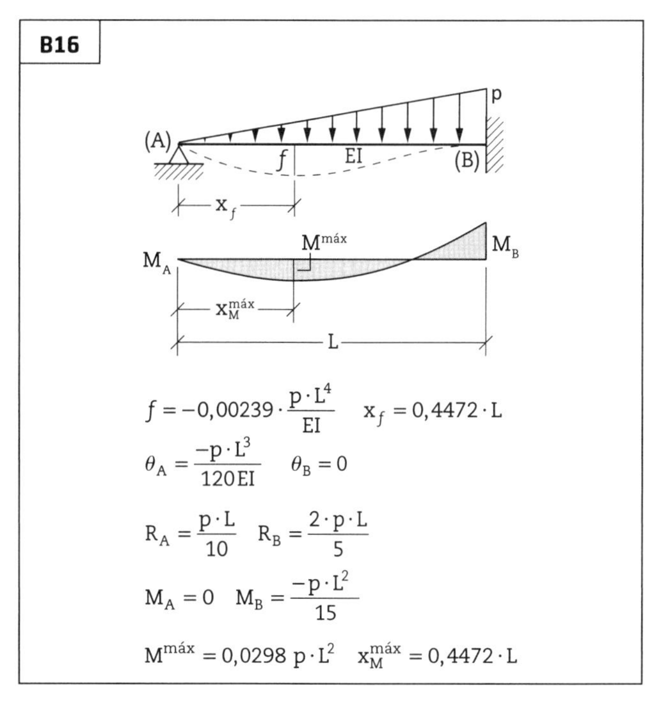

$$f = -0{,}00239 \cdot \frac{p \cdot L^4}{EI} \qquad x_f = 0{,}4472 \cdot L$$

$$\theta_A = \frac{-p \cdot L^3}{120EI} \qquad \theta_B = 0$$

$$R_A = \frac{p \cdot L}{10} \quad R_B = \frac{2 \cdot p \cdot L}{5}$$

$$M_A = 0 \quad M_B = \frac{-p \cdot L^2}{15}$$

$$M^{máx} = 0{,}0298\,p \cdot L^2 \quad x_M^{máx} = 0{,}4472 \cdot L$$

B17

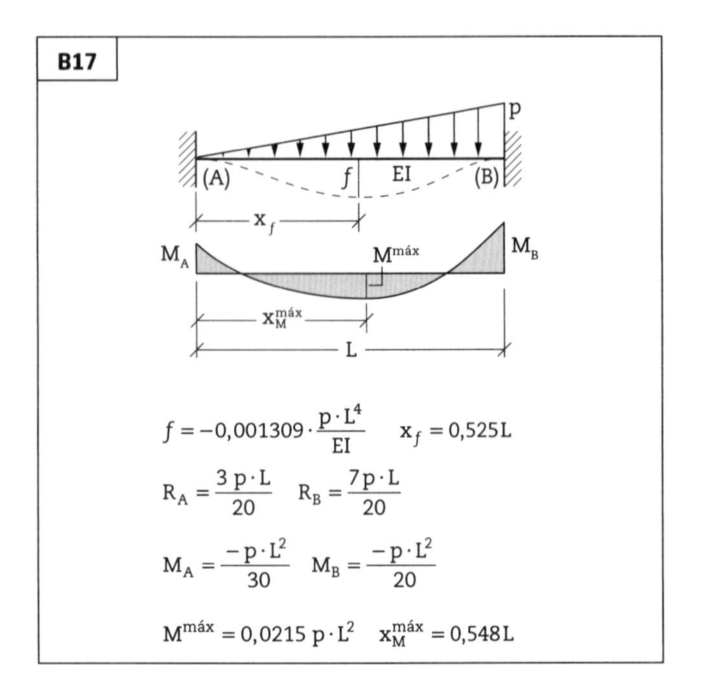

$f = -0{,}001309 \cdot \frac{p \cdot L^4}{EI}$ $\quad x_f = 0{,}525L$

$R_A = \frac{3\,p \cdot L}{20}$ $\quad R_B = \frac{7p \cdot L}{20}$

$M_A = \frac{-p \cdot L^2}{30}$ $\quad M_B = \frac{-p \cdot L^2}{20}$

$M^{máx} = 0{,}0215\,p \cdot L^2$ $\quad x_M^{máx} = 0{,}548L$

B18

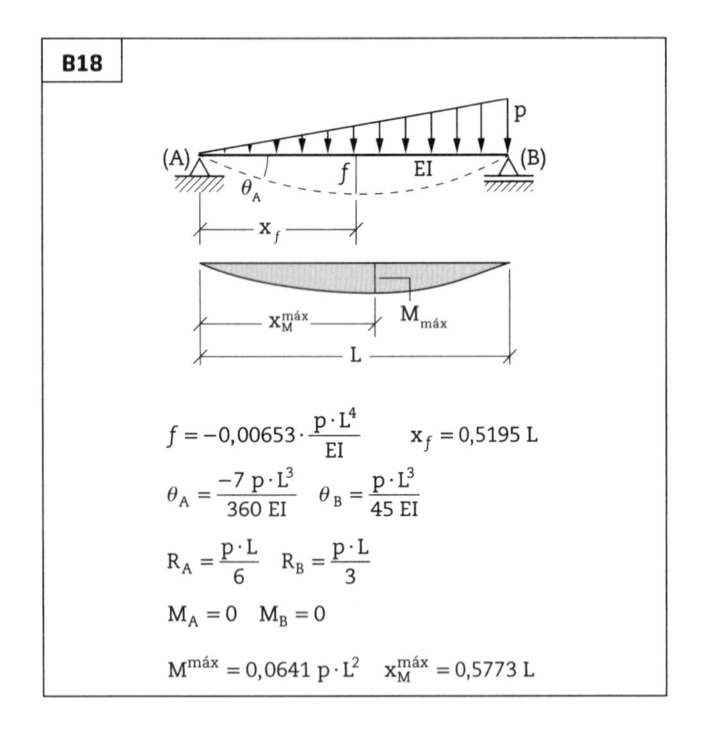

$f = -0{,}00653 \cdot \frac{p \cdot L^4}{EI}$ $\quad x_f = 0{,}5195\,L$

$\theta_A = \frac{-7\,p \cdot L^3}{360\,EI}$ $\quad \theta_B = \frac{p \cdot L^3}{45\,EI}$

$R_A = \frac{p \cdot L}{6}$ $\quad R_B = \frac{p \cdot L}{3}$

$M_A = 0$ $\quad M_B = 0$

$M^{máx} = 0{,}0641\,p \cdot L^2$ $\quad x_M^{máx} = 0{,}5773\,L$

B19

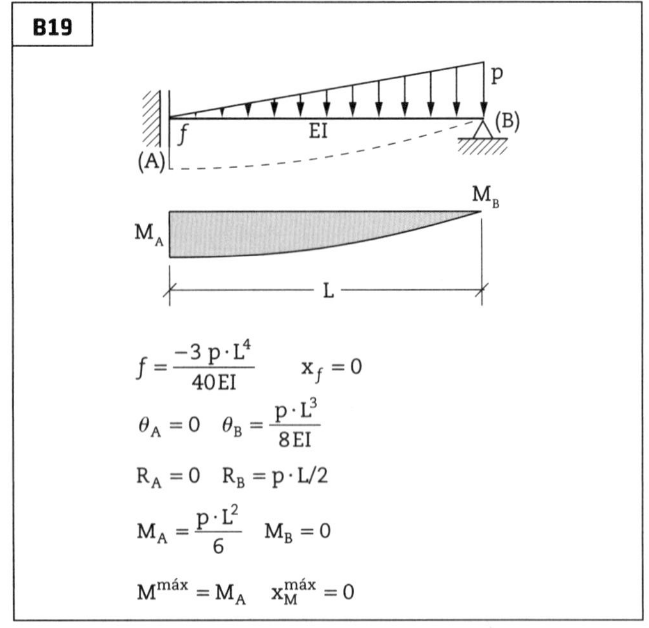

$f = \frac{-3\,p \cdot L^4}{40EI}$ $\quad x_f = 0$

$\theta_A = 0$ $\quad \theta_B = \frac{p \cdot L^3}{8EI}$

$R_A = 0$ $\quad R_B = p \cdot L/2$

$M_A = \frac{p \cdot L^2}{6}$ $\quad M_B = 0$

$M^{máx} = M_A$ $\quad x_M^{máx} = 0$

B20

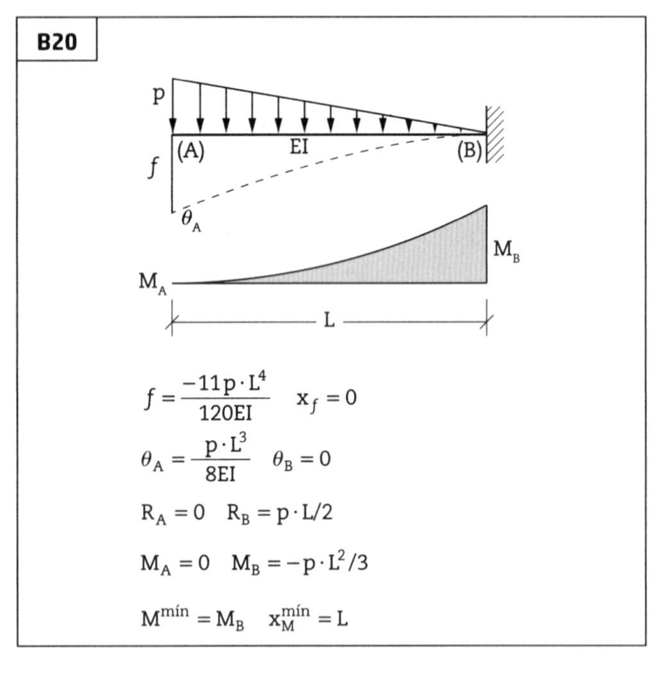

$f = \frac{-11p \cdot L^4}{120EI}$ $\quad x_f = 0$

$\theta_A = \frac{p \cdot L^3}{8EI}$ $\quad \theta_B = 0$

$R_A = 0$ $\quad R_B = p \cdot L/2$

$M_A = 0$ $\quad M_B = -p \cdot L^2/3$

$M^{mín} = M_B$ $\quad x_M^{mín} = L$

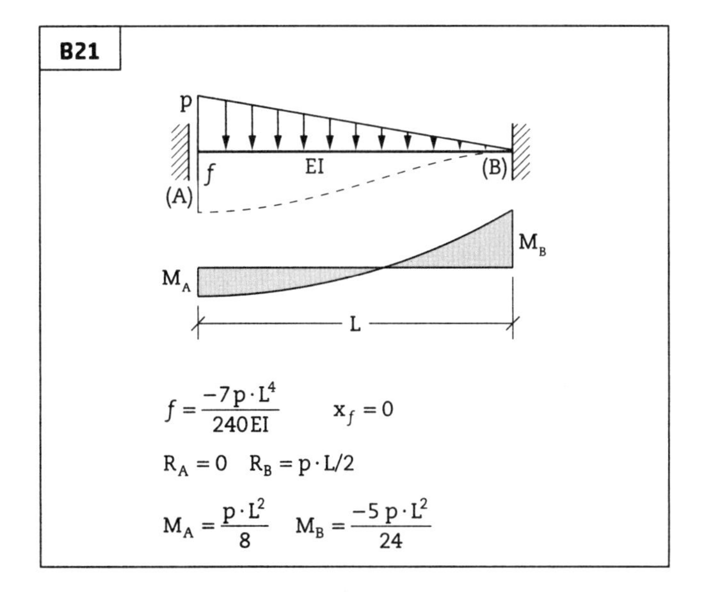

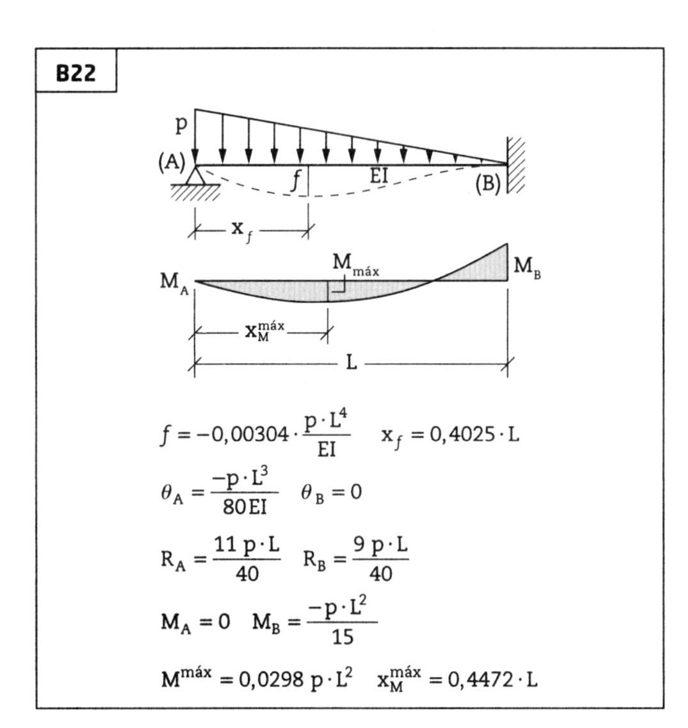

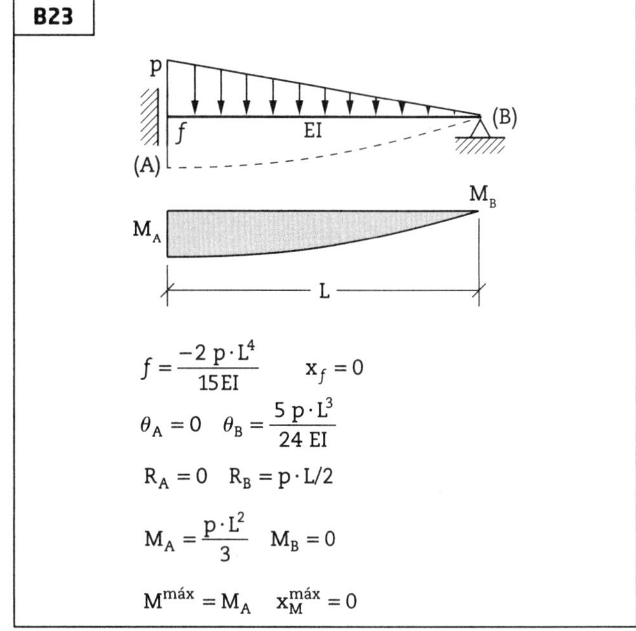

Fonte: Beer *et al.* (2015) Young (1989).

em que:

f é a flecha;

θ é a rotação;

R é a força reativa;

P é a carga concentrada;

p é a carga distribuída uniforme ou linear;

M é o momento fletor;

L é o vão da viga isolada;

x_f é a posição da flecha;

$x_M^{máx}$ é a posição do momento fletor máximo;

$x_M^{mín}$ é a posição do momento fletor mínimo.

ANEXO C

FREQUÊNCIAS NATURAIS E MODOS DE VIBRAÇÃO

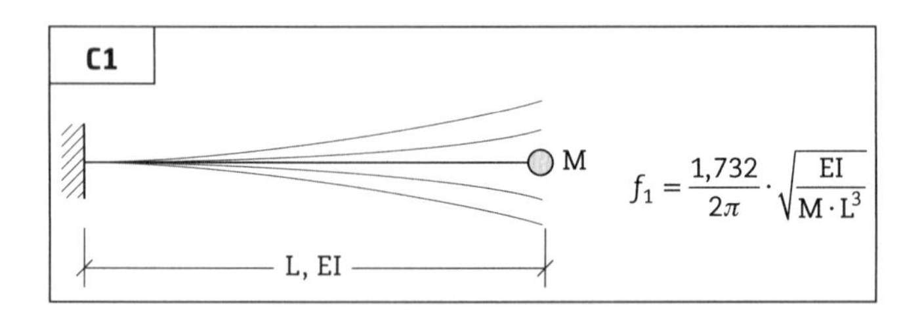

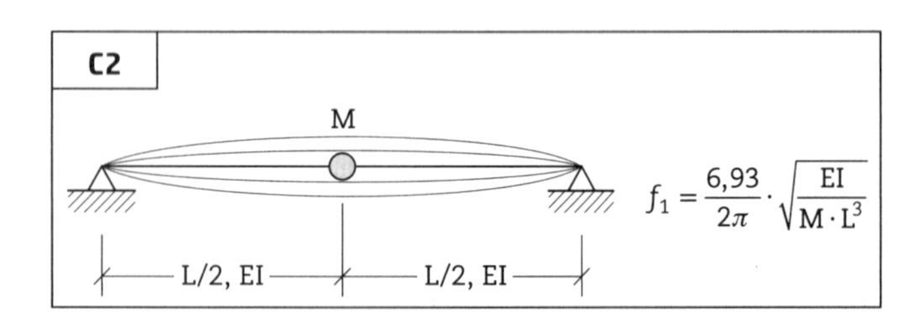

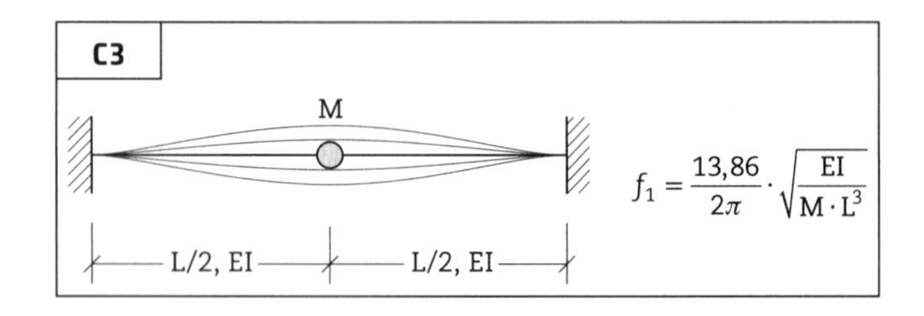

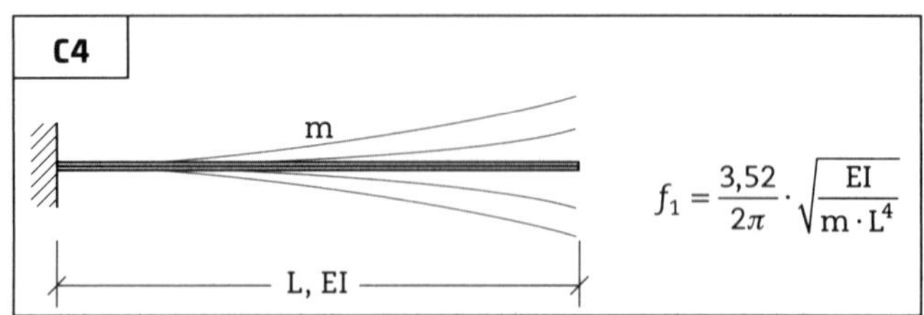

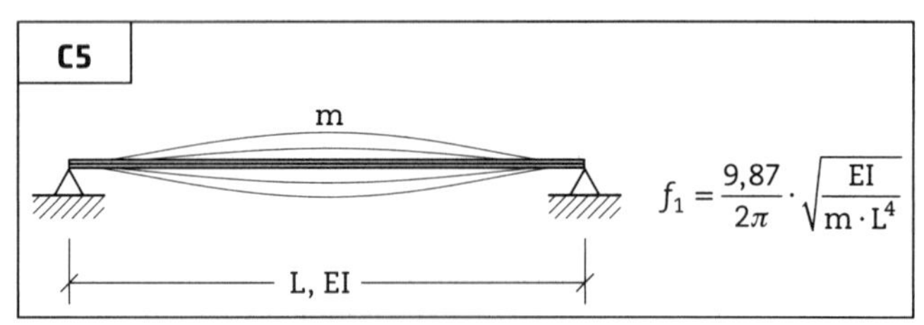

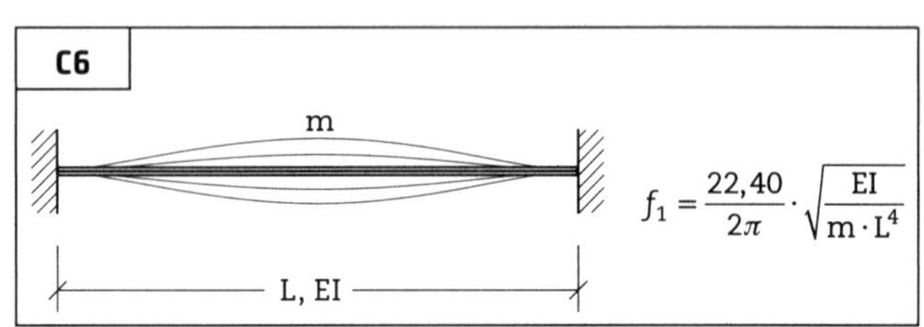

Fonte: Young (1989).

em que:

f_1 é a frequência natural de vibração (Hz);
E é o módulo de elasticidade do material (N/m^2);
I é o momento de inércia à flexão (m^4);
M é a massa concentrada no meio do vão (kg);
m é a massa distribuída ao longo do comprimento (kg/m);
L é o comprimento do elemento estrutural (m).

É considerado o Sistema Internacional de Unidades (SI).

ANEXO D

CARGAS CRÍTICAS DE FLAMBAGEM

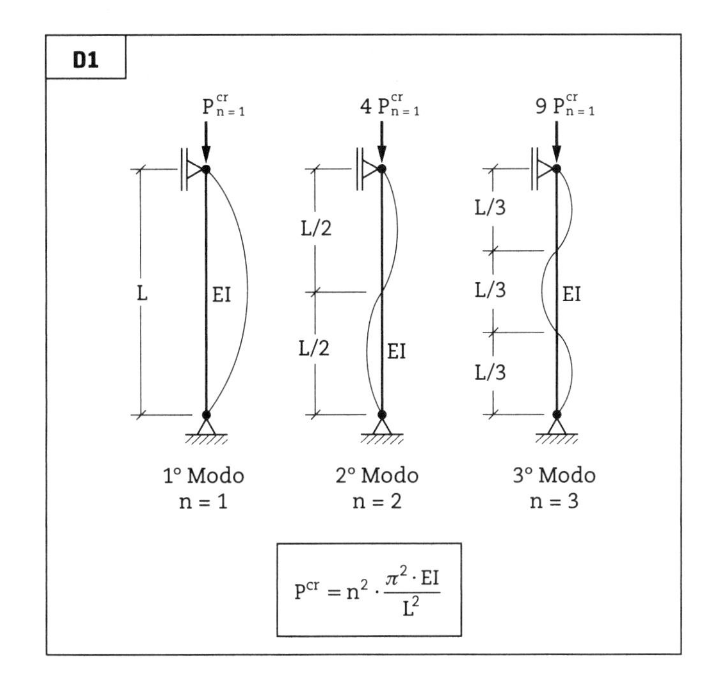

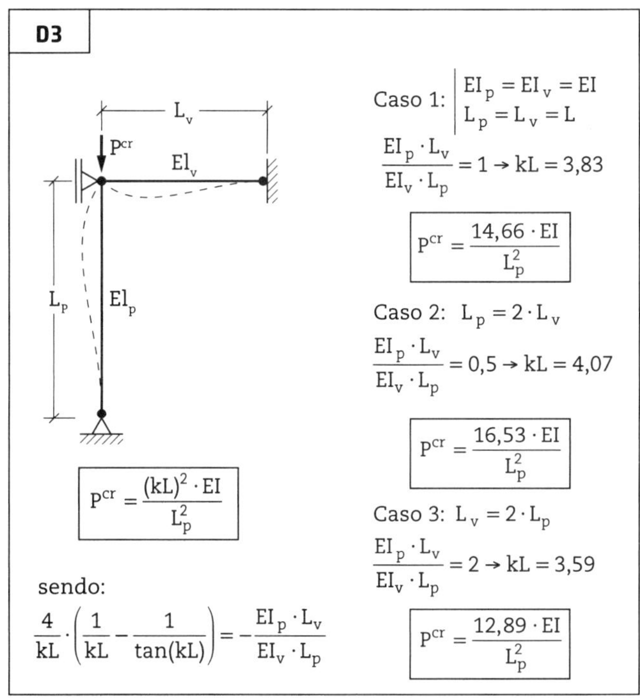

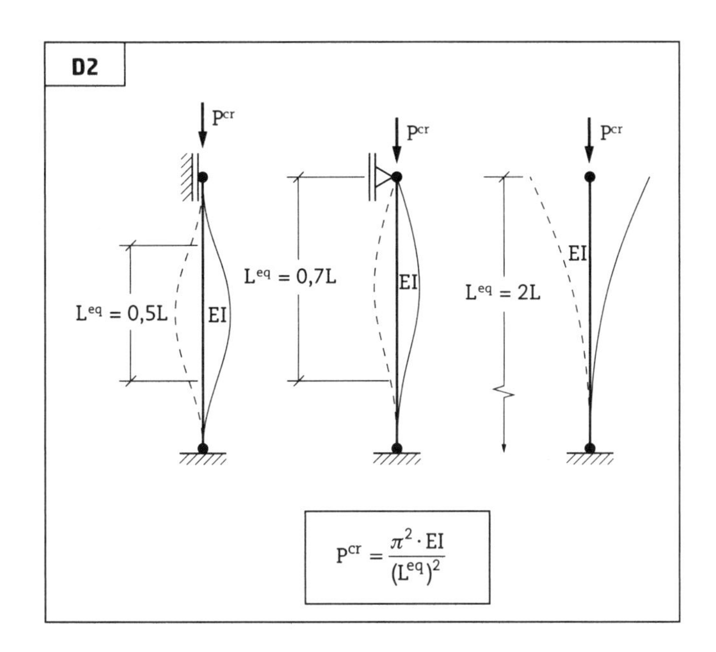

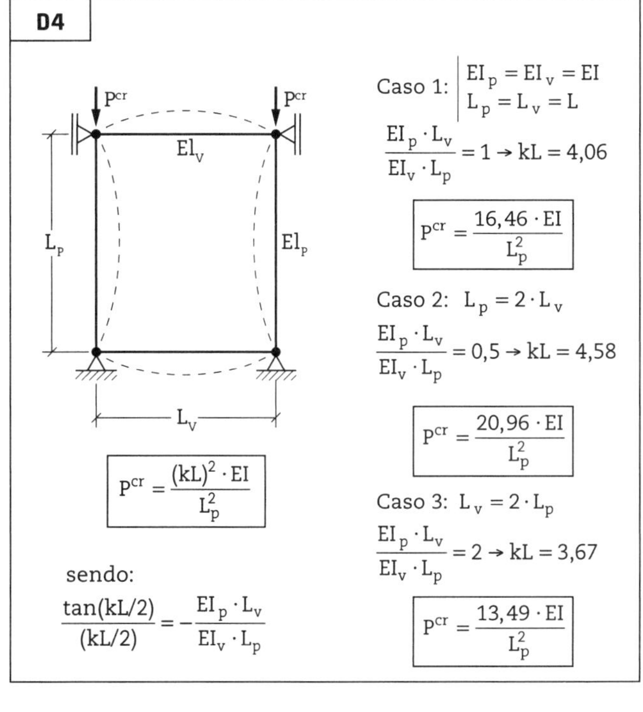

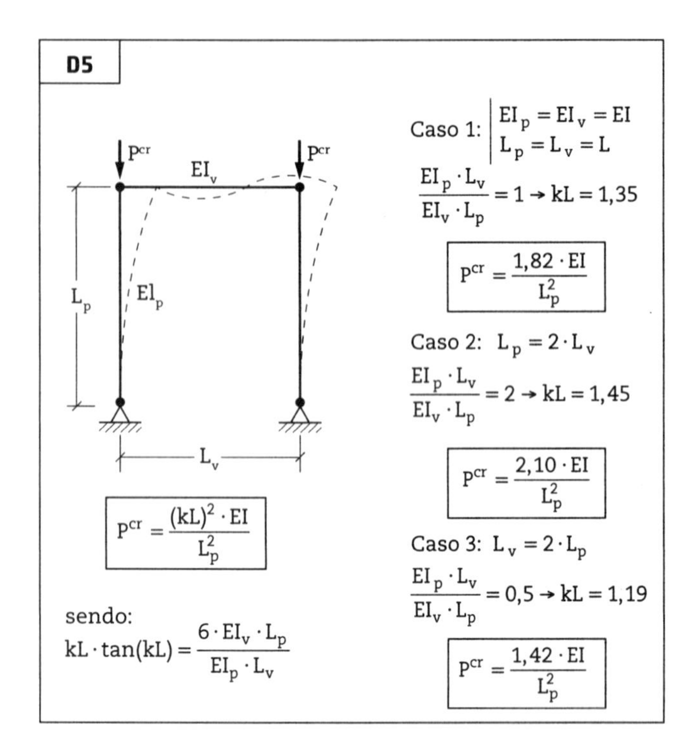

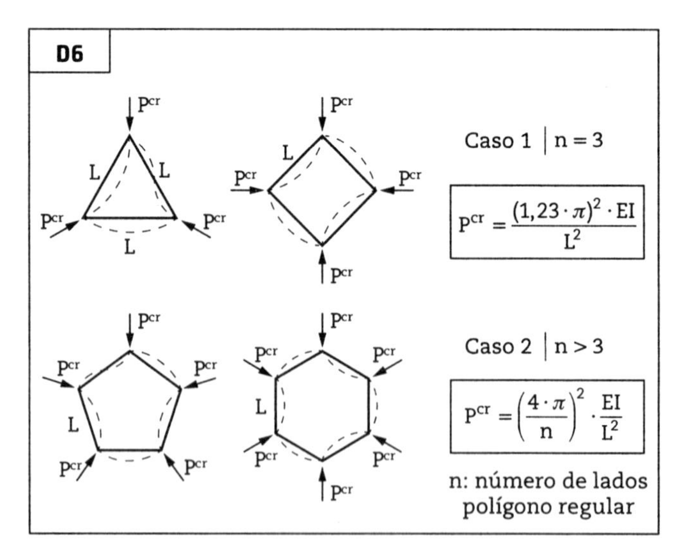

Fonte: Timoshenko e Gere (1963).

REFERÊNCIAS BIBLIOGRÁFICAS

AGÊNCIA NACIONAL DE AVIAÇÃO CIVIL – ANAC. *Regulamento Brasileiro da Aviação Civil (RBAC) nº 155*: helipontos. Resolução nº 471, de 16 de maio de 2018. Rio de Janeiro: Anac, 2018.

AMERICAN CONCRETE INSTITUTE – ACI. *SP-208*: Examples for the Design of Structural Concrete with Strut-and-Tie Model. Special publication reported by ACI Committee 318-E, Karl-Heinz Reineck (Ed.). Farmington Hills: ACI, 2002. 242 p.

AMERICAN SOCIETY OF CIVIL ENGINEERS – ASCE. *Asce 7-16*: Minimum Design Loads and Associated Criteria for Buildings and Other Structures. Reston: Asce Standards, 2017.

ANSYS. *Theory Reference and User's Guide for Release 2022*. Canonsburg: ANSYS Inc., 2022.ASSOCIAÇÃO BRASILEIRA DE NORMAS TÉCNICAS – ABNT. *NBR 6118*: projeto de estruturas de concreto. 4. ed. Rio de Janeiro: ABNT, 2023a.

ASSOCIAÇÃO BRASILEIRA DE NORMAS TÉCNICAS – ABNT. *NBR 6120*: ações para o cálculo de estruturas de edificações. 2. ed. Rio de Janeiro: ABNT, 2019.

ASSOCIAÇÃO BRASILEIRA DE NORMAS TÉCNICAS – ABNT. *NBR 6123*: forças devidas ao vento em edificações. Rio de Janeiro: ABNT, 1988.

ASSOCIAÇÃO BRASILEIRA DE NORMAS TÉCNICAS – ABNT. *NBR 8681*: ações e segurança nas estruturas – procedimento. Rio de Janeiro: ABNT, 2003.

ASSOCIAÇÃO BRASILEIRA DE NORMAS TÉCNICAS – ABNT. *NBR 8800*: projeto de estruturas de aço e de estruturas mistas de aço e concreto de edificações. Projeto de revisão da ABNT NBR 8800. Rio de Janeiro: ABNT, 2023b.

BARBOSA, E. C. *Notas de aula da disciplina Concepção Estrutural de Edifícios do curso de pós-graduação Projeto de Estruturas de Concreto para Edifícios (Abece/Mackenzie)*. 2020.

BEER, F. P.; JOHNSTON Jr., E. R.; DEWOLF, J. T.; MAZUREK, D. F. *Mecânica dos Materiais*. 7. ed. São Paulo: McGraw-Hill, 2015.

BRASIL, R. M. L. R. F.; SILVA, M. A. *Introdução à Dinâmica das Estruturas para a Engenharia Civil*. 2. ed. São Paulo: Edgard Blücher, 2015.

CHEN, W. F. *Limit Analysis and Soil Plasticity*. Amsterdam: Elsevier, 1975.

CHEN, W. F.; HAN, D. J. *Plasticity for Structural Engineers*. New York: Springer-Verlag, 1988.

CLOUGH, R. W. The Finite Element Method After Twenty-Five Years: A Personal View. *Computers & Structures*, v. 12, n. 4, p. 361-370, 1980.

COMITÉ EURO-INTERNATIONAL DU BÉTON – CEB. *CEB-FIP Model Code 1990*. London: Thomas Telford, 1993.

GERDAU. *Perfis estruturais Gerdau*: tabela de bitolas. São Paulo: Gerdau, 2016a. Disponível em: https://www2.gerdau.com.br/download/file/321?download=321. Acesso em: 13 jan. 2021.

GERDAU. *Barras trefiladas Gerdau*. São Paulo: Gerdau, 2016b. Disponível em: https://www2.gerdau.com.br/download/file/321?download=321. Acesso em: 13 jan. 2021.

GERDAU. *Perfil I e U Gerdau*. São Paulo: Gerdau, 2016c. Disponível em: https://www2.gerdau.com.br/download/file/321?download=321. Acesso em: 13 jan. 2021.

GERE, J. M.; WEAVER Jr., W. *Análise de estruturas reticuladas*. Rio de Janeiro: Guanabara Dois, 1981.

GROSS, D.; HAUGER, W.; SCHRÖDER, J.; WALL, W. A.; BONET, J. *Mechanics of Materials*: Engineering Mechanics. Berlin: Springer-Verlag, 2011. v. 2.

GROWTH in Computing Power from W3. *Triton World*, 21 nov. 2013. Disponível em: http://bloggie-360.blogspot.com/2013/11/growth-in-supercomputer-power-from-w3.html. Acesso em: 10 jul. 2020.

HIBBELER, R. C. *Structural Analysis*. 10. ed. London: Pearson, 2017.

INSTITUTION OF STRUCTURAL ENGINEERS – ISE. *Dynamic Performance Requirements for Permanent Grandstands Subject to Crowd Action*: Recommendations for Management, Design and Assessment. London: ISE, 2008.

KURRER, K. E. *The History of the Theory of Structures*: From Arch Analysis to Computational Mechanics. Berlin: Ernst & Sohn Verlag, 2008.

MELOSH, R. J. Basis of Derivation of Matrices for the Direct Stiffness Method. *AIAA Journal*, v. 1, n. 7, p. 1631--1637, 1963a.

MELOSH, R. J. Structural Analysis of Solids. *Journal of the Structural Division*, ASCE, v. 89, n. ST4, p. 205-223, 1963b.

OTTOSEN, N. S. A Failure Criterion for Concrete. *Journal of the Engineering Mechanics Division*, ASCE, v. 103, n. 4, p. 527-535, 1977.

PAPPALARDO Jr., A. Método dos elementos finitos: prova comentada. *Revista Téchne*, Pini, n. 241, p. 58-63, abr. 2017.

PAULETTI, R. M. O. Notas de aula da disciplina PEF2602 - Sistema Estruturais II do curso de graduação em Arquitetura e Urbanismo da FUA-USP. São Paulo, 2020.

PEDREIRA DE FREITAS, A. G.; ÁVILA, J. A.; FRANÇA, R. L. S. Sistemas construtivos alternativos. *Revista Estrutura*, Abece, ano 3, n. 7, p. 36-41, 2019.

SAP2000. *Analysis Reference Manual*. Release 24. Walnut Creek: CSI Computers and Structures Inc., 2022.

TIMOSHENKO, S. P.; GERE, J. M. *Theory of Elastic Stability*. 2. ed. New York: McGraw-Hill, 1963.

TOP500. 2022. Disponível em: https://www.top500.org/lists/top500/. Acesso em: 10 jul. 2022.

TQS. *Manual teórico*: versão 23. São Paulo: TQS Informática Ltda., 2022.

TURNER, M. J.; CLOUGH, R. W.; MARTIN, H. C.; TOPP, L. C. Stiffness and Deflection Analysis of Complex Structures. *Journal of the Aeronautical Sciences*, v. 23, n. 9, p. 805-823, 1956.

VALLOUREC. *Perfis MSH de seções circulares, quadradas e retangulares*: dimensões, valores estáticos e materiais. Rio de Janeiro: Vallourec Soluções Tubulares do Brasil, 2002. Disponível em: www.vmtubes.com. Acesso em: 13 jan. 2021.

WEAVER Jr., W.; JOHNSTON, P. R. *Finite Elements for Structural Analysis*. New Jersey: Prentice-Hall, 1984.

YOUNG, W. C. *Roark's Formulas for Stress and Strain*. 6. ed. New York: McGraw-Hill, 1989.

ZAMBONI, L. C.; MONEZI Jr., O.; PAMBOUKIAN, S. V. D. *Métodos quantitativos e computacionais*. 3. ed. São Paulo: Páginas e Letras, 2018.

ZIENKIEWICZ, O. C.; CHEUNG, Y. K. The Finite Element Method for Analysis of Elastic Isotropic and Orthotropic Slabs. *Proc. Institution of Civil Engineers*, v. 28, n. 4, p. 471-488, 1964.

ZIENKIEWICZ, O. C.; TAYLOR, R. L. *Finite Element Method*. 15. ed. Oxford: Butterworth-Heinemann, 2000. v. 1.